Reduzierung der Fertigungsprozesszeit von Lithium-Ionen-Batteriezellen durch eine parametergestützte Analyse der Formierung in der Batteriezellproduktion

Reduction of the Manufacturing Process Time of Lithium-ion Battery Cells by a Parameter-based Analysis of the Formation in Battery Cell Production

Von der Fakultät für Maschinenwesen
der Rheinisch-Westfälischen Technischen Hochschule Aachen
zur Erlangung des akademischen Grades eines
Doktors der Ingenieurwissenschaften
genehmigte Dissertation

vorgelegt von

Christian Offermanns

Berichter/in:

Univ.-Prof. Dr.-Ing. Achim Kampker, MBA
Univ.-Prof. Dr.-Ing. Robert Heinrich Schmitt

Tag der mündlichen Prüfung: 07. März 2023

ERGEBNISSE AUS DER ELEKTROMOBILPRODUKTION

Christian Offermanns

Reduzierung der Fertigungsprozesszeit von Lithium-Ionen-Batteriezellen durch eine parametergestützte Analyse der Formierung in der Batteriezellproduktion

Herausgeber:
Univ.-Prof. Dr.-Ing. Achim Kampker, MBA

Band 24

PEM | RWTH AACHEN UNIVERSITY

Bibliografische Information der Deutschen Nationalbibliothek
Die Deutsche Nationalbibliothek verzeichnet diese Publikation in der Deutschen Nationalbibliografie; detaillierte bibliografische Daten sind im Internet über https://portal.dnb.de abrufbar.

Christian Offermanns:

Reduzierung der Fertigungsprozesszeit von Lithium-Ionen-Batteriezellen durch eine parametergestützte Analyse der Formierung in der Batteriezellproduktion

1. Auflage, 2023

Gedruckt auf holz- und säurefreiem Papier, 100% chlorfrei gebleicht.

Wissenschaftsverlag des Instituts für Industriekommunikation und Fachmedien
an der RWTH Aachen
Steinbachstr. 25, 52074 Aachen
Internet: www.apprimus-verlag.de, E-Mail: info@apprimus-verlag.de

Druck: CPI Druckdienstleistungen GmbH, Ferdinand-Jühlke-Straße 7 I 99095 Erfurt

ISBN 978-3-98555-156-9

D 82 (Diss. RWTH Aachen University, 2023)

Danksagung

Acknowledgement

Die vorliegende Arbeit ist im Rahmen meiner Tätigkeit als wissenschaftlicher Mitarbeiter am Chair of Production Engineering of E-Mobility Components (PEM) der Rheinisch-Westfälischen Technischen Hochschule (RWTH) Aachen University entstanden.

Zunächst möchte ich Univ.-Prof. Dr.-Ing. Achim Kampker, Erstprüfer und Inhaber des Lehrstuhls, für die Möglichkeit der Promotion sowie die Förderung meiner Person danken. Das Umfeld, welches du geschaffen hast, war prägend für den Weg, den ich eingeschlagen habe. Herzlichen Dank für das Vertrauen, das du mir entgegengebracht hast.

Ich möchte mich auch bei Herrn Univ.-Prof. Dr.-Ing. Robert Heinrich Schmitt für die Übernahme des Koreferats und Frau Univ.-Prof. Dr.-Ing. Verena Nitsch für die Übernahme des Vorsitzes bei der mündlichen Prüfung bedanken.

Ein weiterer Dank gilt dem geschäftsführenden Oberingenieur Dr.-Ing. Heiner Hans Heimes für die Unterstützung meiner Dissertation. Der wertvolle Diskurs war tragend für den Entstehungsprozess. Dieser Dank gilt auch jenen Mitarbeitern und Mitarbeiterinnen des Lehrstuhls, die zum Gelingen dieser Arbeit beigetragen haben. Stellvertretend möchte ich mich insbesondere bei Marc Locke, Benjamin Dorn, Mario Kehrer, Tom Möller und Sebastian Kawollek bedanken, die meine Zeit am Lehrstuhl bleibend geprägt haben. Für die wertvolle Unterstützung meiner studentischen Mitarbeiterinnen und Mitarbeiter sowie Abschlussarbeiterinnen und Abschlussarbeiter, insbesondere Hendrik Laufen, Marius Röttig und Shuyuan Bao, möchte ich mich bedanken.

Meinen Eltern Norbert und Christa und meinem Zwillingsbruder Daniel gebührt ein besonderer Dank für die stetige Förderung und Unterstützung. Ohne sie wäre meine Entwicklung nicht möglich gewesen. Zuletzt möchte ich meiner großartigen Lebensgefährtin Janna für ihre bedingungslose Unterstützung auf diesem Weg danken.

Ich blicke auf eine großartige Zeit am Lehrstuhl und der RWTH Aachen University zurück, die mir immer positiv in Erinnerung bleiben wird. Danke.

Christian Offermanns

Zusammenfassung

Aufgrund des stark wachsenden Bedarfs an automobilen Batteriezellen ist es notwendig die Batteriezellproduktion zu optimieren. Die Betrachtung definierter Kennwerte zeigt, dass der Teilschritt der Finalisierung bzw. der Prozessschritt Formierung ein Bottleneck darstellt. Um den Output der Produktionslinie zu erhöhen sowie die Produktkosten pro Gigawattstunde zu reduzieren und dabei eine gleichbleibende oder verbesserte Qualität der bestehenden und zukünftigen Produktionslinien zu gewährleisten, ist es erforderlich die Ursache-Wirkungs-Zusammenhänge der Prozesse zu verstehen. Ausgehend von der Zielsetzung und Untersuchung problemrelevanter wissenschaftlicher Literatur können Defizite bei der Untersuchung von Umgebungsbedingungen (mechanische Verspannung und Umgebungstemperatur) während der Formierung von Lithium-Ionen-Batteriezellen festgestellt werden.

Für eine zielgerichtete Betrachtung wurde die Untersuchungsparameter, die zu untersuchende Batteriezelle, die Untersuchungsvorrichtung und das Untersuchungsdesign inklusive Design of Experiment definiert und umgesetzt. Im Rahmen der Vorversuche zeigen die Ergebnisse thermische und mechanische Einflüsse auf die elektrochemischen Prozesse in der Formierung. Die Prozesszeit der Formierung wird durch thermische Einflüsse (erhöhte Umgebungstemperaturen) und mechanische Einflüsse (erhöhte externe mechanische Verspannung) entscheidend verkürzt. Hohe mechanische Verspannung während der Formierung induziert zudem eine reduzierte Zellerwärmung. Bezüglich der Zellperformance kann ein positiver Effekt der mechanischen Verspannung bei hohen Umgebungstemperaturen nachgewiesen werden. Die Reifelagerung hat einen vernachlässigbaren Einfluss auf die Qualität.

Die Hauptversuche fokussieren sich auf die mechanischen und thermischen Implikationen bei der Formierung mit konstanter Wegverspannung. Die Ergebnisse zeigen, dass sich die Resultate der Formierung mit konstanter Weglängenverspannung von denen mit konstanter Druckbelastung nicht wesentlich unterscheiden. Es lässt sich festhalten, dass die mechanische Belastung auf Grundlage der Untersuchungen eine Prozesszeitverkürzung von bis zu 34,00 % ermöglicht. Bezogen auf die Kapazität der Batteriezellen und einer gleichbleibenden Qualität kann gezeigt werden, dass im Mittel bei mechanischer Verspannung eine erhöhte Entladekapazität von 18,00 % erzeugt wird. Bezogen auf den Druckverlauf mit mechanischer Verspannung kann ein erster Zusammenhang zwischen der Bildung der Solid-Electrolyte-Interphase und der gemessenen Kraft bzw. dem resultierenden Druck hergestellt werden. Bei Betrachtung verschiedener Verspannungen lässt sich beweisen, dass der Druckgradient sowie die resultierende Zelldicke mit steigenden initialen Verspannungen ansteigen. Die mechanische Verspannung zeigt hingegen während der Versuchsreihen keinen signifikanten positiven Einfluss auf die Wärmeentwicklung bzw. die Wärmeverlustenergie. Eine mechanische Belastung bewirkt grundsätzlich einen erhöhten Gradienten der Wärmeentwicklung, was mit der gesteigerten Prozesszeitreduktion korrespondiert. Lokale Wärmehotspots bei der Formierung können visualisiert werden. Mit Bezug auf die Prozesszeit kann eine klare Empfehlung hinsichtlich einer mechanischen Verspannung der Batteriezellen in einem Warenträger mit konstanter Weglänge bei der Formierung ausgesprochen werden. Aufbauend auf den Ergebnissen wurde ein vollständiger Demonstrator entwickelt und aufgebaut.

Summary

Due to the rapidly growing demand for automotive battery cells, it is necessary to optimize battery cell production economically and in terms of production output. The consideration of defined characteristic values shows that the sub-step of finalization or process step formation represents a bottleneck. In order to increase the output of the production line as well as to reduce the product costs per gigawatt hour by a guarantee of a constant or improved quality of the existing and future production lines, it is necessary to understand the cause-effect relationships of the processes. Based on the objective and investigation of problem-relevant scientific literature, clear deficits can be identified in the investigation of environmental conditions (mechanical stress and ambient temperature) during the formation of lithium-ion battery cells.

For a targeted approach, the investigation parameters, the battery cell to be investigated, the investigation device and the investigation design including the design of experiment were defined and implemented. Within the scope of the preliminary tests, the results show thermal and mechanical influences on the electrochemical processes during formation. The process time of formation is decisively shortened by thermal influences (increased ambient temperatures) and mechanical influences (increased external mechanical stress). High mechanical stress during formation also induces reduced cell heating. With regard to cell performance, a positive effect of mechanical tension at high ambient temperatures can be demonstrated. Aging has a negligible effect on quality.

The main experiments focus on the mechanical and thermal implications of formation with constant path tension. The findings show that the results of formation with constant path length tension do not differ significantly from those with constant compressive loading. It can be concluded that, based on the investigations, mechanical stress enables a process time reduction of up to 34.00%. In relation to the capacity of the battery cells and a constant quality, it can be shown that on average an increased discharge capacity of 18.00% is produced with mechanical stress. In relation to the pressure curve with mechanical stress, a first correlation between the formation of the solid electrolyte interphase and the measured force can be established. When considering different strains, it can be shown that the pressure gradient as well as the resulting cell thickness increase with increasing initial strains. The mechanical stress, however, shows no significant positive influence on the heat development or the heat loss energy during the test series. Mechanical stress generally causes an increased gradient of heat generation, which corresponds to the increased process time reduction. Local heat hotspots during formation can be visualized. With regard to process time, a clear recommendation can be made for mechanical clamping of the battery cells in a product carrier with constant path length during formation. Based on the results, a complete demonstrator was developed and built.

Inhaltsverzeichnis

Content

Abbildungsverzeichnis

List of figures

Tabellenverzeichnis

List of tables

Abkürzungsverzeichnis

Abbreviations

-	GWh	Gigawattstunden
$\Delta I_{(SOC)}$	A	Stromstärkeunterschied in Abhängigkeit des SOC
Δl	µm	Dickenänderung
ΔQ_{ch}	Ah	Ladungsdifferenz
ΔS	J/K	Reaktionsentropie
$\Delta U_{(SOC)}$	V	Spannungsunterschied in Abhängigkeit des SOC
$\Delta\varphi$	-	Phasendifferenz
1D	-	Eindimensional
2D	-	Zweidimensional
3C	-	Computer, communication, and consumer electronics
3D	-	Dreidimensional
a	mol/l	Aktivität der Spezies
A	m²	Fläche
AV	-	Agingverfahren
BEV	-	Batterieelektrisches Fahrzeug
C	-	Current
$C_{\Delta int}$	-	Differentielle Kapazität
CC	-	Constant current
CMC	-	Carboxymethylcellulose
Co	-	Kobalt
CO_2	-	Kohlenstoffdioxid
-	cpm	Cells per minute
CT	-	Charge transfer
CTS	-	Cell Test System
CV	-	Constant voltage
DEC	-	Diethylcarbonat
DMC	-	Dimethylcarbonat
DOD	V	Depth of discharge
DOE	-	Versuchsdesign / Design of Experiment

EC	-	Ethylencarbonat
EIS	-	Elektrochemische Impedanzspektroskopie
EMC	-	Ethylmethylcarbonat
EOL	-	End-of-Line
EU	-	Europäische Union
EVS	-	Electrochemical voltage spectroscopy
F	-	Faraday-Konstante
f	Hz	Frequenz
FFT	-	Fast Fourier Transformation
FRA	-	Frequency Response Analyzer
FV	-	Formierungsverfahren
G	J	Freie Enthalpie
GIC	-	Graphite Intercalation Compound
H	J	Enthalpie
HEV	-	Hybrid-Fahrzeug
HF	-	Fluorwasserstoff
HOMO	-	Highest Occupied Molecular Orbital
HT	-	Hochtemperaturlagerung
I	A	Strom
ICA	-	Incremental Capacity Analysis
JR	-	Jelly-Roll
KV	-	Konditionierungsverfahren
L	µm	Anfangsdicke
LCO	-	Lithium-Kobalt-Aluminiumoxide
LCV	V	Lower cut-off voltage
LFP	-	Lithium-Eisenphosphate
Li	-	Lithium
LIB	-	Lithium-Ionen-Batterie
LiBOB	-	Lithiumbis(oxalato)borat
$LiPF_6$	-	Lithiumhexafluorophosphat
LMO	-	Lithium-Manganoxide
LUMO	-	Lowest Unoccupied Molecular Orbital

Me	-	Metallelektrode
Mn	-	Mangan
n	-	Ausgetauschte Mole an Elektronen
NCA	-	Lithium-Nickel-Kobalt-Aluminiumoxide
Ni	-	Nickel
NMC	-	Lithium-Nickel-Mangan-Kobaltoxide
NMP	-	N-Methyl-2-pyrrolidon
NT	-	Normaltemperaturalterung
OCV	-	Open-circuit voltage
OEE	%	Overall Equipment Effectiveness
OEM	-	Overall Equipment Manufacturer
OZF	-	OptiZellForm (Förderkennzeichen: 03XP0071B)
p	Pa	Druck
PAA	-	Polyacrylsäure
PC	-	Propylencarbonat
PE	-	Polyethylen
PEIS	-	Potentiostatische elektrochemische Impedanzspektroskopie
PEM	-	Chair of Production Engineering of E-Mobility Components
PHEV	-	Plug-in-Hybrid-Fahrzeug
PMA	-	Post-mortem-Analyse
PP	-	Polypropylen
PP-E	-	Prozessparameter des Eingangs
PVDF	-	Polyvinylidendifluorid
Q	C	Ladung
Q_{el}	C	Akkumulierte Ladung
$\dot{q}$	W/m²	Wärmestromdichte
$\dot{Q}_{irr}$	W	Elektrische (ohmsche) Verluste
$\dot{Q}_{mix}$	W	Mischungsenthalpie
$\dot{Q}_{react}$	W	Reaktionswärme durch Nebenreaktionen
QP-A	-	Qualitätsparameter des Ausgangs
QP-E	-	Qualitätsparameter des Eingangs
R	-	Gaskonstante

R_I	Ω	Innenwiderstand
$R_I(SOC)$	Ω	Innenwiderstand in Abhängigkeit des SOC
RWTH	-	Rheinisch-Westfälische Technische Hochschule
S	J/K	Reaktionsentropie
SBR	-	Styrol-Butadien-Kautschuk
SEI	-	Solid-Electrolyte-Interphase
SOC	%	State of Charge
SOH	%	State of Health
T	°C	Temperatur
t	min	Zeit / Dauer
U	V	Spannung
UCV	V	Upper cut-off voltage
$U_{Gleichgewicht}$	V	Ruhespannung
U_i	V	Spannungslevel
USP	-	Unique-Selling-Point
$U_{\Omega\text{-drop}}$	V	Spannungsabfall
VC	-	Vinylencarbonat
z	-	Ladezustand der Elektroden
Z(f)	Ω	Impedanz
ZH	-	Zellhersteller
α	-	Durchtrittsfaktor / Ladungstransferkoeffizient
α	$W/(m^2 \cdot K)$	Wärmeübergangskoeffizient
ε	µm/m	Dehnung
$\eta_{Durchtritt}$	V	Durchtrittsüberspannung
η_{ohmic}	V	Überspannung

1 Einleitung: Kostenreduktion durch Prozessverbesserung in der Formierung

Introduction: Cost reduction through process improvement of formation

Im folgenden Kapitel werden die Ausgangssituation sowie die Problematik der zugrundeliegenden Fragestellungen dieser Arbeit dargestellt. Hierzu wird einleitend in Kapitel 1.1 die Ausgangssituation dieser wissenschaftlichen Ausarbeitung erläutert. Es wird auf die Situation der automobilen Wertschöpfungskette in Europa in den Jahren 2020 bis 2022 eingegangen. Aufbauend darauf wird in Kapitel 1.2 die vorliegende Problemstellung herausgearbeitet und dargestellt. Diese Herausforderungen dienen als Grundlage für die weiteren Untersuchungen.

Diese Arbeit ist im Rahmen des am Lehrstuhl Production Engineering of E-Mobility Components (PEM) der RWTH Aachen University durchgeführten Forschungsprojekts OptiZellForm (OZF)[1] entstanden, welches die Optimierung der Formierung und Testlagerung von Lithium-Ionen-Batteriezellen zum Ziel hatte.

1.1 Ausgangssituation

Initial situation

Die Menschen des 21. Jahrhunderts stehen vor der Herausforderung, den Klimawandel, eine weltweit rasant verlaufende, anthropogene und noch nicht abgeschlossene Erwärmung der Erde, zu entschleunigen[2]. Als Folge des Klimawandels erhöht oder vermindert sich das Auftreten bestimmter Wetterlagen, entgegen der gewöhnlichen Klimazustände der bestehenden Klimazonen. So entstehen beispielsweise Unwetterkatastrophen in Gebieten, in denen diese normalerweise nicht auftreten[3]. Ein wesentlicher Antrieb des Temperaturanstiegs und damit des Klimawandels ist die Strahlungsintensität der Sonne auf der Erde, welche wesentlich auf die Atmosphäre und damit die Treibhausgase – wie das Kohlenstoffdioxid (CO_2) – zurückzuführen ist[4]. Wird der Ausstoß von Treibhausgasen und insbesondere des CO_2 der letzten Jahrhunderte betrachtet, lässt sich eine Korrelation zwischen der Temperaturerhöhung und dem CO_2-Ausstoß herstellen. Es besteht der wissenschaftliche Konsens, dass durch die Emission des Treibhausgases CO_2 die Umwelt nachhaltig geschädigt wird und dieser Trend umgekehrt werden muss[5]. Dies wird auch darüber verdeutlicht, dass die Europäische Union (EU) 2019 aufgrund der Erderwärmung den Klimanotstand erklärt hat[6]. Dieser fordert, dass betroffene

[1] Förderkennzeichen: 03XP0071B.

[2] Vgl. Deutsche IPCC-Koordinierungsstelle (2021): *Sechster IPCC-Sachstandsbericht (AR6)*, S. 1ff; Vgl. IPCC (2021): *Climate Change 2021: The Physical Science Basis. Contribution of Working Group I to the Sixth Assessment Report of the Intergovernmental Panel on Climate Change*, S. 5ff.

[3] Vgl. IPCC (2021): *Climate Change 2021: The Physical Science Basis. Contribution of Working Group I to the Sixth Assessment Report of the Intergovernmental Panel on Climate Change*, S. 1; Vgl. Deutsche IPCC-Koordinierungsstelle (2021): *Sechster IPCC-Sachstandsbericht (AR6)*, S. 1ff.

[4] Vgl. Deutsche IPCC-Koordinierungsstelle (2021): *Sechster IPCC-Sachstandsbericht (AR6)*, S. 1ff.

[5] Vgl. Europäische Union (2021): *Klima- und energiepolitischer Rahmen bis 2030*, S. 1.

[6] Vgl. Pascal Canfin (2019): *Europäisches Parlament ruft Klimanotstand aus*, S. 1.

Gesetzesvorschläge auf das Ziel ausgerichtet werden, die Erderwärmung auf 1,5 Grad zu begrenzen.[7] Der europäische Grüne Deal umfasst umfangreiche Maßnahmen in allen treibhausgasemittierenden Sektoren[8]. Des Weiteren hat sich die EU im Rahmen des Pariser Klimaabkommens dazu verpflichtet, die verursachten Treibhausgasemissionen bis 2030 um 40,00 % gegenüber dem Niveau von 1990 zu senken[9]. Vollständige Klimaneutralität hat sich die EU bis zum Jahr 2050 als Ziel gesetzt[10]. Bereits heute lassen sich extremere Wettersituationen wie Hochwasser, Dürren, Starkregen oder Hitzewellen in erhöhter Frequenz, größerem Ausmaß und dafür ungewöhnlichen Orten beobachten.

Werden die CO_2-Emissionen betrachtet, lassen sich in Deutschland ca. 20,00 % der Emissionen auf den Verkehrssektor zurückführen[11]. Elektrifizierte und damit lokal emissionsfreie Fahrzeuge können einen wesentlichen Beitrag zur Dekarbonisierung der Mobilität leisten und spielen somit eine zentrale Rolle bei der Entschleunigung des Klimawandels[12]. Entsprechend wurden Zulassungsziele von 30 Mio. vollelektrischen Fahrzeugen im Jahr 2030 durch die EU formuliert[13]. Aktuell befindet sich die Entwicklung stark hinter den formulierten Zielen, da der Anteil der Neuzulassungen von elektrifizierten Fahrzeugen im Jahr 2021 bei ca. 15,00 % lag[14].

Bei Betrachtung des Verkehrssektors gibt es verschiedene Ansätze zur Dekarbonisierung der Mobilität, welche einen wesentlichen Faktor darstellen, um die beschlossenen Klimaziele zu erreichen. Sowohl rein elektrisch betriebene Fahrzeuge (BEV) und hybride Fahrzeuge mit Verbrennungsmotor als auch Fahrzeuge mit einer Brennstoffzelle benötigen einen elektrochemischen Energiespeicher. Hybride Fahrzeuge werden in Mikro-, Mild-, Voll- und Plug-in-Hybride sowie Hybride mit Range Extender unterteilt. Folgend werden sie unter dem Plug-in-Hybrid-Fahrzeug (PHEV) oder dem Hybrid-Fahrzeug (HEV) zusammengefasst. Bei allen Ansätzen spielt die elektrochemische Speicherung der Energie eine wesentliche Rolle[15].

Bezogen auf die Antriebsarten der elektrifizierten Fahrzeuge werden bis 2030 für BEV Batteriegrößen von ca. 53 kWh pro Fahrzeug, für PHEV von ca. 12 kWh pro Fahrzeug und für HEV von ca. 0,7 kWh erwartet[16]. Wird dem gegenüber die notwendige Elektrifizierung des Mobilitätssektors, angekündigt durch die Bundesregierung, sowie die von verschiedene Studien prognostizierte Elektrifizierung gestellt, kann der wachsende Bedarf an Batteriekapazität

---

[7] Vgl. Pascal Canfin (2019): *Europäisches Parlament ruft Klimanotstand aus*, S. 1.

[8] Vgl. Europäische Kommission (2019): *Der europäische Grüne Deal*, S. 2f.

[9] Vgl. Europäische Kommission (2019): *Der europäische Grüne Deal*, S. 2f.

[10] Vgl. Europäische Union (2018): *Reduktion von CO2-Emissionen: EU-Klimaziele und Maßnahmen*, S. 1; Vgl. Europäische Union (2018): *Die Antworten der EU auf den Klimawandel*, S. 1.

[11] Vgl. Schiffer (2021): *Treibhausgasneutralität 2045/2050: Verschärfung der nationalen und der europäischen Klimaziele*, S. 641.

[12] Vgl. Umweltbundesamt (2021): *Treibhausgas-Emissionen in Deutschland seit 1990 nach Kategorien der UNFCCC-Berichterstattung*, S. 1; Vgl. Europäische Union (2019): *CO2-Emissionen von Autos: Zahlen und Fakten (Infografik)*, S. 1.

[13] Vgl. Europäische Kommission (2020): *Strategie für nachhaltige und intelligente Mobilität: Den Verkehr in Europa auf Zukunftskurs bringen*, S. 3.

[14] Vgl. Europäische Kommission (2019): *European Alternative Fuels Observatory*, S. 1.

[15] Vgl. Kampker et al. (2021): *Metaanalyse zur Marktentwicklung elektrifizierter Fahrzeuge*, S. 60ff.

[16] Interne Studie basierend auf externen Studien sowie vergangenen und zukünftigen Fahrzeugankündigungen.

durch Batterieproduktionen abgeschätzt werden. ROLAND BERGER erwartet in Europa eine Elektrifizierung von mindestens 50,00 % bis 2030 und damit, basierend auf den erwarteten Neuzulassungen für den Bereich der xEV pro Jahr, eine jährliche Batteriekapazität von mindestens 2.833 GWh weltweit. BENCHMARK MATERIALS erwartet in dem *Lithium Ion Battery Megafactory Assessment* vom Juli 2021 weltweit eine jährlich produzierte Lithium-Ionen-Batteriekapazität von 4.100,1 GWh. MCKINSEY geht von einem jährlichen Gesamtumsatz von 5 bis 7 Billionen Euro für die Maschinenbauindustrie bis 2025 aus[17].

Die enorm anwachsende Nachfrage nach Produktionskapazitäten sowie die angekündigten Batterieproduktionen gilt es flächendeckend zu adressieren, um den Wandel hin zu einer lokal emissionsfreien Mobilität zu ermöglichen. Hierbei stehen die Batterieproduzenten zum einen vor der großen Herausforderung, den enorm steigenden Bedarf zu adressieren, und zum anderen, dem enorm wachsenden Preisdruck durch verschiedene, neu auf den Markt drängende Akteure standzuhalten.

1.2 Problemstellung

Problem statement

Bezogen auf die Ausgangssituation und die damit verbundenen Entwicklungen ergeben sich verschiedene Herausforderungen und Problemstellungen für die unterschiedlichen Akteure in der Wertschöpfungskette, die es zu adressieren gilt, um eine Durchdringung der elektrifizierten Mobilität als Teillösung einer nachhaltigen und emissionsfreien Mobilität zu ermöglichen. Im Folgenden sollen die wesentlichen Herausforderungen eingeordnet sowie die für diese Arbeit relevanten Problemstellungen herausgearbeitet werden. Um eine schnelle und nachhaltige Durchdringung einer emissionsfreien Mobilität und damit auch der Elektromobilität zu gewährleisten, besteht die Herausforderung, darin neben den Klimazielen auch die Kundenanforderungen zu adressieren. Vor diesem Hintergrund ist es notwendig, die Hemmnisse der Konsumenten zu analysieren und zu verstehen. Hierbei lassen sich im Wesentlichen drei Herausforderungen identifizieren: die Anschaffungskosten, die Verfügbarkeit der Batteriezellen und die Nachhaltigkeit der Batterieproduktion.

Eines der wesentlichen Hemmnisse stellen die Anschaffungskosten der elektrifizierten Fahrzeuge dar[18]. Bei Betrachtung der Herstellungskosten eines Elektrofahrzeuges wird deutlich, dass ca. 40,00 % der Kosten durch die Batterie sowie ca. 70,00 % dieser Batteriekosten durch die Batteriezellen hervorgerufen werden[19]. Es wird deutlich, dass die Batteriezelle einen wesentlichen Kostenanteil an den Herstellungskosten der Elektroautos ausmacht und somit einen wesentlichen Kostenhebel darstellt. Die Herstellungskosten der Batteriezelle werden wesentlich durch die Materialkosten beeinflusst, doch auch die Fertigungskosten haben einen nicht vernachlässigbaren Anteil[20]. Bei Betrachtung der Kosten für Batteriezellen in den vergange-

[17] Vgl. Fleischmann et al. (2022): *Unlocking the growth opportunity in battery manufacturing equipment*, S. 2.
[18] Vgl. Bühler (2020): *Mobility Studie 2020*, S. 69.
[19] Vgl. König et al. (2021): *An Overview of Parameter and Cost for Battery Electric Vehicles*, S. 2.
[20] Vgl. Bernhard et al. (2020): *Rising opportunities for battery equipment manufacturers*, S. 6.

nen Jahren wird deutlich, dass diese stetig gesunken sind[21]. Gerade in der jüngeren Zeit sind die Kosten der Materialien aber aufgrund der geografischen und politischen Konflikte sowie der starken Nachfrage gestiegen und damit auch die Kosten der Batteriezellen[22]. Neben den Materialkosten, die mit produktionstechnischen Anpassungen nur schwer beeinflusst werden können, bedarf es einer Untersuchung der Kostenfaktoren einer Lithium-Ionen-Batterie und der Potentiale einer möglichen Kostenreduktion im Bereich der Batteriezellproduktion.

Abgesehen von den Kosten wird bei Betrachtung des Marktes deutlich, dass die stetig wachsende Nachfrage nach Batteriezellen eine geänderte Marktsituation hervorgerufen hat. Zunächst waren elektrifizierte Fahrzeuge Nischenprodukte. Damit war ebenso die Nachfrage nach Lithium-Ionen-Batterien gering und der Preisdruck von den automobilen Original Equipment Manufacturers (OEM) auf die Batteriezellhersteller war sehr hoch. Infolge der starken Entwicklung in Richtung Elektromobilität ist die Nachfrage nach Lithium-Ionen-Batteriezellen enorm gestiegen und damit der bestehende Preisdruck in der Herausforderung gemündet, die hohe Nachfrage zu adressieren. Es ist notwendig, den Output bestehender Batteriezellproduktionen nachhaltig zu steigern sowie den Output neuer Produktionsstätten dahingehend zu optimieren. Die Elektromobilproduktion wird in den Medien für ihre schlechte Ressourcenschonung kritisiert. Diese Umstände bei der Produktion lassen sich zum Teil anhand von wissenschaftlichen Veröffentlichungen bestätigen. Bei Betrachtung der vollständigen Wertschöpfungskette wird deutlich, dass das Elektroauto bezogen auf den kumulierten CO_2 Ausstoß klimaneutraler als bestehende Lösungen ist. Trotzdem ist es notwendig, die gesamte Wertschöpfungskette ressourcenschonender zu gestalten und den Ausschuss sowie den Energieverbrauch in der Produktion von Batteriezellen zu reduzieren.

Die vorliegende Arbeit fokussiert die Fertigung der Batteriezellen als Teilziel dieses Gesamtansatzes und stellt eine Teillösung der Gesamtproblemstellung dar. Um die notwendigen Potentiale zu identifizieren, bedarf es einer detaillierten Betrachtung der Batteriezellproduktion. Hierbei wird deutlich, dass insbesondere die Formierung ein wesentliches Bottleneck in Bezug auf die Prozesszeit und damit auch hinsichtlich der notwendigen Fläche und Anlagenkosten darstellt. Die Formierung ist ein Teilprozessschritt der Batteriezellproduktion, in der die Batteriezelle zum ersten Mal elektrisch geladen wird und damit eine Aktivierung innerhalb der Batteriezelle stattfindet. Es besteht ein hoher Energieverbrauch aufgrund der elektrischen Beladungs- und Entladungsprozesse. Eine Betrachtung der Kennwerte folgt in Kapitel 2.4.

Die Beschreibung des Stand der Technik inklusive des notwendigen Grundwissens (Kapitel 2.1, 2.2 und 2.3), der Herleitung des Praxisdefizits (Kapitel 2.4) sowie des Theoriedefizits (Kapitel 2.5) erfolgt in Kapitel 2. Darauf aufbauend erfolgt in Kapitel 3 die Zielsetzung und Vorgehensweise inklusive der forschungstheoretischen Herangehensweise.

---

[21] Vgl. Henze (2020): *Battery Pack Prices Cited Below $100/kWh for the First Time in 2020, While Market Average Sits at $137/kWh*, S. 1.

[22] Vgl. Sauer (2022): *Die Kosten für die Batterieproduktion werden wohl eher steigen als sinken.*

2 Stand der Technik: Produktion von Lithium-Ionen-Batteriezellen

Area of consideration: Production of lithium-ion battery cells

Die Batteriezellen stellen mit einem hohen Kostenanteil am Gesamtfahrzeug einen elementaren Baustein zum Erfolg der Elektromobilität dar. Die Lithium-Ionen-Batteriezelle, die aktuell dominierende Batteriezelltechnologie auf dem Markt, wird folgend als Referenz in dieser Arbeit betrachtet. Sie spielt aufgrund der Kosten, der Qualität und der ressourcenschonenden Herstellung eine entscheidende Rolle in der öffentlichen Diskussion. Es bedarf Optimierungen bei Produkt und Produktion, um sich kompetitiv auf dem Markt zu platzieren und die Dekarbonisierung der Mobilität möglichst schnell zu realisieren.

Zur Schaffung eines Grundverständnisses über die betrachteten Untersuchungsgegenstände wird in Kapitel 2.1 auf den Aufbau sowie die Funktion der Lithium-Ionen-Batteriezelle eingegangen. Daran angeschlossen wird der Herstellungsprozess der Lithium-Ionen-Batteriezellen vollumfänglich beschrieben und explizit die Zellfinalisierung inklusive der Formierung in Kapitel 2.1.4 dargestellt. Aufgrund der hohen Relevanz der gleichbleibenden Qualität wird in Kapitel 2.3 auf die qualitätsbezogenen Untersuchungsmethoden eingegangen. Hierbei werden sowohl die grundsätzlichen Qualitätskriterien als auch die dafür relevanten Messmethoden eingeführt. Abschließend wird in Kapitel 2.4 eine kennzahlbasierte Betrachtung der Lithium-Ionen-Batteriezellproduktion durchgeführt, um das Praxisdefizit bzw. das ökonomische und ökologische Defizit herzuleiten. Hierzu wird eine Kostenbetrachtung vorgenommen, um die möglichen Potentiale der beschriebenen Faktoren zu identifizieren. Damit werden das Grundverständnis über Produkt und Prozess sowie die Herausforderung in der Lithium-Ionen-Batteriezellproduktion vermittelt sowie das theoretische und praktische – ökonomische und ökologische – Defizit identifiziert. Eine weiterführende detaillierte Betrachtung des theoretischen Defizits, welches in Kapitel 2 hergeleitet wird, findet anhand einer umfassenden Literaturrecherche in Kapitel 2.5.2 statt.

Aus dem Stand der Technik lässt sich zusammenfassend ein Bedarf an kosten- und qualitätsoptimierten sowie ressourcenschonenden Prozessen ableiten. Dieser Bedarf bildet die Grundlage für die vorliegende Gestaltung der Forschungsfrage in Kapitel 2.5.

2.1 Aufbau und Funktion der Lithium-Ionen-Batteriezelle

Structure and function of the lithium-ion battery cell

Um die Prozesse in der Batteriezellproduktion zu verstehen, ist es wichtig, ein Verständnis der Materialien und Funktionsweise der Lithium-Ionen-Batteriezelle zu besitzen. Denn die Produkteigenschaften werden wesentlich durch die Produktparameter und -materialien beeinflusst. In den folgenden Kapiteln werden der Aufbau und die Materialien sowie die Funktionsweise der Lithium-Ionen-Batteriezelle erläutert. Dies stellt die Grundlage für die kommende Untersuchung dar.

2.1.1 Aufbau einer Batteriezelle

Structure of a lithium-ion battery cell

Die für die Automobilindustrie industriell gefertigten Lithium-Ionen-Batteriezellen lassen sich anhand ihrer Bauform und Geometrie, der Elektrochemie und der Materialien voneinander abgrenzen. Diese Einflussfaktoren beeinflussen teilweise maßgeblich die Leistungseigenschaften einer Lithium-Ionen-Batteriezelle, die grundsätzlich durch die mechanische Stabilität, die Sicherheit, die Leistungsdichte und die Energiedichte – volumetrisch und gravimetrisch – beschrieben werden können. Im Folgenden wird auf die einzelnen Eigenschaften eingegangen.

Hinsichtlich der Bauform lassen sich die Lithium-Ionen-Batteriezellen in die drei Kategorien Rund-/zylindrische (*round/cylindrical cell*), prismatische (*prismatic cell*) und Pouch-Lithium-Ionen-Batteriezelle (*pouch cell*) unterteilen (vgl. Abbildung 2.1)[23]. Die drei Bauformen unterscheiden sich hinsichtlich ihrer Integration des Zellstapels oder -wickels in einem Gehäuse, der Gehäuseform selbst sowie des Materials und beeinflussen damit wesentlich die charakteristischen Eigenschaften der Lithium-Ionen-Batteriezelle[24]. Ein Auszug der Eigenschaften der verschiedenen Formate ist Tabelle 2.1 zu entnehmen[25].

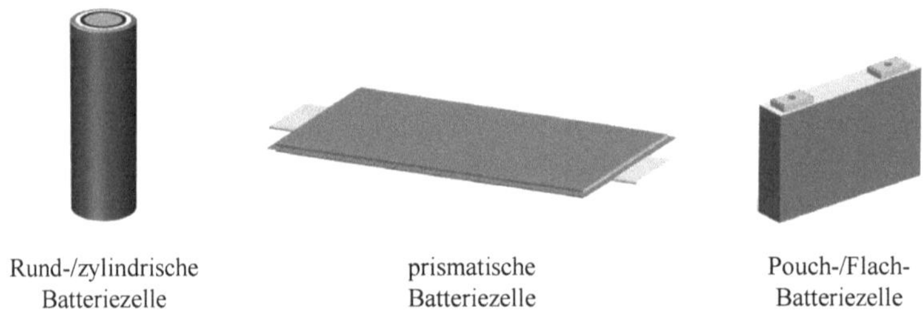

Abbildung 2.1: Bauformen einer Lithium-Ionen-Batteriezelle

Die zylindrische Lithium-Ionen-Batteriezelle zeichnet sich durch mechanische Stabilität und gute Ergebnisse hinsichtlich ihrer zyklischen und kalendarischen Alterung aus; zudem gibt es hier langjährige Erfahrung in der Batteriezellherstellung[26]. Nachteilig an der zylindrischen Lithium-Ionen-Batteriezelle ist die geringe volumetrische Energiedichte auf Batteriemodul- und Batteriepacklevel. Ihre mechanische Stabilität erlangt die Batteriezelle durch das zylindri-

[23] Vgl. Wöhrle (2013): *Lithium-Ionen-Zelle*, S. 112; Vgl. Rahimsei et al. (2015): *Kompendium: Li-Ionen-Batterien: Grundlagen, Bewertungskriterien, Gesetze und Normen*, S. 19; Vgl. Tübke et al. (2017): *Entwicklungsperspektiven für Zellformate von Lithium-IonenBatterien in der Elektromobilität*, S. 12; Vgl. Heimes et al. (2018): *Produktionsprozess einer Lithium-Ionen-Batteriezelle*, S. 3.

[24] Vgl. Arora et al. (2018): *Mechanical Design and Packaging of Battery Packs for Electric Vehicles*, S. 183; Vgl. Schmidt (2013): *Verfahren zur Charakterisierung und Modellierung von Lithium-Ionen Zellen*, S. 11.

[25] Vgl. Arora et al. (2018): *Mechanical Design and Packaging of Battery Packs for Electric Vehicles*, S. 183; Vgl. Michaelis et al. (2020): *Roadmap Batterie-Produktionsmittel 2030 - Update 2020*, S. 23.

[26] Vgl. Wöhrle (2013): *Lithium-Ionen-Zelle*, S. 112; Vgl. Rahimsei et al. (2015): *Kompendium: Li-Ionen-Batterien: Grundlagen, Bewertungskriterien, Gesetze und Normen*, S. 19.

sche Gehäuse aus vernickeltem Stahl. Durch diese intrinsische mechanische Stabilität lässt sich diese in der Formierung, als Teilschritt der Batteriezellproduktion nicht zusätzlich mechanisch verspannen. Jedoch besitzt sie durch das Gehäuse eine statische Verspannung, welche allerdings bezüglich der Ausdehnung der Elektroden limitiert ist, wodurch eine nur schwer steuerbare Verspannung durch die Formierung aufgebaut wird. Diese mechanische Verspannung ist aufgrund der gewickelten Form außerdem ungleichmäßig in dem Zellwickel/der Jelly-Roll.

Demgegenüber ist der Zellwickel/die Jelly-Roll bzw. der Zellstapel bei der prismatischen Batteriezelle in einem Aluminiumbehälter eingelassen. Aufgrund ihrer geometrischen Bauform können hohe volumetrische Energiedichten auf Batteriepackebene ermöglicht werden. Allerdings führt die geometrische Form bei elliptisch gewickelten Elektroden im Inneren zu einer schlechten Volumenausnutzung und einer ungleichmäßig verteilten mechanischen Verspannung der Elektroden – insbesondere bei der Zellatmung während der Formierung und der elektrischen Lade- sowie Entladezyklen. Dies lässt sich mithilfe eines Zellstapels reduzieren, welcher bereits häufig bei prismatischen Lithium-Ionen-Batteriezellen eingesetzt wird. Somit lässt sich eine homogene mechanische Verspannung erzielen. Jedoch gibt es wie bei der zylindrischen Lithium-Ionen-Batteriezelle keine Möglichkeit, eine externe, variable und angepasste mechanische Verspannung während der Formierung aufzubringen.

Tabelle 2.1: Charakteristika verschiedener Batteriezellintegrationsvarianten[27]

	Rundzelle	Prismatische Zelle	Pouch-Zelle
Gehäuseform	• Tiefgezogener, runder Behälter	• Tiefgezogener, rechteckiger Behälter	• Tiefgezogene und versiegelte Aluminium-Kunststoff-Verbundfolie
Material Einhausung	• Vernickelter Stahl	• Aluminium	• Mehrlagige Kunststoff-Aluminium-Verbundfolie
Mechanische Stabilität	• Hohe Dichtigkeit • Hohe Steifigkeit • Mechanisch robust • Robust bei Innendruck durch Entgasung	• Hohe Steifigkeit • Geringere mechanische Stabilität als die Rundzelle	• Instabiles Gehäuse • Bläht sich bei Druckaufbau auf
Thermische Regulierung	• Geringe Wärmeabfuhr	• Viel Volumen im Vergleich zur Oberfläche • Wärmeleitende Oberfläche	• Gutes Oberflächen- zu Volumenverhältnis • Effiziente Temperaturkontrolle
Typischer Energieinhalt	• 10 - 18 Wh	• 80 - 450 Wh	• 65 - 300 Wh
Rückhaltung gegen Ausdehnung	• Inhärent in zylindrischer Form	• Erfordert Halteplatten an den Enden des Batteriemoduls	• Erfordert Halteplatten an den Enden des Batteriemoduls

[27] Vgl. Michaelis et al. (2020): *Roadmap Batterie-Produktionsmittel 2030 - Update 2020*, S. 23.

Die Pouch-Batteriezelle ist hingegen in einer Kunststoff-Aluminium-Verbundfolie verpackt und besitzt eine Flexibilität. Das Verpacken der Pouch-Batteriezelle ist mit der Herausforderung verbunden, die Dichtigkeit der Schweißnähte zu gewährleisten. Positive Merkmale des Zellformats der Pouch-Batteriezelle sind die sehr guten Kühlungseigenschaften sowie eine hohe gravimetrische Energiedichte aufgrund der leichten Verpackung. Zusätzlich ist die Gehäusegröße flexibel anpassbar.

Fertigungstechnisch lassen sich aufgrund der Gehäuseeigenschaften während der Formierung mechanische Kräfte applizieren, welche einen Wettbewerbsvorteil gegenüber den anderen Zellformaten darstellen kann. Insbesondere die variable Anpassung der mechanischen Verspannung kann zu Zeit- und Kosteneinsparungen sowie Qualitätsverbesserungen in der Lithium-Ionen-Batteriezellproduktion führen. Da entsprechend die Elektroden und der Elektrolyt vor der Formierung bei den Bauformen der zylindrischen und prismatischen Zelle bereits in einem starren Gehäuse verpackt sind, besteht nur bei der Pouch-Batteriezelle die Möglichkeit, eine mechanische Belastung während der Formierung als Wettbewerbsvorteil in der Produktion von Lithium-Ionen-Pouch-Zellen zu nutzen. Die Kräfte zur Verspannung der Pouch-Batteriezellen sind in der Modulverspannung bereits untersucht, allerdings gibt es keine Untersuchungen hinsichtlich der Kräfte zur Verspannung während der Formierung (vgl. Kapitel 2.5.2). Vor diesem Hintergrund soll folgend für die Untersuchungen die Pouch-Batteriezelle als Referenz genutzt werden und hinsichtlich dieser Eigenschaften untersucht werden.

2.1.2 Materialien einer Lithium-Ionen-Batteriezelle

Materials of a lithium-ion battery cell

Die Bestandteile des aktiven Zellstapels einer Lithium-Ionen-Batterie sind die Anode (negative Elektrode), die Kathode (positive Elektrode), der Separator, welcher den Kontakt beider Elektroden verhindert, und der Elektrolyt als Ionenleiter. Beide Elektroden bestehen aus einem Aktivmaterial, welches die Energie speichert, und einer Ableiterfolie, welche an den elektrischen Verbraucher angeschlossen wird und den elektrischen Fluss ermöglicht. Der Aufbau einer Lithium-Ionen-Batteriezelle ist in Abbildung 2.2 schematisch dargestellt.

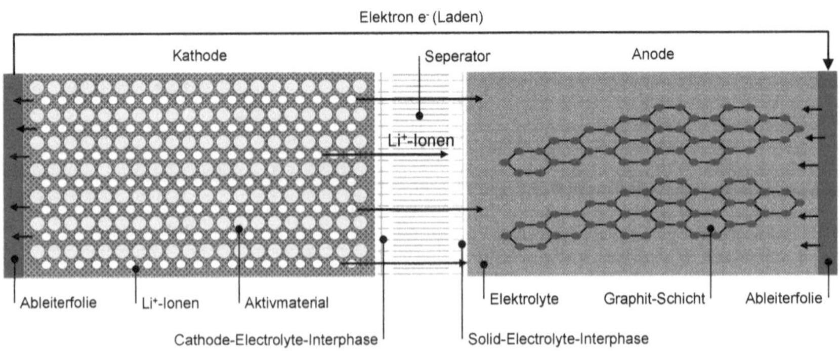

Abbildung 2.2: Aufbau einer Lithium-Ionen-Batteriezelle

Auf Anodenseite besteht die Ableiterfolie meistens aus Kupfer, auf Kathodenseite aus Aluminium. Während der Formierung bilden sich passivierende Grenzschichten zwischen Aktivmaterial und Elektrolyt. Auf der Anodenseite wird diese Grenzschicht Solid-Electrolyte-Interphase (SEI) und auf der Kathodenseite Cathode-Electrolyte-Interphase (CEI) genannt.[28]

Aktivmaterial der positiven Elektrode (Kathode)

Die Kathode hat sich seit der Kommerzialisierung von Lithium-Ionen-Batteriezellen als Engpass in Bezug auf die spezifischen Kapazitäten erwiesen. Zu den wichtigsten Anforderungen an die Kathoden für Batteriezellen für die Automobilbranche gehören hohe spezifische und volumetrische Energiedichten, hohe Entladepotentiale gegenüber Li/Li^+, hohe Eigensicherheit, schnelle Kinetik und gute Kapazitätserhaltung[29]. Die Kathode ist die positive Elektrode der Lithium-Ionen-Batteriezelle und lässt sich mithilfe der Kristallstrukturen in drei Kategorien unterteilen, welche sich auf die Dimensionierung und die möglichen Diffusionsrichtungen der Lithium-Ionen innerhalb des Kathodengitters beziehen. Bezogen auf die Materialien für die Kathode ist eine möglichst hohe Zellspannung und eine gute elektrische und ionische Leitfähigkeit zu erreichen[30]. Der ersten Kategorie sind die 1D-Materialien zuzuordnen, zu welchen die Phospho-Olivine zählen. Ihnen sind zum Beispiel die Lithium-Eisenphosphate (LFP) Batteriezellen zuzuordnen. Die in der zweiten Kategorie befindlichen 2D-Materialien ermöglichen Diffusionswege der Li^+-Ionen in zwei Dimensionen. Ihnen sind die Übergangsmetallschichtoxide und damit die meisten Kathodenmaterialien zuzuordnen, unter anderem die Lithium-Kobalt-Aluminiumoxide (LCO), Lithium-Nickel-Mangan-Kobaltoxide (NMC) oder Lithium-Nickel-Kobalt-Aluminiumoxide (NCA). Die dritte Kategorie und folglich die 3D-Materialien umfassen in erster Linie Lithium-Manganoxide (LMO) mit ihrer Spinellstruktur, welche den Lithium-Ionen eine Diffusion in alle drei Raumrichtungen ermöglicht[31].

Kommerziell werden verschiedene Kathodenaktivmaterialien und -kombinationen, insbesondere nickelreiche Schichtkathoden, eingesetzt. Der Nickelgehalt in Schichtkathoden wurde kontinuierlich erhöht, um die Kapazität zu steigern. Derzeit können NCA, NMC-532 und NMC-622 als State-of-the-Art-Kathodenmaterialien betrachtet werden. Folgend wird das Kathodenmaterial NMC für die Untersuchungen betrachtet.[32]

Die Entstehung des Kathodenmaterials NMC ist unter anderem darin begründet, dass die Nachteile von Lithium-Kobalt-Oxid (LCO) durch eine Substitution des Kobalts mit Nickel – Lithium-Nickel-Oxid (LNO) – behoben werden sollten. Allerdings ist LNO aufgrund der

[28] Vgl. Theil (2016): *Elektrolytalterung in Lithium-Ionen-Batterien*, S. 6.

[29] Vgl. Schmuch et al. (2018): *Performance and cost of materials for lithium-based rechargeable automotive batteries*, S. 269.

[30] Vgl. Costard (2018): *Einfluss von Mikrostruktur und Materialparametern auf die Leistungsfähigkeit poröser Elektroden für Lithium-Ionen Batterien*, S. 9.

[31] Vgl. Theil (2016): *Elektrolytalterung in Lithium-Ionen-Batterien*, S. 8.

[32] Vgl. Schmuch et al. (2018): *Performance and cost of materials for lithium-based rechargeable automotive batteries*, S. 274.

Nachteile einer Fehlordnung im Gitter – Blockierung der Diffusionswege für Li[33] – und einer thermischen Instabilität[34] nicht kommerziell eingesetzt worden. Dadurch, dass Kobalt nicht vollständig durch Nickel substituiert wird, kann das Problem der Fehlordnung reduziert[35] und durch zusätzlichen Mangan-Anteil die thermische Stabilität angehoben werden[36]. Die geringeren Materialkosten für Nickel und Mangan führen zu einer Senkung des Kathodenpreises im Vergleich zu Kobalt[37]. Außerdem erzeugt der höhere Nickelanteil eine höhere elektrische Leitfähigkeit der Elektrode sowie eine bessere Li-Diffusion[38]. Die Zusammensetzung des Mischkristalls $Ni_{0.6}Mn_{0.2}Co_{0.2}$ (NMC-622), wie sie auch in dieser Arbeit verwendet wird, erreicht praktisch nutzbare Kapazitäten von 180 mAh/g. Eine weitere Erhöhung des Nickelanteils hin zu 0,8 bis 0,9 wird angestrebt[39]. Der Mischkristall $Ni_{0.8}Mn_{0.1}Co_{0.1}$ (NMC-811) gilt als eins der Hoch-Energie-Kathodenmaterialien für zukünftige Generationen von Lithium-Ionen-Batterien und kann Kapazitäten von ungefähr 200 mAh/g liefern[40]. Im Vergleich zum $Ni_{1/3}Mn_{1/3}Co_{1/3}$ (NMC-111) kann NMC-811 derzeit noch aufgrund seiner höheren Oberflächenreaktivität eine kürzere Lebensdauer aufweisen[41]. Folgend wird in dieser Arbeit das Kathodenmaterial NMC-622 als Grundlage für die Untersuchungen genutzt.

Aktivmaterial der negativen Elektrode (Anode)

Die negative Elektrode (Anode) wird insbesondere durch eine hohe Speicherkapazität, eine flache Entladekurve, eine geringe Volumenänderung durch Inter- und Deinterkalation und eine ausreichend hohe Ionen- sowie Elektrodenleitfähigkeit charakterisiert[42]. Metallisches Lithium wäre mit einem sehr niedrigen Potential von 0 V vs. Li/Li^+ und einer theoretischen Kapazität von 3860 mAh/g[43] ideal geeignet. Allerdings wird metallisches Lithium aufgrund des hohen Sicherheitsrisikos wie z. B. durch Dendritenbildung und eines fortwährend hohen

---

[33] Vgl. Huggins (2009): *Advanced Batteries: materials science aspects*; Vgl. Nitta et al. (2015): *Li-ion battery materials: present and future*, S. 252ff.

[34] Vgl. Arai et al. (1998): *Thermal behavior of Li1-yNiO2 and the decomposition mechanism*, S. 295ff.

[35] Vgl. Kalyani et al. (2005): *Various aspects of LiNiO2 chemistry: A review*, 697-698.

[36] Vgl. Nitta et al. (2015): *Li-ion battery materials: present and future*, S. 256.

[37] Vgl. Whittingham (2004): *Lithium batteries and cathode materials*, S. 4285; Vgl. Costard (2018): *Einfluss von Mikrostruktur und Materialparametern auf die Leistungsfähigkeit poröser Elektroden für Lithium-Ionen Batterien*, S. 14.

[38] Vgl. Andre et al. (2015): *Future generations of cathode materials: an automotive industry perspective*, S. 6715.

[39] Vgl. Li et al. (2017): *High-voltage positive electrode materials for lithium-ion batteries*, S. 3020.

[40] Vgl. Li et al. (2015): *Study of the Failure Mechanisms of LiNi 0.8 Mn 0.1 Co 0.1 O 2 Cathode Material for Lithium Ion Batteries*, S. A1401; Vgl. Jung et al. (2018): *Effect of Ambient Storage on the Degradation of Ni-Rich Positive Electrode Materials (NMC811) for Li-Ion Batteries*, S. A132.

[41] Vgl. Jung et al. (2018): *Effect of Ambient Storage on the Degradation of Ni-Rich Positive Electrode Materials (NMC811) for Li-Ion Batteries*, S. A132.

[42] Vgl. Costard (2018): *Einfluss von Mikrostruktur und Materialparametern auf die Leistungsfähigkeit poröser Elektroden für Lithium-Ionen Batterien*, S. 8.

[43] Vgl. German (2015): *Untersuchungen zur SEI-Bildung und Optimierung der Formation an Lithium-Ionen Voll- und Halbzellen*, S. 7.

Elektrolytverlustes aufgrund der hohen Reaktivität des Lithiums mit den gängigen organischen Elektrolyten nicht in kommerziellen Lithium-Ionen-Batteriezellen verwendet[44].

Dem gegenüber steht Graphit, mit einer hohen Verfügbarkeit von Kohlenstoff, den geringen Rohstoffkosten, einer theoretischen Kapazität von 372 mAh/g, einem geringen Zellpotential nahe Li/Li+ und einer flachen Entladekurve. Es ist demzufolge das kommerziell meistverwendete Anodenaktivmaterial in Lithium-Ionen-Batteriezellen[45] (andere Anodenaktivmaterialien machen etwa 1,00 % aus[46]). Nachteil des Kohlenstoffs stellt das geringe Potential vs. Lithium dar, wodurch ein großes Potentialfenster zur Verfügung steht und zwangsweise eine passivierende Grenzschicht zwischen Kohlenstoff und Elektrolyt ausgebildet werden muss[47]. Eine nähere Betrachtung der Grenzschicht SEI erfolgt in diesem Kapitel. In dieser Arbeit wird folgend Graphit als Anodenaktivmaterial betrachtet.

Neben dem Graphit besteht das Anodenaktivmaterial aus einem Binder und zusätzlichen Kohlenstoffen (engl. *carbons*) als poröse Beschichtung, um eine große aktive Oberfläche zu erzeugen, womit eine Stromableiterfolie beschichtet wird. Das Graphit ist aus Kristalliten (10 bis 1000 nm, polykristallin) zusammengesetzt und besteht aus parallelen, versetzt gestapelten Graphenschichten. Es existiert eine hexagonale kristallographische Form mit einer ABAB-Stapelfolge sowie die rhomboedrische mit ABCABC[48]. Eine weitere Unterteilung erfolgt im Hochtemperaturverhalten in *soft carbons* und *hard carbons* (weiche und harte Kohlenstoffe). Die *soft carbons* erfahren ein Wachstum der Kristallite bei höheren Temperaturen, wohingegen bei den *hard carbons* eine weitere Graphitisierung nicht möglich ist[49].

Elektrolyte

Die Hauptaufgabe des Elektrolyten besteht im Transport von Lithium-Ionen zwischen der Anode und Kathode bis in die Poren der Elektrodenstrukturen. Er nimmt nicht an der Batteriereaktion teil, sondern fungiert ausschließlich als Transportmedium. Eine weitere Funktion des Elektrolyten ist die elektrische Isolation. Eine Anforderung an den Elektrolyten ist, dass sein

---

44 Vgl. Costard (2018): *Einfluss von Mikrostruktur und Materialparametern auf die Leistungsfähigkeit poröser Elektroden für Lithium-Ionen Batterien*, S. 8; Vgl. German (2015): *Untersuchungen zur SEI-Bildung und Optimierung der Formation an Lithium-Ionen Voll- und Halbzellen*, S. 31; Vgl. Münnix (2017): *Einfluss von Stromstärke und Zyklentiefe auf graphitische Anoden*, S. 14.

45 Vgl. Käbitz (2013): *Untersuchung der Alterung von Lithium-Ionen-Batterien mittels Elektroanalytik und elektrochemischer Impedanzspektroskopie*, S. 23; Vgl. German (2015): *Untersuchungen zur SEI-Bildung und Optimierung der Formation an Lithium-Ionen Voll- und Halbzellen*, S. 8; Vgl. Münnix (2017): *Einfluss von Stromstärke und Zyklentiefe auf graphitische Anoden*, S. 13f; Vgl. Hess (2013): *Kinetics and stage transitions of graphite for lithium-ion batteries*, S. 10ff; Vgl. Kim et al. (2012): *Electrode Materials for Rechargeable Sodium-Ion Batteries: Potential Alternatives to Current Lithium-Ion Batteries*, S. 711ff; Vgl. Kim et al. (2012): *The current move of lithium ion batteries towards the next phase*, S. 865ff.

46 Vgl. Münnix (2017): *Einfluss von Stromstärke und Zyklentiefe auf graphitische Anoden*, S. 13.

47 Vgl. Münnix (2017): *Einfluss von Stromstärke und Zyklentiefe auf graphitische Anoden*, S. 14.

48 Vgl. German (2015): *Untersuchungen zur SEI-Bildung und Optimierung der Formation an Lithium-Ionen Voll- und Halbzellen*, S. 8.

49 Vgl. Winter et al. (1998): *Insertion Electrode Materials for Rechargeable Lithium Batteries*, S. 734ff; Vgl. Azuma et al. (1999): *Advanced carbon anode materials for lithium ion cells*, S. 1ff; Vgl. Franklin (1951): *Crystallite growth in graphitizing and non-graphitizing carbons*, S. 198ff; Vgl. German (2015): *Untersuchungen zur SEI-Bildung und Optimierung der Formation an Lithium-Ionen Voll- und Halbzellen*, S. 8.

Diffusionskoeffizient für Li^+-Ionen über den gesamten anzuwendenden Temperaturbereich ausreichend hoch ist. Darüber hinaus ist gefordert, dass die elektrochemische Stabilität des Elektrolyten über den gesamten Spannungsbereich der Lithium-Ionen-Batteriezelle gewährleistet ist[50]. Resultierend aus den Anforderungen werden in konventionellen Lithium-Ionen-Batteriezellen flüssige Elektrolyte aus den drei Komponenten Lösungsmittel, Leitsalz und Additiv verwendet.

Als Lösungsmittel werden am häufigsten organische Carbonate – wässrige Elektrolyte zersetzen sich bei hohen Zellspannungen – wie Ethylencarbonat (EC), Dimethylcarbonat (DMC), Diethylcarbonat (DEC) und Ethylmethylcarbonat (EMC) oder Mischungen der genannten Stoffe eingesetzt[51]. In den meisten Fällen beinhaltet der Elektrolyt als Leitsalz Lithiumhexafluorophosphat ($LiPF_6$). und bietet eine hohe Leitfähigkeit, eine gute thermische Stabilität[52] sowie eine Schutzschicht auf dem Aluminiumableiter – Unterbindung von Korrosion des Aluminiums bei hohen Potentialen der positiven Elektrode[53]. Ein Problem dieses Leitsalzes ist die hohe Empfindlichkeit gegenüber Spuren von Wasser[54]. Ein weiterer Nachteil ist, dass der Elektrolyt bei niedrigen Potentialen vs. Li/Li^+ instabil wird, weshalb sich an der Anode die SEI zwangsweise bilden muss[55]. Die dritte Komponente sind die Additive, welche der Optimierung von Elektrolyteigenschaften dienen.

Im Allgemeinen ist gefordert, dass der Elektrolyt elektrochemisch stabil ist. Dennoch ist der Elektrolyt in Lithium-Ionen-Batteriezellen an einer Vielzahl von Reaktionen beteiligt[56]. Im Folgenden wird auf die möglichen Elektrolytreaktionen eingegangen. Ein Schwerpunkt stellt die Bildung der SEI dar, welche die Funktionsfähigkeit einer Lithium-Ionen-Batterie sicherstellt.

Solid-Electrolyte-Interphase (SEI)

Zwischen Anode und Elektrolyt besteht eine thermodynamische Instabilität, welche erstmals 1979 durch Peled beschrieben wurde[57]. Aufgrund dieser Instabilität bildet sich beim ersten Ladevorgang der Lithium-Ionen-Batteriezelle – der Formierung (vgl. Kapitel 2.1.3) – eine Grenzschicht, welche als Solid-Electrolyte-Interphase (SEI) bezeichnet wird[58]. Mithilfe der

---

[50] Vgl. Theil (2016): *Elektrolytalterung in Lithium-Ionen-Batterien*, S. 10.

[51] Vgl. Schmalstieg (2017): *Physikalisch-elektrochemische Simulation von Lithium-Ionen-Batterien*, S. 13.

[52] Vgl. Käbitz (2013): *Untersuchung der Alterung von Lithium-Ionen-Batterien mittels Elektroanalytik und elektrochemischer Impedanzspektroskopie*, S. 12.

[53] Vgl. Zhang et al. (2006): *Factors That Influence Formation of AlF3 Passive Film on Aluminum in Li-Ion Battery Electrolytes with LiPF6*, S. B375.

[54] Vgl. Schmalstieg (2017): *Physikalisch-elektrochemische Simulation von Lithium-Ionen-Batterien*, S. 13.

[55] Vgl. Korthauer et al. (2013): *Handbuch Lithium-Ionen-Batterien*, S. 62ff.

[56] Vgl. Theil (2016): *Elektrolytalterung in Lithium-Ionen-Batterien*, S. 13.

[57] Vgl. Peled (1979): *The Electrochemical Behavior of Alkali and Alkaline Earth Metals in Nonaqueous Battery Systems—The Solid Electrolyte Interphase Model*, S. 2047.

[58] Vgl. Xu et al. (2009): *Optimization of Nonaqueous Electrolytes for Primary Lithium/Air Batteries Operated in Ambient Environment*; Vgl. Philippe (2013): *Insights in Li-ion Battery Interfaces through Photoelectron Spectroscopy Depth Profiling*; Vgl. Verma et al. (2010): *A review of the features and analyses of the solid electrolyte interphase in Li-ion batteries*; Vgl. Peled (1979): *The Electrochemical Behavior of Alkali and Alkaline Earth Metals in Nonaqueous Battery Systems—The Solid Electrolyte Interphase Model*, S. 2047.

SEI wird eine kinetische Stabilität der lithiierten Graphitelektrode gegenüber dem Elektrolyten erzeugt[59]. Damit trägt die SEI zur grundlegenden Funktion der Lithium-Ionen-Batteriezelle bei[60]. Die SEI ist trotz umfangreicher Forschungsuntersuchungen hinsichtlich ihrer Zusammensetzung und der Reaktionen zur Schichtbildung noch nicht vollständig verstanden[61].

Während des ersten elektrischen Lade- und Entladevorgangs von Lithium-Ionen-Batteriezellen werden Lösungsmittel und Lithiumsalz des Elektrolyten an der Anode reduziert und damit die SEI gebildet. Die Elektrolytzersetzung bzw. Reduktion nimmt erst dann ab, wenn die SEI dick genug ist, um den Ionenaustausch und damit eine weitere Zersetzung zu verhindern.[62] Innerhalb des gesamten Lebenszyklus entsteht aufgrund verschiedener Alterungsmechanismen ein kontinuierliches SEI-Wachstum, das optimalerweise so gering wie möglich ausfällt. Daher müssen Lithium-Ionen-Batteriezellen vor ihrem Inverkehrbringen mehreren Lade-Entladezyklen unterzogen werden, um sicherzustellen, dass die SEI ausreichend stabil gewachsen ist und ihre Funktion möglichst optimal erfüllt.

Als elektrochemische Ursache für die Elektrolytzersetzung gilt der elektrochemische Potentialbereich, innerhalb dessen der Elektrolyt thermodynamisch stabil ist. Das thermodynamische Stabilitätsfenster ist definiert durch das niedrigste unbesetzte Orbital eines Moleküls (Lowest Unoccupied Molecular Orbital, LUMO) und das höchste unbesetzte Orbital eines Moleküls (Highest Occupied Molecular Orbital, HOMO).

Während der Einlagerung des Lithiums in die auf Kohlenstoff basierende Anode sinkt das Potential der Elektrode, wodurch einzelne Komponenten des organischen Elektrolyten an der stark reduzierten Oberfläche des Kohlenstoffs zersetzt werden. Das Zersetzungspotential, an dem sich die SEI bildet, ist systemabhängig und wird durch die eingesetzten Aktivmaterialien, Lösungsmittel und Additive beeinflusst. Potentiale für den Start der Zersetzung werden in der Literatur zwischen 2,00 V und 0,80 V vs. Li/Li^+ angegeben[63]. Beim Start der ersten Interkala-

---

[59] Vgl. Käbitz (2013): *Untersuchung der Alterung von Lithium-Ionen-Batterien mittels Elektroanalytik und elektrochemischer Impedanzspektroskopie*, S. 5, 27.

[60] Vgl. German (2015): *Untersuchungen zur SEI-Bildung und Optimierung der Formation an Lithium-Ionen Voll- und Halbzellen*, S. 5; Vgl. Schmidt (2013): *Verfahren zur Charakterisierung und Modellierung von Lithium-Ionen Zellen*, S. 8.

[61] Vgl. Winter (2009): *The Solid Electrolyte Interphase – The Most Important and the Least Understood Solid Electrolyte in Rechargeable Li Batteries*, 1395ff; Vgl. An et al. (2016): *The state of understanding of the lithium-ion-battery graphite solid electrolyte interphase (SEI) and its relationship to formation cycling*, S. 55.

[62] Vgl. Itagaki et al. (2006): *Electrochemical impedance of electrolyte/electrode interfaces of lithium-ion rechargeable batteries*, S. 1629ff; Vgl. Lee et al. (2004): *A fast formation process for lithium batteries*, S. 118ff; Vgl. Wang et al. (2001): *Electrochemical impedance study of initial lithium ion intercalation into graphite powders*, S. 1793ff; Vgl. Zhang et al. (2004): *Electrochemical impedance study on the low temperature of Li-ion batteries*, S. 1057ff; Vgl. Zhang et al. (2004): *Electrochemical impedance study of lithium intercalation into MCMB electrode in a gel electrolyte*, S. 1475ff.

[63] Vgl. Hess (2013): *Kinetics and stage transitions of graphite for lithium-ion batteries*; Vgl. Verma et al. (2010): *A review of the features and analyses of the solid electrolyte interphase in Li-ion batteries*, S. 6332ff; Vgl. Klink (2013): *In-Depth Analysis of Irreversible Processes in Lithium Ion Batteries*; Vgl. Aurbach (2000): *Review of selected electrode–solution interactions which determine the performance of Li and Li ion batteries*, S. 206ff.

tion des Lithiums in die Graphitstruktur, bei etwa 0,30 V vs. Li/Li^+, sollte die Ausbildung der SEI abgeschlossen sein[64].

Das gängige Anodenmaterial Graphit befindet sich außerhalb des Stabilitätsfensters (vgl. Abbildung 2.5)[65]. Durch das geringe Potential reagiert das Graphit mit Bestandteilen des Elektrolyten und wird teilweise zersetzt, wodurch eine passivierende Grenzschicht entsteht. Sie besitzt weiterhin eine Leitfähigkeit für die Lithium-Ionen, reduziert jedoch die Elektronenleitfähigkeit, sodass eine weitere Elektrolytzersetzung gehemmt wird. Die passivierende Grenzschicht (SEI) stellt so die kinetische Stabilität der Lithium-Ionen-Batteriezelle außerhalb des Stabilitätsfensters des Elektrolyten sicher. Die Leerlaufspannung der späteren Batteriezelle wird bestimmt durch die Differenz von Anoden- und Kathodenpotential. Die passivierende Grenzschicht an der Graphitoberfläche ermöglicht eine größere Leerlaufspannung, da die SEI den Einsatz von Graphit mit niedrigerem Potential als die Anode ermöglicht. Die Herausforderungen in der Batteriezellproduktion liegen darin, entweder ein Anoden- bzw. Kathodenmaterial mit einem passenden elektrischen Potential zum LUMO bzw. HOMO des Elektrolyten auszuwählen oder eine stabile passivierende SEI auszubilden, die das passende Potential ermöglicht.[66]

Graphit lässt sich hinsichtlich der Kontaktbereiche des Kohlenstoffs mit dem Elektrolyten in Kanten (*edge site*) – in welche die Lithium-Ionen interkalieren – und Oberflächenseiten (*basal site*) – bei denen keine Einlagerung von Lithium-Ionen stattfindet – unterteilen[67]. An den unterschiedlichen Kontaktbereichen werden unterschiedliche Reaktionsprodukte der Zersetzung des Elektrolyten erzeugt und dessen Zusammensetzung ist abhängig vom verwendeten Elektrolyten sowie der Morphologie der Elektrode[68]. Für die Funktionsweise der Lithium-Ionen-Batteriezelle ist im Wesentlichen die SEI in Richtung der Lithium-Einlagerung (*edge site*) entscheidend[69]. Die kompakte Schicht der *edge site* besteht aus anorganischen Komponenten und einer darauf liegenden porösen, organischen Schicht, welche strukturell dem Elektrolyten ähnelt. Auf der *basal site* scheidet sich eine Deckschicht bestehend aus Zersetzungsprodukten der Lösungsmittel und ohne lithiumhaltige Komponenten ab[70].

Der chemische Prozess der SEI-Bildung wurde durch verschiedene, teils kontroverse Modelle erklärt. Nach PELED bildet sich die SEI sofort nach dem Kontakt von Elektrode und Elektro-

---

[64] Vgl. Verma et al. (2010): *A review of the features and analyses of the solid electrolyte interphase in Li-ion batteries*, S. 6332ff.

[65] Vgl. Scrosati et al. (2010): *Lithium batteries: Status, prospects and future*, S. 2419ff.

[66] Vgl. Goodenough et al. (2010): *Challenges for Rechargeable Li Batteries*, S. 588f.

[67] Vgl. Verma et al. (2010): *A review of the features and analyses of the solid electrolyte interphase in Li-ion batteries*, S. 6332ff; Vgl. Yao et al. (2012): *Diffusion mechanism of lithium ion through basal plane of layered graphene*, S. 8646ff.

[68] Vgl. Peled et al. (2001): *Composition, depth profiles and lateral distribution of materials in the SEI built on HOPG-TOF SIMS and XPS studies*, S. 52ff; Vgl. Wu et al. (2002): *Modified natural graphite as anode material for lithium ion batteries*, S. 329ff; Vgl. Bar-Tow (1999): *A Study of Highly Oriented Pyrolytic Graphite as a Model for the Graphite Anode in Li-Ion Batteries*, S. 824.

[69] Vgl. Münnix (2017): *Einfluss von Stromstärke und Zyklentiefe auf graphitische Anoden*.

[70] Vgl. Verma et al. (2010): *A review of the features and analyses of the solid electrolyte interphase in Li-ion batteries*, S. 6332ff; Vgl. Aurbach et al. (2004): *Design of electrolyte solutions for Li and Li-ion batteries: A review*, S. 247ff.

lyt. Dieses erstmalig so benannte SEI-Modell bezieht sich dabei jedoch lediglich auf Alkali- und Erdalkalimetalle. Die Dicke der Schicht ist dabei abhängig von der Reichweite des Elektronen-Tunnels. Schon früh wurde dabei die Bedeutung der SEI für die spätere Performance der Batterie verdeutlicht[71]. FONG ET AL. erweiterten dieses Modell auf kohlenstoffbasierende Elektroden. Demnach entsteht die SEI nicht durch den erstmaligen Kontakt, sondern durch die erstmalige Entladung der Batteriezelle. Der dabei an der Anode freigegebene Graphit in Verbindung mit Lithium (LiC_6) reagiert mit dem Elektrolyten und bildet die SEI. So kommt es zu einem irreversiblen Lithium-Verlust in der Batteriezelle (vgl. Abbildung 2.3).

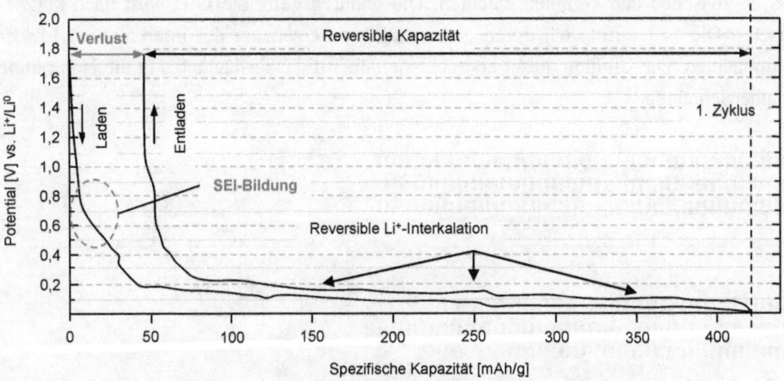

Abbildung 2.3: Kapazitätsverlust bei der ersten elektrischen Be- und Entladung[72]

Damit einhergehend können verschiedene irreversible und reversible Kapazitätsverluste während der ersten Be- und Entladung festgestellt werden. So kommt es zu irreversiblen Kapazitätsverlusten durch SEI-Bildung sowie Exfoliation der Graphitoberfläche und einem reversiblen Kapazitätsverlust durch die Lithium-Ionen-Interkalation. Der Kapazitätsverlust der SEI-Bildung bzw. die Menge der Elektrolytzersetzung pro Masseneinheit der Kathode ist dabei proportional zur spezifischen Oberfläche des Kohlenstoffs[73]. Unter dem Begriff der Exfoliation wird eine Co-Interkalation von Lösungsmittelmolekülen verstanden. Die Lösungsmittel setzen sich hierbei unter Gasentwicklung zwischen die Graphenschichten und drücken diese auseinander, sodass Risse entstehen können[74]. Eine Exfoliation kann durch Ethylencarbonat (EC) im Vergleich zu Propylencarbonat (PC) als Lösungsmittel reduziert bzw. verhindert werden.[75]

---

[71] Vgl. Peled (1979): *The Electrochemical Behavior of Alkali and Alkaline Earth Metals in Nonaqueous Battery Systems—The Solid Electrolyte Interphase Model*, S. 2047ff.

[72] Vgl. Wurm et al. (2013): *Anodenmaterialien für Lithium-Ionen-Batterien*, S. 50.

[73] Vgl. Fong et al. (1990): *Studies of Lithium Intercalation into Carbons Using Nonaqueous Electrochemical Cells*, 2009ff.

[74] Vgl. Aurbach et al. (1997): *Failure and Stabilization Mechanisms of Graphite Electrodes*, S. 2203.

[75] Vgl. Fong et al. (1990): *Studies of Lithium Intercalation into Carbons Using Nonaqueous Electrochemical Cells*, S. 2012.

BESENHARD ET AL. stellen entgegen den reinen Oberflächenreaktionen bei der Bildung der SEI die Elektrolytzersetzung als komplexes dreidimensionales Problem dar. Entsprechend dem Mechanismus, das Graphit Interkalationsverbindungen mit Lösungsmitteln (Graphite Intercalation Compound, GIC) eingehen kann[76], stellt Abbildung 2.4 den chemischen Prozess der SEI-Bildung nach BESENHARD ET. AL.[77] dar. In organischen polaren Lösungsmitteln werden Lithium-Ionen thermodynamisch als zusammengesetztes Molekül aus reinen Kationen mit Lösungsmitteln (Li(Lsgm.)xCy) bevorzugt. Das Lithium-Solvat wandert an die negativ polarisierte Oberfläche des Graphits, bevor eine Reduktion stattfindet. Dort angekommen interkaliert es zwischen den Graphenschichten. Die dadurch geformte GIC wird nach kurzer Zeit zersetzt. Die SEI formt sich durch eine reduktive Zersetzung der interkalierten Elektrolytkomponenten. Die Bildung dieser erstreckt sich über die Oberfläche bis in die Hohlräume der Graphenschichten.[78]

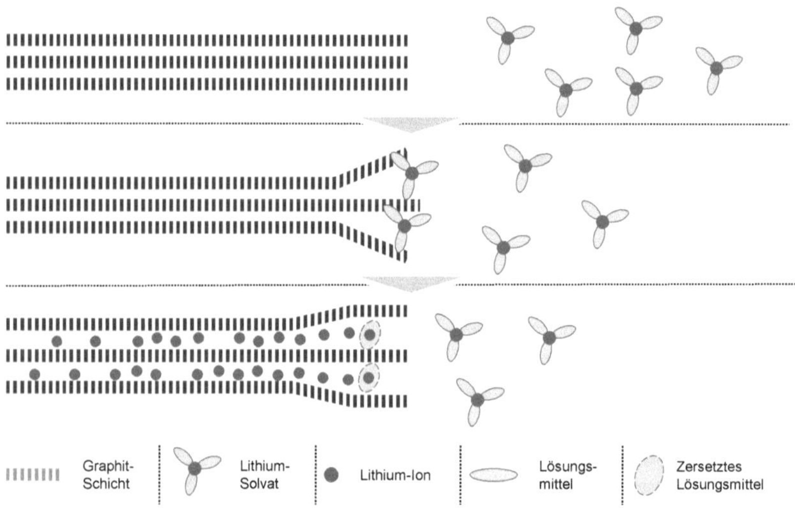

Abbildung 2.4: SEI-Bildung nach BESENHARD ET AL.[79]

Die Zersetzungsreihenfolge einsetzbarer Lösungsmittel wird bestimmt durch das Lowest Unoccupied Molecular Orbital (LUMO), anhand dessen die Eigenschaften des Lösungsmittels als guter Elektronenakzeptor ableitbar sind[80]. Bezogen auf ein fest definiertes Referenzsystem

---

[76] Vgl. Besenhard (1976): *The electrochemical preparation and properties of ionic alkali metal-and NR4-graphite intercalation compounds in organic electrolytes*, S. 111ff.

[77] Vgl. Besenhard et al. (1995): *Filming mechanism of lithium-carbon anodes in organic and inorganic electrolytes*, S. 230.

[78] Vgl. Besenhard et al. (1995): *Filming mechanism of lithium-carbon anodes in organic and inorganic electrolytes*, 228ff; Vgl. Winter et al. (1998): *Insertion Electrode Materials for Rechargeable Lithium Batteries*, S. 738.

[79] Vgl. Besenhard et al. (1995): *Filming mechanism of lithium-carbon anodes in organic and inorganic electrolytes*, S. 230.

[80] Vgl. Goodenough et al. (2010): *Challenges for Rechargeable Li Batteries*, 587ff.

werden kleinere Werte des LUMOs eines Lösungsmittels zuerst reduziert und fungieren damit als erste SEI-Schichtbilder. Abbildung 2.5 zeigt den Stabilitätsbereich des Elektrolyten bei verschiedenen Elektrodenmaterialien in Anlehnung an MÜNNIX[81], VERMA[82] und GOODENOUGH[83]. Der nutzbare Potentialbereich kann durch Reduktion (unterhalb des LUMO) oder durch Oxidation (oberhalb des HOMO) der Lösungsmittel des Elektrolyten eine stabile Deckschicht (SEI) ausbilden.

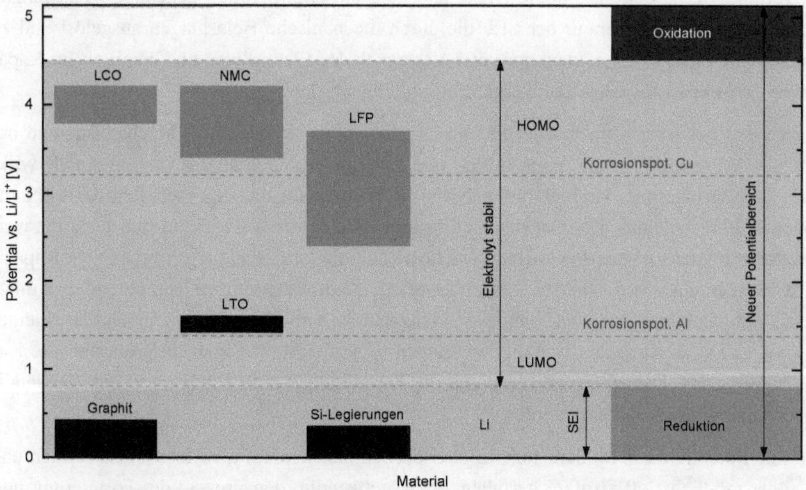

Abbildung 2.5: Stabilitätsbereich des Elektrolyten[84]

Aufgrund stabiler Deckschichten ist ein erweitertes Spannungsfenster nutzbar. Die hier angegebenen Spannungsbereiche der Materialien sind beispielhaft. Abweichungen je nach Spezifikation sind möglich. Das kommerziell eingesetzte zyklische Ethylencarbonat (EC) wird bei der Formierung durch Reduktion mit einem Elektron zu Lithium-Ethyl-Dicarbonat linearisiert, wobei dieses eine zellstabilisierende SEI ausbildet. Dahingegen führt der Einsatz von Propylencarbonat (PC) zu keiner stabilen Deckschicht. Propylencarbonat (PC) streift die Solvathülle um die Lithium-Ionen nicht ab, sondern co-interkaliert die Ionen der Solvathülle mit dem Lithium durch Aufbrechen der Graphenschichten (Exfoliation) in das Graphit ein[85]. Um trotz der Reduktion die Eigenschaften des Elektrolyten nicht zu ändern, werden Additive dem

[81] Vgl. Münnix (2017): *Einfluss von Stromstärke und Zyklentiefe auf graphitische Anoden*, S. 40.

[82] Vgl. Verma et al. (2010): *A review of the features and analyses of the solid electrolyte interphase in Li-ion batteries*, 6332ff.

[83] Vgl. Goodenough et al. (2010): *Challenges for Rechargeable Li Batteries*, S. 588.

[84] Vgl. Münnix (2017): *Einfluss von Stromstärke und Zyklentiefe auf graphitische Anoden*, S. 40; Vgl. Verma et al. (2010): *A review of the features and analyses of the solid electrolyte interphase in Li-ion batteries*, S. 6332; Vgl. Goodenough et al. (2010): *Challenges for Rechargeable Li Batteries*, S. 588.

[85] Vgl. Goodenough et al. (2010): *Challenges for Rechargeable Li Batteries*, 589f.

Elektrolytgemisch hinzugegeben, welche aufgrund ihres geringen LUMOs im Vergleich zu den Lösungsmitteln im Elektrolyten zur Bildung der SEI dienen[86].

Die Leitfähigkeit für Lithium-Ionen ist die wesentliche Eigenschaft der SEI, welche die Funktion der Lithium-Ionen-Batteriezelle sicherstellt. Durch eine gleichzeitige elektrisch-isolierende Eigenschaft wird die Reduzierung des Elektrolyten an der Anode auch nach Bildung der SEI verhindert. Um einen Austausch von Elektronen zwischen Anode und Elektrolyt zu verhindern, ist eine bestimmte Dicke und mechanische Stabilität gegenüber Belastungen notwendig[87]. Eine Reparatur der SEI, die durch mechanische Belastungen ausgelöst und zu einem Bruch führen kann, kann nur unter Verbrauch des Elektrolyten und damit einem Kapazitätsverlust beim nächsten Ladevorgang ermöglicht werden[88],[89]

Neben den positiven Effekten der SEI ist es notwendig, die negativen Mechanismen zu betrachten. Abgesehen vom Lösungsmittel- und Lithiumverbrauch an der Graphit-Anode wirkt sich die Verringerung der Elektrodenoberfläche negativ auf die Eigenschaften der Lithium-Ionen-Batteriezelle aus. Das verbrauchte Lösungsmittel sowie das Lithium stehen für die weitere Nutzung der Lithium-Ionen-Batteriezelle nicht mehr zur Verfügung, wodurch ein Kapazitätsverlust erzeugt wird. Um den Kapazitätsverlust möglichst gering zu halten, wird eine möglichst dünne, homogene und stabile SEI angestrebt. Um keine Anodenpotentiale kleiner 0 V vs. Li/Li^+ zu erzeugen, werden die Anoden bezüglich ihrer Kapazität größer als die Kathode ausgelegt. Kapazitätsverluste durch die Formierung der SEI müssen in der Anodendimensionierung einkalkuliert werden.[90]

Um die Potentiale der Lithium-Ionen-Batteriezellen bezogen auf die Materialien, Kosten und Qualität möglichst effizient zu gestalten, ist es notwendig, den Prozess der Formierung und die damit verbundenen Kapazitätsverluste vollumfänglich zu verstehen und zu beherrschen[91]. Insbesondere vor dem Hintergrund der Qualität ist sicherzustellen, dass sich eine geeignete SEI mit Bezug auf die Co-Interkalation der Ionen der Solvathülle vor Erreichen der Co-Interkalationspotentiale ausbildet.

---

[86] Vgl. Aurbach (2000): *Review of selected electrode–solution interactions which determine the performance of Li and Li ion batteries*, 206ff; Vgl. Aurbach et al. (2004): *Design of electrolyte solutions for Li and Li-ion batteries: A review*, 247ff; Vgl. Theil (2016): *Elektrolytalterung in Lithium-Ionen-Batterien*, S. 21.

[87] Vgl. Theil (2016): *Elektrolytalterung in Lithium-Ionen-Batterien*, 13ff.

[88] Vgl. Laresgoiti et al. (2015): *Modeling mechanical degradation in lithium ion batteries during cycling: Solid electrolyte interphase fracture*, S. 112ff.

[89] Vgl. Aurbach et al. (1997): *Failure and Stabilization Mechanisms of Graphite Electrodes*, S. 2203.

[90] Vgl. Münnix (2017): *Einfluss von Stromstärke und Zyklentiefe auf graphitische Anoden*, S. 8, 38-41.

[91] Vgl. Käbitz (2013): *Untersuchung der Alterung von Lithium-Ionen-Batterien mittels Elektroanalytik und elektrochemischer Impedanzspektroskopie*; Vgl. Münnix (2017): *Einfluss von Stromstärke und Zyklentiefe auf graphitische Anoden*; Vgl. Heimes et al. (2019): *The Effects of Mechanical and Thermal Loads during Lithium-Ion Pouch Cell Formation and Their Impacts on Process Time*, S. 2ff.

Die effiziente Ausbildung der SEI kann mittels der Stromdichte, der Temperatur und der daraus folgenden Überspannungen der Graphit-Anode beeinflusst werden[92]. Ebenfalls kann mittels einer mechanischen Verspannung der Lithium-Ionen-Batteriezellen während der Formierung ein positiver Effekt beobachtet werden[93]. Weitere Nebenreaktionen des Elektrolyten – parasitäre Reaktionen – sorgen für einen dauerhaften Lithiumverbrauch und somit für einen dauerhaften Kapazitätsverlust. Sie bestehen überwiegend aus den gleichen Reaktionen wie bei der Bildung der SEI, laufen jedoch kontinuierlich ab und werden durch lokale Zerstörungen (*cracks and repair theory*[94]) der SEI oder durch zu hohe Potentiale hervorgerufen, die durch nicht ausreichende elektrische Isolierung erklärt werden können[95]. Weitere Reaktionen dieses Typs sind thermische Zersetzungen des Leitsalzes[96] oder Reaktionen mit Wasser bei einer Undichtigkeit der Lithium-Ionen-Batteriezelle[97]. Im Fall einer Undichtigkeit können die gasförmigen Reaktionsprodukte (z. B. Fluorwasserstoff, HF) die anderen Komponenten aufgrund ihrer korrosiven Eigenschaften angreifen[98].

Neben den parasitären Reaktionen können thermodynamisch kontrollierte Reaktionen ohne Lithiumverbrauch beobachtet werden, die ohne direkten irreversiblen Lithiumverlust ablaufen[99]. Hierzu zählen Reaktionen, die mit Spuren von Wasser auftreten, sowie Folgereaktionen mit den Zersetzungsprodukten aus den parasitären Reaktionen mit Lithiumverlust[100].

Ein weiteres Phänomen ist die Disproportionierungsreaktion, bei der Übergangsmetall-Ionen, insbesondere Mangan (Mn)[101], aus der Elektrodenstruktur gelöst werden. Der damit einhergehende Verlust an Aktivmaterial führt zu einem Kapazitätsverlust der Kathode. Die zur Anode diffundierenden Mangan-Ionen können sich dort abscheiden, was zu einer Hemmung der SEI-

---

[92] Vgl. Blizanac et al. (2003): *Temperature effect on graphite KS44*, S. 119ff; Vgl. Chiang et al. (2006): *A Novel Dual-Current Formation Process for Advanced Lithium-Ion Batteries*, S. A423ff; Vgl. Ota et al. (2001): *TPD–GC/MS analysis of the solid electrolyte interface (SEI) on a graphite anode in the propylene carbonate/ethylene sulfite electrolyte system for lithium batteries*, S. 107ff; Vgl. Dollé et al. (2001): *In situ TEM study of the interface carbon/electrolyte*, S. 104ff; Vgl. Goers et al. (2011): *The influence of the local current density on the electrochemical exfoliation of graphite in lithium-ion battery negative electrodes*, S. 3799ff; Vgl. He et al. (2008): *Effects of Temperature on the Formation of Graphite/LiCoO2 Batteries*, S. A481ff; Vgl. Inaba et al. (2004): *Atomic Force Microscopy Study on the Stability of a Surface Film Formed on a Graphite Negative Electrode at Elevated Temperatures*, S. 1348ff; Vgl. Kulova (2004): *Effect of Temperature on Reversible and Irreversible Processes during Lithium Intercalation in Graphite*, S. 1052ff; Vgl. Lee et al. (2002): *The effect of electrolyte temperature on the passivity of solid electrolyte interphase formed on a graphite electrode*, S. 2333ff; Vgl. Märkle et al. (2011): *Morphology of the Solid Electrolyte Interphase on Graphite in Dependency on the Formation Current*, S. A1478ff; Vgl. Markovsky et al. (2003): *The study of capacity fading processes of Li-ion batteries: major factors that play a role*, S. 504ff.

[93] Vgl. Heimes et al. (2019): *The Effects of Mechanical and Thermal Loads during Lithium-Ion Pouch Cell Formation and Their Impacts on Process Time*, S. 2ff.

[94] Vgl. Laresgoiti et al. (2015): *Modeling mechanical degradation in lithium ion batteries during cycling: Solid electrolyte interphase fracture*, S. 112ff.

[95] Vgl. Theil (2016): *Elektrolytalterung in Lithium-Ionen-Batterien*, S. 18.

[96] Vgl. Theil (2016): *Elektrolytalterung in Lithium-Ionen-Batterien*, S. 18.

[97] Vgl. Aurbach et al. (2007): *Review on electrode–electrolyte solution interactions, related to cathode materials for Li-ion batteries*, S. 206ff.

[98] Vgl. Theil (2016): *Elektrolytalterung in Lithium-Ionen-Batterien*, S. 18f.

[99] Vgl. Theil (2016): *Elektrolytalterung in Lithium-Ionen-Batterien*, S. 18f.

[100] Vgl. Ravdel et al. (2003): *Thermal stability of lithium-ion battery electrolytes*, S. 805ff.

[101] Vgl. Hunter (1981): *Preparation of a new crystal form of manganese dioxide: łambda-MnO2*, S. 142ff; Vgl. Vetter et al. (2005): *Ageing mechanisms in lithium-ion batteries*, S. 269ff.

Bildung führen kann[102]. Weiter kann es bei geringen Mengen an H_2O-Verunreinigungen und Lithiumhexafluorophosphat ($LiFP_6$) zur Entstehung von Fluorwasserstoff (HF) kommen. Dadurch wird die Disproportionierungsreaktion beschleunigt und führt in Kombination mit manganhaltigen Elektroden zu einem starken Kapazitätsverlust der Lithium-Ionen-Batteriezelle[102].

Die Interkalation und Deinterkalation kann außerdem durch die Co-Interkalation von Anionen und Solvens entstehen. Hierbei werden fremde Ionen oder Moleküle in die Elektrodenstruktur interkaliert. Bei der Verwendung von $LiFP_6$ kann beispielsweise PF^-_6 co-interkalieren und damit starke strukturelle Änderungen hervorrufen und somit das Material nachhaltig zerstören[103]. Hierbei co-interkalieren neutrale Solvent-Moleküle und verhindern die weitere Interkalation und Deinterkalation von Lithium, da die Pfade im Kristallgitter durch die Moleküle ‚verstopft' werden. Ein Beispiel hierfür ist Propylencarbonat (PC) zusammen mit Graphitelektroden, bei der die Co-Interkalation von PC aber fast vollständig durch geeignete Additive wie zum Beispiel Lithiumbis(oxalato)borat (LiBOB) verhindert werden kann.[104]

Die Stabilität und Flexibilität der SEI ist somit entscheidend für die Lebensdauer der Batteriezelle. Bei unzureichender Stabilität kommt es nach der SEI-Bildung in den Folgezyklen zu weiteren Reduktionsreaktionen im Rahmen einer SEI-Nachbildung, sodass die Kapazität der Batteriezelle weiter abnimmt. Um die Kapazitätsverluste durch eine Langzeitzyklisierung zu vermeiden, benötigt die SEI neben einer ausreichenden Stabilität eine ausreichende Adhäsion zum Graphit, eine gute Dehnbarkeit sowie eine minimale Porosität[105], um die Volumenzunahme der Graphitpartikel während der reversiblen Lithium-Interkalation ohne Rissbildung zu überstehen[106]. Gleichzeitig sollte die SEI-Schicht möglichst dünn sein, um den Innenwiderstand der Lithium-Ionen-Zelle so gering wie möglich zu halten[107]. Somit zeigt sich, dass die Morphologie und die chemische Zusammensetzung der SEI verschiedene, teils gegensätzliche Ansprüche erfüllen müssen. Eine optimale SEI-Bildung scheint damit nahezu unmöglich. Jedoch lässt sich die SEI durch eine Reihe von Faktoren beeinflussen, deren Wirkungszusammenhänge näher untersucht werden müssen. Dazu zählen u. a. der Ladungs- und Entladungsstrom während der Formierung, die Temperatur, der Umgebungsdruck sowie die Elektrolytzusammensetzung in Form von Lösungsmitteln und Leitsalzen.

Additive

Grundsätzlich können Additive dem Elektrolyten hinzugegeben werden. Sie werden nach ihrer Funktion in zwei Arten unterschieden. SEI-Additive wirken der reduktiven Elektrolytzersetzung entgegen. Redox-Shuttle-Additive reduzieren die oxidative Elektrolytzerset-

---

102 Vgl. Theil (2016): *Elektrolytalterung in Lithium-Ionen-Batterien*, S. 19f.
103 Vgl. Theil (2016): *Elektrolytalterung in Lithium-Ionen-Batterien*, S. 20.
104 Vgl. Ravdel et al. (2003): *Thermal stability of lithium-ion battery electrolytes*, S. 805ff.
105 Vgl. Wood et al. (2015): *Prospects for reducing the processing cost of lithium ion batteries*, S. 236.
106 Vgl. Wurm et al. (2013): *Anodenmaterialien für Lithium-Ionen-Batterien*, S. 52.
107 Vgl. An et al. (2016): *The state of understanding of the lithium-ion-battery graphite solid electrolyte interphase (SEI) and its relationship to formation cycling*, S. 54.

zung[108]. In Bezug zu dieser Arbeit wird folgend auf die SEI-Additive und deren Funktion näher eingegangen.

SEI-Additive werden genutzt, um eine wirkungsvollere SEI zu bilden. Dazu werden gewisse Eigenschaften benötigt, welche im Einzelnen die chemische Stabilität im Elektrolyten, höheres Reduktionspotential als das Lösungsmittel und das Leitsalz (frühere Reaktion auf der Anode als der eigentliche Elektrolyt und somit Unterdrückung einer weiteren Zersetzung des Elektrolyten[109]), ausreichend hohe oxidative Stabilität (Vermeidung von unerwünschter Filmbildung auf der Kathode), Möglichkeit der Polymer-Bildung (oftmals positiver Effekt) und eine dem Lösungsmittel ähnliche funktionelle Gruppe (gute Löslichkeit im Elektrolyten) sind[110]. Mithilfe dieser Eigenschaften der SEI-Additive ist es möglich, die Eigenschaften der SEI – Diffusionswiderstand, chemische, mechanische und thermische Stabilität sowie Lithiumkonsum – positiv zu beeinflussen[111]. Vinylencarbonat (VC) wird bei Graphit-Anoden aufgrund der Bildung eines stabilen Films auf dem Graphit durch Polymerisation verwendet. Eine oxidative Polymerisation ist auch an der Kathode durch Reduktion des Vinylencarbonats (VC) durch andere Radikale vorstellbar[111].

Redox-Shuttle-Additive werden dem Elektrolyten zum Schutz vor oxidativer Elektrolytzersetzung an der Kathode beigefügt. Das geringere Oxidationspotential der Additive gegenüber dem Elektrolyten wird als Schutzmechanismus gewählt und entsprechend als Überladungsschutz ausgelegt, sodass im Normalbetrieb keine Reaktionen des Additivs ablaufen. Bei hohen Kathodenpotentialen, welche durch Überladung hervorgerufen werden, tritt die Oxidation der Additive ein.[111]

Separator

Der Separator besteht aus einer dünnen, porösen Struktur und nimmt nicht aktiv an den Reaktionen der Lithium-Ionen-Batteriezelle teil, ist aber maßgeblich für die Sicherheit verantwortlich[112]. Seine Hauptfunktionen sind die elektrische Isolation der Elektroden sowie die Durchlässigkeit für die Lithium-Ionen, welche über den Elektrolyten von Elektrode zu Elektrode wandern. Um eine möglichst hohe Leistungsdichte zu erzeugen, werden Separatoren möglichst dünn und porös ausgelegt. So werden eine gute ionische Leitfähigkeit und kürzere Diffusionswege bei notwendiger mechanischer Festigkeit gegenüber mechanischer Beschädigung und Durchwachsen von Lithium-Dendriten ermöglicht[113]. Gängige Materialien für Separatoren sind Polypropylen (PP) oder dreilagiges Polypropylen (PP) / Polyethylen (PE) / Polypropylen (PP). Bei dreilagigen Separatoren fungiert das Polyethylen (PE) im Fehlerfall durch

---

[108] Vgl. Theil (2016): *Elektrolytalterung in Lithium-Ionen-Batterien*, S. 21f.

[109] Vgl. Hamidah et al. (2019): *The understanding of solid electrolyte interface (SEI) formation and mechanism as the effect of flouro-o-phenylenedimaleimaide (F-MI) additive on lithium-ion battery*, S. 345ff.

[110] Vgl. Theil (2016): *Elektrolytalterung in Lithium-Ionen-Batterien*, S. 21; Vgl. Abe et al. (2004): *Additives-containing functional electrolytes for suppressing electrolyte decomposition in lithium-ion batteries*, S. 4613ff.

[111] Vgl. Theil (2016): *Elektrolytalterung in Lithium-Ionen-Batterien*, S. 21.

[112] Vgl. Schmalstieg (2017): *Physikalisch-elektrochemische Simulation von Lithium-Ionen-Batterien*, S. 13.

[113] Vgl. Schmalstieg (2017): *Physikalisch-elektrochemische Simulation von Lithium-Ionen-Batterien*, S. 13; Vgl. Zhang (2007): *A review on the separators of liquid electrolyte Li-ion batteries*, S. 351ff.

Aufschmelzen als Versiegelungsschicht, wodurch die poröse Struktur verschlossen wird. Neben den Kunststoffseparatoren werden keramische Separatoren verwendet, welche die Eigenschaften von flexiblen Polymeren und hydrophilen keramischen Beschichtungen vereinen. Keramische Separatoren zeichnen sich durch eine hohe thermische Stabilität und eine ausgezeichnete Elektrolytbenetzbarkeit aus[114].

Binder und Leitruße

Binder und Leitruße haben ebenfalls keine elektrochemische Funktion für die Lithium-Ionen-Batteriezelle und sind damit inaktive Komponenten der Elektrode. Das Leitruß dient in den Elektroden der Erhöhung der Leitfähigkeit innerhalb der Elektrodenstrukturen[115], da die intrinsische Leitfähigkeit der Kathodenmaterialien sehr gering ist[116]. Der Binder andererseits sorgt für den Zusammenhalt der Elektrode. Explizit hält er die einzelnen Partikel der Aktivmaterialien der Elektroden zusammen und gewährleistet eine gute Haftung der Elektrodenstruktur auf der Ableiterfolie[117]. Häufig wird für den Binder Polyvinylidendifluorid (PVDF) verwendet, allerdings ist dieses nicht wasserlöslich, weshalb N-Methyl-2-pyrrolidon (NMP) als Lösungsmittel verwendet wird[118]. Aus Kosten- und Umweltschutzgründen werden Carboxymethylcellulose (CMC)[119] und Polyacrylsäure (PAA)[120] in der Forschung untersucht, um Wasser als Lösungsmittel einzusetzen.

Stromableiterfolie

Ein weiteres Bauelement ist der Stromableiter der Elektrode, welcher einerseits der Stromableitung innerhalb der Zelle und andererseits als Substratfolie der Elektrodenbeschichtung dient. Da die Ableiter nur für den Elektronentransport zuständig sind und nicht für die Energiespeicherung, sind diese hinsichtlich gravimetrischer sowie volumetrischer Energiedichte und aus Kostengründen möglichst dünn zu wählen. Üblicherweise kommen Metallfolien mit Dicken zwischen 6 µm und 20 µm zum Einsatz. Im Wesentlichen wird die Dicke durch die produktionstechnischen Anforderungen im Rolle-zu-Rolle-Prozess bestimmt. Neben der Anforderung an das Gewicht muss die Metallfolie elektrochemisch stabil sein sowie eine gute elektrische und mechanische Kontaktierung zwischen Aktivmaterial und Folie ermöglichen. Hierbei wird für die Kathode auf Aluminium zurückgegriffen. Dies bietet den Vorteil einer Passiervierung aus Aluminiumfluorid an der Kathode bei Verwendung von $LiFP_6$ als Elektro-

---

114 Vgl. Schmalstieg (2017): *Physikalisch-elektrochemische Simulation von Lithium-Ionen-Batterien*, S. 13; Vgl. Zhang (2007): *A review on the separators of liquid electrolyte Li-ion batteries*, S. 351ff.

115 Vgl. Schmalstieg (2017): *Physikalisch-elektrochemische Simulation von Lithium-Ionen-Batterien*, S. 13.

116 Vgl. Costard (2018): *Einfluss von Mikrostruktur und Materialparametern auf die Leistungsfähigkeit poröser Elektroden für Lithium-Ionen Batterien*, S. 10.

117 Vgl. Schmalstieg (2017): *Physikalisch-elektrochemische Simulation von Lithium-Ionen-Batterien*, S. 13.

118 Vgl. Schmalstieg (2017): *Physikalisch-elektrochemische Simulation von Lithium-Ionen-Batterien*, S. 13.

119 Vgl. Lux et al. (2010): *Low Cost, Environmentally Benign Binders for Lithium-Ion Batteries*, S. A320ff.

120 Vgl. Cai et al. (2009): *Preparation and performances of LiFePO4 cathode in aqueous solvent with polyacrylic acid as a binder*, S. 547ff.

lyt[121], was eine gute Stabilität bei hohen Potentialen gewährleistet. Auf der Anodenseite wird Kupfer aufgrund des Potentialunterschieds zu Aluminium genutzt[122].

2.1.3 Funktionsweise einer Lithium-Ionen-Batteriezelle

Function of a lithium-ion battery cell

Die Funktionsweise und damit das elektrische Laden und Entladen der Lithium-Ionen-Batterie wird durch eine Interkalation sowie eine Deinterkalation von Lithium-Ionen in und aus einem Wirtsgitter – der Gitterstruktur der Elektroden – hervorgerufen. Im Gegensatz zu anderen Batterietechnologien findet keine Metallabscheidung bzw. -auflösung statt und der Elektrolyt nimmt hierbei nicht an der aktiven Redoxreaktion teil und fungiert ausschließlich als Ionenleitung. Die Einlagerung von Li^+-Ionen in die Kristallstruktur der Elektrodenmaterialien wird im Fall der Lithium-Ionen-Batteriezelle als Insertion bezeichnet. Wird von dem entladenen Zustand (SOC 0,00 %) gesprochen, ist die Anode lithiumfrei und die Kathode vollständig insertiert. Der Ladevorgang der Lithium-Ionen-Batteriezelle entspricht einer vorgegebenen Reihenfolge, bei der jeweils ein Elektron von den Lithiumatomen abgegeben wird. Dieses löst sich als Li^+-Ion im Elektrolyten und diffundiert zur Anode, wo es durch Aufnahme eines Elektrons insertiert. Beim Entladen verlaufen die Reaktionen in umgekehrter Richtung. Es besteht eine Spannungsdifferenz beim Laden und Entladen der Lithium-Ionen-Batterie. Diese gewährleistet beim Entladen den Stromfluss und muss beim Laden überwunden werden. Sie entsteht durch die unterschiedlichen Potentiale der Redox-Reaktionen auf Anoden- und Kathodenseite.[123]

Die chemischen Reaktionen an den Elektroden werden in Formel 2-1 und 2-2 für eine Lithium-Ionen-Batteriezelle mit Graphit-Anode und einer Lithium-Nickel-Mangan-Kobaltoxid-(NMC)-Kathode gezeigt:

$$Li_xC_6 \underset{laden}{\overset{entladen}{\rightleftharpoons}} xLi^+ + C_6 + xe^- \qquad \text{2-1}$$

$$Li_{(1-x)}Ni_{0.6}Mn_{0.2}Co_{0.2}O_4 + xLi^+ + xe^- \underset{laden}{\overset{entladen}{\rightleftharpoons}} LiNi_{0.6}Mn_{0.2}Co_{0.2}O_4 \qquad \text{2-2}$$

Die Lithiumatome geben, wie in Formel 2-2 beschrieben, beim Laden der Lithium-Ionen-Batteriezelle in der Gitterstruktur der Kathode jeweils ein Elektron ab, lösen sich daraufhin als positiv geladenes Lithium-Ion (Li^+-Ion) im Elektrolyten und diffundieren zur gegenüberliegenden Anode. Dort angekommen werden diese, wie in Formel 2-1 beschrieben, unter Aufnahme eines Elektrons in die Gitterstruktur der Anode eingelagert. Beim Entladen läuft dieser Prozess in umgekehrter Reihenfolge ab. Die hohe Zyklenzahl und Lebensdauer erreicht die Lithium-Ionen-Technologie durch das Ein- bzw. Auslagern des Lithiums (Li) in bzw. aus

---

[121] Vgl. Käbitz (2013): *Untersuchung der Alterung von Lithium-Ionen-Batterien mittels Elektroanalytik und elektrochemischer Impedanzspektroskopie*, S. 38.

[122] Vgl. Schmalstieg (2017): *Physikalisch-elektrochemische Simulation von Lithium-Ionen-Batterien*, S. 6f; Vgl. Myung et al. (2011): *Electrochemical behavior and passivation of current collectors in lithium-ion batteries*, S. 9891ff.

[123] Vgl. Theil (2016): *Elektrolytalterung in Lithium-Ionen-Batterien*, S. 5; Vgl. Winter et al. (1998): *Insertion Electrode Materials for Rechargeable Lithium Batteries*, S. 725ff.

der Elektrodenstruktur, ohne aktive Teilnahme der anderen Elektrodenmaterialien an der Reaktion.[124]

Bei der reversiblen Interkalation des Lithiums zwischen den Graphenschichten der Anode werden die schwachen Van-der-Waals-Kräfte überwunden[125]. Um ein Lithiumatom zu speichern, benötigt es sechs Kohlenstoffatome. Das Sicherheitsverhalten von Graphit ist im Gegensatz zu metallischem Lithium gut, da das eingelagerte Lithium nicht mehr im metallischen Zustand vorliegt[126]. Hierbei verläuft die Lithiuminterkalation aus thermodynamischen Gründen über eine Reihe diskreter Lithium-Graphit-Phasen, welche durch eine regelmäßige Stapelfolge von Lithium- und Graphenschichten charakterisiert sind[127]. Dieser Effekt, bei dem sich einige Ebenen zuerst voll besetzen, wird durch eine energetisch günstigere Verteilung im Gegensatz zu einer statistischen Lithiumverteilung im Graphitkristall hervorgerufen[128]. Hierbei werden die Anzahl der Graphenschichten zwischen zwei Lithiumschichten als Stufen (engl. *Stage*) beschrieben. Als gängiges Modell zur Anordnung des Lithiums im Graphit wird das DAUMAS-HÉROLD-Modell angenommen[129], welches von der lateralen Verteilung und zusätzlich einer vertikalen Verteilung ausgeht[130]. In Abbildung 2.6 ist die Verteilung des Lithiums im Graphit während des Interkalationprozesses dargestellt[131].

Aufgrund der Ausführungen kann bei der Interkalation des Lithiums in die Graphitstruktur von einer volumetrischen Expansion der Anode von bis zu 10,00 % zwischen ungeladenem und geladenem Zustand ausgegangen werden. Eine beispielhafte Ausdehnungskurve einer Graphitelektrode bei Lithiierung (Ladezustand Li_xC_6) inklusive der Stufen wird in Abbildung 2.7 dargestellt[132]. Dilatometriedaten der porösen Graphit-Elektrode nach HAHN[132] wurden aus KÄBITZ[133] rekonstruiert. Die Phasenzuteilung erfolgte entsprechend nach MÜNNIX[134]. Nach KÄBITZ[135] zeigen die von SIEGEL ET AL.[136] untersuchten LFP-Graphit-Batteriezellen während

---

[124] Vgl. Winter et al. (1998): *Insertion Electrode Materials for Rechargeable Lithium Batteries*, S. 725ff.

[125] Vgl. Azuma et al. (1999): *Advanced carbon anode materials for lithium ion cells*, S. 2ff; Vgl. Winter et al. (1998): *Insertion Electrode Materials for Rechargeable Lithium Batteries*, S. 725ff; Vgl. Franklin (1951): *Crystallite growth in graphitizing and non-graphitizing carbons*, S. 196ff.

[126] Vgl. Costard (2018): *Einfluss von Mikrostruktur und Materialparametern auf die Leistungsfähigkeit poröser Elektroden für Lithium-Ionen Batterien*, S. 8f.

[127] Vgl. German (2015): *Untersuchungen zur SEI-Bildung und Optimierung der Formation an Lithium-Ionen Voll- und Halbzellen*, S. 9f.

[128] Vgl. German (2015): *Untersuchungen zur SEI-Bildung und Optimierung der Formation an Lithium-Ionen Voll- und Halbzellen*, S. 9f.

[129] Vgl. Sethuraman et al. (2010): *Surface structural disordering in graphite upon lithium intercalation/deintercalation*, S. 3655ff.

[130] Vgl. Münnix (2017): *Einfluss von Stromstärke und Zyklentiefe auf graphitische Anoden*, S. 34f.

[131] Vgl. Münnix (2017): *Einfluss von Stromstärke und Zyklentiefe auf graphitische Anoden*, S. 35.

[132] Vgl. Hahn et al. (2008): *A Dilatometric Study of Lithium Intercalation into Powder-Type Graphite Electrodes*, S. A151ff.

[133] Vgl. Käbitz (2013): *Untersuchung der Alterung von Lithium-Ionen-Batterien mittels Elektroanalytik und elektrochemischer Impedanzspektroskopie*, S. 1ff.

[134] Vgl. Münnix (2017): *Einfluss von Stromstärke und Zyklentiefe auf graphitische Anoden*, S. 1ff.

[135] Vgl. Käbitz (2013): *Untersuchung der Alterung von Lithium-Ionen-Batterien mittels Elektroanalytik und elektrochemischer Impedanzspektroskopie*, S. 1ff.

[136] Vgl. Siegel et al. (2013): *Expansion of Lithium Ion Pouch Cell Batteries: Observations from Neutron Imaging*, S. A1031ff.

der Zyklisierung vergleichbare Verläufe aufgrund des geringen Einflusses der LFP-Elektroden.

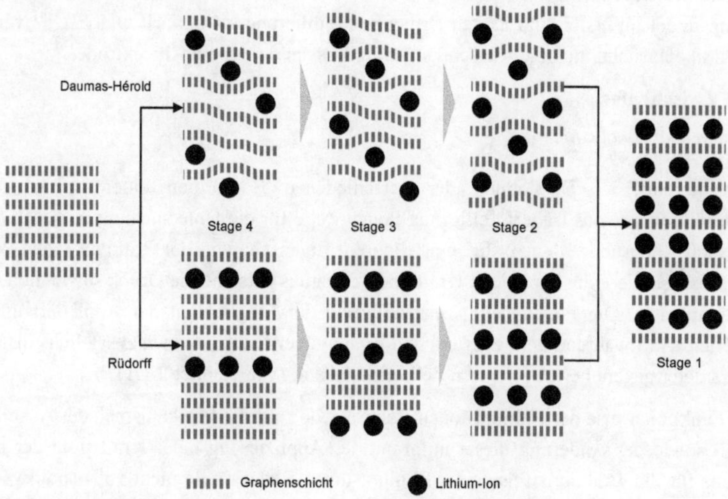

Abbildung 2.6: Interkalationsmodell nach DAUMAS-HÉROLD und RÜDORFF[137]

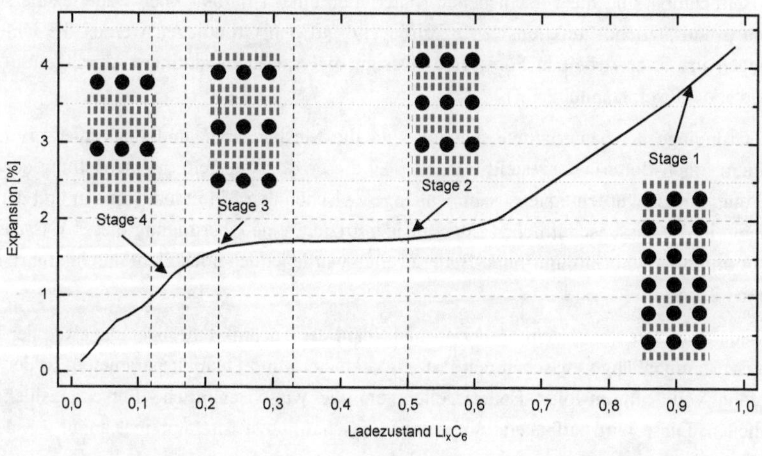

Abbildung 2.7: Vergleich der Lithiierungsphasen mit der Expansion von Graphit[138]

[137] Vgl. Münnix (2017): *Einfluss von Stromstärke und Zyklentiefe auf graphitische Anoden*, S. 35.
[138] Vgl. Hahn et al. (2008): *A Dilatometric Study of Lithium Intercalation into Powder-Type Graphite Electrodes*, S. A151ff.

Das Plateau bei einer Lithium-Konzentration zwischen 0,33 und 0,50 (Stufe 2L-2, für nähere Erläuterung der Stufen siehe MÜNNIX[139]) lässt sich nach HEß[140] darauf zurückführen, dass sich in diesem Stufenbereich die Graphenlagenabstände nicht weiter ändern. Die wesentliche Ausdehnung findet im ersten und letzten Drittel der Lithiierung statt. Nach QI ET AL.[141] verursachen Partikelausdehnung eine Ausdehnung und Stress in der Kompositelektrode.

2.1.4 Zwischenfazit

Interim conclusion

Aufbauend auf der Darstellung der verschiedenen Bauformen einer Lithium-Ionen-Batteriezelle wurde das Batteriezellformat Pouch-Zelle für die Untersuchung in dieser Arbeit ausgewählt. Zugrunde liegen die einstellbaren Eigenschaften der Lithium-Ionen-Pouch-Zellen, insbesondere die applizierte Kraft und der daraus entstehende Druck sowie die Umgebungstemperatur. Die Pouch-Zelle weist aufgrund der Möglichkeit der Applizierung einer definierten Kraft während der Fertigung und während der Nutzung einen zusätzlich einstellbaren Parameter gegenüber den anderen Zellformaten auf. (vgl. Kapitel 2.1.1)

In der Funktionsweise der Lithium-Ionen-Batteriezelle sind die Mechanismen der Ausbildung der SEI sowie der Änderung dieser aufgrund der Applizierung einer Kraft trotz der hohen Relevanz für die Funktionsweise einer Lithium-Ionen-Batteriezelle nicht vollständig verstanden. Aufgrund der Relevanz wurden in Kapitel 2.1.2 die Erkenntnisse in Bezug auf diese Grenzschicht im Abschnitt „Solid-Electrolyte-Interphase (SEI)" im Detail erläutert. Teil dieser Betrachtung sind die verschiedenen Materialien einer Lithium-Ionen-Batteriezelle sowie deren grundsätzliche Funktionsweise. Aufbauend auf den Grundlagen werden die Untersuchungen in dieser Arbeit in Form eines Design of Experiment definiert, durchgeführt und ausgewertet. (vgl. Kapitel 2.1.2)

Als Grundlage der Materialuntersuchung sind die Mechanismen und Funktionsweisen der Lithium-Ionen-Batterie dargestellt worden. Teil dieser Analyse stellt die Darstellung der Formierung dar. Es wurden erste Zusammenhänge zwischen den Lithiierungsphasen und der Expansion in der wissenschaftlichen Literatur identifiziert, eine Übertragung dieses Wissens auf die Formierung von Lithium-Ionen-Batteriezellen wurde jedoch noch nicht durchgeführt. (vgl. Kapitel 2.1.3)

Es bedarf aufbauend auf dem beschriebenen Stand der Technik einer Detailanalyse der Wirkungszusammenhänge zwischen den Prozessparametern und Qualitätsparametern in der Formierung von Lithium-Ionen-Batteriezellen, um die wissenschaftliche Forschungslücke zu schließen. Diese wird aufbauend auf der wissenschaftlichen Literatur in Kapitel 2.5 dargestellt.

---

[139] Vgl. Münnix (2017): *Einfluss von Stromstärke und Zyklentiefe auf graphitische Anoden*, S. 1ff.
[140] Vgl. Hess (2013): *Kinetics and stage transitions of graphite for lithium-ion batteries*, S. 1ff.
[141] Vgl. Qi et al. (2010): *In Situ Observation of Strains during Lithiation of a Graphite Electrode*, A. A741ff.

2.2 Herstellung einer Lithium-Ionen-Batteriezelle

Production of a lithium-ion battery cell

Aufbauend auf dem Grundverständnis zur Lithium-Ionen-Batteriezelle hinsichtlich der verwendeten Materialien und der Funktionsweise wird folgend in Kapitel 2.2 die Herstellung dieser dargestellt. Zudem werden die wesentlichen Herausforderungen der Lithium-Ionen-Batteriezellproduktion analysiert. Um Optimierungsmaßnahmen zu identifizieren, wird ein Gesamtüberblick über die Prozesskette der Lithium-Ionen-Batteriezellproduktion gegeben. Darauf aufbauend wird spezifisch auf die Finalisierung der Lithium-Ionen-Batteriezellproduktion eingegangen und die damit verbundenen Prozessschritte sowie die Prozess- und Qualitätsparameter werden dargestellt. Im Rahmen dieser Untersuchung wird abschließend das theoretische Defizit auf Gesamtprozesskettenebene identifiziert. Das theoretische Defizit auf Prozessebene wird in Kapitel 2.5.2 infolge der Prozessparameteruntersuchung dargestellt.

In der Gesamtwertschöpfungskette der Lithium-Ionen-Batterien lässt sich die Herstellung der Lithium-Ionen-Batteriezelle wie in Abbildung 2.8 gezeigt einordnen. Die Herstellung der Lithium-Ionen-Batteriezelle wird in drei Hauptteilschritte untergliedert. Folgend werden die Elektrodenfertigung (Kapitel 2.2.1), die Assemblierung (Kapitel 2.2.2) sowie die Finalisierung (Kapitel 2.2.3) einer Lithium-Ionen-Batteriezelle erläutert.

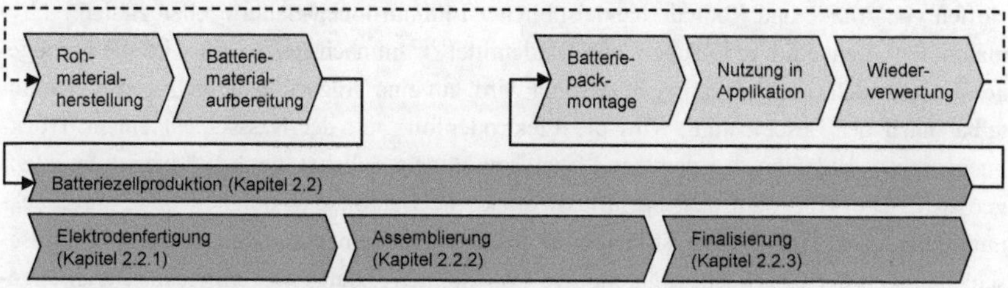

Abbildung 2.8: Herstellung von Batteriezellen in der Gesamtwertschöpfungskette

In der folgenden Betrachtung wird die Lithium-Ionen-Batterie-Pouch-Zelle (s. S. 19) fokussiert. Die Betrachtung der Rundzelle/zylindrischen Lithium-Ionen-Batteriezelle (*round/cylindrical cell*) und der prismatischen Lithium-Ionen-Batteriezelle (*prismatic cell*) wird aufbauend auf der Erklärung im Kapitel 2.1.1 und Kapitel 2.4.1 nachfolgend nicht durchgeführt. Zugrunde liegen die Eigenschaften der Batteriezelle und der im Forschungsprojekt OZF[142] vorhandenen Testzellen.

[142] Förderkennzeichen: 03XP0071B.

2.2.1 Elektrodenfertigung einer Lithium-Ionen-Batteriezelle

Electrode production of a lithium-ion battery cell

Die Elektrodenfertigung besteht im Gegensatz zu der Assemblierung und der Finalisierung überwiegend aus bahnförmigen Prozessen. Sie dient der Herstellung der Elektroden und umfasst die Teilschritte Mischen der Aktivmaterialien (Anode und Kathode), Beschichten der Aktivmaterialien auf den Trägermaterialien (Kupfer- bzw. Aluminiumfolie), Trocknen des Aktivmaterials, Kalandrieren/Verdichten der Elektroden sowie Zuschneiden/Slitting der Mutterrollen in Tochterrollen (vgl. Abbildung 2.9).[143]

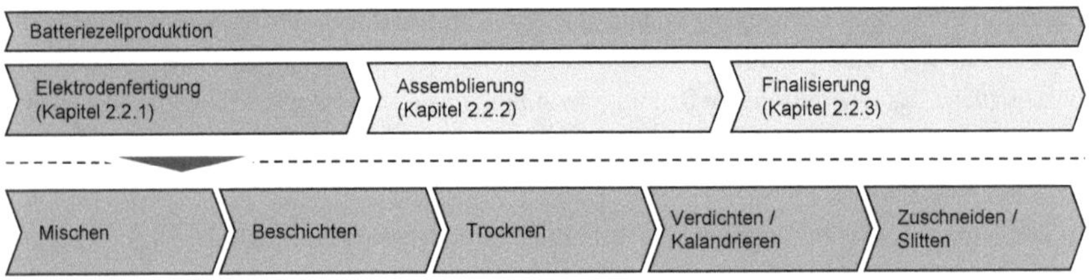

Abbildung 2.9: Prozessübersicht der Elektrodenfertigung von Lithium-Ionen-Batteriezellen

Während des Mischens werden die Ausgangsstoffe (vgl. Kapitel 2.1.2) durch Energieeintrag mittels eines Mischwerkzeugs zu einer homogenen Masse verbunden[144]. Zu den Ausgangsstoffen von Anode und Kathode handelsüblicher Lithium-Ionen-Batteriezellen zählen Aktivmaterialien, Leitadditive, Lösungs- und Bindemittel[145]. Im nächsten Schritt wird die homogene Masse, welche auch als Slurry bezeichnet wird, auf eine Trägerfolie aufgetragen[146]. Unmittelbar nach der Beschichtung wird die Elektrodenfolie mit der Nassschicht einem Trocknungsprozess zugeführt, bei dem das Lösungsmittel dem Substrat durch Wärmezufuhr entzogen wird. Die Trocknungszeit beeinflusst direkt die Bahngeschwindigkeit bzw. die Trocknungslänge. Der Trockenofen ist hierbei in verschiedene Temperaturzonen unterteilt, um Beschädigungen der Oberfläche während des Trocknungsvorgangs zu vermeiden. Daran angeschlossen wird die Beschichtung gezielt in einem Kalander durch mehrere Walzenpaare komprimiert, um eine definierte Porosität zu erzeugen[147]. Mithilfe eines Slitters werden die Mutterrollen anschließend in dünnere Bahnen (Tochterrollen) geschnitten, um diese folgend in der Assemblierung verarbeiten zu können[148].

---

[143] Vgl. Kampker et al. (2018): *Produktionsprozess einer Lithium-Ionen-Batteriezelle*, S. 3.

[144] Vgl. Kwade et al. (2011): *Mechanische Verfahrenstechnik*, S. N7f.

[145] Vgl. Zheng et al. (2012): *Correlationship between electrode mechanics and long-term cycling performance for graphite anode in lithium ion cells*, S. 531.

[146] Vgl. Kampker et al. (2018): *Produktionsprozess einer Lithium-Ionen-Batteriezelle*, S. 4.

[147] Vgl. Knoche (2012): *Herstellung von Lithium-Ionen-Zellen: Vom Grundmaterial bis zur Rolle*, S. 50; Vgl. Zheng et al. (2012): *Calendering effects on the physical and electrochemical properties of Li[Ni1/3Mn1/3Co1/3]O2 cathode*, S. 52.

[148] Vgl. Bolt et al. (2000): *Prediction of shape aberrations due to punching, shearing and slitting*, S. 90.

2.2.2 Assemblierung einer Lithium-Ionen-Batteriezelle

Assembly of a lithium-ion battery cell

Bei der Assemblierung der erzeugten Elektroden geht es um die reine Montage der Lithium-Ionen-Batteriezelle zu einem abgeschlossenen Produkt, welches dann in der Finalisierung elektrisch aktiviert werden kann. Teil der Assemblierung sind das Vakuumtrocknen, das Vereinzeln/Stanzen, wobei die Elektrodenrollen in Elektrodensheets gebracht werden, das Stapeln bzw. Wickeln bei Rundzellen und prismatischen Batteriezellen, das Kontaktieren dieser Elektroden sowie das Einbringen in ein Gehäuse und die Befüllung mit dem Elektrolyten (vgl. Abbildung 2.10).

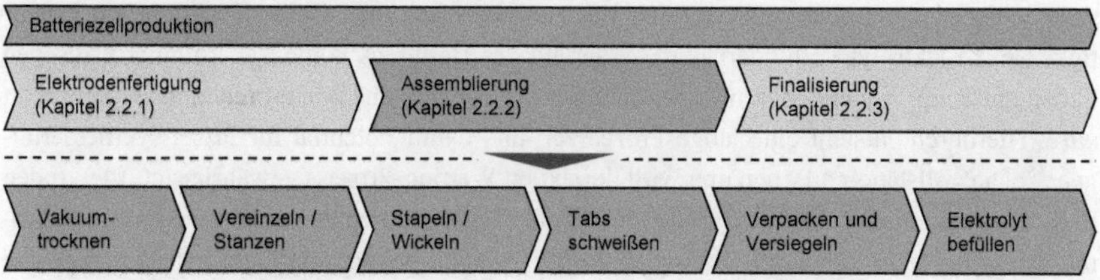

Abbildung 2.10: Prozessübersicht der Assemblierung von Lithium-Ionen-Batteriezellen

Das Vakuumtrocknen bildet den ersten Teilprozess der Assemblierung und wird in den meisten Fällen auch zur Assemblierung gezählt, da im Falle einer räumlichen Trennung der Elektrodenfertigung und der Assemblierung in jedem Fall ein Vakuumtrocknungsvorgang bei der Assemblierung notwendig ist. Der Vakuumtrocknungsprozess dient der Reduzierung der Restfeuchte im Material und wird mithilfe von Vakuumtrocknungsöfen realisiert, in denen die Tochterrollen platziert werden[149]. Anschließend findet das Vereinzeln/Stanzen statt, welches der Fertigung von Anoden- und Kathodensheets dient, die mittels Scher- oder Laserschnitt aus den Tochterrollen erzeugt werden[150]. Während prismatische und zylindrische Zellen gewickelt werden, erfolgt bei Pouch-Zellen nach dem Vereinzeln der Teilprozess Stapeln. Prismatische Zellen werden teilweise auch gestapelt. Hierbei werden die einzelnen Anoden- und Kathodensheets sowie die Separatorfolie alternierend gestapelt. Für das Stapeln kann entweder das Z-Folding oder das Single-Sheet-Verfahren[151] gewählt werden. Beim Z-Folding werden die Anoden- und Kathodensheets seitlich in die z-förmig gefaltete Separatorbahn gelegt. Dahingegen ist der Separator im Single-Sheet-Verfahren ebenfalls vereinzelt und wird gemeinsam mit Kathoden- und Anodensheets abwechselnd gestapelt[152]. Vor dem Einbringen in die Verpackung werden die gestapelten Elektrodenblätter, welche einen unbeschichteten

---

[149] Vgl. Kaiser et al. (2014): *Prozess- und Produktentwicklung von Elektroden für Li-Ionen-Zellen*, S. 703f.

[150] Vgl. Kronthaler et al. (2012): *Laser Cutting in the Production of Lithium Ion Cells*, S. 215; Vgl. Reinhart et al. (2013): *Research and Demonstration Center for the Production of Large-Area*, S. 4.

[151] Vgl. Schormann et al. (2005): *Stapel aus abwechselnd übereinander gestapelten und fixierten separatoren und elektroden für li-akkumulatoren*.

[152] Vgl. Pettinger et al. (2018): *Lithium-ion cell and battery production processes*, S. 215ff.

Randbereich besitzen[153], zunächst mit den Kontaktfahnen (Tabs) verschweißt[154]. Bei einer gestapelten Pouch-Zelle besteht das Gehäuse aus einer tiefgezogenen Kunststoff-Aluminium-Kunststoff-Verbundfolie. Während die Aluminiumschicht der Wasserdampfdiffusionssperre dient, werden die Kunststofffolien mit unterschiedlichen Schmelzpunkten stoffschlüssig versiegelt. Die Elektrolytbefüllung umfasst die Hinzugabe eines flüssigen Elektrolyten in die zusammengebaute Pouch-Zelle sowie dessen Eindringen in die porösen Separator- und Elektrodenschichten (Wetting). Dabei wird der Elektrolyt mithilfe einer Nadel unter Vakuum in die Zelle gefüllt. Aufgrund des Vakuums werden die vorhandenen Gase aus der Batteriezelle entfernt und Elektrolyt kann in die Poren eindringen. Wegen der hohen Gefahr der Kontamination des Zellinneren mit Feuchtigkeit und daraus folgenden Reaktionen besteht eine hohe Relevanz in der sicheren Durchführung des Vakuumprozesses, sodass eine Reaktion von Feuchtigkeit mit Elektrolyt verhindert wird. Während des Befüllens kommt es zu einer kritischen Schaumbildung, welche durch mehrmalige zwischenzeitliche Unterbrechungen gemindert wird. Hierdurch entsteht eine lange Prozesszeit und damit Potential für Prozessverbesserungen[155]. Die vollständige Benetzung wird durch den Wetting-Prozess gewährleistet. Elektroden bzw. Aktivmaterialien besitzen große Oberflächen infolge ihrer Porosität. Diese Oberflächen müssen vollständig von der Elektrolytflüssigkeit benetzt werden, da nicht benetzte Bereiche keine Ladungen austauschen können und somit inaktiv sind[156]. Insbesondere für die Ausbildung einer stabilen Solid-Electrolyte-Interphase (SEI) – vgl. Kapitel 2.1.2 – ist der Wetting Prozess von großer Bedeutung, um die Reaktion zwischen Aktivmaterialien und Elektrolyt für die SEI-Bildung zu ermöglichen[157]. Die Benetzung erfolgt dabei anhand von Kapilarkräften und kann unter Vakuum zwischen 12 und 24 Stunden[158] andauern. Die Elektrolytbefüllung und somit auch die Zellassemblierung wird durch das Verschließen der Zelle unter Vakuum abgeschlossen[159].

2.2.3 Finalisierung einer Lithium-Ionen-Batteriezelle

Battery cell finalisation of a lithium-ion battery cell

Als letztes Prozesscluster in der Batteriezellproduktion erfolgt nach der Assemblierung die Finalisierung der Lithium-Ionen-Batteriezelle. Während sie im Verlauf der gesamten Assemblierung elektrisch ungeladen bleibt, bezeichnet die Formierung, als Teilschritt des Prozessclusters Finalisierung, den ersten elektrischen Ladevorgang der Lithium-Ionen-Batteriezelle[160]. Im Gegensatz zur Elektrodenfertigung, bei der überwiegend Rolle-zu-Rolle-Prozesse genutzt werden, und der Assemblierung, bei der stark auf Montageprozesse zurückgegriffen wird, wird bei der Finalisierung mithilfe von Potentiostaten die Lithium-Ionen-

[153] Vgl. Kronthaler et al. (2012): *Laser Cutting in the Production of Lithium Ion Cells*, S. 216.
[154] Vgl. Reinhart et al. (2013): *Research and Demonstration Center for the Production of Large-Area*, S. 5.
[155] Vgl. Michaelis et al. (2016): *Roadmap Batterie-Produktionsmittel 2030 - Update 2016*, S. 51.
[156] Vgl. Michaelis et al. (2016): *Roadmap Batterie-Produktionsmittel 2030 - Update 2016*, S. 51.
[157] Vgl. Wood et al. (2015): *Prospects for reducing the processing cost of lithium ion batteries*, S. 236.
[158] Vgl. Wood et al. (2015): *Prospects for reducing the processing cost of lithium ion batteries*, S. 236.
[159] Vgl. Pettinger et al. (2018): *Lithium-ion cell and battery production processes*, S. 242f.
[160] Vgl. Pettinger et al. (2018): *Lithium-ion cell and battery production processes*, S. 243.

Batteriezelle elektrisch geladen und entladen, um chemische Prozesse auszulösen, die die Funktion der Lithium-Ionen-Batteriezelle ermöglichen (vgl. Kapitel 2.1.3). Hierbei handelt es sich nicht um festgelegte Prozessrouten wie in der Elektrodenfertigung und Assemblierung, sondern um Prozessschritte, die sinnvoll miteinander verknüpft werden, sowie deren Prozessparameter, welche durch die Nutzer analysiert und festgelegt werden. In der Industrie existieren verschiedene Prozessrouten und Prozessparameter, die den Unique Selling Point (USP) des Batteriezellherstellers darstellen. Die Grundbausteine der Finalisierung sind das Wetten (inklusive des Roll-Pressing bei Pouch-Zellen), die Formierung (inklusive der Vorformierung), die Entgasung und Versiegelung, die Lagerung und Reifung (inklusive der Normaltemperaturlagerung (NT) und der Hochtemperaturlagerung (HT)) sowie der End-of-Line-(EOL)-Test inklusive der Einstufung (Grading). Abbildung 2.11 zeigt die Prozessschritte, welche folgend erläutert werden.

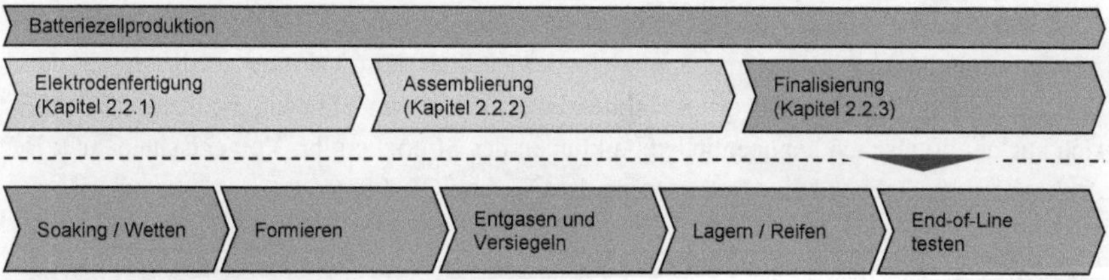

Abbildung 2.11: Prozessübersicht der Finalisierung von Lithium-Ionen-Batteriezellen

Nachdem die Lithium-Ionen-Batteriezelle mit dem Elektrolyt in der *Batterie-Assemblierung* befüllt wurde, muss sich der Elektrolyt in den Poren des Aktivmaterials und des Separators verteilen. Diese Phase wird Wetting genannt. Um den Prozess bei Pouch-Zellen zu beschleunigen, werden diese teilweise in der Produktion mithilfe von Rollen einem Druck ausgesetzt. Die ‚Massage' der Lithium-Ionen-Pouch-Zellen hat zur Folge, dass sich der Elektrolyt besser in den Poren verteilt und eingeschlossene Luftbläschen nach außen in die Gastasche verdrängt werden.

Aufbauend darauf werden Vorformierung und Formierung durchgeführt. Bei der Vorformierung wird die Lithium-Ionen-Pouch-Zelle elektrisch auf einen fest definierten SOC geladen und nicht auf 100,00 % SOC. Hintergrund ist die Entstehung von Gas in der frühen Phase der Formierung, welches kurz danach über die Gastasche in dem Schritt *Entgasen und Versiegeln* abgeführt werden kann. Die Formierung erfolgt in der Industrie in Formierungstürmen. Mehrere Lithium-Ionen-Batteriezellen werden in Warenträgern abgelegt, welche in eine Kontaktierungseinheit geschoben werden. Mehrere Kontaktierungseinheiten bilden einen Formierungsturm. Für die Formierung muss jede Lithium-Ionen-Batteriezelle einzeln an den Stromableitern/Kontaktierfahnen, auch Tabs genannt, kontaktiert werden. Die Kontaktierung erfolgt meist über vergoldete Federkontaktstifte, welche mit Sens-Stiften eine Spannungsmessung durchführen sowie über Power-Stifte die Stromzufuhr und -abfuhr gewährleisten. Ziel der Formierung ist eine optimale Ausbildung der SEI. Gleichzeitig dient die Formierung der Qualitätskontrolle in Bezug auf die Kapazität[161]. Aktuell gängige Methoden sehen bei der erstmaligen elektrischen Beladung der Lithium-Ionen-Batteriezelle niedrige und konstante Stromstärken von ca. 0,1 bis 0,5 C vor. Aufgrund der niedrigen C-Rate resultiert ein hoher Zeitaufwand für die Formierung. Der Lade- und Entladestrom sowie die damit einhergehende Dauer und Anzahl an Wiederholungen variiert jedoch von Hersteller zu Hersteller.[162] Die gesamte Prozesszeit der Formierung kann bis zu 24 Stunden betragen.[163] Aufgrund der langen Dauer besteht durch die Anpassung der Prozessparameter großes Potential für die betriebswirtschaftliche Optimierung der Formierung von Batteriezellen.

Zum Verständnis des Lade- und Entladevorgangs wird in Abbildung 2.12 ein beispielhafter Kapazitätsverlauf einer Lithium-Ionen-Pouch-Zelle bei einer Umgebungstemperatur von 20 °C und ohne mechanische Belastung dargestellt. Der Formierungszyklus beginnt mit einer CC-Ladephase bis zu einer vordefinierten Abschaltspannung. Dieser wird gefolgt von einer CV-Ladephase mit einem Abschaltstrom. Abschließend wird ein CC-Entladestrom bis zu einer bestimmten Abschaltspannung appliziert. Der Einfluss der CV-Phase auf die Gesamtdauer der Formierung wird anhand der nichtlinearen und geringen Steigung verdeutlicht, welche sich aus dem typischen exponentiellen Abklingen des Stroms ergibt. Von entscheidender Bedeutung ist entsprechend eine Reduzierung der CC- und CV-Phasen.

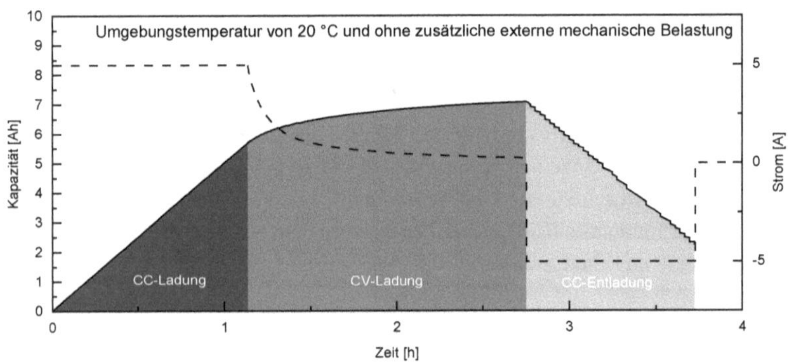

Abbildung 2.12: Kapazitäts- und Stromverlauf während des Formierungszyklus

Bei dieser ersten elektrischen Be- und Entladung entstehen Gase durch chemische Reaktionen innerhalb der Lithium-Ionen-Batteriezelle. Aufgrund des flexiblen Gehäuses der Lithium-Ionen-Batterie-Pouch-Zelle, welches durch die Gasbildung deformiert werden kann, wird eine Gastasche vorgesehen[164]. Nachdem die Formierung abgeschlossen wurde und die Gastasche sich gefüllt hat, folgt der Teilprozess *Entgasen und Versiegeln*. Hierzu wird das gesamte Gas

[161] Vgl. German (2015): *Untersuchungen zur SEI-Bildung und Optimierung der Formation an Lithium-Ionen Voll- und Halbzellen*, S. 26.
[162] Vgl. Tagawa et al. (2009): *Production Processes for Fabrication of Lithium-Ion Batteries*, S. 193.
[163] Vgl. Heimes (2014): *Methodik zur Auswahl von Fertigungsressourcen in der Batterieproduktion*, S. 25.
[164] Vgl. Tagawa et al. (2009): *Production Processes for Fabrication of Lithium-Ion Batteries*, S. 192.

in die Gastasche gepresst und mithilfe eines Vakuums extrahiert, bevor der Bereich zwischen gefüllter Gastasche und Zelle versiegelt und die überschüssige Gastasche abgetrennt wird[165].

Beim *Lagern und Reifen* wird zwischen Normaltemperaturlagerung (NT) und Hochtemperaturlagerung (HT) unterschieden. In beiden Fällen wird die Batteriezelle in Reiferegalen oder -türmen stromlos gelagert. Dafür wird die Batteriezelle auf ca. 50,00 % SOC elektrisch ge- bzw. entladen und für eine Zeit von bis zu drei Wochen stromlos gelagert. Während dieser Lagerung wird der Verlust der Leerlaufspannung gemessen. In der Regel dürfen die Verluste einen Wert von 5 mV pro Woche nicht überschreiten. Größere Werte weisen auf interne Kurzschlüsse in der Lithium-Ionen-Batteriezelle hin. Ein weiterer positiver Effekt der *Lagerung und Reifung* ist die Vervollständigung der Elektrolytbenetzung der Elektroden- und Separatorporen. Die vollständige Benetzung trägt in der Regel zu einer besseren Ionenleitfähigkeit und stabileren SEI-Schicht bei[166].

Abschließend wird die Lithium-Ionen-Batteriezelle hinsichtlich verschiedener Qualitätsmerkmale überprüft und in Güteklassen unterteilt[167]. Dies dient der Qualitätssicherung gegenüber dem Kunden sowie dem internen Qualitätsmanagement der Zellhersteller. Für die jeweiligen Tests kommen Batterietester und optische Systeme zum Einsatz, die entscheidende elektrochemische und optische Parameter überprüfen[168]. Relevante elektrochemische Parameter sind unter anderem die Kapazität, der Innenwiderstand, die Selbstentladung, die Leerlaufspannung und die Stabilität der SEI-Schicht.

Werden die einzelnen Prozessrouten betrachtet, lassen sich bei verschiedenen Herstellern verschiedene Prozessrouten identifizieren, abgestimmt auf die zu produzierenden Lithium-Ionen-Batteriezellen. Abbildung 2.13 zeigt anonymisierte Prozessrouten ausgewählter Produktionsstandorte zur Darstellung der teils stark variierenden Prozessrouten. Die Daten wurden hierbei in einer eigenen Meta-Studie aus bestehenden Angeboten von Maschinen- und Anlagenbauern sowie aufbauend auf dem eigenen Wissen basierend auf Besichtigungen von bestehenden Batteriezellproduktionen hergeleitet und aufbereitet. Die Prozessschritte wurden ausgehend von der Abbildung 2.11 und den vorangegangenen Erklärungen entsprechend der vollständigen Teilschritte (Teil der Hauptprozesscluster) erweitert.

Die Finalisierung zeichnet sich durch sehr unterschiedliche Prozessrouten und Prozessparameter aus. Teilweise werden abhängig von der Qualitätsgüte unterschiedliche Prozesse genutzt, um eine bestimmte Qualität sicherzustellen. Aufgrund der Relevanz dieser Prozesse für die Qualität der Lithium-Ionen-Batterie ist es nur schwer möglich, Einblicke in aktuelle Prozessrouten und Prozessparameter dieser Produktionsschritte zu erlangen.

---

165 Vgl. Tagawa et al. (2009): *Production Processes for Fabrication of Lithium-Ion Batteries*, S. 192; Vgl. Heimes (2014): *Methodik zur Auswahl von Fertigungsressourcen in der Batterieproduktion*, S. 25; Vgl. Kampker et al. (2018): *Produktionsprozess einer Lithium-Ionen-Batteriezelle*, S. 15.
166 Vgl. Wood et al. (2015): *Prospects for reducing the processing cost of lithium ion batteries*, S. 239.
167 Vgl. Kampker et al. (2018): *Produktionsprozess einer Lithium-Ionen-Batteriezelle*, S. 16.
168 Vgl. Wolter et al. (2012): *End-of-line testing and formation process in Li-ion battery assembly lines*, S. 1f.

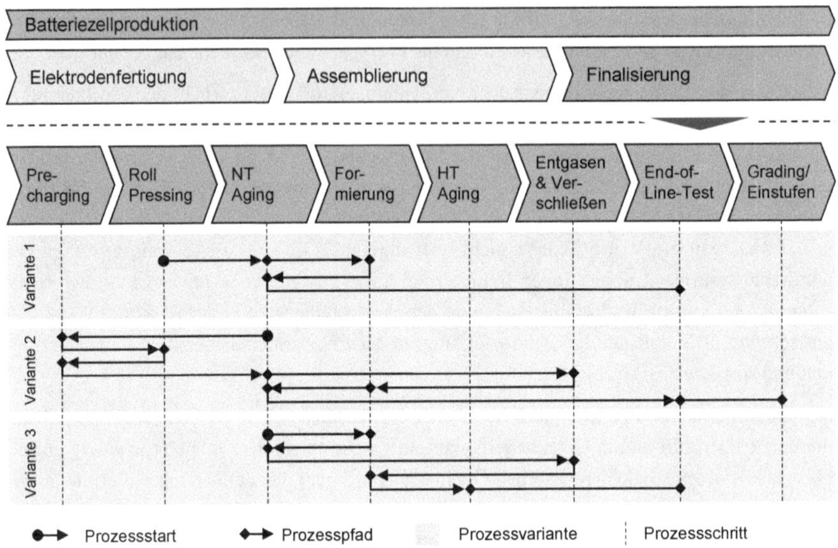

Abbildung 2.13: Prozessrouten der Finalisierung von Lithium-Ionen-Batteriezellen

Für die Prozesse der Finalisierung werden Warenträger und Prozessumgebungen benötigt. Warenträger stellen sicher, dass die Batteriezellen die notwendigen Prozessparameter erfahren und sicher von Anlage zu Anlage transportiert werden. An solche Warenträger werden verschiedene Anforderungen gestellt, die in Kapitel 6.1 genauer erläutert werden. Um die Prozessumgebungen zu erzeugen und ggf. Kosten aufgrund von Reinraumbedingungen zu reduzieren, werden die Leistungsmodule meistens von den Prozesskammern getrennt aufgebaut. Die Prozessumgebungen können sowohl in Form kleiner Kammern als auch großer Räume ausgelegt werden. Insbesondere für die Temperierung der Batteriezellen ist eine kleine Temperaturkammer zu empfehlen, vor dem Hintergrund der Prozesssicherheit aufgrund von Brandgefahr und der gleichbleibenden Temperatursteuerung aufgrund von Qualitätseinflüssen.

2.2.4 Kernherausforderungen der Finalisierung

Key challenges of cell finalization

Basierend auf der erfolgten Prozessbeschreibung und -analyse werden folgend die Kernherausforderungen in der Finalisierung als Teilschritt der Lithium-Ionen-Batteriezellproduktion dargestellt. Es lassen sich drei konkrete theoretische Herausforderungen identifizieren, welche teilweise im Zusammenhang mit den praktischen Herausforderungen aus Kapitel 2.4.2 stehen. Bei Betrachtung der Finalisierung der Lithium-Ionen-Batteriezellproduktion lässt sich zunächst der Prozessschritt Formierung als ein Schritt mit Herausforderungen und Optimierungspotentialen identifizieren, welche im Folgenden zusammengefasst werden. Diese Herausforderungen adressieren direkt die notwendigen Anforderungen aus Kapitel 1, um der Elektromobilität eine Marktdurchdringung zu ermöglichen.

Die erste Kernherausforderung besteht darin, dass die Prozesse der SEI-Bildung noch nicht vollständig verstanden sind und insbesondere im Bereich der Ursache-Wirkungs-Zusammenhänge der Finalisierung der Lithium-Ionen-Batteriezellen weitere Forschungsarbeiten notwendig sind. In diesem Zusammenhang lassen sich verschiedene Teilherausforderungen identifizieren. Die mechanische Verspannung der Lithium-Ionen-Batterie-Pouch-Zellen wird in der Montage und der Langzeitbetrachtung im Feld der verschalteten Batterien bereits betrachtet. Eine Betrachtung in der Herstellung der Lithium-Ionen-Batterie-Pouch-Zellen findet nicht statt. Demnach ist unbekannt, welche Auswirkungen definierte applizierte Kräfte auf die Pouch-Zellen haben. Auch die damit einhergehenden Veränderungen in der Prozessführung und die Qualitätseigenschaften der Pouch-Zelle sind unbekannt. Diese Herausforderung wird bei Betrachtung der wissenschaftlichen Literatur in Kapitel 2.5.2 gestützt. Eine wissenschaftliche Herangehensweise sowie die Sicherstellung aller relevanten Qualitätsparameter ist notwendig, um eine vollständige Aussage über die Ursache-Wirkungs-Zusammenhänge zu erlangen.

Im Falle der Applizierung einer definierten Kraft und dem daraus entstehenden Druck in der Formierung ist es notwendig, eine Vorrichtung zu entwickeln, welche die notwendigen Anforderungen des Formierungsprozesses mit den entsprechenden Parametern erfüllt und zugleich kostengünstig ist. Es ist zu beachten, dass die Kosten pro Gigawattstunde der Lithium-Ionen-Batteriezellen und damit die Einsparungen durch die Prozessanpassungen im Verhältnis größer sind als die entstehenden Mehrkosten durch die Vorrichtung.

Eine weitere Herausforderung besteht darin, dass Anpassungen im Produktionssetup große Unsicherheiten in der Produktsicherheit, der kalendarischen und zyklischen Produktlebensdauer und der Produktperformance hervorrufen, da die Auswirkungen nicht klar abgeschätzt werden können. Infolgedessen besteht eine starke Hürde darin, neue Prozessschritte, Prozessrouten und Prozessparameter zu implementieren. Aufgrund der hohen Qualitätsstandards und des fragilen Prozesses lassen Hersteller demnach Prozessinnovationen nicht zu und hemmen sie.

Zuletzt ist die Betrachtung des Know-hows im Prozess relevant, welches aufgrund der hohen Relevanz für die Wettbewerbsfähigkeit bei den Zellherstellern liegt und geschützt wird. Dieses Know-how liegt in den individuellen Prozessschritten, Prozessrouten sowie den Prozessparametern. Bereits geringe Anpassungen lassen wesentliche Einsparungen in der Prozesszeit zu, beeinflussen aber stark die Qualität des Produktes. Aufgrund der fehlenden Transparenz gegenüber den Maschinen- und Anlagenbauern, werden Optimierungsmöglichkeiten durch Maschinen- und Anlagenbauern gehemmt. Aufgrund neuer Use Cases, insbesondere der Automobilindustrie, werden die Innovationszyklen der Batteriezelle beschleunigt. Entsprechend wachsen die Störgrößen und die Unsicherheiten in den Prozessparametern. Die wissenschaftliche Untersuchung der Prozessparameter sowie deren Implikationen mit der Batteriezellqualität ist daher von hoher Relevanz.

2.2.5 Zwischenfazit

Interim conclusion

Im vorangegangenen Kapitel wurde die Herstellung von Lithium-Ionen-Batteriezellen in den drei Prozessclustern Elektrodenfertigung, Assemblierung und Finalisierung dargestellt. Das Prozesscluster Finalisierung wurde durch eine Analyse der aktuellen theoretischen Herausforderungen ergänzt. In der Zellfinalisierung wird das fehlende Know-how identifiziert, welches durch die große Verschlossenheit der Zellhersteller entsteht. Hierbei stellt der Formierungsprozess einen zentralen USP der Zellhersteller dar. Aufgrund dessen ist es notwendig, diesen Prozess folgend zu untersuchen und verstehen. Jede Erkenntnis über die Parameter und Prozesse helfen dabei, optimale Prozessparameter zu identifizieren. (vgl. Kapitel 2.2.1 bis 2.2.3)

Des Weiteren wurde dargestellt, dass der zeitliche Aufwand für die Formierung im Vergleich zu den vorangestellten Prozessschritten wesentlich höher ist und demnach aufgrund der Taktzeit der Prozesse eine hohe Parallelisierung des Prozessschrittes Formierung notwendig wird. Es wird davon ausgegangen, dass die Formierung der Lithium-Ionen-Pouch-Zellen bis zu 24 Stunden betragen kann und von Hersteller zu Hersteller variiert. Um die in Kapitel 1 vorangestellten Herausforderungen zu adressieren, indem der Output der Linie gesteigert wird, wäre eine Möglichkeit, die Formierung durch angepasste Prozessparameter zu beschleunigen. Aufgrund des geringen Verständnisses der Implikationen der Prozess- und Qualitätsparameter in der Formierung stellt dies eine wesentliche Herausforderung dar. (vgl. Kapitel 2.2.3)

Konkret stellen die noch nicht vollständig verstandenen Prozesse der SEI-Bildung, die Implikationen mit dem Produkt durch die Anpassung der Zellproduktion und der Schutz des Know-hows und damit die strikt getrennte Betrachtung der Produktion von Zellhersteller und Maschinen- und Anlagenbauer die wesentlichen Hürden in der Innovationspipeline und damit der Prozessoptimierung und einhergehend der Kostenreduzierung dar. (vgl. Kapitel 2.2.4)

2.3 Qualitätsbeurteilung einer Lithium-Ionen-Batteriezelle

Quality assessment of a lithium-ion battery cell

Neben der Beschleunigung der Produktionsprozesse in der Lithium-Ionen-Batteriezellproduktion ist es notwendig, sich mit den Qualitätskriterien des Produktes auseinanderzusetzen. In den folgenden Kapiteln wird ein Überblick über die Qualitätskriterien und die dafür vorhandenen Testmethoden gegeben. In einem ersten Schritt wird in Kapitel 2.3.1 auf die grundsätzlichen Qualitätskriterien und in einem zweiten Schritt in Kapitel 2.3.2 auf die relevanten Methoden eingegangen.

2.3.1 Qualitätskriterien in der Finalisierung von Lithium-Ionen-Batteriezellen

Quality criteria in the finalization of lithium-ion battery cells

Qualitätskriterien der Lithium-Ionen-Batterie, welche in der Finalisierung herangezogen werden können, um das Produkt zu charakterisieren, sind insbesondere die Zellspannung (Durchtrittsüberspannung und ohmsche Überspannung), die C-Ratenfähigkeit, der Ladezustand (SOC), der Gesundheitszustand (SOH), das Impendanzspektrum, die kalendarische und zyklische Stabilität sowie das Plating. Im Folgenden wird auf diese Kriterien im Detail eingegangen. Der Fokus liegt auf der Zellspannung, dem Ladezustand, der Ladeprozedur sowie der kalendarischen bzw. zyklischen Alterung und dem Plating als wesentliche Kriterien zur Bestimmung der Qualität einer Lithium-Ionen-Batteriezelle.

Zellspannungen

Befindet sich die Lithium-Ionen-Zelle im Ruhezustand – es fließt kein Strom über eine äußere elektrische Last –, ist die zu messende Spannung zwischen der Kathode und der Anode bestimmt durch die **Ruhespannung** $U_{Gleichgewicht}$. Wird die Batteriezelle durch einen äußeren Stromfluss belastet, so wird diese aus dem elektrochemischen Gleichgewicht ausgelenkt. Die auftretenden Verlustprozesse führen zu einer Änderung der zu messenden Zellspannung, welche wie in Formel 2-3 dargestellt durch drei wesentliche Überspannungen η bedingt werden.

$$U_{Zelle} = U_{Gleichgewicht} - \eta_{Durchtritt} - \eta_{ohmisch} - \eta_{Diffusion} \qquad 2\text{-}3$$

Diese Überspannungen sollten minimiert werden. Der Aufbau einer Lithium-Ionen-Batterie nach ENDER[169] ist in Abbildung 2.14 dargestellt. Sie besteht in diesem Modell aus zwei porösen Elektroden, welche durch einen elektrolyt-getränkten Separator getrennt werden. Die Verlust- sowie die im Betrieb ablaufenden Prozesse sind nach COSTARD[170] ergänzt worden.

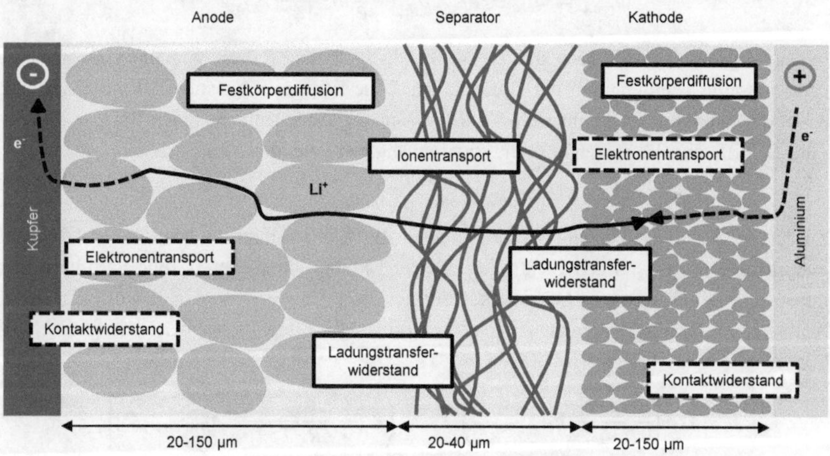

Abbildung 2.14: Aufbau und Verlustprozesse nach ENDER[171] und COSTARD[172]

169 Vgl. Ender (2014): *Mikrostrukturelle Charakterisierung, Modellentwicklung und Simulation poröser Elektroden für Lithiumionenzellen*, S. 16.

170 Vgl. Costard (2018): *Einfluss von Mikrostruktur und Materialparametern auf die Leistungsfähigkeit poröser Elektroden für Lithium-Ionen Batterien*, S. 23.

171 Vgl. Ender (2014): *Mikrostrukturelle Charakterisierung, Modellentwicklung und Simulation poröser Elektroden für Lithiumionenzellen*, S. 16.

172 Vgl. Costard (2018): *Einfluss von Mikrostruktur und Materialparametern auf die Leistungsfähigkeit poröser Elektroden für Lithium-Ionen Batterien*, S. 23.

Die maximal umsetzbare elektrische Energie lässt sich aus der *Gibbs-Helmholtz*-Gleichung 2-4 bestimmen. Die freie Enthalpie ΔG einer galvanischen Zelle entspricht hier der maximalen chemischen Energie, welche in elektrische Energie umgesetzt werden kann.

$$\Delta G = \Delta H - T \cdot \Delta S \tag{2-4}$$

Dabei ist das Produkt aus der Temperatur T und der Änderung der Reaktionsentropie ΔS die reversible Wärme. Die maximal in Wärme und Arbeit umsetzbare Energie der Reaktion ist enthalten in der Änderung der Enthalpie ΔH. Aufbauend auf der freien Enthalpie lässt sich die Ruhespannung der galvanischen Zelle U_0 nach 2-5 berechnen:

$$\Delta G = -n \cdot F \cdot U_0 \tag{2-5}$$

Dabei entspricht F der Faraday-Konstante und n der ausgetauschten Mole an Elektronen. Ausgehend von der freien Enthalpie einer galvanischen Zelle lässt sich bei einer Redoxreaktion zwischen Metallelektrode (Me) und einer Lösung (L) das konzentrationsabhängige Potential zwischen dieser Elektrode und der Lösung mittels der *Nernst*-Gleichung 2-6 folgern. Eine genaue Erklärung dieser Folgerung ausgehend von der *Gibbs-Helmholtz*-Gleichung 2-4 ist in KÄBITZ[173] gegeben.

$$\Phi_{Me,L} = \Phi_{Me} - \Phi_L = U_0 + \frac{RT}{zF} \ln \frac{a_{Me^{z+}}}{a_{Me}} \tag{2-6}$$

In der *Nernst*-Gleichung bezeichnet U_0 das Standardpotential, R die allgemeine Gaskonstante, T die absolute Temperatur, z die Ladungszahl, F die Faraday-Konstante und a die Aktivität der Spezies. Insgesamt ergibt sich die Ruhespannung einer Lithium-Ionen-Batterie aus der Potentialdifferenz der beiden konzentrationsabhängigen Potentiale[174]:

$$U_0 = \Phi_{Kathode} - \Phi_{Anode} \tag{2-7}$$

Zusätzlich zur Ruhespannung werden folgend die Überspannungen beschrieben. Der Ladungstransferprozess an den Elektroden in einer Lithium-Ionen-Batteriezelle wird bestimmt durch die Interkalations- und Deinterkalationsreaktion. Dabei ist die Kinetik des Ein- bzw. Ausbaus der Lithium-Ionen im Allgemeinen durch die *Butler-Volmer*-Gleichung beschrieben[175]:

$$j_{CT} = j_0 \cdot \left[exp\left(\frac{\alpha \cdot z \cdot F}{R \cdot T} \cdot \eta_{Durchtritt}\right) - exp\left(-\frac{(1-\alpha) \cdot z \cdot F}{R \cdot T} \cdot \eta_{Durchtritt}\right)\right] \tag{2-8}$$

$$R_{CT} = \frac{d\eta}{dj} = \frac{RT}{zFj_0} \tag{2-9}$$

Diese stellt den Zusammenhang zwischen der Ladungstransferstromdichte (engl. *Charge Tranfer*, CT) an einer Grenzfläche und der **Durchtrittsüberspannung** $\eta_{Durchtritt}$ dar. Der linke

[173] Vgl. Käbitz (2013): *Untersuchung der Alterung von Lithium-Ionen-Batterien mittels Elektroanalytik und elektrochemischer Impedanzspektroskopie*, S. 5ff.

[174] Vgl. Valov (2017): *Grundlagen elektrochemischer Prozesse auf der Nanoskala*, S. 1ff.

[175] Vgl. Vetter (1961): *Elektrochemische Kinetik*, S. 1ff.

Exponentialterm beschreibt die Deinterkalation von Li-Ionen (anodische Reaktion), wobei der rechte Term die Interkalation von Lithium-Ionen (kathodische Reaktion) beschreibt. Die Austauschstromdichte j_0 ist ein materialspezifischer Parameter und spiegelt die Reaktionsrate der anodischen und kathodischen Reaktion im elektrochemischen Gleichgewicht wider. Dieser Parameter ist abhängig vom Aktivmaterial, dem Elektrolyten sowie dem Ladezustand der Elektroden. z ist die Ladungszahl der Reaktion, F die Faraday-Konstante, R die allgemeine Gaskonstante und T die absolute Temperatur. α beschreibt den Durchtrittsfaktor oder auch Ladungstransferkoeffizient[176]. Bei Kleinsignalanregung folgt aus der *Butler-Volmer*-Gleichung der Ladungstransferwiderstand mittels Taylor-Approximation[177]:

Die **ohmsche Überspannung** wird hervorgerufen durch eine begrenzte Leitfähigkeit der Elektronen in den Ableitern sowie in der Elektrodenstruktur selbst und der Ionen im Elektrolyten. Des Weiteren ist in der ohmschen Überspannung der Kontaktwiderstand zwischen der Ableiterfolie und der Elektrode berücksichtigt. Darüber hinaus beinhaltet diese die Kontaktwiderstände zwischen den einzelnen Partikeln der Elektroden[178].

Im Betrieb der Lithium-Ionen-Batteriezelle werden die Lithium-Ionen stetig an der einen Elektrode interkaliert, bei gleichzeitiger Deinterkalation an der gegenüberliegenden Elektrode. Neben den positiven Li^+-Ionen im Elektrolyten sind auch negativ geladene Leitsalz-Ionen (z. B. Lithiumhexafluorophosphat-Ionen, $LiPF_6^-$) im Elektrolyten gelöst. Die negativen Ionen werden nicht in ein Aktivmaterial eingelagert. Dadurch entsteht ein Konzentrationsgradient im Elektrolyten. Aufgrund des Konzentrationsgradienten wird ein Diffusionsstrom beider Spezies (pos. Lithium-Ionen, neg. Leitsalz-Ionen) hervorgerufen. Allerdings weisen beide Spezies unterschiedliche Diffusionskoeffizienten auf, wodurch eine Diffusionsspannung entsteht. Diese ist recht gering, muss aber bei der Messung der Zellspannung berücksichtigt werden und ist frequenzabhängig[179]. Des Weiteren entsteht bei der Interkalation des Lithiums in die Partikel der Elektroden eine Diffusionsimpedanz aufgrund des Konzentrationsgradienten des Lithiums zwischen Partikelrand und Innerem. Aus der Festkörperdiffusionsimpedanz resultiert eine **Diffusionsüberspannung**[180].

Ladezustand

Der Ladezustand (engl. *State of Charge*, SOC) ist definiert als die noch verfügbare Kapazität der Lithium-Ionen-Batteriezelle bis die vordefinierte Entladeschlussspannung (engl. *Lower*

---

[176] Vgl. Costard (2018): *Einfluss von Mikrostruktur und Materialparametern auf die Leistungsfähigkeit poröser Elektroden für Lithium-Ionen Batterien*, S. 26; Vgl. Schmalstieg (2017): *Physikalisch-elektrochemische Simulation von Lithium-Ionen-Batterien*, S. 14ff.

[177] Vgl. Käbitz (2013): *Untersuchung der Alterung von Lithium-Ionen-Batterien mittels Elektroanalytik und elektrochemischer Impedanzspektroskopie*, S. 9.

[178] Vgl. Costard (2018): *Einfluss von Mikrostruktur und Materialparametern auf die Leistungsfähigkeit poröser Elektroden für Lithium-Ionen Batterien*.

[179] Vgl. Costard (2018): *Einfluss von Mikrostruktur und Materialparametern auf die Leistungsfähigkeit poröser Elektroden für Lithium-Ionen Batterien*, S. 24; Vgl. Schmalstieg (2017): *Physikalisch-elektrochemische Simulation von Lithium-Ionen-Batterien*, S. 14ff.

[180] Vgl. Costard (2018): *Einfluss von Mikrostruktur und Materialparametern auf die Leistungsfähigkeit poröser Elektroden für Lithium-Ionen Batterien*, S. 1ff.

cut-off Voltage, LCV) erreicht wird. Die LCV entspricht einem SOC von 0,00 %. Ist die Zelle bis zur Ladeschlussspannung geladen, wird dies als SOC 100,00 % definiert[181]. Dabei wird die verfügbare Kapazität bei SOC 100,00 % in dieser Arbeit stets auf die real verfügbare Kapazität – abhängig von verschiedenen Alterungseffekten – bezogen. Zu beachten ist, dass der SOC zudem abhängig von der Umgebungstemperatur ist[182]. Alternativ kann die Entladetiefe (engl. *Depth of Discharge*, DOD) angegeben werden.

Eine weitere Bezugsgröße ist der Gesundheitszustand (engl. *State of Health*, SOH) der Lithium-Ionen-Batteriezelle. Dieser ergibt sich aus der momentanen, maximal entladbaren Kapazität dividiert durch die initial gemessene Bemessungsentladekapazität[183]:

$$SOH = \frac{momentane\ Entladekapazität\ [Ah]}{Bemessungsentladekapazität\ [Ah]} \qquad 2\text{-}10$$

Die Einheit des State of Health wird in Prozent angegeben. Bei automobilen Anwendungen wird der nutzbare Bereich einer Lithium-Ionen-Zelle mit den Schwellenwerten von SOH 80,00 % und 100,00 % definiert.

Ladeprozedur

Für Lithium-Ionen-Batteriezellen wird das Ladeverfahren Konstantstrom – Konstantspannung (engl. *Constant Current*, CC; engl. *Constant Voltage*, CV; CCCV-Verfahren) genutzt. Dabei bezeichnet die erste Phase (CC) eine Ladephase mit konstantem Strom bis die Zellspannung die vordefinierte Ladeschlussspannung (engl. *Upper cut-off Voltage,* UCV) erreicht. In der zweiten Phase (CV) wird die Spannung auf der UCV gehalten, bis der Strom unter einen Schwellenwert sinkt. Ebenfalls ist eine zeitliche Begrenzung anstatt der Strombegrenzung möglich[184]. Entladen wird in Abhängigkeit der anliegenden elektrischen Last. Eine relevante Kenngröße bei der Angabe des Ladeverfahrens ist die C-Rate, dargestellt in Formel 2-11. Diese ist ein Maß für die Strombelastung und berechnet sich aus der Stromstärke dividiert durch die gegebene Nennkapazität der Lithium-Ionen-Batteriezelle.

$$C = \frac{Stromstärke\ [A]}{Nennkapazität\ [Ah]} \qquad 2\text{-}11$$

Daraus ergibt sich eine Einheit für die C-Rate von 1/h. Somit wird ein praxisnaher Vergleich verschiedener Batterietechnologien hinsichtlich ihrer Strombelastbarkeit möglich[185].

---

[181] Vgl. Korthauer et al. (2013): *Handbuch Lithium-Ionen-Batterien*, 131ff.

[182] Vgl. Yang et al. (2017): *State of Charge Estimation for Lithium-Ion Battery with a Temperature-Compensated Model*, S. 1ff.

[183] Vgl. Ng et al. (2009): *Enhanced coulomb counting method for estimating state-of-charge and state-of-health of lithium-ion batteries*, S. 1506ff.

[184] Vgl. Korthauer et al. (2013): *Handbuch Lithium-Ionen-Batterien*, S. 15f.

[185] Vgl. German (2015): *Untersuchungen zur SEI-Bildung und Optimierung der Formation an Lithium-Ionen Voll- und Halbzellen*, S. 28ff.

Kalendarische und zyklische Alterung

Die kalendarische und zyklische Alterung sind Kriterien für die Langlebigkeit der Lithium-Ionen-Batteriezellen. Bei der kalendarischen Alterung wird die Batteriezelle ohne elektrische Belastung für eine definierte Zeit gelagert. In definierten Intervallen werden Qualitätsuntersuchungen durchgeführt. Diese beinhalten mindestens die Untersuchung der Selbstentladungsrate der Lithium-Ionen-Batteriezellen. Die zyklische Alterung gibt dagegen die Langlebigkeit der Lithium-Ionen-Batteriezellen bei einer bestimmten elektrischen Belastung wieder. Es können bestimmte Lastzyklen entsprechend der realen elektrischen Belastung oder vordefinierte Standardzyklen appliziert werden. Identifiziert wird der SOH über die Dauer und Art der Zyklen.

Plating

Lithium-Plating ist für OEM ein elementares Messinstrument, um zu ermitteln, ob die Lithium-Ionen-Batteriezellen den eigenen Anforderungen genügen. Insbesondere bei höheren C-Raten in der Formierung kann es zu erhöhten Überspannungen kommen, was wiederum zur Ablagerung von hochreaktivem metallischem Li auf der Oberseite von graphitbasierten Anoden führen kann[186]. Damit können der aktive Teil des Lithiums und so die genutzte Energie reduziert[187] sowie die Zyklisier- und Sicherheitseigenschaften der Lithium-Ionen-Batteriezelle negativ beeinflusst werden[188]. Die Auswirkungen einer bestimmten Menge an Lithium-Plating auf die Zellleistung und die thermischen Sicherheitseigenschaften basierend auf der Formierung wurde erstmals durch NIEHOFF dargestellt[189].

2.3.2 Methoden zur Qualitätsbestimmung

Methods for quality determination

In Kapitel 2.3.1 wurden die relevanten Qualitätskriterien einer Lithium-Ionen-Batteriezelle vorgestellt. Darauf aufbauend werden in diesem Kapitel die relevanten Methoden vorgestellt, um die Lithium-Ionen-Batteriezellqualität zu bewerten. Die Bestimmung ist sowohl für die abschließende Beurteilung des Produktes als auch für die Beurteilung während des Prozesses von entscheidender Relevanz. Folgend werden der Kapazitätstest, die differentielle Kapazitätsanalyse, der Pulse-Peak-Test, die elektrochemische Impedanzspektroskopie sowie der Test zur zyklischen und kalendarischen Alterung vorgestellt.

---

[186] Vgl. Mao et al. (2018): *Balancing formation time and electrochemical performance of high energy lithium-ion batteries*, S. 107ff; Vgl. Waldmann et al. (2018): *Li plating as unwanted side reaction in commercial Li-ion cells – A review*, S. 107ff; Vgl. Waldmann et al. (2016): *Interplay of Operational Parameters on Lithium Deposition in Lithium-Ion Cells: Systematic Measurements with Reconstructed 3-Electrode Pouch Full Cells*, S. A1232ff; Vgl. Chandrasekaran (2014): *Quantification of contributions to the cell overpotential during galvanostatic discharge of a lithium-ion cell*, S. 501ff.

[187] Vgl. Holtstiege et al. (2017): *Running out of lithium? A route to differentiate between capacity losses and active lithium losses in lithium-ion batteries*, S. 25905ff.

[188] Vgl. Waldmann et al. (2018): *Li plating as unwanted side reaction in commercial Li-ion cells – A review*, S. 107ff.

[189] Vgl. Münster et al. (2021): *Effect of Li plating during formation of lithium ion batteries on their cycling performance and thermal safety*, S. 1ff.

Kapazitätstest

Die Kapazitätsbestimmung von Lithium-Ionen-Batteriezellen stellt die Grundlage und damit den ersten Schritt für jedes Messprotokoll dar, da die ermittelte Kapazität für die Einstellung des Ladezustands und damit die Einstellung aller weiteren Untersuchungen notwendig ist.

Zur Kapazitätsbestimmung einer Lithium-Ionen-Batteriezelle muss ein vollständiger Entladevorgang bei initialer vollständiger Ladung durchgeführt werden. Beeinflussbare Parameter dieser Methode sind die Stromstärke beim Entladen, die Abbruchspannung sowie die Ladeprozedur, welche durch den Zellhersteller oder einschlägige Normen vorgegeben werden. Auf die Ladeverfahren wurde in Kapitel 2.3.1 eingegangen. Folgend wird das Ladeverfahren CCCV verwendet. Der typische Verlauf von Spannung und Strom für eine solche Testmethode ist in Abbildung 2.15 dargestellt.[190]

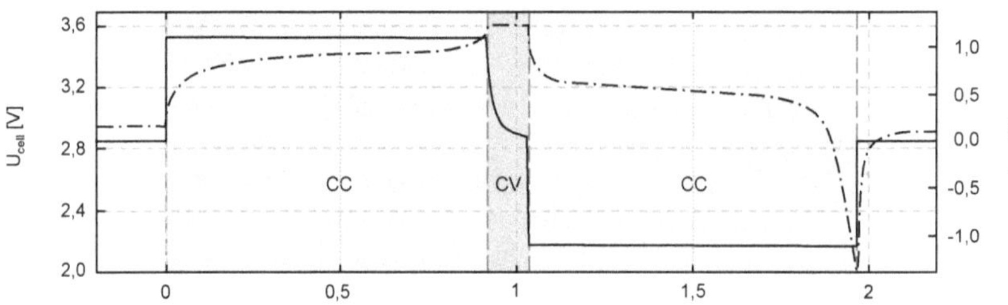

Abbildung 2.15: Spannungs- und Stromverlauf bei der Kapazitätsbestimmung[191]

Differentielle Kapazitätsanalyse

Die Leerlaufkennlinie (engl. *Open-Circuit Voltage,* OCV) ist einzigartig für jede Materialchemie. Sie wird beschrieben durch den Verlauf der Leerlaufspannung einer Elektrode im unbelasteten Fall gegen metallisches Lithium (oder ein anderes festes Bezugspotential) über der entnommenen Ladungsmenge bzw. dem Ladezustand (engl. *State of Charge,* SOC). Sie ist deswegen gut als charakteristisches Merkmal zur Untersuchung von Lithium-Ionen-Batteriezellen geeignet.[192]

Eine etablierte Methode zur Bestimmung der Leerlaufkennlinie ist die Relaxationsmessung. Dabei wird eine schrittweise elektrische Entladung und Beladung der Elektrode durchgeführt und die Relaxation der Spannung nach jeder infinitesimal kleinen entnommenen Ladungsmenge abgewartet.[193]

---

[190] Vgl. Schmidt (2013): *Verfahren zur Charakterisierung und Modellierung von Lithium-Ionen Zellen*, S. 19.

[191] Vgl. Schmidt (2013): *Verfahren zur Charakterisierung und Modellierung von Lithium-Ionen Zellen*, S. 19.

[192] Vgl. Costard (2018): *Einfluss von Mikrostruktur und Materialparametern auf die Leistungsfähigkeit poröser Elektroden für Lithium-Ionen Batterien*, S. 30; Vgl. Schmidt (2013): *Verfahren zur Charakterisierung und Modellierung von Lithium-Ionen Zellen*, S. 20.

[193] Vgl. Costard (2018): *Einfluss von Mikrostruktur und Materialparametern auf die Leistungsfähigkeit poröser Elektroden für Lithium-Ionen Batterien*, S. 30.

Aufgrund des hohen Zeitaufwands dieser Methode wird auf die Konstantstrommessung (galvanostatische Messung oder Chronopotentiometrie) zurückgegriffen, bei der die Lithium-Ionen-Batteriezelle für einen definierten Zeitraum mit einem sehr kleinen Strom belastet wird[194]. Dadurch können die während der Ladung bzw. Entladung entstehenden Überspannungen vernachlässigt werden[195]. Die differentielle Kapazität $C_{\Delta int}$ wurde erstmals 1976 angewendet und kann entsprechend der Formel 2-12 über die Ableitung der gemessenen akkumulierten Ladung Q_{el} nach der Spannung U berechnet werden[196].

$$C_{\Delta int} = \frac{dQ_{el}}{dU} \quad \text{2-12}$$

Die delta-differentielle Kapazitätsanalyse (engl. *Incremental Capacity Analysis,* ICA) bildet damit die differentielle Kapazität über der Spannung ab[197]. In der ICA-Kurve können die in der OCV auftretenden Interkalationsplateaus in Form von Peaks hervorgehoben werden, da in der ICA-Kurve dargestellt wird, wie viel Ladung bei einer spezifischen Zellspannung transferiert wird[198]. Die elektrochemische Spannungsspektroskopie (engl. *Electrochemical Voltage Spectroscopy,* EVS) ist eine Messmethode, bei der die differentielle Kapazität direkt erhalten wird[199]. Eine beispielhafte Darstellung des Verlaufs ist in Abbildung 2.16 visualisiert[200]. Als Hysterese wird die Spannungsdifferenz zwischen anodischem und kathodischem Peak beschrieben[201], ist aber nicht zwingend mit der Hysterese der Leerlaufspannungskennlinie identisch.

---

[194] Vgl. Smith et al. (2012): *Delta Differential Capacity Analysis*, S. 1ff.

[195] Vgl. Costard (2018): *Einfluss von Mikrostruktur und Materialparametern auf die Leistungsfähigkeit poröser Elektroden für Lithium-Ionen Batterien*, S. 30.

[196] Vgl. Clauss et al. (1976): *The Reduction of Manganese Dioxide in Leclanché-Type Dry Cells as Displayed by Derivative Discharge Functions*, S. 951ff.

[197] Vgl. Dubarry et al. (2006): *Incremental Capacity Analysis and Close-to-Equilibrium OCV Measurements to Quantify Capacity Fade in Commercial Rechargeable Lithium Batteries*, A454ff; Vgl. Roscher et al. (2009): *Characterisation of charge and discharge behaviour of lithium ion batteries with olivine based cathode active material*, S. 582ff.

[198] Vgl. Costard (2018): *Einfluss von Mikrostruktur und Materialparametern auf die Leistungsfähigkeit poröser Elektroden für Lithium-Ionen Batterien*, S. 31.

[199] Vgl. Thompson (1979): *Electrochemical Potential Spectroscopy: A New Electrochemical Measurement*, S. 608ff; Vgl. Zachau-Christiansen (1988): *Lithium insertion in different TiO2 modifications*, S. 1176ff.

[200] Vgl. Costard (2018): *Einfluss von Mikrostruktur und Materialparametern auf die Leistungsfähigkeit poröser Elektroden für Lithium-Ionen Batterien*, S. 31.

[201] Vgl. Ohzuku et al. (1993): *Formation of Lithium-Graphite Intercalation Compounds in Nonaqueous Electrolytes and Their Application as a Negative Electrode for a Lithium Ion (Shuttlecock) Cell*, S. 2490ff.

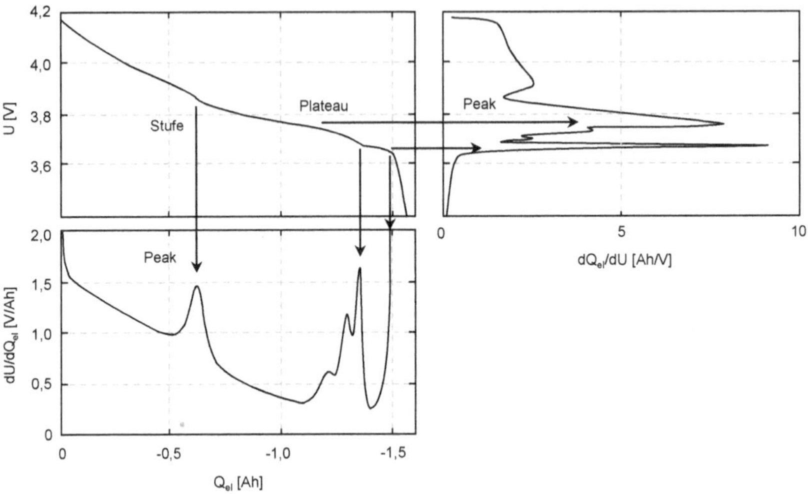

Abbildung 2.16: Beispielhafter Verlauf der OCV-Kurve und ICA-Kurve[202]

Die Messmethode wird insbesondere bei der Analyse der Alterung von Lithium-Ionen-Batteriezellen genutzt[203]. Bei Alterung der Batteriezelle ändern sich die Positionen, Höhen und Formen der Peaks in der entsprechenden differentiellen Kapazitätsanalyse. Diese Änderungen stehen im direkten Zusammenhang mit physikalischen und chemischen Änderungen innerhalb der Lithium-Ionen-Batteriezelle. Der Vergleich der jeweiligen ICA ermöglicht die Untersuchung von Alterungseffekten einer Zellchemie in nur wenigen Zyklen[204]. Eine Verschiebung der ICA-Peaks nach rechts impliziert einen Anstieg des internen Widerstandes. Die abflachende Amplitude der Peaks ist ein Zeichen für Kapazitätsverluste[205]. Entscheidend für die Auswertung in Form der ICA ist die Qualität der Spannungsmessung[206]. Die ICA kann gegenüber Spannungsrauschen neben der entsprechenden Filterung mithilfe der Beschreibung über radiale Basisfunktionen stabilisiert werden[207].

---

[202] Vgl. Costard (2018): *Einfluss von Mikrostruktur und Materialparametern auf die Leistungsfähigkeit poröser Elektroden für Lithium-Ionen Batterien*, S. 31.

[203] Vgl. Dubarry et al. (2006): *Incremental Capacity Analysis and Close-to-Equilibrium OCV Measurements to Quantify Capacity Fade in Commercial Rechargeable Lithium Batteries*, S. A454ff; Vgl. Safari et al. (2011): *Aging of a Commercial Graphite/LiFePO4 Cell*, S. A1123ff.

[204] Vgl. Smith et al. (2012): *Delta Differential Capacity Analysis*, S. 1ff.

[205] Vgl. Hatzikraniotis et al. (2000): *Differential Capacity Analysis, a Tool to Examine the Performance of Graphites for Li-Ion Cells*, S. 529ff; Vgl. Schmidt (2013): *Verfahren zur Charakterisierung und Modellierung von Lithium-Ionen Zellen*, S. 22.

[206] Vgl. Schmidt (2013): *Verfahren zur Charakterisierung und Modellierung von Lithium-Ionen Zellen*, S. 22.

[207] Vgl. Christophersen et al. (2010): *Using radial basis functions to approximate battery differential capacity and differential voltage*, S. 1225ff.

Elektrochemische Impedanzspektroskopie (EIS)

Bei der elektrochemischen Impedanzspektroskopie (engl. *Electrochemical Impedance Spectroscopy*, EIS) handelt es sich um eine Messmethode des komplexen Innenwiderstandes eines Systems in Abhängigkeit der Frequenz des angelegten Signals. Dafür wird bei einer definierten Ruhespannung (engl. *Open Circuit Voltage*, OCV) entweder ein sinusförmiges Stromsignal (galvanostatisch) oder ein sinusförmiges Spannungssignal (engl. *Potentiostatic Electrochemical Impedance Spectroscopy*, PEIS) mit variierender Frequenz f angelegt. Mittels des resultierenden Ausgangssignals (Spannung bei galvanostatisch bzw. Strom bei potentiostatisch) kann die komplexe Impedanz in Abhängigkeit der Frequenz berechnet werden. Der beispielhafte Verlauf des Strom- und Spannungssignals für die EIS-Messung bei einer Frequenz f sowie der Nyquistplot eines Impendanzspektrums ist in Abbildung 2.17 dargestellt[208].

Aus dem Verhältnis der Spannung U_{amp} und der Stromamplitude I_{amp} sowie der Phasendifferenz $\Delta\varphi$ kann entsprechend der Formel 2-13 die komplexe und frequenzabhängige Impedanz $Z(f)$ hergeleitet werden. Praktisch kann das analog mit dem Frequency Response Analyzer (FRA) oder digital mit der Fast Fourier Transformation (FFT) ermöglicht werden. Die Messung wird unter Variation der Frequenz mehrfach wiederholt, um ein komplettes Impendanzspektrum zu erhalten.[209]

Das Ergebnis der Messsequenz wird als Nyquistplot mit dem Imaginärteil der Impedanz auf der y-Achse und dem Realteil der Impedanz auf der x-Achse dargestellt.[210]

$$Z(f) = \frac{U_{amp}}{I_{amp}} e^{j\Delta\varphi} \qquad \text{2-13}$$

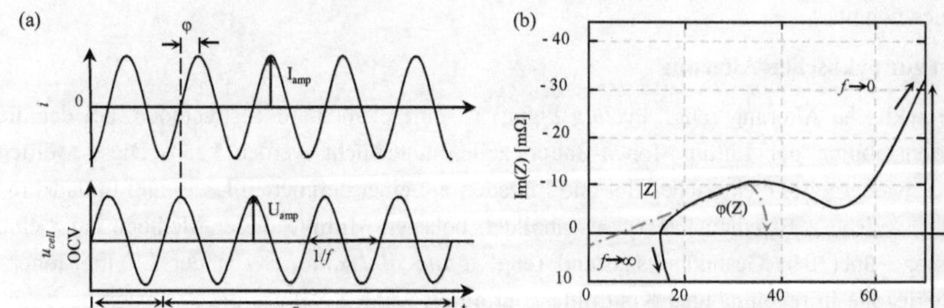

Beispielhafter Verlauf des Strom- und Spannungssignals für die EIS-Messung bei einer Frequenz f (a) sowie der Nyquistplot eines Impendanzspektrums (b) am Beispiel der Zelle des Typs HP-LFP1 bei SOC=90% und T=15 °C

Abbildung 2.17: Verlauf des Strom- und Spannungssignals und Nyquistplot[211]

[208] Vgl. Schmidt (2013): *Verfahren zur Charakterisierung und Modellierung von Lithium-Ionen Zellen*, S. 24.
[209] Vgl. Schmidt (2013): *Verfahren zur Charakterisierung und Modellierung von Lithium-Ionen Zellen*, S. 24.
[210] Vgl. Nyquist (1932): *Regeneration Theory*, S. 126ff.
[211] Vgl. Schmidt (2013): *Verfahren zur Charakterisierung und Modellierung von Lithium-Ionen Zellen*, S. 24.

Die einzelnen Impedanzen in Abhängigkeit der Frequenzbereiche können den Bestandteilen einer Lithium-Ionen-Batteriezelle zugeordnet werden. Dem hohen Frequenzbereich (MHz bis kHz) werden die Impedanzen der elektrischen Kontaktierung von Ableitern und Aktivmasse, den Korngrenzen und dem Elektrolyt zugeordnet. Dem mittleren Frequenzbereich (kHz bis Hz) werden die Impedanzen der porösen Elektrode, der SEI, des Ladungstransfers und der Doppelschichtkapazität zugeordnet. Abschließend werden dem niedrigen Frequenzbereich (Hz bis µHz) die Impedanzen der Diffusion im Elektrolyten und die Diffusion im Feststoff zugeteilt.[212]

Die EIS liefert jedoch nur dann aussagekräftige Ergebnisse, wenn die Bedingungen der Zeitinvarianz, Kausalität und Linearität erfüllt sind. Die Zeitinvarianz wird erreicht, wenn alle internen Vorgänge vor der Messung abgeklungen sind und somit ein stabiler Betriebspunkt erreicht wird. Die Linearität kann durch eine ausreichend kleine Amplitude des angelegten sinusförmigen Signals gewährleistet werden, da sich die Lithium-Ionen-Batteriezelle in einem kleinen Bereich um den vordefinierten Arbeitspunkt linear verhält[213]. Die Kausalität der Messwerte kann mithilfe des linearen Kramers-Kronig-Tests[214] nach SCHÖNLEBER ET AL.[215] und BOUKAMP[216] validiert werden.

Test zur kalendarischen Alterung

Die kalendarische Alterung (engl. *calendric aging*) wird herangezogen, um die Selbstentladerate der Lithium-Ionen-Batteriezellen zu untersuchen. Hierbei wird die Lithium-Ionen-Batteriezelle stromlos gelagert und in definierten Intervallen mit einem Messgerät auf Selbstentladung geprüft. Einflussfaktoren bei der kalendarischen Alterung sind die Umgebungstemperatur sowie der SOC bei Start der Untersuchung. Die kalendarische Alterung kann in der Regel je nach Anwendungsfall und Anforderungen zwischen 5 Tagen und 5 Wochen in Anspruch nehmen.

Test zur zyklischen Alterung

Die zyklische Alterung (engl. *cycling aging*) ist eine elementare Testmethode, bei der die Zyklenstabilität der Lithium-Ionen-Batteriezellen untersucht werden kann. Diese werden durch wiederholtes elektrisches Be- und Entladen mit einer definierten Lade- und Entladeprozedur, welche z. B. einen Fahrzyklus abbildet, belastet. Mithilfe dieser Methode kann eine Aussage über den Gesundheitszustand (engl. *State of Health*, SOH) der Lithium-Ionen-Batteriezelle in regelmäßigen Kontrolltests ermittelt werden, welche die Zyklisierung unterbrechen. Für die Kontrolltests ist darauf zu achten, dass die Testmethoden einen möglichst

---

212 Vgl. Käbitz (2013): *Untersuchung der Alterung von Lithium-Ionen-Batterien mittels Elektroanalytik und elektrochemischer Impedanzspektroskopie*, S. 52.

213 Vgl. Costard (2018): *Einfluss von Mikrostruktur und Materialparametern auf die Leistungsfähigkeit poröser Elektroden für Lithium-Ionen Batterien*, S. 32.

214 Vgl. Karlsruher Institut für Technologie : *Kramers-Kronig Gültigkeitstest Lin-KK für Impedanzspektren.*

215 Vgl. Schönleber et al. (2014): *A Method for Improving the Robustness of linear Kramers-Kronig Validity Tests*, S. 20ff.

216 Vgl. Boukamp (2006): *A Linear Kronig-Kramers Transform Test for Immittance Data Validation*, S. 1885ff.

geringen Einfluss auf die zyklische Alterung der Lithium-Ionen-Batteriezelle haben sollten[217]. Dies impliziert moderate Temperaturen (Raumtemperatur), geringe C-Raten sowie kurze Testdauern in Bezug auf die beschleunigte zyklische Alterung. Die zyklische Alterung wird neben der Temperatur und dem SOC wie bei der kalendarischen Alterung zusätzlich maßgeblich durch die C-Rate und die Entladetiefe (engl. *Depth of Discharge*, DOD) bestimmt[218].

2.4 Kennzahlbasierte Betrachtung einer Lithium-Ionen-Batteriezelle

Indicator-based consideration of a lithium-ion battery cell

Die Einsatzfelder der Lithium-Ionen-Batteriezelle bestimmen wesentlich die notwendigen Parameter der Lithium-Ionen-Batteriezelle. Aufgrund der aktuell bereits guten Eigenschaften dieser Batteriezellen finden sie in verschiedenen Bereichen breite Anwendung, z. B. als stationäre Energiespeicher, im 3C-Umfeld (computer, communication, and consumer electronics), bei Power Tools, Micro Mobility Solutions (Fahrrad, Roller etc.), in der maritimen sowie Automobilindustrie. Bei Betrachtung des zukünftigen Marktes der Lithium-Ionen-Batteriezellen wird deutlich, dass die Automobilindustrie mit 85,00 % Marktanteil im Jahr 2030 die größte Nachfrage in Gigawattstunden (GWh) abbilden wird[219]. Diese Aussage wird durch eine eigene Meta-Studie mit mehr als 90 Einzelstudien und über 750 Einzelprognosen im Bereich der Neuzulassungen von Fahrzeugen gestützt. Analysiert wurden die Prognosen verschiedener Autoren, die der Beratung, Forschungsinstituten, Marktforschungsunternehmen, Intergovernmental Organisations, Automobilzulieferbetrieben, Investmentgesellschaften, Nachhaltigkeitsinstituten, der Öl/Gas-Industrie, Regierungsbehörden, Unternehmensvertretungen und Internetdienstleistern angehören. Die Studien stammen aus den Jahren 2011 bis 2022 und betrachten den Automobilmarkt bis zum Jahr 2030. Folgend werden der Automobilmarkt und dessen Anforderungen als Grundlage für die folgenden Untersuchungen herangezogen.

Dem gegenüber steht das Angebot an Lithium-Ionen-Batteriezellen, welches in den vergangenen Jahren stark gewachsen ist. Insbesondere die Ankündigungen neuer Produktionsstätten in Europa bis 2030 sind exponentiell gestiegen. Bei Betrachtung von Abbildung 2.18 wird ersichtlich, dass trotz der großen Bemühungen die Nachfrage mithilfe der im Bau befindlichen Produktionsstätten nicht gedeckt werden kann.[220] Der Status „(1) In Betrieb", „(2) In Teilbetrieb", „(3) Im Bau" sowie „(4) Angekündigt" bezieht sich immer auf den aktuellen Zeitpunkt. Demnach ist bei den Kategorien 1 bis 3 davon auszugehen, das mit der Kapazität gerechnet werden kann. Bei (4) ist die Nutzung im angegebenen Jahr mit einer Unsicherheit behaftet. Neben der bestehenden Meta-Analyse sprechen andere Quellen bereits über angekündigte Kapazitäten von bis zu 1309 GWh, welche in den kommenden Jahren nur in Europa aufge-

---

[217] Vgl. Lewerenz (2018): *Dissection and Quantitative Description of Aging of Lithium-Ion Batteries Using Non-Destructive Methods Validated by Post-Mortem-Analyses*, S. 18.

[218] Vgl. Lewerenz (2018): *Dissection and Quantitative Description of Aging of Lithium-Ion Batteries Using Non-Destructive Methods Validated by Post-Mortem-Analyses*, S. 18.

[219] Vgl. Bernhard et al. (2020): *Rising opportunities for battery equipment manufacturers*, S. 4.

[220] Vgl. Kampker et al. (2021): *Metaanalyse zur Marktentwicklung elektrifizierter Fahrzeuge*, S. 60ff.

baut werden sollen[221]. Dies entspricht im optimistischen Fall der doppelten Kapazität zu dem angeführten Szenario.

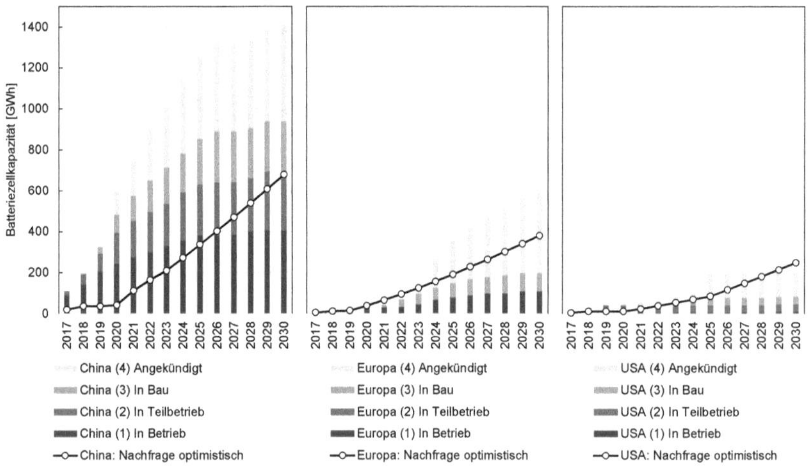

Abbildung 2.18: Angebot und Nachfrage von Lithium-Ionen-Batteriezellen[222]

Basierend auf der Nachfrage der Automobilhersteller sowie des Angebots der Batteriezellhersteller entstehen drei wesentliche Herausforderungen beim Batteriezellhersteller und damit auch für die Maschinen- und Anlagenbauer in der Wertschöpfungskette. Aufgrund der hohen Nachfrage an Lithium-Ionen-Batteriezellen vonseiten der Automobilhersteller und der nur schwierig adressierbaren Skalierung durch neue Batteriezellproduktionslinien besteht die Notwendigkeit und Herausforderung in der *Erhöhung des Outputs bestehender Produktionslinien* (vgl. Kapitel 2.4.1). Eine weitere wesentliche Problematik besteht in den aktuell hohen Ausschussquoten bzw. der geringen Overall Equipment Effectiveness (OEE) sowie den hohen Qualitätsanforderungen der Automobilhersteller, was zur Notwendigkeit der *Erzeugung einer gleichbleibenden bzw. verbesserten Qualität* (vgl. Kapitel 2.4.2) über verschiedene Produktionschargen hinweg führt. Insbesondere europäische Batteriezellhersteller stehen vor der Herausforderung, preislich kompetitiv gegenüber asiatischen Herstellern sowie den alternativen Antriebssystemen zu werden. Das bedingt die Notwendigkeit der *Reduzierung der Produktkosten pro Gigawattstunde (GWh)* (vgl. Kapitel 2.4.1). Es ist elementar, kurzfristig Know-how in dem Themenfeld aufzubauen und sich mit Technologieinnovationen auf Produkt- und Produktionsebene von der Konkurrenz abzusetzen.[223]

---

[221] Vgl. Heimes et al. (2022): *Batterieprojekte in Europa (Stand: März 2022)*.

[222] Eigene Meta-Studie mit mehr als 90 Einzelstudien und über 750 Einzelprognosen für die Neuzulassungen sowie die Batterieproduktionskapazität in den kommenden Jahren.

[223] Vgl. Bernhard et al. (2020): *Rising opportunities for battery equipment manufacturers*, S. 7.

Die Entwicklungen der Jahre 2020 bis 2022 haben darüber hinaus diese Lage verstärkt. Pandemiebedingt gibt es intensivere Entwicklungen in Richtung automatisierter Lösungen in der Produktion, da der Industriestandort Deutschland langfristig nur mit solchen Lösungen konkurrenzfähig gegenüber anderen Ländern sein kann. Darüber hinaus wird verstärkt auf von anderen Kontinenten wie Asien unabhängige Wertschöpfungsketten gesetzt, was unterschiedliche Gründe hat: etwa unterbrochene Lieferketten wegen eines havarierten Schiffes im Suez Kanal, der Coronakrise und des Kriegs in der Ukraine.[224]

Folgend werden in Kapitel 2.4.1, basierend auf dem Markt der Automobilindustrie und der dominierenden Technologie der Lithium-Ionen-Batteriezelle, Potentiale in der Batterieproduktion anhand einer Kostenbetrachtung identifiziert. Zudem wird in Kapitel 2.4.2 die Wertschöpfungskette betrachtet, um die aktuelle Situation des Marktes zu verstehen. Infolgedessen wird in Kapitel 2.4.3 ein Zwischenfazit gezogen und das Praxisdefizit anhand der beschriebenen Herausforderungen abgeleitet.

2.4.1 Kostenbetrachtung der Lithium-Ionen-Batteriezellproduktion

Cost consideration of lithium-ion battery cell production

Neben den Materialkosten mit einem prozentualen Anteil von ca. 72,00 % macht die Fertigung einen prozentualen Anteil von ca. 22,00 % an den Herstellungskosten einer Lithium-Ionen-Batteriezelle aus[225]. Im Rahmen dieser Arbeit wird im Themenfeld der Batterieproduktion das Themenfeld Fertigung fokussiert. Adressiert werden insbesondere die Steigerung des Outputs sowie darüber auch die Kosten der Batteriezellen. Abbildung 2.19 zeigt am Beispiel einer prismatischen Lithium-Ionen-Batteriezelle mit der Kathodenzellchemie NMC811 aus einer Produktion in China, basierend auf einer gemeinsamen Studie mit ROLAND BERGER, welche Kostentreiber einen Einfluss auf die Herstellungskosten einer Lithium-Ionen-Batteriezellen besitzen. Es lassen sich die Kostenpunkte Energie, Personal, variable Instandhaltung, Ausschuss und Ineffizienzen, feststehende Fabrikkosten sowie Abschreibungen identifizieren, welche die Kosten neben den Materialkosten beeinflussen. Die Fabrikfixkosten sowie die Abschreibungen fallen bei den produktionsbezogenen Kosten wesentlich ins Gewicht.[226]

[224] Vgl. Bardt et al. (2022): *Anhaltende Produktionslücken durch Vorleistungsengpässe*, S. 123.

[225] Vgl. Duffner et al. (2021): *Large-scale automotive battery cell manufacturing: Analyzing strategic and operational effects on manufacturing costs*, S. 11.

[226] Vgl. Bernhard et al. (2020): *Rising opportunities for battery equipment manufacturers*, S. 7.

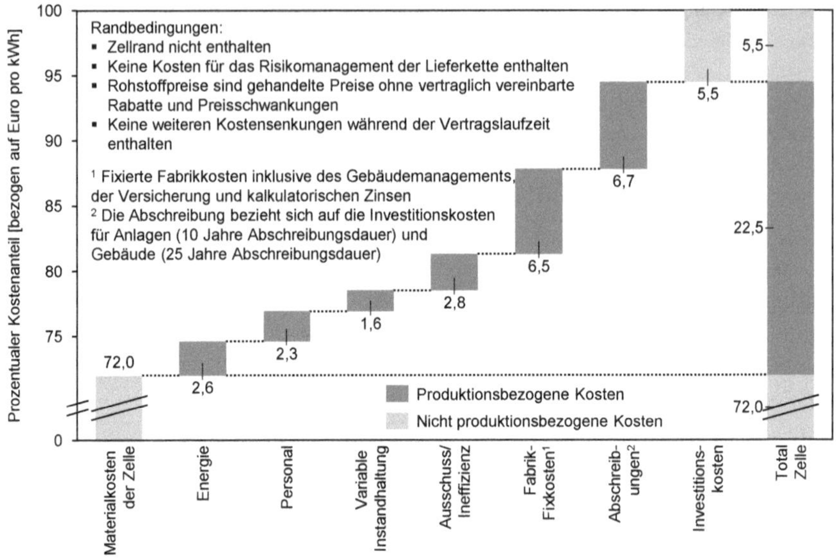

Abbildung 2.19: Kostenaufschlüsselung einer Batteriezellproduktion in China[227]

Werden die Möglichkeiten zur Optimierung der Maschinen und Anlagen im Detail betrachtet, lassen sich vier Maßnahmen ableiten, die langfristig die Kosten der Lithium-Ionen-Batteriezellproduktion reduzieren (vgl. Abbildung 2.20). Einer der Kostenhebel stellt die Verbesserung der Prozesse dar, welche indirekt die weiteren Kostenpunkte der Skaleneffekte und der Gesamteffektivität adressiert. So können mittels optimierter Prozesse der Output der Produktionslinie und die Qualität des Produktes verbessert sowie die Herstellungskosten reduziert werden. Ein weiterer Hebel zur Reduzierung der Batteriezellproduktionskosten stellt die Skalierung durch größere Produktionsstätten sowie die Optimierung der Zellchemie dar. Zuletzt lassen sich durch Optimierungen der Gesamtanlageneffektivität (*Overall Equipment Effectiveness*, OEE) weitere Verbesserungen realisieren.[227]

Weitere Studien gehen von Kostenreduzierungsmöglichkeiten von bis zu 6,90 % durch eine optimierte Formierung aus. Als weitere Optimierungsmaßnahmen werden die Reduzierung von Mitarbeitern (6,30 %), die Steigerung der Stacking-Geschwindigkeit (4,70 %), die Verkürzung von Abschreibungsdauern (4,50 %), das Senken von Ausschussraten und das Steigern von Operationstagen (4,00 %) angegeben[228]. Hierdurch ergibt sich ein Verhältnis von

[227] Vgl. Bernhard et al. (2020): *Rising opportunities for battery equipment manufacturers*, S. 7.
[228] Vgl. Duffner et al. (2021): *Large-scale automotive battery cell manufacturing: Analyzing strategic and operational effects on manufacturing costs*, S. 8.

20,30 % durch prozessbezogene Optimierung, 19,4 % durch material- und designbezogene Optimierung und 14,90 % durch flächenbezogene Optimierung der Batteriezellproduktion.[229]

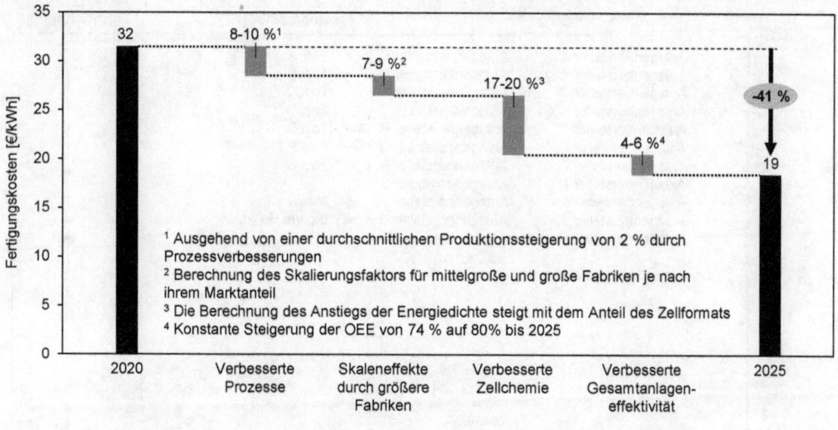

Abbildung 2.20: Optimierungspotentiale bei Maschinen- und Anlagenkosten[230]

Mit dem Fokus auf die Lithium-Ionen-Batteriezellproduktion wird folgend aufgrund des großen Kostenhebels die Prozessverbesserung im Detail betrachtet (die Optimierung der Kosten mithilfe der Verbesserung der Zellchemie ist nicht Teil dieser Arbeit). Hierbei ist es notwendig, die Schritte der Batteriezellproduktion kennzahlbasiert zu untersuchen und hinsichtlich ihres Optimierungspotentials zu bewerten. Im Zuge dessen lassen sich drei Faktoren identifizieren, die eine Abschätzung ermöglichen. Zum einen ist der relative Kostenanteil der Maschinen- und Anlagenkosten der einzelnen Prozessschritte zu untersuchen. Zum anderen ist es notwendig, ein Verständnis der Prozesszeit und des damit verbundenen Flächenbedarfs zu erzeugen. Mithilfe dieser Kennwerte lässt sich eine Abschätzung der Prozesskosten ableiten. Für das Verständnis der durchgeführten Analyse bedarf es einer Definition der drei betrachteten Kennzahlen *Prozesszeit*, *Flächenbedarf* und *Anlageninvestition*. Zu beachten ist, dass es Abweichungen zwischen verschiedenen Produktionsstätten gibt, und die folgenden Angaben anonymisierte Mittelwerte darstellen.

Die Bearbeitungszeit ist definiert als Dauer, wie lange ein Produkt im Produktionsprozess bearbeitet wird. Die Prozesszeit gibt an, wie lange sich Teile im jeweiligen Produktionsprozess befinden und beinhaltet sowohl den manuellen Arbeitsinhalt des Mitarbeiters als auch die Laufzeit des Betriebsmittels. Die Prozesszeit beeinflusst den Output der Linie sowie die Anzahl der notwendigen Anlagen. Auf Grundlage der notwendigen Anzahl der Anlagen werden die initialen Investitionskosten sowie die laufenden Betriebsmittelkosten bestimmt. Eine Me-

---

229 Vgl. Duffner et al. (2021): *Large-scale automotive battery cell manufacturing: Analyzing strategic and operational effects on manufacturing costs*, S. 9.

230 Vgl. Bernhard et al. (2020): *Rising opportunities for battery equipment manufacturers*, S. 7.

ta-Analyse bestehender Daten bezogen auf die Prozesszeit der einzelnen Prozessschritte ist in Abbildung 2.21 dargestellt.

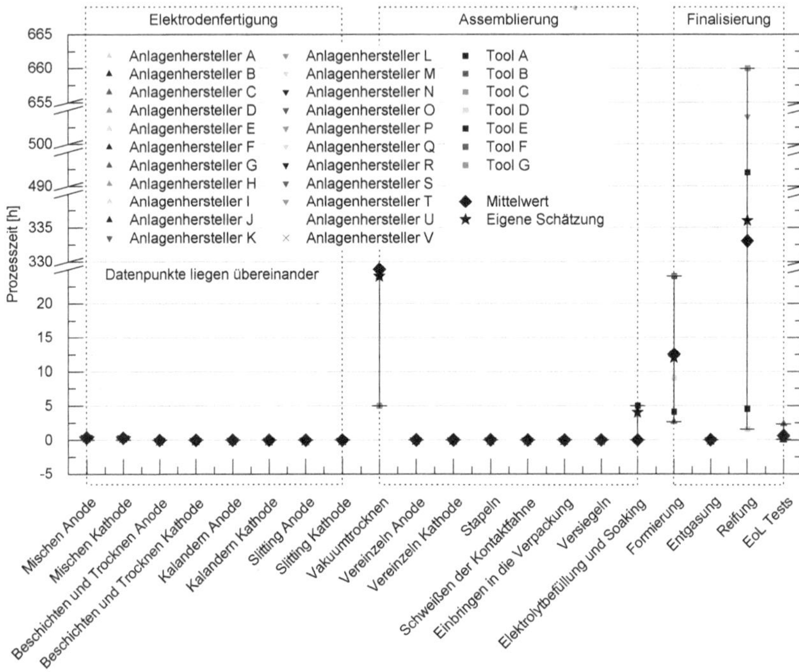

Abbildung 2.21: Verteilung der Prozesszeit der einzelnen Prozessschritte[231]

Der wesentliche Anteil der Formierung an der Gesamtprozesszeit und das große Potential zur Reduzierung dieser wurde bereits durch WOOD ET. AL. dargestellt[232]. Zu berücksichtigen ist, dass teilweise die HT-(High-Temperature)-Reifung und die NT-(Normal-Temperature)-Reifung unterschieden werden. In der Abbildung sind die beiden Fälle gemeinsam betrachtet worden. Teilweise existiert auch ein Roll-Pressing-Vorgang vor der Formierung. Dieser wurde aufgrund der geringen Prozessdauer und der Tatsache, dass der Prozess nicht immer vorhanden ist, als Teil der Formierung betrachtet.

Der Flächenbedarf stellt die für die Maschinen und Anlagen des Prozesses benötigte Fläche dar. Um ein Verständnis über die Flächenbedarfe der Finalisierung in der Batteriezellproduktion zu erzeugen, wurde in Abbildung 2.22 ein beispielhaftes Layout einer Lithium-Ionen-Batteriezellproduktion für Rundzellen des Typs 21700 und einem jährlichen Output von

[231] Eigene interne Studie aufbauend auf diversen Angeboten und vorliegenden Tools zur Einschätzung der Prozesszeit in der Batteriezellproduktion.

[232] Vgl. Wood et al. (2015): *Prospects for reducing the processing cost of lithium ion batteries*, S. 234.

ca. 35 GWh entworfen. Dieses bildet die relativen Flächenbedarfe aller notwendigen Flächen ab und zeigt anschaulich, dass die Finalisierung einen Anteil von ungefähr einem Drittel an der Gesamtfläche des Produktionsgebäudes einnimmt. Abhängig von verschiedenen Faktoren kann das Anlagenlayout stark variieren. Das hier dargestellte Design stellt eine fiktive Fertigung dar. Aufgrund der verschiedenen Anforderungen an die Maschinen und Anlagen kann die Höhe der Flächen stark voneinander abweichen. So kann beim Wareneingang und -ausgang, beim Mischen sowie bei der Finalisierung von einer doppelt so hohen Planungshöhe des Gebäudes im Gegensatz zu den restlichen Flächen ausgegangen werden.

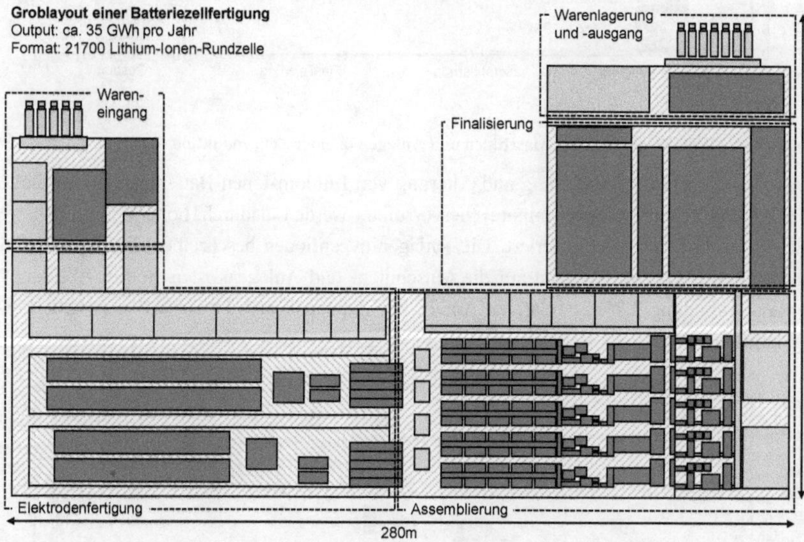

Abbildung 2.22: Beispielhaftes Layout einer Lithium-Ionen-Batteriezellproduktion

Eine reine Darstellung der anteiligen Flächenbedarfe an der Gesamtfläche ist in Abbildung 2.23 dargestellt. Die Finalisierung nimmt hierbei ungefähr ein Drittel der Grundfläche ein, besitzt aber aufgrund der Möglichkeit, in mehreren Stockwerken zu arbeiten, eine insgesamt größere Grundfläche als die Assemblierung und die Elektrodenfertigung.

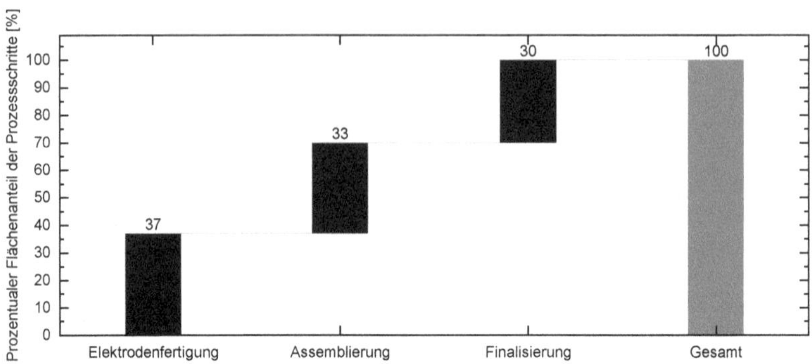

Abbildung 2.23: Flächenanteile der Maschinen und Anlagen in einer Zellproduktion

Da die Prozessschritte Formierung und Alterung von Lithium-Ionen-Batteriezellen sehr hohe Prozesszeiten (cpm – cells per minute) hervorrufen, werden dadurch hohe Flächenbedarfe bzw. Anlageninvestitionen generiert. Die Anlageninvestitionen beschreiben die Investitions- und Installationskosten. Bezogen auf die Maschinen- und Anlagenkosten sind in Abbildung 2.24 und Abbildung 2.25 die relativen Anteile der Anlagenkosten über die Prozesskette hinweg dargestellt.

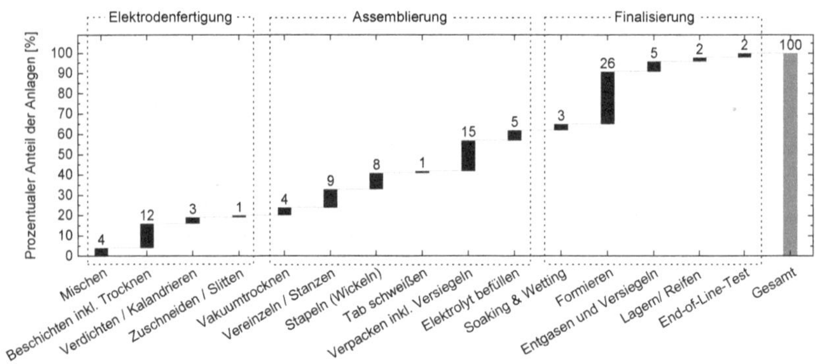

Abbildung 2.24: Maschinen- und Anlagenkostenverteilung nach ROLAND BERGER[233]

Bei beiden Studien ist zu erkennen, dass neben der Beschichtung und Trocknung der Elektrodensheets in der Elektrodenfertigung insbesondere die Formierung einen wesentlichen Anteil an den Maschinen- und Anlagenkosten ausmacht. Nach ROLAND BERGER macht der Anteil 26 % und nach MCKINSEY 23 % der Maschinen- und Anlagenkosten aus.

[233] Vgl. Bernhard et al. (2020): *Rising opportunities for battery equipment manufacturers*, S. 9f.

Bezüglich der Prozesszeit als Losgröße für die Outputsteigerung sowie der Prozesskosten (Abschreibungen) als Losgröße für die Kostenreduzierung kann somit neben den Prozessschritten Trocknung des Aktivmaterials in der Elektrodenfertigung, Stapeln der Elektrodensheets und Elektrolytbefüllung insbesondere der Prozessschritt Formierung als Flaschenhals in der Produktion identifiziert werden.

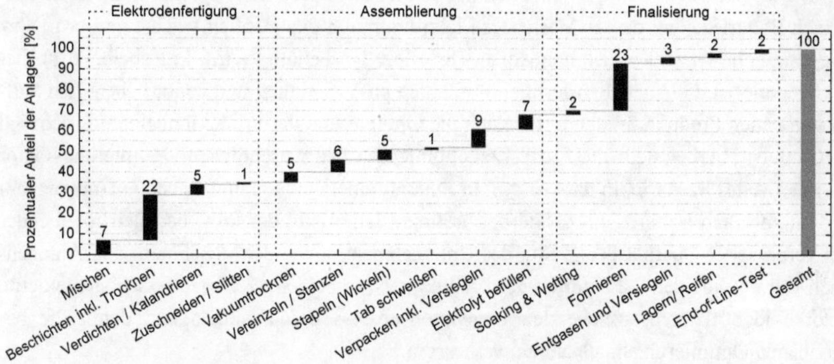

Abbildung 2.25: Maschinen- und Anlagenkostenverteilung nach MCKINSEY[234]

Die Lithium-Ionen-Batteriezellproduktion wurde hinsichtlich der relevanten Kennzahlen, welche die Kostenanteile sowie die Kostenpotentiale implizieren, analysiert. Neben den hohen Kostenanteilen der Batteriematerialien an den Gesamtkosten der Lithium-Ionen-Batterie ließen sich Prozesskosten als weiterer Kostenhebel identifizieren. Auf Grundlage der Analyse der Prozesszeit, der notwendigen Fertigungsflächen und der Maschinen- und Anlagenkosten soll folgend entsprechend der dargestellten Relevanz der Fokus auf die Finalisierung der Lithium-Ionen-Batteriezellfertigung gelegt werden. Insbesondere die Formierung besitzt einen elementaren Anteil an den Maschinen- und Anlagenkosten mit 26,00 %, sowie einen nicht zu vernachlässigenden Flächenanteil von 30 %, gemeinsam mit der Reifung. Neben dem Vakuumtrocknen und der Reifelagerung besitzt die Formierung den wesentlichsten Prozesszeitaufwand. Abgesehen von der Problematik der Prozesskosten sind auch der Output der Produktionslinie sowie die hohen Kapitalbindungskosten auf die Prozesszeit zurückzuführen. Diese Aussagen werden mit einer Analyse von DUFFNER unterstützt, bei der verschiedene Parameter in der Batteriezellproduktion hinsichtlich einer potentiellen Kostenreduktion untersucht wurden. Die Formierung besitzt konkret ein Kosteneinsparpotential von 6,90 $/kWh für eine Fabrik mit einer Outputkapazität von 35 GWh/Jahr[235]. Dieser Parameter ist entsprechend der Erklärungen zuvor einer Prozessoptimierung zuzuordnen. Demnach soll in der folgenden Ausführung die Optimierung der Prozesszeit den Schwerpunkt der Untersuchung darstellen.

[234] Vgl. Fleischmann et al. (2022): *Unlocking the growth opportunity in battery manufacturing equipment*, S. 3.

[235] Vgl. Duffner et al. (2021): *Large-scale automotive battery cell manufacturing: Analyzing strategic and operational effects on manufacturing costs*, S. 8.

2.4.2 Wertschöpfungsstrukturen in der Batteriezellproduktion

Value added and innovation structures in battery cell production

Bezüglich der Wertschöpfungsstrukturen der Lithium-Ionen-Batteriezellproduktion lassen sich grundsätzlich zwei Modelle unterscheiden. Zum einen kann der Markt nachfragegesteuert sein. Dieses Szenario stellt den aktuellen Status quo dar. Hierbei besteht eine starke Nachfrage nach Batteriezellen, da der Markt der Elektromobilität exponentiell wächst und pro Fahrzeug eine hohe Anzahl an Lithium-Ionen-Batteriezellen benötigt wird. Entscheidend in diesem Szenario ist die Anzahl an fertigen Produkten pro Zeiteinheit und damit neben dem Aufbau von neuen Produktionsstandorten auch die Optimierung der Produktionslinie hinsichtlich des Outputs. Hierbei stellt die Prozesszeitoptimierung den wesentlichen Optimierungsfaktor dar. Ein zweites Szenario, in das wir ggf. in Zukunft hineinlaufen können, ist ein Überangebot an Lithium-Ionen-Batteriezellen. Hierbei bestimmt langfristig der Preis bei gleichbleibender oder verbesserter Qualität den Erfolg des Unternehmens sowie der Maschinen- und Anlagenbauer. Der entscheidende Faktor ist der Produktpreis. In beiden Szenarien lassen sich externe Faktoren identifizieren, welche den Innovationsprozess beschleunigen und damit die beschriebenen Optimierungsmaßnahmen verbessern.

Die aktuellen Zulieferstrukturen in der Branche der Lithium-Ionen-Batteriezelle (Abbildung 2.26, rechts) unterscheiden sich von gängigen Zulieferstrukturen aus anderen Branchen (Abbildung 2.26, links), wodurch aktuell ein geringer Innovationsdruck in der Branche der Lithium-Ionen-Batteriezellproduktion herrscht. Hierbei steht nicht klassisch der Automobilhersteller und damit der Overall Equipment Manufacturer (OEM) an der Spitze der Zulieferpyramide, sondern der Batteriezellhersteller, welcher sich zu einem Weltkonzern hochgearbeitet und aufgrund der großen Nachfrage eine dominierende Marktposition eingenommen hat (vgl. Abbildung 2.26).

Abbildung 2.26: Gegenüberstellung der Zulieferverhältnisse

Traditionelle Zulieferstrukturen erzeugen bei den kleineren Zulieferern mit geringer Marktmacht einen hohen Innovationsdruck, der dadurch verstärkt wird, dass der OEM in bestimmten Intervallen Kosteneinsparungen von bis zu 3,00 % jährlich einfordert. Innerhalb dieser Zulieferstruktur besitzt der OEM das Know-how bezüglich der Komponenten und kann dieses Gegenüber den Zulieferern und deren Konkurrenten ausspielen. Dies hat dafür gesorgt, dass Zellhersteller in der Vergangenheit mit Kampfpreisen geworben haben, um das Milliardengeschäft aufzubauen. Hierbei wurde aufgrund der großen Volatilität des Marktes ein großes Risiko eingegangen. Infolgedessen hat sich der Batteriezellhersteller zu einem Weltkonzern mit starker Marktdominanz entwickelt und damit an die Spitze der traditionellen Zulieferpyramide gekämpft. Dies ist insbesondere durch die hohe Nachfrage zu begründen. Aktuell wird ca. 80,00 % des Marktes der Lithium-Ionen-Batteriezellen durch wenige Batteriezellhersteller beherrscht[236]. Dies hat dafür gesorgt, dass die Batteriezellhersteller eine wesentlich stärkere Verhandlungsmacht bekommen haben und damit stärker den Preis der Lithium-Ionen-Batteriezelle beeinflussen können. Darüber hinaus sind die Prozesse und Verfahren in der Lithium-Ionen-Batteriezellproduktion sehr sensibel für Änderungen, wodurch etablierte Prozesse und Verfahren eine homogene Produktqualität sicherstellen. Dies erzeugt ein weiteres Hemmnis dafür neue Prozesse und Verfahren einzuführen, die eine Optimierung der Linie implizieren würden.

Aufbauend auf der dargestellten Situation besteht aufgrund der etablierten Prozesse und Verfahren sowie der fehlenden Konkurrenz bzw. dem fehlenden Innovationsdruck der OEM ein großflächiges Potential zur Optimierung der Produktionsprozesse in der Lithium-Ionen-Batteriezellproduktion.

2.4.3 Zwischenfazit

Interim conclusion

Die vorangegangenen Ausführungen haben eine systematische, kennzahlbasierte Analyse des aktuellen Stands der Praxis dargelegt. Es konnte entsprechend einer Meta-Analyse des Angebots und der Nachfrage nach Batteriezellkapazität, aufgeteilt auf die relevanten Märkte und Jahre, nachgewiesen werden, dass eine weiterhin hohe Nachfrage nach Batteriezellkapazität besteht. So ließ sich zeigen, dass die Steigerung des Outputs bestehender Linien sowie die Optimierung neuer Linien hinsichtlich des Outputs hohe Relevanz besitzt. Neben dem Output stellen die Erzeugung einer gleichbleibenden bzw. verbesserten Qualität und damit die Reduzierung der Produktkosten pro Gigawattstunde eine Kernherausforderung dar.

Basierend auf der Analyse der Kostenanteile einer Batterie wurden die Materialkosten als die dominierende Kostenkomponente mit ca. 72 % identifiziert. Abseits der Materialkosten besitzen die Produktionskosten mit 22,5 % einen weiteren wesentlichen Anteil, welcher auf verschiedene Kostenanteile heruntergebrochen werden konnte. Die Optimierung der Prozesse

[236] Interne Meta-Studie zu Angebot und Nachfrage im Bereich der Batteriezellproduktion mit 90 Einzelstudien.

sowie der Gesamtanlageneffizienz konnten mit 8 bis 10 % sowie mit 4 bis 6 % als entscheidende Maßnahmen identifiziert werden.

Ausgehend von der Untersuchung verschiedener relevanter Kennwerte ließ sich die Formierung als entschiedener Prozessschritt zur Optimierung ausmachen. Hierzu wurden die Prozesszeit, die notwendigen Flächenanteile sowie die anteiligen Anlagenkosten miteinander verglichen. Die Daten wurden anhand einer Meta-Studie vorhandener Angebote und Tools sowie aufbauend auf dem Wissen bereits geplanter Batteriezellproduktionen generiert.

Bezogen auf die Prozesszeit besitzt die Formierung neben dem Vakuumtrocknen und der Reifung den höchsten Zeitaufwand (vgl. Abbildung 2.21). Mit Blick auf die Fläche lassen sich die höchsten Flächenbedarfe auf die Elektrodenfertigung zurückführen, jedoch besitzt auch hier die Formierung einen entscheidenden Anteil (vgl. Abbildung 2.23). Auch bezogen auf die Anlagenkosten besitzt die Formierung mit 29 % prozentual die höchsten Anteile (vgl. Abbildung 2.24). Die Formierung erzielt nicht bei allen Kennwerten die höchste Relevanz, jedoch lassen sich wesentliche Kosten- und Zeitpotentiale durch die Optimierung des Prozesses identifizieren. Nicht zuletzt mithilfe der Optimierung der Prozesszeit der Formierung können wesentliche Potentiale in der Kapitalbindung sowie dem Output der Linie erzielt werden, da er den letzten Prozessschritt der Batteriezellproduktion darstellt.

Die weitere Analyse der aktuellen Situation der Stakeholder in der Wertschöpfungskette der Batteriezellproduktion zeigt darüber hinaus, dass nur ein geringer Innovationsdruck bei den Zellhersteller besteht und demnach Kostenhebel nur bedingt umgesetzt werden. Eine große Unsicherheit in den Prozessen hemmt darüber hinaus die Innovationsfähigkeit der Zellhersteller, da eine gleichbleibende höher als eine gesteigerte Qualität beurteilt wird. Aufgrund der großen Unsicherheit werden Maschinen- und Anlagenbauer nur bedingt in die Prozessentwicklung einbezogen, weswegen die Innovationskraft weiter gehemmt wird. Maschinen- und Anlagenbauer könnten mit ihrem Prozess- und Anlagenwissen wesentlich den Innovationsprozess der Zellhersteller beschleunigen.

2.5 Technische Produkt- und Prozessmodellierung

Process and concept development

Zur Evaluierung des theoretischen Defizits ist es notwendig, ein Gesamtsystemverständnis der theoretischen Prozesse sowie des Produktes zu erzeugen. Hierfür soll nach ROPOHL mithilfe eines Systems ein Ausschnitt aus der Wirklichkeit abgebildet werden. Dieser Ausschnitt wird subjektiv durch den Menschen beschrieben und in Zusammenhangsgeflechte unterteilt. Elemente, zwischen denen nachweisbar ein Zusammenhang besteht, werden nach ROPOHL als Ganzheit bezeichnet und stellen die Untersuchungsobjekte dar. Dies wird in Kapitel 2.5.1 aufbauend hergeleitet.[237]

[237] Vgl. Ropohl (1975): *Systemtechnik - Grundlagen und Anwendung*, S. 582.

Aufbauend auf den Systemkonzepten werden in Kapitel 2.5.2 die Untersuchungsparameter abgeleitet und bewertet, unter Berücksichtigung bereits bestehender Untersuchungen. Hierbei wird die wissenschaftliche Literatur hinsichtlich der Herausforderungen und theoretischen Defizite untersucht und darauf aufbauend die Definition der zu untersuchenden Parameter durchgeführt.

2.5.1 Modellierung des Prozesses und der Parameter

Modeling of the process

Basierend auf der Systemtheorie werden aus den *Ganzheiten* die *Systeme* (Modelle) konstruiert. Es werden grundsätzlich drei formale Konzepte für Systeme (das *funktionale*, das *strukturale* und das *hierarchische Systemkonzept*) unterschieden. Diese Systeme bilden jeweils unterschiedliche Inhalte ab und verfolgen unterschiedliche Zielsetzungen. Als *funktionales Systemkonzept* wird das eigentliche System als Black Box aufgefasst. Es sind nur Ein- und Ausgänge des Systems bekannt bzw. von außen ersichtlich. Die (reproduzierbare) Beziehung, die das System zwischen den Ein- und Ausgängen herstellt, wird als Funktion des Systems bezeichnet. Es sieht keine materielle Konkretisierung vor und beschränkt sich auf das Verhalten einer Ganzheit in ihrer Umgebung. Bei dem *strukturalen Systemkonzept* wird ein System als Menge unterschiedlicher Elemente beschrieben. Zwischen den Elementen können eine Vielzahl von Relationen bestehen. Es geht um die Vielfalt möglicher Beziehungsgeflechte und unterschiedlicher Systemeigenschaften, die hervorgerufen werden können. Es werden also die einzelnen Elemente nicht für sich allein, sondern in ihrem Kontext und im Zusammenspiel mit anderen Elementen betrachtet. Das *hierarchische Systemkonzept* dient dazu, unterschiedliche Abstraktions- bzw. Konkretisierungsebenen abzubilden. Je nachdem, in welche Richtung die Betrachtung erfolgt, rücken unterschiedliche Details oder Zusammenhänge in den Fokus.[238]

Die genannten Systemkonzepte schließen sich nicht untereinander aus, sondern können miteinander verbunden werden, um Systeme mit einer bestimmten Zielsetzung zu beschreiben. Für die folgende Untersuchung wird das funktionale Systemkonzept genutzt, da der Prozess in einem ersten Schritt losgelöst von den Funktionen innerhalb des Prozesses betrachtet wird. Somit ist eine Betrachtung der Wechselwirkungen zwischen den Ein- und Ausgängen des Systems möglich.

In Kapitel 2.1, 2.2 und 2.3 wurden die Grundlagen und der Stand der Technik des zugrundeliegenden Gesamtsystems dargelegt. Aufbauend auf den Ausführungen gilt es, das Produkt- und Produktionssystem zu beschreiben. Bezogen auf das Produktsystem wurde im Rahmen der Untersuchungen und des zugrundeliegenden Forschungsprojektes OZF[239] mit dem Titel „Beschleunigung und energetische Optimierung der Zellformierung" eine Lithium-Ionen-Pouch-Zelle definiert, welche im Rahmen der Untersuchung den Spezifikationen in Kapitel

[238] Vgl. Ropohl (2012): *Allgemeine Systemtheorie*, S. 51ff; Vgl. Huth et al. (2020): *Systems Engineering in der Produktentwicklung: Verständnis, Theorie und Praxis aus ingenieurswissenschaftlicher Sicht*, S. 126.

[239] Förderkennzeichen: 03XP0071B.

4.1 folgt. Bezogen auf das Produktionssystem wird folgend der relevante Prozessschritt Formierung, identifiziert in Kapitel 2.2, anhand des funktionalen Systemkonzeptes konkretisiert.

Wird die Formierung als diskreter Prozessschritt betrachtet, lässt sich dieser gemäß dem funktionalen Systemkonzept durch Eingangsgrößen und Ausgangsgrößen beschreiben (vgl. Abbildung 2.27). Differenziert wird bei der Betrachtung der eingehenden Größen zwischen eingehenden Qualitätsparametern (QP-E) und eingehenden Prozessparametern (PP-E). Die eingehenden Qualitätsparameter werden durch vorangegangene Prozessschritte eingestellt und beschreiben prozessrelevante, qualitative Eigenschaften des eingehenden Produktes. Direkt oder indirekt einstellbare Größen im Prozess sowie deren Umgebung werden als eingehende Prozessparameter geführt.

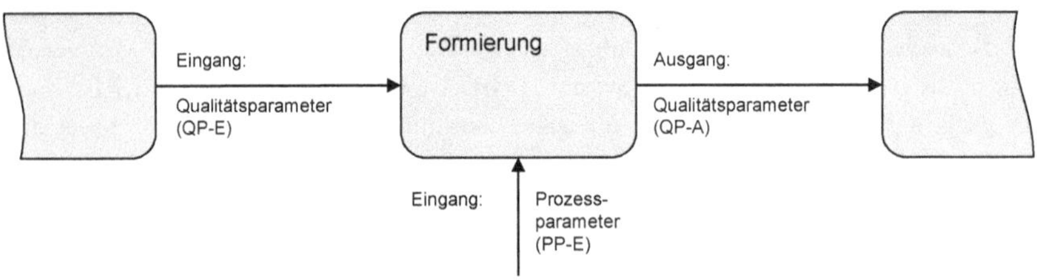

Abbildung 2.27: Funktionales Systemkonzept des Prozessschrittes Formierung

Für die folgende Untersuchung werden die Eingangsparameter aus den Prozessschritten zuvor als Konstante angenommen. Aufgrund von Störfaktoren wie der Zellproduktion können Ungenauigkeiten das Ergebnis verfälschen. Dies soll nicht Teil der Untersuchung sein. Die Betrachtung wird auf die für die Untersuchung relevanten Qualitätsparameter des Ausgangs (QP-A) und die Prozessparameter des Eingangs (PP-E) sowie deren Interdependenzen beschränkt. Werden die PP-E betrachtet, lassen sich verschiedene Prozessparameter identifizieren, welche folgend beschrieben werden.

Bezogen auf die Umgebungsparameter lassen sich während der Formierung von Lithium-Ionen-Batteriezellen die PP-E *Umgebungstemperatur*, *Umgebungstemperaturänderung*, *physische Lage* sowie *mechanische Verspannung* der Testzellen identifizieren und einstellen. Die Prozessparameter der Umgebungsbedingungen können sowohl vorgesehen als auch nicht vorgesehen werden, sowie eine konkrete Ausprägung besitzen. Bezogen auf die physische Lage sind Einstellungen hinsichtlich aller drei Achsen (x-, y- und z-Achse eines Koordinatensystems) möglich. Im Hinblick auf die mechanische Verspannung lässt sich eine *konstante Weglänge* sowie eine *konstante Kraft* einstellen. Im Falle der konstanten Weglänge wird zu Beginn der Formierung eine definierte Verspannung (Kraft) und damit ein definierter Druck auf die Testzellen eingestellt. Während der Formierung wird innerhalb der Testzellen durch chemische Reaktionen ein zusätzlicher Druck aufgebaut, welcher in der konstanten Wegverspannung zu einem additionalen Druck führt. Im Falle einer konstanten Kraft wird z. B. mithilfe eines Druckzylinders und eines Druckaufnehmers die applizierte Kraft auf die Testzelle variabel geregelt, sodass bei einem additionalen Druck innerhalb der Testzellen durch die aktive Regelung des Druckzylinders eine konstante Kraft und damit Druck erzeugt wird.

Bezogen auf die elektrischen Parameter lassen sich während der Formierung von Lithium-Ionen-Pouch-Zellen die PP-E *Stromstärke* und *Spannung* während der CC- und der CV-Phase, die *Abbruchspannung* während der CC-Phase, der *Abbruchstrom* während der CV-Phase, die *Anzahl der Formierungszyklen* sowie die *Zeit* und *Spannung* während einer Pause oder eines Prozesses einstellen. Diese Parameter können in der Lade- sowie in der Entladephase eingestellt werden. Mit ihrer Hilfe lassen sich auch Pulse erzeugen. Alle Parameter können individuell zu einem Formierungsprotokoll integriert werden.

Neben den beschriebenen direkt beeinflussbaren Umgebungs- und elektrischen Parametern lassen sich die *Produktparameter* als relevante Eingangsgrößen definieren. Hierbei werden im Wesentlichen das Anodenmaterial, das Kathodenmaterial, der Elektrolyt, die Additive und das Trägermaterial der Elektroden (Anode und Kathode) unterschieden. Eine detaillierte Betrachtung der relevanten Materialien ist Kapitel 2.1.2 sowie eine Definition des Produktes Kapitel 4.1 zu entnehmen. Die Produktparameter werden als konstant angenommen.

Neben den Eingangsparametern des Prozesses werden folgend die *Qualitätsparameter* am Ausgang des Prozesses (QP-A) beschrieben, welche zur Beurteilung der Prozessparameter herangezogen werden können. Produktrelevante Parameter sind die *Zelloberflächentemperatur*, die *Kapazität/Kapazitätserhaltung*, der *Innenwiderstand*, das *zyklische Alterungsverhalten* und das *kalendarische Alterungsverhalten*. Prozessrelevante Parameter sind die *Prozesszeit* sowie die *Prozessenergie*.

Der Fokus dieser Arbeit stellt die Untersuchung der Umgebungsbedingungen der Formierung dar, sodass im Folgenden die Prozessparameter Umgebungstemperatur sowie die mechanische Verspannung hinsichtlich der vorhandenen wissenschaftlichen Literatur untersucht werden.

2.5.2 Theoretische Untersuchung der Prozessparameter

Theoretical investigation of the process parameters

Zur Betrachtung der wissenschaftlichen Literatur werden zunächst Anforderungen an die Untersuchung der thermischen und mechanischen Einflüsse definiert. Anschließend können problemrelevante Ansätze in Bezug auf die formulierten Anforderungen bewertet werden. Die Entwicklungen der vergangenen Jahrzehnte in der wissenschaftlichen Literatur und Industrie wurden bei der Auswahl der problemrelevanten Ansätze aus der Literatur berücksichtigt. Es zeigen sich teilweise kontroverse Schlussfolgerungen und Erkenntnisse, sodass es weiterer Forschung auf dem Gebiet der thermischen und mechanischen Einflüsse auf die Formierung von Lithium-Ionen-Batteriezellen bedarf.

Im Rahmen einer Analyse bestehender Ansätze zur Untersuchung thermischer und mechanischer Einflüsse wurden Bewertungskriterien und deren Erfüllungsgrade definiert. Zur Einordnung wurden „Harvey Balls“ gewählt. Der Erfüllungsgrad der Anforderungen wird nach „Nicht erfüllt“, „Sehr niedrig“, „Niedrig“, „Hoch“ und „Sehr hoch“ unterschieden, um eine präzise Grenze zwischen den Ausprägungen zu gewährleisten.

Während sich manche Veröffentlichungen ausschließlich mit den Einflüssen auf die Formierung beschäftigen, fokussieren sich andere Publikationen auf die langfristigen Einflüsse auf

Lithium-Ionen-Batteriezellen. Andere wiederum betrachten die Einflüsse auf die Formierung und Reifung gemeinsam. Demnach ist es von Bedeutung, bei den betrachteten Ansätzen hinsichtlich der fokussierten Thematisierung zwischen der kurzfristigen SEI-Beschaffenheit nach der Formierung und der langfristigen Batteriezellperformance während der Nutzungsphase zu unterscheiden. In den betrachteten Ansätzen ist sowohl die zyklische Alterung als auch die kalendarische Alterung von Batteriezellen in die Nutzungsphase eingeschlossen.[240]

Zur Bewertung der bestehenden Ansätze ist eine Definition der Ausprägungen bezogen auf die Untersuchungsparameter elementar. Diese sind in Tabelle 2.2 dargestellt. Die Bewertung folgte der Untersuchung der analysierten Auswirkungen, den einbezogenen Produktparametern und den analysierten Prozessparametern. Dargestellt werden die Ausprägungen der Betrachtung der Prozesszeit (Auswirkungen), der Produktionskosten (Auswirkungen), der Umgebungsbedingungen (Prozessparameter), der Zelltemperatur (Prozessparameter), der mechanischen Verspannung (Prozessparameter), des Zelldesigns (Produktparameter), des Elektrolyten (Produktparameter) sowie der Additive (Produktparameter). Die Faktoren Zelldesign, Elektrolyt und Additive wurden insbesondere auf Grundlage der Vergleichbarkeit der Untersuchungen gewählt.

Das Zelldesign beinhaltet die Betrachtung des Zellformates sowie der Aktivmaterialen der Elektroden. Hinsichtlich der Zellchemie werden in bestehenden Ansätzen insbesondere der Elektrolyt sowie hinzukommende Additive und deren Einflüsse auf die SEI-Bildung untersucht. Auch wenn der Einfluss verschiedener Elektrolyte und Additive unter unterschiedlichen thermischen oder mechanischen Einflüssen im Rahmen der vorliegenden Arbeit nicht betrachtet wird, besteht ein forschungsrelevanter Mehrwert darin, die bestehenden Ansätze hinsichtlich der Elektrolytanforderung mit den beschriebenen Ausprägungen zu vergleichen.

Hinsichtlich der Untersuchung der Temperatureinflüsse lassen sich zudem Unterschiede zwischen der Umgebungstemperatur, welche meist durch Klimakammern realisiert und überwacht werden, sowie der Zelltemperatur, die in der Regel separat durch einen oder mehrere Thermosensor/en an der Zelloberfläche gemessen wird, festhalten. Neben den thermischen Einflüssen werden in der vorliegenden Arbeit mechanische Einflüsse auf die Formierung von Lithium-Ionen-Zellen untersucht. Demnach werden die Ansätze hinsichtlich der Berücksichtigung mechanischer Einflüsse mittels der mechanischen Verspannung bewertet.

Abschließend wird die Gesamtaussage des untersuchten Ansatzes hinsichtlich des untersuchten Einflusses mithilfe einer Ampellogik bewertet. So stellt ein „+“ dar, dass der untersuchte Einfluss positive Auswirkungen auf die Zellperformance oder Wirtschaftlichkeit hat. „+/-“ wird verwendet, wenn der untersuchte Einfluss sowohl positive als auch negative Auswirkungen auf die Zellperformance oder Wirtschaftlichkeit bewirkt. „-“ gibt hingegen an, dass der untersuchte Einfluss negative Auswirkungen auf die Zellperformance oder Wirtschaftlichkeit hat.

---

[240] Vgl. Jalkanen et al. (2015): *Cycle aging of commercial NMC/graphite pouch cells at different temperatures*, S. 161.

Tabelle 2.2: Beschreibung der Ausprägungen der Untersuchungsparameter

		○	◔	◑	◕	●
Auswirkungen	Prozesszeit	Prozesszeit bleibt unberücksichtigt	Prozesszeit wird benannt Keine weitere Spezifizierung	Prozesszeit wird als kritisch identifiziert Keine weitere Untersuchung	Thermischer oder mechanischer Einfluss auf die Prozesszeit wird untersucht	Thermischer und mechanischer Einfluss auf die Prozesszeit wird untersucht
	Kosten	Der Faktor Produktionskosten bleibt unberücksichtigt	Faktor Produktionskosten wird benannt, aber nicht weiter spezifiziert	Faktor Produktionskosten wird als kritisch identifiziert, aber nicht weiter untersucht	Der thermische oder mechanische Einfluss auf die Produktionskosten wird untersucht	Der thermische und mechanische Einfluss auf die Produktionskosten wird untersucht
Produktparameter	Zelldesign	Die untersuchte Zelle weicht drastisch von der in der Arbeit verwendeten Zelle ab (z. B. Lithium-Schwefel Zelle)	Die untersuchte Zelle ist nicht spezifiziert bzw. bleibt unberücksichtigt	Bei der untersuchten Zelle handelt es sich lediglich um eine Halbzelle	Bei der untersuchten Zelle handelt es sich um eine prismatische, zylindrische Batteriezelle oder eine Knopfzelle mit Graphit-Anode	Bei der untersuchten Zelle handelt es sich um eine Pouch-Zelle mit einer Graphit-Anode
	Elektrolyt	Der Einfluss verschiedener Elektrolyte bleibt unberücksichtigt	Der Einfluss verschiedener Elektrolyte wird benannt, aber nicht weiter spezifiziert	Der Einfluss verschiedener Elektrolyte wird untersucht	Der Einfluss verschiedener Elektrolyte wird im Zusammenhang mit thermischen oder mechanischen Einflüssen untersucht	Der Einfluss verschiedener Elektrolyte wird im Zusammenhang mit thermischen und mechanischen Einflüssen untersucht
	Additiv	Der Einfluss verschiedener Additive bleibt unberücksichtigt	Der Einfluss verschiedener Additive wird benannt, aber nicht weiter spezifiziert	Der Einfluss verschiedener Additive wird untersucht	Der Einfluss verschiedener Additive wird im Zusammenhang mit thermischen oder mechanischen Einflüssen untersucht	Der Einfluss verschiedener Additive wird im Zusammenhang mit thermischen oder mechanischen Einflüssen untersucht
Untersuchungsparameter	Umgebungstemperatur	Die Umgebungstemperatur bleibt unberücksichtigt	Der Einfluss der Umgebungstemperatur wird benannt, aber nicht weiter spezifiziert	Der Einfluss der Umgebungstemperatur wird identifiziert, aber nicht untersucht	Thermische oder mechanische Einflüsse werden unter Messung der Umgebungstemperatur untersucht	Thermische und mechanische Einflüsse werden unter Messung der Umgebungstemperatur untersucht
	Zelltemperatur	Die Zelltemperatur bleibt unberücksichtigt	Der Einfluss der Zelltemperatur wird benannt, aber nicht weiter spezifiziert	Der Einfluss der Zelltemperatur wird identifiziert aber nicht untersucht	Thermische oder mechanische Einflüsse werden unter Messung der Zelltemperatur untersucht	Thermische und mechanische Einflüsse werden unter Messung der Zelltemperatur untersucht
	Mechanische Verspannung	Der mechanische Druck auf die Zelle bleibt unberücksichtigt	Der Einfluss des mechanischen Drucks auf die Zelle wird benannt, aber nicht spezifiziert	Der Einfluss des mechanischen Drucks auf die Zelle wird identifiziert, aber nicht untersucht	Der thermische oder mechanische Einfluss wird unter Messung des mechanischen Drucks auf die Zelle untersucht	Der thermische und mechanische Einfluss wird unter Messung des mechanischen Drucks auf die Zelle untersucht

Ansätze zur thermischen Beeinflussung der Zellfinalisierung

Folgend werden die wissenschaftlichen Arbeiten im Themenfeld der thermischen Beeinflussung der Zellfinalisierung anhand einer strukturierten Literaturrecherche untersucht. Eine übersichtliche Bewertung der dargestellten Ansätze zur Untersuchung thermischer Einflüsse während der Formierung und Reifung liefert Tabelle 2.3. Folgend werden die wichtigsten Erkenntnisse aus den verschiedenen Ansätzen kritisch reflektiert. Eine übergeordnete Beschreibung ausgewählter Ansätze sind im Anhang A.1 beigefügt.

In den bestehenden Ansätzen zur Analyse thermischer Einflüsse wird insbesondere während der Reifung überwiegend von negativen Einflüssen berichtet. So werden die chemischen Prozesse der Reifung und Alterung der SEI-Schicht in der Regel mittels erhöhter Temperatur verstärkt. Allerdings kann ein Zusatz von Additiven eine stets höhere Entladekapazität und Coulomb-Effizienz während der Zyklisierung bei erhöhter Temperatur bewirken.[241]

Bezogen auf die thermische Beeinflussung der Formierung von Lithium-Ionen-Batteriezellen zeigt sich anhand der untersuchten wissenschaftlichen Literatur kein einheitliches Forschungsbild. Es folgen sowohl negative als auch positive Beeinflussungen durch eine thermische Belastung. HE berichtet von schnellerem Kapazitätsverlust nach hochtemperierter Formierung[242]. Negative Effekte durch Gasentstehung bei der Umwandlung von organischen in anorganische Komponenten werden von LEE und PYUN gezeigt[243]. Demgegenüber überwiegen die Veröffentlichungen bezüglich positiver Beeinflussungen durch eine temperierte Formierung. Laut KULOVA können niedrige Temperaturen den Kapazitätsverlust reduzieren[244]. HUANG ET AL. weisen bei hochtemperierter Formierung höhere Entladekapazitäten und eine bessere Kapazitätserhaltung während der Zyklisierung nach. Der SEI- und Bulk-Widerstand sind sowohl nach der hochtemperierten Formierung als auch nach der hochtemperierten Lagerung reduziert. Dies wird von HUANG ET AL. durch den höheren Anteil anorganischer Substanzen erklärt, ohne die negative Gasentstehung nach LEE und PYUN zu berücksichtigen[245]. BHATTACHARYA ET AL. zeigen zudem eine gleichmäßigere Ausbildung der SEI durch höhere Diffusionsraten auf[246]. Hinzu kommt ein geringerer Amorphisierungsgrad der SEI nach SHAROVA[247].

---

[241] Vgl. Pham et al. (2016): *Understanding the interfacial phenomena of a 4.7 V and 55 °C Li-ion battery with Li-rich layered oxide cathode and graphite anode and its correlation to high-energy cycling performance.*

[242] Vgl. He et al. (2008): *Effects of Temperature on the Formation of Graphite/LiCoO2 Batteries.*

[243] Vgl. Lee et al. (2002): *The effect of electrolyte temperature on the passivity of solid electrolyte interphase formed on a graphite electrode.*

[244] Vgl. Kulova (2004): *Effect of Temperature on Reversible and Irreversible Processes during Lithium Intercalation in Graphite.*

[245] Vgl. Huang et al. (2011): *The effect of solid electrolyte interface formation conditions on the aging performance of Li-ion cells.*

[246] Vgl. Bhattacharya et al. (2014): *Thermal cycling induced capacity enhancement of graphite anodes in lithium-ion cells.*

[247] Vgl. Sharova (2018): *Enhancing the performance of lithium batteries through the development of improved electrolyte formulation, formation protocol and graphite surface modification.*

Tabelle 2.3: Bewertung bestehender Ansätze zur Analyse thermischer Einflüsse

Veröffentlichung	Formierung	Reifung	Zeit	Kosten	Zelldesign	Elektrolyt	Additiv	$T_{Umgebungs}$	T_{Zelle}	Druck	Einfluss
Andersson et al. (1999) [250]	☐	☑	○	○	◑	○	○	◕	○	○	-
Inaba et al. (2004) [251]	☐	☑	○	○	◑	○	◕	◕	○	○	-
Zheng et al. (1999) [252]	☐	☑	○	○	◕	○	○	◕	○	○	-
Andersson & Edström (2001) [253]	☐	☑	○	○	◑	○	○	◕	○	○	-
MacNeil et al. (1999) [254]	☐	☑	○	○	◕	◕	○	◕	○	○	-
Bloom et al. (2001) [255]	☐	☑	○	○	◕	○	○	◕	○	○	-
Aurbach et al. (2002) [256]	☐	☑	○	○	◕	○	○	◕	○	○	-
German et al. (2014) [257]	☑	☑	○	○	●	○	○	◕	○	○	-
Waldmann et al. (2014) [258]	☐	☑	○	○	●	○	○	◕	○	◔	-
Zhang et al. (2004) [259]	☐	☑	○	○	◕	○	○	◕	○	○	-
Jalkanen et al. (2015) [260]	☐	☑	○	○	●	○	○	◕	◕	◔	-
Genieser et al. (2018) [248, 261]	☐	☑	○	○	●	◕	◕	◕	○	○	+/-
Genieser et al. (2018) [249, 262]	☐	☑	○	○	●	◑	◑	◕	○	○	+
Pham et al. (2016) [263]	☑	☑	○	○	◕	○	◕	◕	○	○	+
Lee & Pyun (2002) [264]	☑	☐	○	○	◑	○	○	○	◕	○	-
Blizanac et al. (2003) [265]	☑	☐	○	○	◑	○	○	○	◕	○	-
He et al. (2008) [266]	☑	☑	◕	○	◕	○	○	◕	○	○	+/-
Kulova et al. (2004) [267]	☑	☑	○	○	◑	◔	○	◕	○	○	+
Huang et al. (2010) [268]	☑	☑	◑	◑	●	○	○	◕	○	○	+
Bhattacharya et al. (2013) [269]	☑	☑	○	○	◑	○	○	○	◕	○	+
Cheng et al. (2016) [270]	☑	☑	○	○	◔	◑	◑	◑	○	◔	+
An et al. (2016) [271]	☑	☐	◕	◑	◔	◑	◑	◑	◑	○	+
Sharova (2018) [272]	☑	☑	◑	◑	●	◕	○	◕	○	○	+

248 Lithium-Ionen-Batterien (NMC/Graphit), elektrische Zyklisierung bei 80 °C.
249 Lagerungsstudie bei Hochtemperatur (80 °C).

Der Einfluss der thermischen Belastung während der Formierung auf die Kosten- und/oder Zeitanforderungen wird durch keinen der herangezogenen Ansätze adressiert. Der Großteil der betrachteten Literatur inkludiert lediglich die eingestellte Umgebungstemperatur, während nur vereinzelt die Zelltemperatur/Zelloberflächentemperatur in die Betrachtung einbezogen wird. Die Betrachtung der Implikationen und Wechselwirkungen der thermischen und mechanischen Belastung wird nur selten erwähnt, erhält aber nie eine weitere Spezifizierung. Die Einflüsse der Additive und des Elektrolyten sind im Rahmen der Spezifizierung der untersuchten Lithium-Ionen-Batteriezelle häufig Teil der Betrachtung und werden hinsichtlich Ihrer Auswirkungen in vielen Arbeiten untersucht. Bei der Betrachtung der thermischen Einflüsse auf die Formierung wird der Blickwinkel häufig um die Beeinflussung der thermischen Belastung auf die langfristige Alterung der Lithium-Ionen-Batteriezellen erweitert.

---

[250] Vgl. Andersson et al. (1999): *Temperature dependence of the passivation layer on graphite.*
[251] Vgl. Inaba et al. (2004): *Atomic Force Microscopy Study on the Stability of a Surface Film Formed on a Graphite Negative Electrode at Elevated Temperatures.*
[252] Vgl. Zheng et al. (1999): *Reactivity of the Solid Electrolyte Interface on Carbon Electrodes at Elevated Temperatures.*
[253] Vgl. Andersson et al. (2001): *Chemical Composition and Morphology of the Elevated Temperature SEI on Graphite.*
[254] Vgl. MacNeil et al. (1999): *Comparison of the Reactivity of Various Carbon Electrode Materials with Electrolyte at Elevated Temperature.*
[255] Vgl. Bloom et al. (2001): *An accelerated calendar and cycle life study of Li-ion cells.*
[256] Vgl. Aurbach et al. (2002): *An analysis of rechargeable lithium-ion batteries after prolonged cycling.*
[257] Vgl. German et al. (2014): *Influence of temperature and upper cut-off voltage on the formation of lithium-ion cells.*
[258] Vgl. Waldmann et al. (2014): *Temperature dependent ageing mechanisms in Lithium-ion batteries – A Post-Mortem study.*
[259] Vgl. Zhang et al. (2004): *Electrochemical impedance study on the low temperature of Li-ion batteries.*
[260] Vgl. Jalkanen et al. (2015): *Cycle aging of commercial NMC/graphite pouch cells at different temperatures.*
[261] Vgl. Genieser et al. (2018): *Lithium ion batteries (NMC/graphite) cycling at 80 °C: Different electrolytes and related degradation mechanism.*
[262] Vgl. Genieser et al. (2018): *Practical high temperature (80 °C) storage study of industrially manufactured Li-ion batteries with varying electrolytes.*
[263] Vgl. Pham et al. (2016): *Understanding the interfacial phenomena of a 4.7 V and 55 °C Li-ion battery with Li-rich layered oxide cathode and graphite anode and its correlation to high-energy cycling performance.*
[264] Vgl. Lee et al. (2002): *The effect of electrolyte temperature on the passivity of solid electrolyte interphase formed on a graphite electrode.*
[265] Vgl. Blizanac et al. (2003): *Temperature effect on graphite KS44.*
[266] Vgl. He et al. (2008): *Effects of Temperature on the Formation of Graphite/LiCoO2 Batteries.*
[267] Vgl. Kulova (2004): *Effect of Temperature on Reversible and Irreversible Processes during Lithium Intercalation in Graphite.*
[268] Vgl. Huang et al. (2011): *The effect of solid electrolyte interface formation conditions on the aging performance of Li-ion cells.*
[269] Vgl. Bhattacharya et al. (2014): *Thermal cycling induced capacity enhancement of graphite anodes in lithium-ion cells.*
[270] Vgl. Cheng et al. (2016): *A Review of Solid Electrolyte Interphases on Lithium Metal Anode.*
[271] Vgl. An et al. (2016): *The state of understanding of the lithium-ion-battery graphite solid electrolyte interphase (SEI) and its relationship to formation cycling.*
[272] Vgl. Sharova (2018): *Enhancing the performance of lithium batteries through the development of improved electrolyte formulation, formation protocol and graphite surface modification.*

Ansätze zur mechanischen Beeinflussung der Zellfinalisierung

Folgend werden die wissenschaftlichen Arbeiten im Themenfeld der mechanischen Beeinflussung der Zellfinalisierung anhand einer strukturierten Literaturrecherche untersucht. Eine übersichtliche Bewertung der dargestellten Ansätze zur Untersuchung der mechanischen Einflüsse während der Formierung und Reifung liefert Tabelle 2.4. Folgend werden die wichtigsten Erkenntnisse aus den verschiedenen Ansätzen kritisch reflektiert. Eine übergeordnete Beschreibung ausgewählter Ansätze ist im Anhang A.2 beigefügt.

Bezüglich des Einflusses einer externen mechanischen Verspannung auf die Reifung von Lithium-Ionen-Zellen bestehen kontroverse Forschungsergebnisse. Diese Widersprüche sind nach MUSSA jedoch darauf zurückzuführen, dass eine optimale mechanische Verspannung bestehen muss.[273] So werden sowohl negative als auch positive Einflüsse durch eine externe mechanische Verspannung nachgewiesen. Zu den positiven Einflüssen optimaler mechanischer Verspannungen gehören ein besserer Kontakt der Elektroden[274], weniger Lithium-Plating[275], geringere Gasentstehung und eine bessere Gasverteilung[276], bessere Lithium-Diffusion[277] sowie eine verlängerte Lebensdauer[278]. Negative Einflüsse von zu geringen mechanischen Verspannungen sind eine höhere Porosität sowie eine bessere Möglichkeit zur Quellung der Anode[279]. Dahingegen können zu hohe mechanische Verspannungen zu einer Deformation des Separators mit einhergehendem inhomogenen Porenverschluss[280], Lithium-Verlust an festen Oberflächen der Anode[281] sowie einer Behinderung zellinterner Kinetik[282] führen. Zu hohe Drücke können zu Riss- und Bruchbildung der Aktivmaterialpartikel führen, die eine Reduktion der Zellkapazität induzieren[283]. Gerade ungleichmäßige Druckverteilung kann zu Beschädigungen des Aktivmaterials und daraus resultierendem Lithium-Plating[284] sowie inhomogenem, beschleunigtem Alterungsverhalten führen[285].

---

[273] Vgl. Mussa (2018): *Durability Aspects of Fast Charging, Mechanical Constraint, and Inhomogeneity in Lithium-Ion Batteries*, S. 35.

[274] Vgl. Cannarella et al. (2014): *Stress evolution and capacity fade in constrained lithium-ion pouch cells.*

[275] Vgl. Petzl et al. (2015): *Lithium plating in a commercial lithium-ion battery – A low-temperature aging study.*

[276] Vgl. Mao et al. (2017): *Calendar Aging and Gas Generation in Commercial Graphite/NMC-LMO Lithium-Ion Pouch Cell.*

[277] Vgl. Zhang et al. (2018): *Characterization of external pressure effects on lithium-ion pouch cell.*

[278] Vgl. Barai et al. (2013): *A study of the effects of external pressure on the electrical performance of a lithium-ion pouch cell*; Vgl. Mussa et al. (2018): *Effects of external pressure on the performance and ageing of single-layer lithium-ion pouch cells.*

[279] Vgl. Rubino et al. (2001): *A Study of Capacity Fade in Cylindrical and Prismatic Lithium-Ion Batteries.*

[280] Vgl. Peabody et al. (2011): *The role of mechanically induced separator creep in lithium-ion battery capacity fade*; Vgl. Cannarella et al. (2014): *Stress evolution and capacity fade in constrained lithium-ion pouch cells.*

[281] Vgl. Cannarella et al. (2014): *Stress evolution and capacity fade in constrained lithium-ion pouch cells.*

[282] Vgl. Mussa et al. (2018): *Effects of external pressure on the performance and ageing of single-layer lithium-ion pouch cells.*

[283] Vgl. Deich et al. (2021): *Effects of module stiffness and initial compression on lithium-ion cell aging.*

[284] Vgl. Spingler et al. (2021): *The Effects of Non-Uniform Mechanical Compression of Lithium-Ion Cells on Local Current Densities and Lithium Plating.*

[285] Vgl. Fuchs et al. (2019): *Post-Mortem Analysis of Inhomogeneous Induced Pressure on Commercial Lithium-Ion Pouch Cells and Their Effects.*

Tabelle 2.4: Bewertung bestehender Ansätze zur Analyse mechanischer Einflüsse

Veröffentlichung	Formierung	Reifung	Zeit	Kosten	Zelldesign	Elektrolyt	Additiv	$T_{Umgebungs}$	T_{Zelle}	Druck	Einfluss
RUBINO ET AL. (2001) [286]	☐	☑	○	○	◕	○	○	○	○	◑	+
PEABODY & ARNOLD (2011) [287]	☐	☑	○	○	●	○	○	◔	◔	◕	-
BARAI ET AL. (2013) [288]	☐	☑	○	○	●	○	○	●	○	●	+/-
CANARELLA & ARNOLD (2014) [289]	☐	☑	○	○	●	○	○	◑	○	◕	+/-
JEEVARAJAN & DUFFIELD (2014) [290]	☐	☑	○	○	●	○	○	○	○	◕	-
KLETT ET AL. (2014) [291]	☐	☑	○	○	◕	○	○	◑	◑	◑	+/-
BACH ET AL. (2016) [292]	☐	☑	○	○	◕	○	○	○	◕	◑	-
PETZL ET AL. (2015) [293]	☐	☑	○	○	◕	○	○	◕	○	◑	+
MAO ET AL. (2017) [294]	☐	☑	○	○	●	○	○	◕	○	◕	+
ZHAO ET AL. (2017) [295]	☐	☑	○	○	●	○	○	●	○	●	+
ZHANG ET AL. (2018) [296]	☐	☑	○	○	●	○	○	◔	◔	◕	+
MUSSA ET AL. (2018) [297]	☐	☑	○	○	●	○	○	○	○	◕	+/-
MUSSA (2018) [298]	☐	☑	○	○	●	○	○	○	●	●	+/-
MADANI ET AL. (2021) [299]	☐	☑	○	○	◕	○	○	◔	◔	◕	-
MAITREYA ET AL. (2021) [300]	☐	☑	○	○	◕	○	○	◔	◔	◕	+
DEICH ET AL. (2021) [301]	☐	☑	○	○	●	○	○	◔	◔	◕	+/-
SPINGLER ET AL. (2021) [302]	☐	☑	○	○	●	○	○	◔	◔	◕	+/-
MÜLLER ET AL. (2019) [303]	☐	☑	○	○	●	◔	○	○	○	◕	+/-
FUCHS ET AL. (2019) [304]	☐	☑	○	○	●	○	○	○	○	◕	-
ZHANG ET AL. (2020) [305]	☐	☑	○	○	●	○	○	◔	◔	◕	+/-
ZHOU ET AL. (2020) [306]	☐	☑	○	○	●	○	○	○	◔	◕	+/-
MÜLLER ET AL. (2019) [307]	☑	☑	○	○	●	○	○	○	○	◕	+/-
BERCKMANS ET AL. (2019) [308]	☐	☑	○	○	●	○	○	○	○	◕	+
HOLLAND (2019) [309]	☐	☑	○	○	●	○	○	◔	◔	●	+/-
NIU ET AL. (2021) [310]	☐	☑	○	○	●	○	○	○	○	◕	+/-
DAUBINGER ET AL. (2021) [311]	☑	☑	◕	○	●	○	○	○	○	◕	+/-

In der wissenschaftlichen Literatur lassen sich keine problemrelevanten Ansätze zur Untersuchung des Einflusses mechanischer Verspannungen auf die Formierung von Lithium-Ionen-Batteriezellen finden. Demnach bleiben die Faktoren Prozesszeit und Prozesskosten sowie der Einfluss verschiedener Additive oder Elektrolyte bei der Betrachtung von mechanischen Verspannungen in der Formierung unberücksichtigt. Mechanische Verspannungen werden entsprechend in den wissenschaftlichen Arbeiten nur benannt, nicht aber untersucht.

[286] Vgl. Rubino et al. (2001): *A Study of Capacity Fade in Cylindrical and Prismatic Lithium-Ion Batteries.*
[287] Vgl. Peabody et al. (2011): *The role of mechanically induced separator creep in lithium-ion battery capacity fade.*
[288] Vgl. Barai et al. (2013): *A study of the effects of external pressure on the electrical performance of a lithium-ion pouch cell.*
[289] Vgl. Cannarella et al. (2014): *Stress evolution and capacity fade in constrained lithium-ion pouch cells.*
[290] Vgl. Jeevarajan et al. (2014): *Performance and Safety of Lithium-Ion Polymer Pouch Cells.*
[291] Vgl. Klett et al. (2014): *Non-uniform aging of cycled commercial LiFePO4//graphite cylindrical cells revealed by post-mortem analysis.*
[292] Vgl. Bach et al. (2016): *Nonlinear aging of cylindrical lithium-ion cells linked to heterogeneous compression.*
[293] Vgl. Petzl et al. (2015): *Lithium plating in a commercial lithium-ion battery – A low-temperature aging study.*
[294] Vgl. Mao et al. (2017): *Calendar Aging and Gas Generation in Commercial Graphite/NMC-LMO Lithium-Ion Pouch Cell.*
[295] Vgl. Zhao et al. (2017): *Preventing lithium ion battery failure during high temperatures by externally applied compression.*
[296] Vgl. Zhang et al. (2018): *Characterization of external pressure effects on lithium-ion pouch cell.*
[297] Vgl. Mussa et al. (2018): *Effects of external pressure on the performance and ageing of single-layer lithium-ion pouch cells.*
[298] Vgl. Mussa (2018): *Durability Aspects of Fast Charging, Mechanical Constraint, and Inhomogeneity in Lithium-Ion Batteries.*
[299] Vgl. Madani et al. (2021): *Characterization of the Compressive Load on a Lithium-Ion Battery for Electric Vehicle Application.*
[300] Vgl. Maitreya et al. (2021): *Analysing the effect of pressure on the charge holding capacity of Lithium-Ion Batteries.*
[301] Vgl. Deich et al. (2021): *Effects of module stiffness and initial compression on lithium-ion cell aging.*
[302] Vgl. Spingler et al. (2021): *The Effects of Non-Uniform Mechanical Compression of Lithium-Ion Cells on Local Current Densities and Lithium Plating.*
[303] Vgl. Müller et al. (2019): *Study of the influence of mechanical pressure on the performance and aging of Lithium-ion battery cells.*
[304] Vgl. Fuchs et al. (2019): *Post-Mortem Analysis of Inhomogeneous Induced Pressure on Commercial Lithium-Ion Pouch Cells and Their Effects.*
[305] Vgl. Zhang (2020): *Effects of Pressure Evolution on the Decrease in the Capacity of Lithium-Ion Batteries.*
[306] Vgl. Zhou et al. (2020): *A study of external surface pressure effects on the properties for lithium-ion pouch cells.*
[307] Vgl. Müller et al. (2019): *Effects of Mechanical Compression on the Aging and the Expansion Behavior of Si/C-Composite|NMC811 in Different Lithium-Ion Battery Cell Formats.*
[308] Vgl. Berckmans et al. (2019): *Analysis of the effect of applying external mechanical pressure on next generation silicon alloy lithium-ion cells.*
[309] Vgl. Holland (2018): *The effects of compression on lithium-ion batteries.*
[310] Vgl. Niu et al. (2021): *Analysis on the effect of external press force on the performance of LiNi0.8Co0.1Mn0.1O2/Graphite large pouch cells.*
[311] Vgl. Daubinger et al. (2021): *Impact of electrochemical and mechanical interactions on lithium-ion battery performance investigated by operando dilatometry.*

2.5.3 Zwischenfazit und Definition der Untersuchungsparameter

Interim conclusion and definition of the examination parameters

Es wurden notwendige Anforderungen an die Untersuchung der Einflüsse mechanischer Verspannung und der Umgebungstemperatur auf die Formierung definiert. Bestehende problemrelevante wissenschaftliche Literatur wurde anhand dieser Kriterien untersucht und kategorisiert. Im Rahmen der Analyse konnten wesentliche Defizite in den herangezogenen Ansätzen hinsichtlich der Betrachtung der mechanischen und thermischen Belastung während der Formierung festgestellt werden.

Bezogen auf die thermische Beeinflussung der Formierung wurden die Auswirkungen auf die Zellperformance experimentell untersucht, jedoch wurden häufig kontroverse Ergebnisse dargestellt. Auch die Vielfalt der verschiedenen Zelldesigns trägt dazu bei, dass großer Handlungsbedarf hinsichtlich einer weiteren Untersuchung des Betrachtungsraums besteht. Neben der Betrachtung der Umgebungstemperatur als Inputparameter ist es weiterhin notwendig die Zelloberflächentemperatur während der Formierung durch Sensorik aufzunehmen, um Rückschlüsse auf die interne Zelltemperatur ziehen zu können.

Bezogen auf die Einflüsse einer mechanischen Verspannung wurde in der problemrelevanten wissenschaftlichen Literatur lediglich die Reifung betrachtet. Es besteht eine klare Notwendigkeit, dieses wissenschaftliche Feld zu untersuchen.

Keiner der herangezogenen Forschungsansätze erfüllt die Anforderungen an eine experimentelle Untersuchung thermischer und mechanischer Einflüsse auf die Formierung. Somit besteht neben dem praktischen Defizit ein theoretisches Defizit in der Betrachtung der Umgebungsbedingungen in der Formierung. Folgend werden aufbauend auf der Prozessmodellierung und der theoretischen Untersuchung der problemrelevanten wissenschaftlichen Literatur die zu untersuchenden Parameter der Umgebungstemperatur und der mechanischen Verspannung festgelegt. In Kapitel 3 werden zudem die Forschungsfrage und Teilforschungsfragen definiert.

3 Zielsetzung und Vorgehensweise

Objectives and Modus Operandi

Nach dem derzeitigen Stand der Technik besteht sowohl in der praktischen Umsetzung als auch in der theoretischen Betrachtung ein Defizit im Themenfeld der Batteriezellproduktion und explizit in der Formierung von Lithium-Ionen-Batteriezellen. Dieses Defizit lässt sich in ein *ökologisches Problem* und ein *wissenschaftliches Problem* unterteilen.

Das *ökologische Problem* beinhaltet die Kosten- und Nachhaltigkeitsbetrachtung, welche in Kapitel 2.4 hergeleitet wurden. Das *wissenschaftliche Problem* spiegelt den aktuellen Wissensstand in der Forschung und Entwicklung wider und identifiziert die zu untersuchenden Prozessschritte. Dies wurde in Kapitel 2.1 und 2.2 hergeleitet und anhand der wissenschaftlichen Literatur in Kapitel 2.5 in Form einer Parameteruntersuchung konkretisiert.

Diese Problemstellungen, herausgearbeitet vor dem Hintergrund des aktuellen Standes der Technik, werden im Kapitel 3.1 in Form der Zielsetzung der wissenschaftlichen Ausarbeitung formuliert. Darauf aufbauend und mithilfe der wissenschaftstheoretischen Einordnung in Kapitel 3.2, werden in Kapitel 3.3 die bisher noch nicht beantworteten wissenschaftlichen Fragestellungen dieser Ausarbeitung definiert. Die Fragestellungen werden in *Forschungsfragen* und *Teilforschungsfragen* unterteilt. Ausgehend von der Definition der Fragestellungen wird in Kapitel 3.4 der methodische Aufbau zur Lösung der wissenschaftlichen Fragestellungen dargestellt. Anhand dieses Vorgehens werden die aufgestellten Fragestellungen beantwortet.

3.1 Zielsetzung

Objective

Die in Kapitel 1 beschriebene Ausgangssituation und Problemstellung sowie der in Kapitel 2 dargestellte und diskutierte Stand der Technik bilden die Grundlage für die übergeordnete Zielsetzung dieser Arbeit. Der Betrachtungsbereich dieser Arbeit ist die Lithium-Ionen-Batteriezellproduktion, auf deren Prozess der Formierung vertiefend eingegangen wird. Es kann festgehalten werden, dass, basierend auf dem beschriebenen *Praxisdefizit,* die Lithium-Ionen-Batteriezellproduktion Optimierungspotentiale in Bezug auf die Kosten aufweist. Diese Potentiale müssen adressiert werden, damit Batteriezellhersteller kompetitiv auf dem Markt zu agieren. Darüber hinaus ist der Output der Produktionsanlagen zu steigern, um die Nachfrage zu bedienen. Der Gestaltungsbereich beschäftigt sich hierbei mit der Prozessoptimierung durch experimentelle Untersuchungen. Basierend auf dem Stand der Technik wurde im Rahmen der Untersuchung des *wissenschaftlichen Problems* die Notwendigkeit der Untersuchung des Prozessschritts Formierung hergeleitet. Denn die konsultierte wissenschaftliche Literatur hat sich nicht mit dem Thema beschäftigt. Indes sind in diesem Teilschritt hohe Potentiale bezogen auf die Prozesszeit und damit die Prozesskosten auf Basis der theoretischen Grundlage durch Anpassung der Umgebungsbedingungen (mechanische Belastung und Umgebungstemperatur) zu erwarten (vgl. Kapitel 2.5.2). Aufbauend auf den beschriebenen Herausforderungen aus dem Praxis- und Theoriedefizit, lässt sich folgende Kernzielsetzung ableiten.

Ziel dieser Dissertation ist die systematische Untersuchung der Formierung von Lithium-Ionen-Batteriezellen anhand der Umgebungsparameter mechanische Verspannung sowie der Umgebungstemperatur zur Reduzierung der Fertigungsprozesszeit und damit der -kosten sowie zur Erhöhung des Outputs bei gleichbleibender oder verbesserter Batteriezellqualität.

Im Rahmen dieser Arbeit soll demnach eine Produktionstechnologie und die damit verbundenen Prozess- und Qualitätsparameter der Formierung von Lithium-Ionen-Batteriezellen untersucht werden. Mithilfe der Untersuchung soll die Wirtschaftlichkeit und Nachhaltigkeit der Herstellung optimiert werden. Prämisse stellt die gleichbleibende oder verbesserte Qualität der Lithium-Ionen-Batteriezellen dar. Zwecks dieser Untersuchung wurde ein spezieller Versuchsaufbau – zugeschnitten auf die Untersuchungsparameter – entwickelt und umgesetzt. Anhand eines Design of Experiment (DoE) werden Versuche an Lithium-Ionen-Pouch-Zellen durchgeführt. Die Ergebnisse sollen Rückschlüsse auf die Wirkungszusammenhänge der Prozessschritte Formierung geben und Optimierungen in den Bereichen der Produktivitätssteigerung, der Qualitätsverbesserung (-homogenisierung) und der Verkürzung der Durchlaufzeiten erzeugen. Aufbauend auf den Ergebnissen sollen die wissenschaftlichen Erkenntnisse in einem Warenträger für Lithium-Ionen-Pouch-Zellen – einem Demonstrator – realisiert werden. Hierbei gilt es, sowohl die Prozessparameter als auch die Qualitätsparameter zu berücksichtigen.

3.2 Wissenschaftstheoretische Einordung der Arbeit

Theoretical classification of the work

Im vorliegenden Kapitel erfolgt die wissenschaftstheoretische Einordnung der Arbeit mit dem Ziel, eine geeignete Form der Untersuchung zu identifizieren. Wissenschaft wird nach ULRICH als menschliches Denken definiert, durchgeführt von spezialisierten Institutionen und nach bestimmten Regeln. Diese Regeln sind nicht allgemeingültig definiert und von dem Stand des Forschungsgebietes und den Institutsmitgliedern abhängig. Wissenschaftliche Ergebnisse, welche den Regeln genügen, werden als wissenschaftliche Erkenntnisse bezeichnet. Unabhängig davon lässt sich eine Wissenschaftssystematik erstellen, welche es erlaubt, das spezifische Problem konkreter zu untersuchen. Die Erklärung von Wirklichkeitsausschnitten und damit die Bildung von Erklärungsmodellen steht hierbei im Fokus.[312]

ULRICH unterteilt die Wissenschaft in seiner Wissenschaftssystematik in Formalwissenschaften und Realwissenschaften. Diese Wissenschaftssystematik ermöglicht es, die spezifischen Probleme einer Wissenschaftskategorie konkreter zu untersuchen. Während die Formalwissenschaften sich mit der Konstruktion der Sprache beschäftigen, steht bei den Realwissenschaften die Beschreibung, Erklärung und Gestaltung empirisch wahrnehmbarer Wirklichkeitsausschnitte im Mittelpunkt. Entsprechend der experimentellen Untersuchung in dieser Arbeit handelt es sich um eine realwissenschaftliche Untersuchung, welche dem Feld der ‚rei-

[312] Vgl. Ulrich et al. (1976): *Wissenschaftstheoretische Grundlagen der Betriebswirtschaftslehre*, S. 305; Vgl. Eisend et al. (2017): *Grundlagen empirischer Forschung*, S. 1ff.

nen' Wissenschaften folgt, da es um die Aufstellung und Erklärung von Wirklichkeitsausschnitten handelt.[313]

Das Frascati-Handbuch teilt Forschung und Entwicklung in die drei Kategorien *Grundlagenforschung*, *angewandte Forschung* und *experimentelle Entwicklung* ein. Grundlagenforschung bezeichnet experimentelle oder theoretische Arbeiten, die keine besondere Anwendung oder Verwendung zum Ziel haben und primär dem Erlangen von neuem Wissen über grundlegende Ursachen dienen. Angewandte Forschung sind originäre Arbeiten, die primär auf ein spezifisches praktisches Ziel oder Ereignis ausgerichtet sind und der Aneignung neuen Wissens dienen. Experimentelle Entwicklungen bauen auf vorhandenen Erkenntnissen aus der Forschung und praktischer Erfahrung auf und erzeugen systematisch zusätzliches Wissen in der Arbeit. Ziel ist die Herstellung neuer Produkte oder Verfahren bzw. die Verbesserung existierender Produkte oder Verfahren.[314]

Diese Arbeit fokussiert grundlegend neue Arbeiten, welche auf vorhandenen Erkenntnissen aus der Forschung sowie der praktischen Erfahrung aufbaut und entsprechend ausgerichtet ist. Demnach handelt es sich, den Definitionen von ULRICH und des Frascati-Handbuches folgend, um eine Mischform aus der angewandten und experimentellen Forschung. Sie hat das Ziel, aufbauend auf bereits vorhandenen Ergebnissen, praktische Erkenntnisse durch reale Versuche zu erlangen.

Für den Aufbau und die Durchführung dieser realen Versuche wird auf eine anerkannten Methodik der Versuchsplanung, dem Design of Experiment (DoE), aufgebaut (vgl. Kapitel 4.3). In einem ersten Schritt ist hierbei ein Verständnis des Produktes und dessen Parameterabhängigkeiten zu identifizieren und zu quantifizieren. Darauf basierend werden Experimente geplant. Hierbei kommt die Technik der Matrixexperimente zum Einsatz, welche den minimal notwendigen Umfang der Experimente ermöglicht und die Produkt- und Prozessparameter angibt. Anschließend werden die Daten analysiert, wodurch Abhängigkeiten bzw. Wirkungszusammenhänge der verschiedenen Faktoren transparent werden. Aufbauend darauf werden erneut Experimente geplant und durchgeführt, um den Erkenntnisgewinn zu erhöhen.[315]

Die sich daraus ergebenden, bisher unbeantworteten Forschungsfragen werden im folgenden Kapitel 3.3 hergeleitet und beschrieben. In Kapitel 3.4 wird entsprechend der beschriebenen und anerkannten Methodik der Aufbau dieser Arbeit dargestellt. Es wird, aufbauend auf der grundsätzlichen Beschreibung der Forschungsmethodik nach ULRICH und dem Frascati-Handbuch sowie entsprechend der Forschungsmethodik für experimentelle Arbeiten der Erkenntnisgewinn erzeugt.

---

313 Vgl. Ulrich et al. (1976): *Wissenschaftstheoretische Grundlagen der Betriebswirtschaftslehre*, S. 305.
314 Vgl. OECD (2015): *Frascati Manual 2015 - Guidelines for Collecting and Reporting Data on Research and Experimental Development*.
315 Vgl. Klein (2021): *Versuchsplanung - Design of Experiments*, S. 36.

3.3 Wissenschaftliche Fragestellungen

Scientific questions

Um eine qualitäts- und kostenoptimierte Batteriezellproduktion mithilfe der Optimierung der Zellfinalisierung zu realisieren, sind die Prozess- und Qualitätsparameter des Prozessschrittes Formierung zur Herstellung von Lithium-Ionen-Batteriezellen zu erforschen und zu demonstrieren. Zur Ausrichtung des Forschungsprozesses anhand der zuvor definierten Zielsetzung (vgl. Kapitel 3.1) sowie der Betrachtung des Standes der Technik (vgl. Kapitel 2) sind nach KUBICEK grundlegende Forschungsfragen zu definieren[316]. Folgend werden also die Hauptforschungsfrage sowie die darauf aufbauenden Teilforschungsfragen bestimmt.

Es soll die Forschungsfrage beantwortet werden, ob mithilfe von Prozessanpassungen eine Prozesszeitreduzierung ermöglicht werden kann. Umfang der Prozessanpassungen stellen die Umgebungsparameter einer mechanischen Verspannung der Lithium-Ionen-Pouch-Zellen sowie die Umgebungstemperatur dar. Die Untersuchungen umfassen außerdem eine Langzeitanalyse der Lithium-Ionen-Pouch-Zellen in Form einer zyklischen Alterung, um die Auswirkungen auf die Qualität zu untersuchen. Damit leitet sich die Hauptforschungsfrage wie folgt ab.

Hauptforschungsfrage: Lässt sich die Prozesszeit bei gleichbleibender oder verbesserter Produktqualität in der Batteriezellproduktion von Lithium-Ionen-Pouch-Zellen mittels einer Anpassung der Umgebungsbedingungen mechanische Verspannung und Umgebungstemperatur in der Formierung verbessern?

Zur Beantwortung der Hauptforschungsfrage empfiehlt es sich, Teilforschungsfragen und Teilforschungsthesen zu definieren. Durch die Beantwortung der Teilfragen wird die innere Struktur der vorliegenden Arbeit vorgegeben sowie die Beantwortung der leitenden Fragestellung sichergestellt. Es lassen sich die in Tabelle 3.1 dargestellten Teilforschungsfragen ableiten. In den Teilforschungsfragen werden die Prozessparameter *mechanische Verspannung* und *Umgebungstemperatur* untersucht und auf Potentiale hinsichtlich einer *qualitätsoptimierte Kostenreduktion* hin untersucht.

[316] Vgl. Kubicek (1976): *Heuristische Bezugsrahmen und heuristisch angelegte Forschungsdesign als Elemente einer Konstruktionsstrategie empirischer Forschung*, S. 25.

Tabelle 3.1: Teilforschungsfragen und Teilhypothesen

	Teilforschungsfrage (TF)	Teilhypothese (TH)
1	Lassen sich mit mechanischer Verspannung der Lithium-Ionen-Pouch-Zellen während der Formierung Prozesszeitreduktionen erzeugen?	Die mechanische Verspannung der Lithium-Ionen-Pouch-Zellen hat einen direkten und positiven Einfluss auf die Prozesszeit der Formierung.
2	Lassen sich mit Umgebungstemperaturen während der Formierung von Lithium-Ionen-Pouch-Zellen Prozesszeitreduktionen erzeugen?	Die Umgebungstemperatur der Lithium-Ionen-Pouch-Zellen hat einen direkten und positiven Einfluss auf die Prozesszeit der Formierung.
3	Welche Implikationen haben mechanische Verspannungen und die resultierenden Druckentwicklungen auf den Prozessschritt der Formierung?	Aufgrund der mechanischen Verspannung entstehen höhere Kräfte innerhalb der Lithium-Ionen-Pouch-Zelle und es lassen sich Korrelationen zwischen der Formierung und dem Druck herleiten.
4	Welche Implikationen haben die Umgebungs- und Zelltemperaturen auf den Formierungsprozess?	Aufgrund der Umgebungstemperatur entstehen höhere Temperaturen innerhalb der Lithium-Ionen-Pouch-Zelle.
5	Lässt sich mit den Prozessanpassungen (TF 1 und 2) eine verbesserte oder homogenere Qualität erzeugen?	Aufgrund der Prozessanpassungen lässt sich eine verbesserte oder homogenere Qualität des Produktes erreichen.
6	Lassen sich mit den Prozessanpassungen die Fertigungskosten optimieren?	Es lassen sich Kosteneinsparungen mithilfe einer optimierten Verspannung der Lithium-Ionen-Pouch-Zellen sowie einer Anpassung der Umgebungstemperatur erzielen.

3.4 Aufbau der Arbeit

Structure of the work

Die in dieser Arbeit angewendete Forschungsmethodik folgt den Erklärungen der wissenschaftstheoretischen Einordnung in Kapitel 3.2 und demnach der Einordnung nach ULRICH und dem Frascati-Handbuch sowie der Forschungsmethodik des Design of Experiment (DoE). Sie besteht aus induktiven und deduktiven Elementen. In einem ersten Schritt werden empirische Studien zur Beobachtung physikalischer Phänomene genutzt, um die Grundlage für die Forschungsfrage zu bilden. Außerdem werden Modelle entwickelt, um die beobachteten Phänomene aus wissenschaftlicher Sicht zu erläutern.

Demnach erfordert die wissenschaftliche Bearbeitung der Forschungsfrage zunächst die physikalische Betrachtung und Beschreibung der Prozessschritte. Die deduktive Entwicklung von Erklärungsmodellen für die Formierung geschieht aufbauend auf der Beschreibung des Produktes der Lithium-Ionen-Batteriezelle (vgl. Kapitel 2.1) und der dafür notwendigen Prozesskette (vgl. Kapitel 2.2) in Kapitel 2.5. Hierzu werden die Prozesskette modelliert, die Untersuchungsparameter definiert und die Anforderungen an das Untersuchungsdesign abgeleitet. In Kapitel 4 werden in Bezugnahme auf Kapitel 2.5 die herangezogene Lithium-Ionen-Batteriezelle sowie das Versuchsdesign definiert, welches die Grundlage für die Untersuchung darstellt. Die für die Experimente notwendige Entwicklung und Umsetzung einer neuen Versuchsvorrichtung wird in diesem Kapitel dargestellt. Die Ergebnisse der induktiven Untersuchungen werden in Kapitel 5 im Detail präsentiert und diskutiert. Hierzu werden die Resultate in Vorversuche, Hauptversuche und Verifizierungsversuche unterteilt. Eine weitere Unterteilung erfolgt nach den Untersuchungsparametern der mechanischen Verspannung und der Umgebungstemperatur. Die deduktive Verifikation der Versuchsergebnisse in Form des Aufbaus eines integrierten Formierungswarenträgers erfolgt in Kapitel 6. Die Arbeit schließt in Kapitel 7 mit der Zusammenfassung der Forschungsergebnisse sowie der kritischen Reflektion und der Darstellung ergänzender Forschungsbedarfe ab.

Die inhaltliche Darstellung der Ergebnisse folgt aufbauend auf der anerkannten Methodik des Design of Experiment (DoE) einer konzipierten Methodik, welche in Abbildung 3.1 dargestellt ist. Hierbei wird von einem Initiierungsmodul, einem Analysemodul und einem Gestaltungsmodul ausgegangen. Diese Module helfen bei einer stringenten Vorgehensweise zur gezielten Parameteruntersuchung und folgen der Herangehensweise nach ULRICH. Hierbei werden in einem ersten Schritt (Initiierungsphase) die technische Produktmodellierung und Prozessmodellierung durchgeführt, um die Grundlage für die folgenden Module zu schaffen. Teil dieser Produkt- und Prozessmodellierung, basierend auf dem State-of-the-Art des Untersuchungsgegenstands, sind die Definition der Lithium-Ionen-Batteriezelle, die Definition der Versuche sowie die Darstellung der Untersuchungsvorrichtung und des Design of Experiment. Angeschlossen daran erfolgt die Versuchsdurchführung, auf welche die Analyse der Daten in dem Analysemodul folgt. Hierbei werden die verschiedenen zu untersuchenden Charakteristiken des zu untersuchenden Produktes analysiert. In diesem Fall umfasst es die Prozesszeit, die Implikationen der mechanischen Verspannung auf die Druckentwicklung, die Temperaturentwicklung, die Qualitätsbeurteilung mittels einer elektrischen Zyklisierung mit

Vollzyklen sowie mittels weiteren Charakterisierungsmaßnahmen. Abschließend wird in dem Gestaltungs- bzw. Verifizierungsmodul und aufbauend auf den Ergebnissen aus dem Analysemodul ein Warenträger als Demonstrator entwickelt und umgesetzt, welcher die Ergebnisse in einem Produkt zusammenfasst und in einer technischen und wirtschaftlichen Bewertung untersucht.

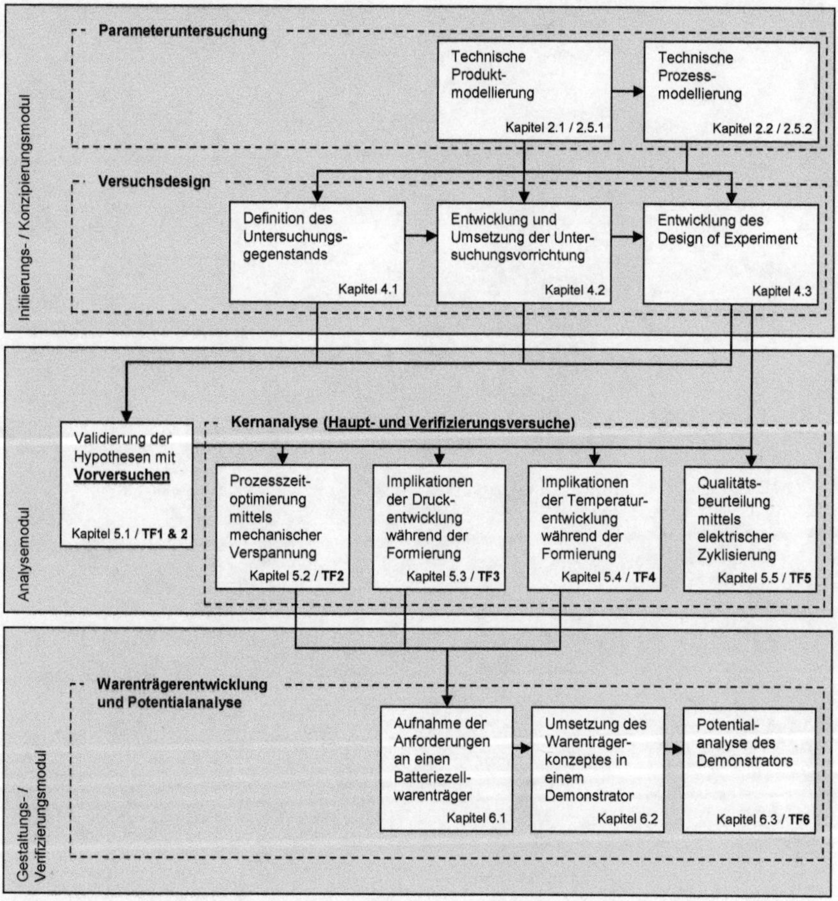

Abbildung 3.1: Detaillierte Methodik zur Durchführung der Parameteruntersuchung

4 Umsetzung: Entwicklung des Versuchsdesigns zur Parameteruntersuchung

Implementation: Development of the experimental design for parameter investigation

Nach der Definition der problemrelevanten Parameter in Kapitel 2.5, wird im Rahmen der Umsetzung das entwickelte Versuchsdesign dargelegt. Hierzu wird beginnend in Kapitel 4.1 die untersuchte Lithium-Ionen-Batteriezelle beschrieben. Es handelt sich um eine Lithium-Ionen-Pouch-Zelle, welche im Rahmen des Forschungsprojektes OZF[317] hergestellt wurde.

Folgend wird in Kapitel 4.2 die eigens entwickelte Untersuchungsvorrichtung beschrieben. Diese wurde auf Basis der definierten Untersuchungsparameter im Rahmen der Untersuchung entwickelt, um gezielt die Parameter zu variieren sowie relevante Größen der Qualitätsbeurteilung aufzuzeichnen.

Abschließend wird das experimentelle Versuchsdesign (Design of Experiment) in Kapitel 4.3 dargestellt. Es beinhaltet die Definition der drei Versuchsreihen (VR), von den Vorversuchen bis zu den Verifizierungsversuchen, die standardisierte Versuchsdurchführung sowie die verwendeten Testmethoden zur Beurteilung der Ergebnisse.

4.1 Definition der Lithium-Ionen-Batteriezelle

Definition of the lithium-ion battery cell

Für die Untersuchungen in dieser Arbeit und die damit verbundenen Untersuchungen in dem Forschungsprojekt OZF[317] mit dem Titel „Beschleunigung und energetische Optimierung der Zellformierung" wurden Lithium-Ionen-Batterie-Pouch-Zellen verwendet. Diese wurden unter konsistenten Bedingungen mit Fertigungsanlagen des MEET Batterieforschungszentrums in Münster hergestellt und mit dem eigens für die Batteriezellformierung entworfenen Teststand des Chair of Production Engineering of E-Mobility Components (PEM) der RWTH Aachen University formiert. Die Zellchemie sowie das Zellformat wurden durch das Cluster ProZell[318] und die Produktionsanlagen der Partner vorgegeben. Die untersuchten Lithium-Ionen-Pouch-Zellen stammen aus der gleichen Herstellungsserie.

Die Lithium-Ionen-Pouch-Zelle wurde mit 18 Kathoden und 19 Anoden aufgebaut und hat ein Gewicht von 126 g. Durch Stapeln der Elektroden und einbringen des Separators mit einem Z-Faltprozess hat der Zellstapel eine Dicke von 6,27 mm. Das Anoden-Slurry enthält 95 Gew.-% Naturgraphit als Aktivmaterial, 3 Gew.-% Carboxymethylcellulose (CMC) und 1,5 Gew.-% Styrol-Butadien-Kautschuk (SBR) als Bindemittel sowie 0,5 Gew.-% leitfähigen Ruß (Super C65) als Additiv. An der Anode wurde vollständig entsalztes Wasser als Lösungsmittel verwendet. Das Kathoden-Slurry enthält 95 Gew.-% des nickelreichen NMC-622

---

[317] Förderkennzeichen: 03XP0071B.

[318] ProZell: Kompetenzcluster zur Batteriezellproduktion, gefördert durch das Bundesministerium für Bildung und Forschung (BMBF) der Bundesrepublik Deutschland.

(60,00 % Nickel; 20,00 % Mangan; 20,00 % Kobalt) als Aktivmaterial, 3 Gew.-% Polyvinylidenfluorid (PVDF) als Bindemittel und 2 Gew.-% leitfähigen Ruß (Super C65) als Additiv. An der Kathode wurde N-Methyl-2-Pyrrolidon (NMP) als Lösungsmittel verwendet. Der Anoden-Slurry wurde im Beschichtungsprozess auf eine Kupferfolie (Dicke 10 µm) aufgebracht, während der Kathoden-Slurry auf eine Aluminiumfolie (Dicke 20 µm) aufgebracht wurde. Der Elektrolyt mit einer Amolarität von 1 mol L^{-1} besteht aus Lithiumhexafluorophosphat (LiPF6) als Leitsalz und Vinylencarbonat (VC) als Additiv, gelöst in dem organischen Lösungsmittel Ethylencarbonat (EC):Ethylmethylcarbonat (EMC) im Verhältnis 3:7. Eine Keramikmembran (SEPARION) mit einer Dicke von 20 µm wird als Separator verwendet. Folgend werden in Tabelle 4.1 die Materialien der Lithium-Ionen-Pouch-Zellen dargestellt.[319]

Tabelle 4.1: Zelldesignparameter der untersuchten Lithium-Ionen-Pouch-Zelle

Material	Materialbezeichnung	Wert
Anodenaktivmaterial	Naturgraphit	95.00 %
Anodenbinder	CMC WaloCel CRT 2000 pa	3.00 %
Anodenbinder	SBR Lipaton SB 5521	1.50 %
Anode: leitfähiges Additiv	Timcal Immerys Super C65	0.5 %
Anode: Lösungsmittel	Vollständig entsalztes Wasser	-
Anode: Stromabnehmer	Kupferfolie	10 µm
Kathode: Aktivmaterial	BASF NMC 622	95.00 %
Kathode: Bindemittel	PVDF	3.00 %
Kathode: leitfähiges Additiv	Carbon Black (Super C65)	2.00 %
Kathode: Lösungsmittel	NMP (organische Verbindung)	-
Kathode: Stromabnehmer	Aluminiumfolie	15 µm
Elektrolyte: organisches Lösungsmittel	EC:EMC = 3:7 im Volumen	-
Elektrolyte: Salz	$LiPF_6$	1 mol L^{-1}
Elektrolyte: Additiv	VC	2.00 %
Keramische Membran	Separion (Z-Folding)	20 µm

Es ergibt sich bei der Anode auf beiden Seiten eine Grundfläche von 6,8 x 12,3 cm, eine Beschichtungsdicke von 52 µm mit einer Porosität von 30,00 % und einer Beschichtungsmasse/Ladungsmenge von 7,9 mg cm^{-2}. Bei der Kathode ergibt sich entsprechend auf beiden Seiten eine Grundfläche von 6,6 x 12,1 cm, eine Beschichtungsdicke von 42 µm mit einer Poro-

[319] Vgl. Heimes et al. (2019): *The Effects of Mechanical and Thermal Loads during Lithium-Ion Pouch Cell Formation and Their Impacts on Process Time*, S. 8.

sität von 30,00 % und eine Beschichtungsmasse/Ladungsmenge von 13,6 mg cm^{-2}. Folgend werden in Tabelle 3 die Eigenschaften der Lithium-Ionen-Pouch-Zellen dargestellt.[320]

Tabelle 4.2: Eigenschaften der in dieser Arbeit untersuchten Lithium-Ionen-Pouch-Zelle

Parameter	Wert
Zelldicke	6,27 ± 0,03 mm
Zellfläche	125 mm x 70 mm = 8750 mm²
Zellgewicht	126 ± 1 g
Gewicht NMC622	36,3 g
Nominelle Kapazität	5 Ah ± 0,05 Ah (1C CC, 1C CC; 20 °C)
Entladekapazität	5,46 ± 0,05 Ah (1C CCCV C/20, 1C CC; 20 °C)
Entladeenergie	19,98 Wh (1C CCCV C/20, 1C CC; 20 °C)
Spezifische Energie	158,57 Wh kg^{-1}
Anzahl Elektroden	18 Kathoden, 19 Anoden

4.2 Beschreibung der Untersuchungsvorrichtung

Description of the examination device

Den Schwerpunkt dieser Investigation stellt die Untersuchung der beiden Versuchsparameter *mechanische Belastung* sowie *Umgebungstemperatur* während der Formierung von Lithium-Ionen-Pouch-Zellen dar. Beide Parameter müssen im Rahmen der Untersuchungen gesteuert und kontrolliert werden können. Vor diesem Hintergrund wurde eine Versuchsvorrichtung entworfen und umgesetzt, um Rückschlüsse auf vorhandene Produktionsanlagen zu schließen. Folgend wird in Abbildung 4.1 eine Übersicht über die Bestandteile des Gesamtsystems gegeben.

Das Gesamtsystem besteht aus einem Batterietestgerät zur elektrischen Be- und Entladung der Lithium-Ionen-Batteriezellen, einer Klimakammer zur Gewährleistung einer konstanten Umgebungstemperatur sowie der Sicherheit des Versuches, dem mechanischen Testaufbau, verschiedenen Messinstrumenten und einem Computer, um die Daten aufzunehmen und zu verwerten. Diese Bestandteile und die Herangehensweise an das Versuchsdesign werden im Folgenden detaillierter beschrieben.

[320] Vgl. Heimes et al. (2019): *The Effects of Mechanical and Thermal Loads during Lithium-Ion Pouch Cell Formation and Their Impacts on Process Time*, S. 9.

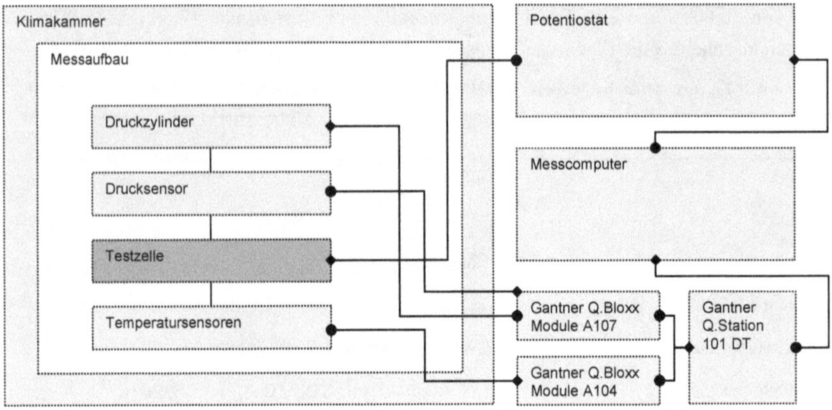

Abbildung 4.1: Versuchsaufbau inkl. der Messsysteme

Um eine konstante Umgebungstemperatur während der Versuchsdurchführung zu ermöglichen, wurde ein Klimaschrank der Firma BINDER GmbH verwendet. Eine Übersicht der Maschinen und Anlagen ist Anhang A.1 zu entnehmen. Die Klimakammer wurde mit zusätzlichen Sicherheitsvorkehrungen ausgestattet, um im Fall eines Thermal-Runaway der Lithium-Ionen-Pouch-Zellen die Sicherheit zu gewährleisten.

Zur Realisierung einer konstanten mechanischen Belastung der Lithium-Ionen-Pouch-Zellen wurde eine Spannvorrichtung unter Verwendung eines einstellbaren Druckluftventils (FESTO, VPPE-3-1-1/8-6-010-E1) und eines Druckzylinders (FESTO, DSBC-63-100-PA-N3) mit einem Betriebsdruck von 0,4 bis 12 bar konzipiert. Mit dieser Vorrichtung wurden die Vorversuche durchgeführt. Während der Vorversuche wurde festgestellt, dass eine höhere Verspannung und eine konstante Wegverspannung notwendig sind, weshalb die Vorrichtung für die Hauptversuche um beidseitig abgesetzte Gewindetriebstangen nach DIN 103 des Unternehmens MiSUMi erweitert wurde. Durch die Linearbewegung der Gewindestange wird jeweils zentral eine senkrechte Kraft auf die Zelloberfläche ausgeübt. Des Weiteren lässt sich über die neue Vorrichtung eine konstante Wegverspannung der Lithium-Ionen-Pouch-Zellen ermöglichen. Die Lithium-Ionen-Pouch-Zelle befindet sich zwischen zwei 3D-gedruckten Kunststoffplatten, um sie thermisch vom Aluminiumgestell und der Aluminiumdruckplatte zu isolieren. Die untere Kunststoffplatte ist im Gestell eingelassen und verklebt, um eine Verschiebung zu verhindern. Die obere Kunststoffplatte ist mit einer aus Aluminium bestehenden Druckplatte verklebt, welche im Zentrum eine Vertiefung für die Positionierung des Kraftaufnehmers sowie den Kraftsensor aufweist. Computersimulationen und Untersuchungen an der Vorrichtung zeigen eine gleichmäßige Verteilung der externen mechanischen Belastung über die Fläche der Druckplatte.

Die Belastung der Lithium-Ionen-Pouch-Zellen wird durch eine initial zentral aufgebrachte Kraft beschrieben, welche im Fall der Vorversuche dynamisch geregelt und im Fall der Hauptversuche und Verifizierungsversuche durch eine konstante Wegverspannung realisiert wird. Die aufgebrachte Kraft, welche sich während der Formierung vergrößern kann, wird mittels eines Kraftaufnehmers gemessen und aufgenommen. Mithilfe der Oberfläche der Lithium-Ionen-Pouch-Zelle ($A_{Zelle} = 125\,mm \cdot 70\,mm = 8750\,mm^2$) lässt sich der Druck auf die Zelle basierend auf der aufgebrachten Kraft berechnen, welche mittels des Kraftaufnehmers gemessen wird. Für die in dieser Arbeit verwendeten Verspannungen gibt Tabelle 4.3 die entsprechenden Drücke an. Die Herleitung der festgelegten Drücke wird in Kapitel 4.3.1 im Rahmen der Versuchsdefinition vorgenommen. Es wird zwischen den Vorversuchen, den Hauptversuchen und den Verifizierungsversuchen unterschieden. Basierend auf dem Design of Experiment werden bezogen auf die mechanische Verspannung die Kräfte 0,000 kN, 0,054 kN, 0,850 kN, 1,300 kN, 1,700 kN, und 2,200 kN für die Vorrichtung definiert.

Tabelle 4.3: Umrechnung der Verspannungskräfte in den Verspannungsdruck

Verspannungsnummer	Zelloberfläche[mm²]	Initiale Kraft [kN]	Initialer Druck [MPa]
1	8750	0,000	0,000
2	8750	0,054	0,006
3	8750	0,850	0,097
4	8750	1,300	0,149
5	8750	1,700	0,194
6	8750	2,200	0,251

Seitlich neben der unteren Kunststoffplatte ist der Bereich für die Gastasche der Lithium-Ionen-Pouch-Zelle vorgesehen. Die Fläche der Platten ist an das verwendete Zellformat angepasst, sodass sich bei mechanischer Belastung die Ränder der Platten nicht berühren können und der Zugang zur Gastasche nicht versperrt wird. Die zwei entworfenen Spannvorrichtungen sind in Abbildung 4.2 dargestellt. Beide Kunststoffplatten haben Schlitze bzw. Löcher, um Temperatursensoren in die Zellhalterungen zu integrieren und den Wärmeübergang zwischen dem Temperatursensor und der Lithium-Ionen-Pouch-Zellen zu reduzieren. So kann die Temperaturentwicklung der Lithium-Ionen-Pouch-Zelle während der Formierung ausgewertet werden. Es wurde darauf geachtet, dass die Oberfläche zur Pouch-Zelle möglichst eben bleibt, der Übergangswiderstand zwischen Temperatursensor und Pouch-Zelle aufgrund des Kunststoffs möglichst gering ist.

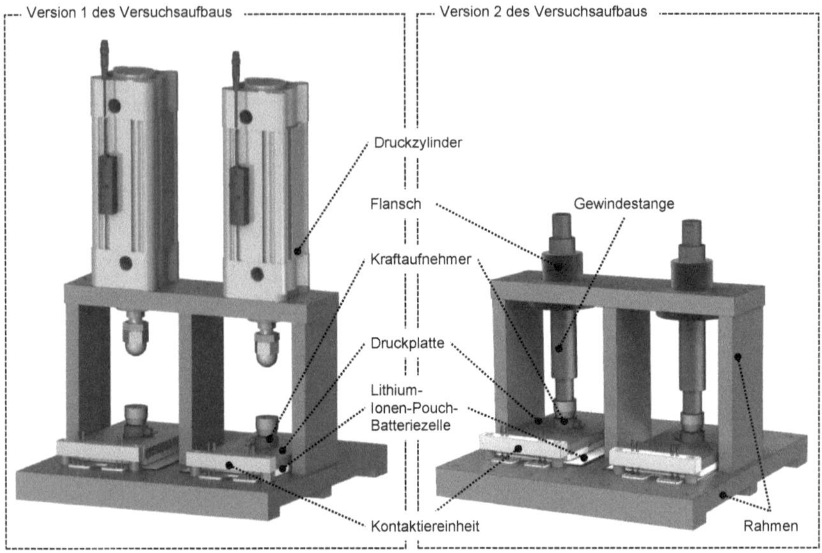

Abbildung 4.2: Experimenteller Versuchsaufbau

Für die elektrische Anbindung der Lithium-Ionen-Pouch-Zellen mit dem Batterietester dient eine Kontaktierungseinheit der Firma Feinmetall GmbH (vgl. Abbildung 4.3), bestehend aus zwei Distanzhülsen, einer isolierenden Kontaktbrücke aus Kunststoff, vier Kontakthülsen und vier vergoldeten Federkontaktstiften. Eine passende Verbindung zu den Kabeln des Batterietesters wurde an den Kontakthülsen angebracht.

Es werden Kraftsensoren verwendet, welche zwischen der Gewindestange und der Stahldruckplatte positioniert sind, um die während der Formierung aufgebrachte Kraft auf die Lithium-Ionen-Pouch-Zellen aufzeichnen (vgl. Abbildung 4.3). Verwendet wird ein Kraftaufnehmer des Herstellers Hottinger Baldwin Messtechnik GmbH (HBM) mit der Typbezeichnung C9C, welcher Nennkräfte bis zu 5,00 kN (Genauigkeitsklasse 0,2) misst und über ein zusätzliches, passgenaues Druckstück (EDO9 von HBM) verfügt, über welches die Lasteinleitung zentral auf den Kraftaufnehmer erfolgt.[321] Für weitere Versuche ist die Integration von Kraftaufnehmern der Firma HBM mit höheren Nennkräften möglich.

[321] Vgl. Hottinger Baldwin Messtechnik GmbH (2018): *Datenblatt und Montageanleitung des C9C Kraftaufnehmers.*

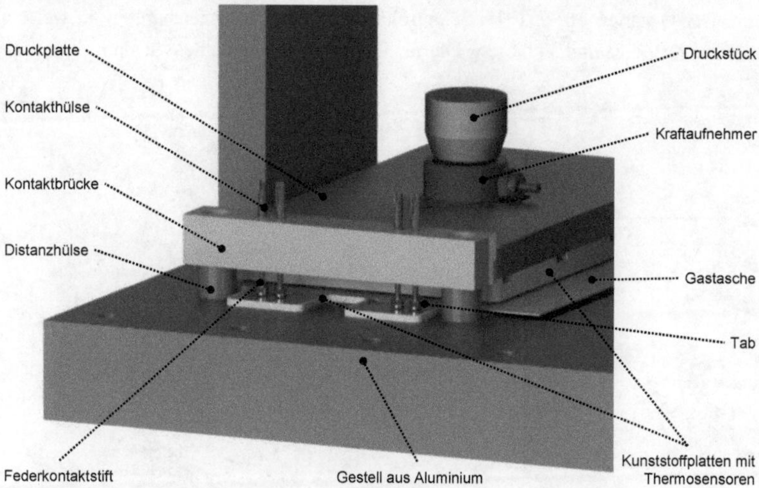

Abbildung 4.3: Kontaktierungseinheit und Kraftaufnehmer

Um die Temperatur während der Formierung aufzunehmen, wurde eine Thermosensormatrix in der Druckvorrichtung eingelassen (vgl. Abbildung 4.4 und Abbildung 4.6). Es werden in Summe 34 Thermosensoren verwendet. In der unteren Kunststoffplatte sind 18 und in der oberen 16 Thermosensoren eingelassen. Bei den Thermosensoren handelt es sich um Sensoren des Herstellers RS Components GmbH mit der Typbezeichnung Type K 847-9704. Sie sind in einem Temperaturbereich zwischen -75,00 °C und 250,00 °C einsetzbar.[322]

Abbildung 4.4: Kunststoffrahmen zum Einlegen der Lithium-Ionen-Pouch-Zellen

Mithilfe eines Datenloggers des Herstellers Gantner Instruments Test and Measurement GmbH wird die kontinuierliche Datenaufnahme der beiden zuvor beschriebenen Sensortypen

---

[322] Vgl. RS Components GmbH (2018): *Datenblatt Thermosensor Typ K 847-9704.*

ermöglicht. Der Q.station 101 DT Test Controller dient der Datenspeicherung, an welchen mehrere Q.bloxx Module und an diese wiederum die Sensoren angeschlossen sind.

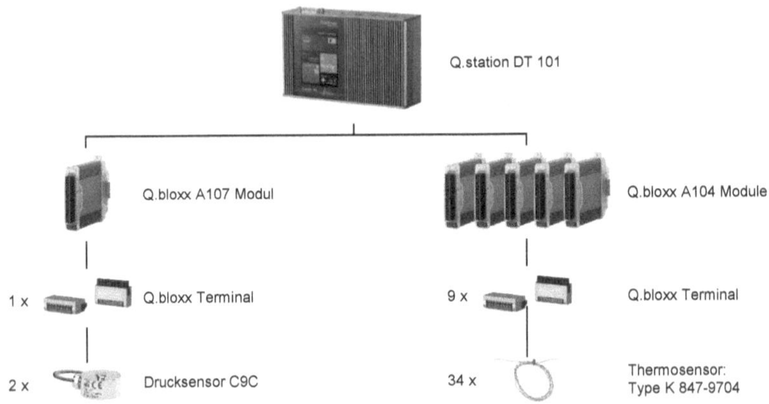

Abbildung 4.5: Schematischer Aufbau der Messsysteme und Sensorik

Ein weiteres essentielles Mess- und Regelungssystem für die Formierung von Lithium-Ionen-Pouch-Zellen ist der Potentiostat, welcher den/die erforderliche/n Strom/Spannung bereitstellt und gleichzeitig die Spannung überwacht. Dazu wurde ein Multi-Potentiostat des Herstellers BioLogic Science Instruments mit der Typbezeichnung VMP-300 verwendet. Dieser ermöglicht die Verwendung von 4 unabhängigen Kanälen, welche einen Strom von ± 500 mA führen können. In dieser Arbeit werden Ströme von ± 5 A genutzt, weshalb der VMP-300 mit Booster-Boards ausgerüstet ist. Diese Booster-Boards ermöglichen eine Stromführung von ± 10 A in einem Spannungsbereich zwischen 0 V und 5 V. Des Weiteren verfügt jeder Kanal über einen kalibrierten Temperatursensor.[323]

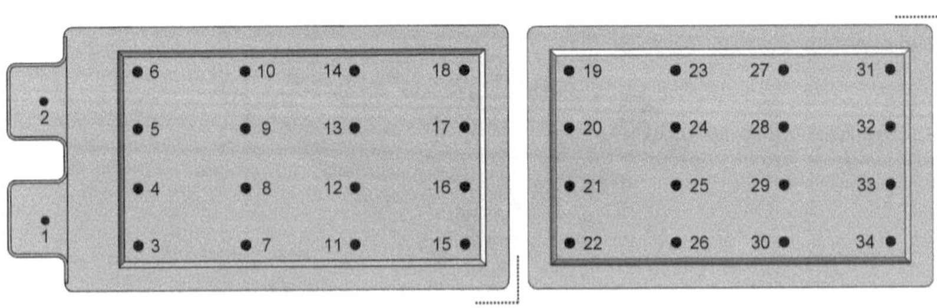

Abbildung 4.6: Matrix der Temperatursensoren in den Kunststoffrahmen

Für die Konditionierung und die Langzeitzyklisierung wurde die gleiche Klimakammer der Firma BINDER GmbH verwendet. Für die elektrische Be- und Entladung der Lithium-Ionen-

---

323 Vgl. BioLogic Science Instruments (2015): *Mutlichannel-Potentiostat VMP-300 Datenblatt.*

Pouch-Zellen wurde das Cell Test System (CTS) der Firma BaSyTec GmbH verwendet. Das CTS ist optimiert für das gleichzeitige Testen von mehreren Zellen und verfügt über 16 parallele Messkanäle. Jeder Kanal ist für einen maximalen Lade- bzw. Entladestrom von 5 A sowie eine Spannungsbreite von 0 bis 6 V ausgelegt. Eine Besonderheit ist die automatische Strombereichsauswahl. Jeder Messkanal verfügt über einen Temperatursensor zur Überwachung der Oberflächentemperatur der Lithium-Ionen-Pouch-Zellen[324]. Zur Bedienung des CTS wird die BaSyTec-Software „BaSyTest" genutzt, welche die Prozeduren auf das interne System des CTS lädt. Der CTS läuft unabhängig von einem Steuerungs-Computer[325]. Die BaSyTec-Software speichert die erfassten Daten in einer SQLite-Datenbank.

4.3 Definition des Versuchsdesigns

Definition of the experimental design

Aufbauend auf der zu untersuchenden Lithium-Ionen-Batteriezelle wird im Folgenden das Versuchsdesign hergeleitet. Dieses Versuchsdesign umfasst die Definition der Versuche in Form eines Design of Experiment (vgl. Kapitel 4.3.1), die standardisierte Versuchsdurchführung (vgl. Kapitel 4.3.2) sowie die Definition der zu verwendenden Testmethoden (vgl. Kapitel 4.3.3). Störgrößen werden in den Ausführungen dargestellt und begründet.

4.3.1 Definition der Versuche

Definition of the experiments

Die grundlegende Aufgabe der statistischen Versuchsplanung liegt in der Planung von Experimenten zur Beantwortung der Fragestellung, welche Auswirkungen verschiedene Einflussfaktoren x_i über den Realisierungsprozess auf die interessierenden Zielgrößen y_i haben (vgl. Abbildung 4.7). Die statistische Versuchsplanung wird als Lernprozess bezeichnet, bei denen auf aussagekräftige Ergebnisse und aufmerksame Beobachter geachtet werden muss.[326]

Sie findet insbesondere Anwendung in der Prozessoptimierung und Produktentwicklung[327], lässt sich aber auch auf technische Systeme der Ingenieurswissenschaften anwenden.[328] Sie bietet damit eine Möglichkeit die Versuche für die vorliegende Untersuchung zu planen.

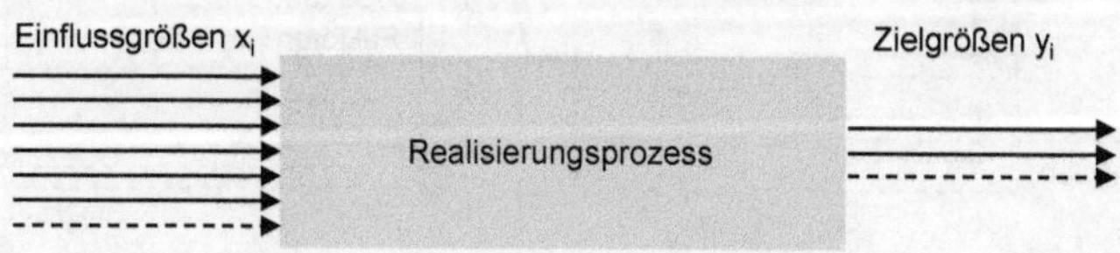

Abbildung 4.7: Modell der Fragestellung der statistischen Versuchsplanung nach GEIGER[329]

[324] Vgl. BaSyTec GmbH (2018): *Users Manual BaSyTec Battery Test System*.
[325] Vgl. BaSyTec GmbH (2019): *BaSyTest*.
[326] Vgl. Geiger et al. (2008): *Handbuch Qualität*, S. 257.
[327] Vgl. Kleppmann (2011): *Ausgewählte Begriffe*, S. 10.
[328] Vgl. Wieczorek (2009): *Statistische Versuchsplanung*, S. 186.
[329] Vgl. Geiger et al. (2008): *Handbuch Qualität*, S. 275.

Ein limitierender Faktor bei der Untersuchung ist die Anzahl der zu untersuchenden Lithium-Ionen-Pouch-Zellen, die im Rahmen des Forschungsprojektes OZF[330] zur Verfügung standen. Für die Untersuchungen lagen 54 Lithium-Ionen-Pouch-Zellen für die Betrachtung der mechanischen und thermischen Umgebungsbedingungen bereit, gefertigt am MEET Batterieforschungszentrum in Münster (vgl. Kapitel 4.3.2).

Es müssen die Temperaturbereiche und Druckbereiche für die zur Verfügung stehenden Versuchszellen identifiziert und festgelegt werden. Dies geschieht auf Basis der Untersuchung problemrelevanter Ansätze im Themenfeld der Umgebungsbedingungen Temperatur und Druck in der Formierung von Lithium-Ionen-Pouch-Zellen im Zusammenhang mit den beschriebenen Grundlagen.

Zunächst wird die die Methodik statistische Versuchsplanung eingeführt, um darauf aufbauend die systematische Definition der Versuche zu erläutern. Im Rahmen einer statistischen Versuchsplanung ist es notwendig das zu untersuchende System inklusive der Systemgrenzen zu definieren (vgl. Abbildung 4.8). Eingangsparameter können sowohl innerhalb als auch außerhalb des Systems liegen, wobei nur für Parameter innerhalb des Systems optimale Einstellungen gefunden werden können. Jedes System hat mehrere Funktionen, die sich unterschiedlich äußern und in messbaren Ergebnissen unterscheiden lassen. Die Menge aller Eingangsgrößen werden Parameter genannt. Die im Versuchsplan enthaltenen Parameter werden als Faktoren bzw. Designvariablen bezeichnet. Sie werden in zwei Gruppen geteilt: die zu untersuchenden und die zu beobachtenden. Die Einstellungen der Faktoren werden Stufen (Level) genannt. Wird eine spezielle Einstellung betrachtet, wird diese als Sample bezeichnet. Ein bestimmtes experimentelles Design ist wiederum eine Auswahl bestimmter Stufen für einzelne Faktoren, die im Rahmen von Experimenten bzw. einer Versuchsreihe (VR) untersucht werden.[331]

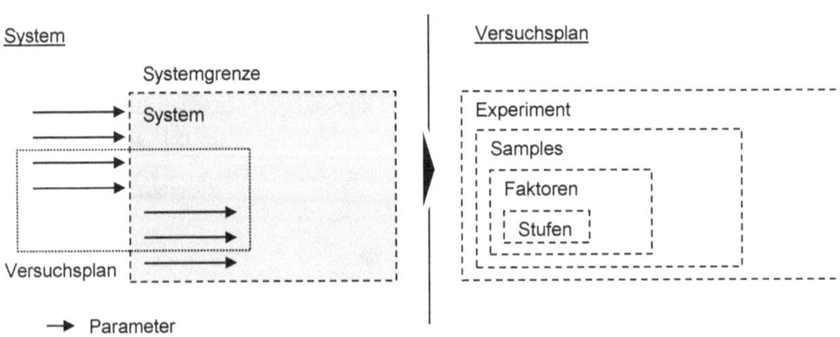

Abbildung 4.8: Darstellung des Systems und der Bestandteile eines Versuchsplans

Aufgrund der Anzahl der verfügbaren Testzellen war kein *Vollfaktorplan* durchführbar, weshalb auf einen individuellen bzw. *optimalen* Versuchsplan zurückgegriffen wird. Bei einem

---

330 Förderkennzeichen: 03XP0071B.

331 Vgl. Siebertz et al. (2017): *Statistische Versuchsplanung*, S. 3ff.

optimalen Versuchsplan werden anhand von bestimmten Kriterien die wesentlichen Einstellungen des Vollfaktorplans herausgegriffen[332]. Hierbei werden Ansätze des *Screening-Versuchsplans*[333] genutzt, welche ermöglichen, bei minimalem Informationsverlust mit möglichst wenigen Versuchen auszukommen[334]. In der Literatur werden hierfür verschiedene Begriffe gewählt: screening designs, fractional factorial designs, Screening Versuchspläne, teilfaktorielle Versuchspläne, Teilfaktorpläne oder fraktionelle faktorielle Versuchspläne.[335] Anhand von drei Versuchsreihen (VR) sollen so Aussagen zu dem betrachteten System abgeleitet werden.

Die Versuche müssen unabhängig voneinander sein und aufgrund der Existenz von Störgrößen in den Experimenten auf Randomisierung, Wiederholung und Blockbildung geachtet werden[336]. Randomisierung beschreibt die optimierte Versuchsreihenfolge durch beispielsweise Zufallsgeneratoren, um die Darstellung von Messfehlern zu verbessern[337]. Sie wurde in den folgenden Versuchen nicht angewendet, da es aufgrund der Versuchsdurchführung mit verschiedenen Umgebungstemperaturen die Durchführung wesentlich verlängert hätte und aufgrund der Zellherstellung zu wesentlichen Messschwankungen z.B. durch Zellalterung geführt hätte. Die Wiederholung der Experimente, also die Durchführung von mehreren Versuchen pro Sample ist elementar, um die Signifikanz des Mittelwerts durch Reduzierung der potenziellen Schwankung zu erhöhen[338]. Mathematisch kann die Varianz der Originalgröße σ^2 durch n Messungen der Varianz des Mittelwerts zu σ^2/n reduziert werden. Demnach erzeugt eine höhere Anzahl an Messungen eine genauere Beschreibung des Mittelwerts und der Varianz[339]. Ein zweiter wesentlicher Effekt der Wiederholung ist die Möglichkeit der Beschreibung der daraus entstehenden Versuchsstreuung, die eine Beurteilung der Signifikanz der Unterschiede zweier Samples erst ermöglicht[340]. Hierbei wird die Annahme von zwei Risiken zugrunde gelegt: das α-Risiko (wahre Hypothese wird verworfen obwohl Sie wahr ist, also das Risiko nicht die notwendige Menge an Versuchen durchgeführt zu haben) und das β-Risiko (falsche Hypothese wird angenommen obwohl sie falsch ist). Häufig wird anstatt des β-Risikos, 1-β betrachtet, welches die Power der Tests angibt, also die Fähigkeit signifikante Unterschiede zu erkennen. Bei der Bestimmung des Versuchsumfangs besteht das Ziel darin ein angemessenes α-Risiko mit einem passenden β-Risiko, inklusive der 1-β (Power) zu bestimmen[341]. Aufgrund der zur Verfügung stehenden Testzellen lässt sich nur die Power aufbauend auf dem Versuchsumfang bestimmen und nicht andersherum. Ein weiterer zu beachtender Faktor ist ein inhaltlich begründetes Maß für die Stärke Δ des Unterschiedes zwischen

---

332 Vgl. Siebertz et al. (2017): *Statistische Versuchsplanung*, S. 55.
333 Auch bekannt als teilfaktorielle oder faktorielle Versuchspläne.
334 Vgl. Siebertz et al. (2017): *Statistische Versuchsplanung*, S. 28f.
335 Vgl. Siebertz et al. (2017): *Statistische Versuchsplanung*, S. 28.
336 Vgl. Siebertz et al. (2017): *Statistische Versuchsplanung*, S. 93, 95.
337 Vgl. Schiefer et al. (2018): *Statistik für Ingenieure*, S. 3; Vgl. Siebertz et al. (2017): *Statistische Versuchsplanung*, S. 94.
338 Vgl. Siebertz et al. (2017): *Statistische Versuchsplanung*, S. 96.
339 Vgl. Siebertz et al. (2017): *Statistische Versuchsplanung*, S. 97.
340 Vgl. Siebertz et al. (2017): *Statistische Versuchsplanung*, S. 98.
341 Vgl. Siebertz et al. (2017): *Statistische Versuchsplanung*, S. 108.

den Faktorstufen sowie eine Abschätzung der dem System bzw. Modell zugrunde gelegten Standardabweichung σ [342].

Wird von optimierten Versuchsplänen in den Ingenieurswissenschaften ausgegangen sind bereits zwei Messungen pro Faktorstufe sinnvoll, eine zunehmende Anzahl an Messpunkten pro Faktorstufe nähert den Mittelwert der Stichprobe an den Wert der Grundgesamtheit an, sodass sich der Konfidenzbereich reduziert[343]. Die Wiederholung ermöglicht es experimentelle Fehler zu verringern und eine Aussage über die Varianz verschiedener Zellen zu treffen, um ein genaueres Bild von dem resultierenden Effekt zu erhalten[344].

Aufgrund des festgelegten Umfangs der vorliegenden Lithium-Ionen-Pouch-Zellen bzw. der Proben, wurde eine möglichst kleine Zahl an Wiederholungen gewählt (vgl. Abbildung 4.9). Es ist sichergestellt, dass ein ausreichend große Untersuchung der Faktorstufen durchgeführt wird. Auf Basis der Vorversuche, bei denen eine Wiederholung pro Faktorstufe (zwei Messungen pro Faktorstufe) gewählt wurde, wurde bei den Haupt- und Verifizierungsversuchen zwei Wiederholungen (drei Messungen pro Faktorstufe) gewählt.

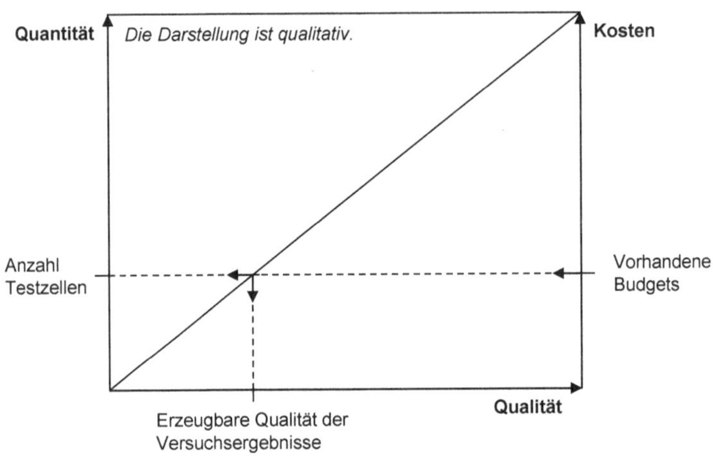

Abbildung 4.9: Gegenüberstellung der Qualität und Quantität einer Versuchsreihe

Die Blockbildung unterstützt systematische Fehler zu reduzieren, welche durch Faktoren bedingt werden. Diese Fehler der Faktoren sind bekannt, können aber nicht kontrolliert werden, da sie nicht zum betrachteten System gehören[345]. So werden Blöcke mit relativ homogenen Randbedingungen gebildet. Im Rahmen dieser Untersuchung wurden Blöcke hinsichtlich z.B.

[342] Vgl. Siebertz et al. (2017): *Statistische Versuchsplanung*, S. 132.
[343] Vgl. Schiefer et al. (2018): *Statistik für Ingenieure*, S. 3.
[344] Vgl. Cox (1961): *Design of Experiments: The Control of Error*, S. 45f; Vgl. Montgomery (2013): *Design and analysis of experiments*, S. 12f.
[345] Vgl. Siebertz et al. (2017): *Statistische Versuchsplanung*, S. 99; Vgl. Schiefer et al. (2018): *Statistik für Ingenieure*, S. 3.

der Umgebungstemperatur und der Chargen der Zellherstellung gebildet, um die Störfaktoren zu reduzieren. Dies wird im folgenden Kapitel 4.3.2 beschrieben.

Bei dem in der folgenden Untersuchung betrachteten System handelt es sich um die in Kapitel 4.1 beschriebene Lithium-Ionen-Pouch-Zelle, welche im Prozessschritt Formierung untersucht wird. Eine vollständige Parameterliste wurde in Kapitel 2.5.1 dargestellt.

Anhand der Vorerfahrungen der Partner sowie der zur Verfügung stehenden Untersuchungsobjekte im Rahmen des Forschungsprojektes OZF[346] und dieser Arbeit wurden die Untersuchungsparameter entsprechend der Erläuterung in Kapitel 2.5.3 auf die Umgebungsbedingungen *mechanische Verspannung* und *Umgebungstemperatur* reduziert. Die Untersuchungen wurden in drei Versuchsreihen (VR) unterteilt (vgl. Abbildung 4.10): Vorversuche (VR 1), Hauptversuche (VR2) und Verifizierungsversuche (VR3).

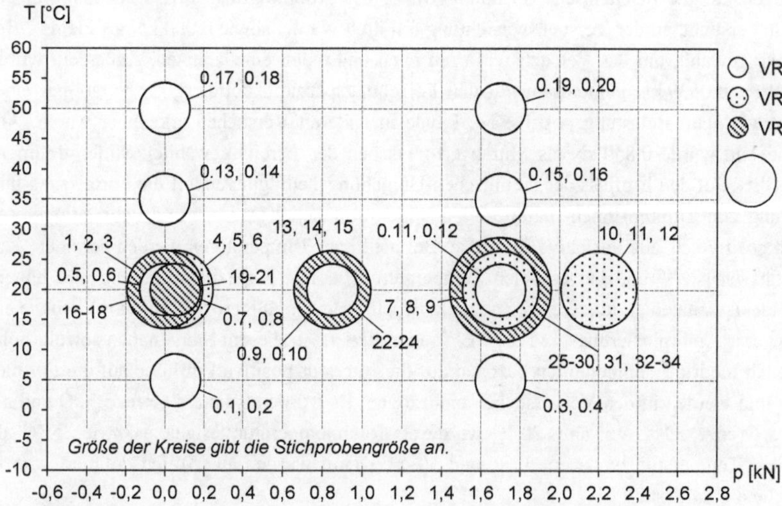

Abbildung 4.10: Darstellung der Parametersets der Versuchsreihen

Die Vorversuche dienen einer generellen Überprüfung der Parameter. Es wurden bewusst große Stufenabstände gewählt, um ein breites Feld an Ergebnissen zu erzeugen. Die Hauptversuche sollen darauf aufbauend eine detailliertere Untersuchung eines reduzierten Ausschnitts der experimentellen Untersuchung aus den Vorversuchen ermöglichen. Abschließend dienen die Verifizierungsversuche der Überprüfung der Hauptversuche, da unerwartete Probleme mit dem Elektrolyten auftraten.

---

346 Förderkennzeichen: 03XP0071B.

Vorversuche (VR 1)

Für die Vorversuche standen 20 Lithium-Ionen-Pouch-Zellen zur Verfügung, was keine dreistufige Faktoreinstellung erlaubte. Um einen signifikanten Effekt der Faktoren nachzuweisen, wurde hinsichtlich der Druckbelastung ein maximaler Stufenabstand gewählt. So empfiehlt auch SIEBERTZ besonders am Anfang eine Verwendung großer Stufenabstände[347]. Bezogen auf die Temperatur wurden 5 °C, 20 °C, 35 °C und 50 °C festgelegt. Bezogen auf die mechanische Verspannung wurden 0,000 kN, 0,054 kN, 0,850 kN und 1,700 kN definiert (vgl. Tabelle 4.4). Aufgrund der limitierten Anzahl an Lithium-Ionen-Pouch-Zellen wurden ein Hauptszenario sowie drei Nebenszenarien bezogen auf die Temperaturstufen definiert. Das Hauptszenario (20 °C) besteht aus vier Stufen, wobei die drei Nebenszenarien (5 °C, 35 °C, 50 °C) aus zwei Stufen bezogen auf die mechanische Verspannung bestehen.

Bezogen auf die mechanische Spannung wurde der größtmöglich Wert 1,700 kN, welcher durch Versuche an der Versuchsvorrichtung ermittelt wurde, sowie 0,000 kN als kleinste Belastung gewählt, um das Versuchsfeld nach oben und unten einzugrenzen. Außerdem wurde der Wert 0,0539 kN gemeinsam mit den Forschungspartnern definiert, da bereits bei einer derart geringen Belastung positive Merkmale in anderen Versuchen erkennbar waren. Abschließend wurde 0,850 kN als Mittelwert zwischen den bereits gewählten Stufen definiert. Mit Blick auf den Einfluss der thermischen Umgebungsbedingungen auf die Formierung und Reifung von Lithium-Ionen-Batteriezellen zeigen bestehende Ansätze und Publikationen sowohl positive als auch negative Einflüsse. Bei niedrigen Temperaturen werden geringere Kapazitätsverluste[348] und bei erhöhten Temperaturen bessere Kapazitätserhaltung und höhere Entladekapazitäten[349], kürzere Prozesszeiten[350], eine gleichmäßigere SEI-Bildung[351] sowie ein geringerer Amorphisierungsgrad der SEI[352] identifiziert. In diesem Sinne haben sowohl hohe als auch niedrige Temperaturen bezogen auf die Literatur positive Einflüsse auf die Formierung und werden in den Vorversuchen einbezogen. Es wurde als untere Grenze 5 °C und als obere Grenze 50 °C gewählt. 20 °C wurde als Raumtemperatur festgelegt sowie 35 °C als mittlere Temperatur zwischen 20 °C und 50 °C. Damit wurden alle Stufen definiert, wie in Tabelle 4.4 dargestellt.

Jede Stufe der Versuchsmatrix wird mit zwei Lithium-Ionen-Pouch-Zellen getestet. Aufgrund von zwei Versuchsaufbauten können vier Lithium-Ionen-Pouch-Zellen parallel formiert werden, sodass fünf Versuchsdurchführungen notwendig sind.

---

[347] Vgl. Siebertz et al. (2017): *Statistische Versuchsplanung*, S. 6.

[348] Vgl. Kulova (2004): *Effect of Temperature on Reversible and Irreversible Processes during Lithium Intercalation in Graphite*, S. 1052ff.

[349] Vgl. Huang et al. (2011): *The effect of solid electrolyte interface formation conditions on the aging performance of Li-ion cells*, S. 1987ff.

[350] Vgl. He et al. (2008): *Effects of Temperature on the Formation of Graphite/LiCoO2 Batteries*, S. A481ff.

[351] Vgl. Bhattacharya et al. (2014): *Thermal cycling induced capacity enhancement of graphite anodes in lithium-ion cells*, S. 592ff.

[352] Vgl. Sharova (2018): *Enhancing the performance of lithium batteries through the development of improved electrolyte formulation, formation protocol and graphite surface modification*, S. 107.

Tabelle 4.4: Versuchsmatrix der Vorversuche (VR 1)

Zell-Nr.	Zell-ID[353]	0,000 kN	0,054 kN	0,850 kN	1,700 kN	Temp. [°C]	Status
0.1	V-C01	☐	☑	☐	☐	5	ok
0.2	V-C02	☐	☑	☐	☐	5	ok
0.3	V-C03	☐	☐	☐	☑	5	ok
0.4	V-C04	☐	☐	☐	☑	5	ok
0.5	V-C05	☑	☐	☐	☐	20	ok
0.6	V-C06	☑	☐	☐	☐	20	ok
0.7	V-C07	☐	☑	☐	☐	20	ok
0.8	V-C08	☐	☑	☐	☐	20	ok
0.9	V-C09	☐	☐	☑	☐	20	ok
0.10	V-C10	☐	☐	☑	☐	20	ok
0.11	V-C11	☐	☐	☐	☑	20	ok
0.12	V-C12	☐	☐	☐	☑	20	ok
0.13	V-C13	☑	☐	☐	☐	35	ok
0.14	V-C14	☑	☐	☐	☐	35	ok
0.15	V-C15	☐	☐	☐	☑	35	ok
0.16	V-C16	☐	☐	☐	☑	35	ok
0.17	V-C17	☑	☐	☐	☐	50	ok
0.18	V-C18	☑	☐	☐	☐	50	ok
0.19	V-C19	☐	☐	☐	☑	50	ok
0.20	V-C20	☐	☐	☐	☑	50	ok

Hauptversuche (VR 2)

Erste Ergebnisse der Vorversuche wurden in dem Journal Energy Technology[354] veröffentlicht und dienen als Grundlage für die weitere systematische Versuchsgestaltung der Hauptversuche. Eine mechanische Belastung bei 20 °C Umgebungstemperatur während der Formierung erzeugt eine Zeiteinsparung von bis zu 32,20 % (mechanische Belastung von 0,000 kN vs. 1,700 kN). Damit ergeben sich deutliche Kosteneinsparungspotentiale. Elementar neben

[353] V-Cxx = Vorversuch-Cell-xx.

[354] Vgl. Heimes et al. (2019): *The Effects of Mechanical and Thermal Loads during Lithium-Ion Pouch Cell Formation and Their Impacts on Process Time*, S. 1ff.

den direkten Ergebnissen aus dem Prozess sind die Langzeituntersuchungen der Lithium-Ionen-Pouch-Zellen, welche in Abbildung 4.11 dargestellt wird. Die grau hinterlegten Ränder zeigen die Abweichungen der zyklisierten Lithium-Ionen-Pouch-Zellen von den entsprechenden Untersuchungsparametern an.

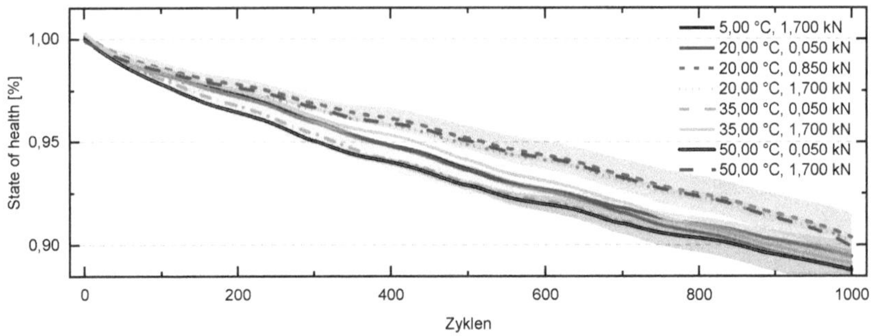

Abbildung 4.11: Zyklische Alterung der Lithium-Ionen-Pouch-Zellen

Die Vorversuche zeigen deutlich eine verbesserte Zyklenstabilität bei mit mechanischer Verspannung sowie 20 °C Umgebungstemperatur formierten Lithium-Ionen-Pouch-Zellen. Aufgrund der Schwankungen zwischen den formierten Lithium-Ionen-Pouch-Zellen mit 0,850 kN (0,097 MPa) und 1,700 kN (0,194 MPa) mechanischer Verspannung lässt sich keine eindeutige Interpretation hinsichtlich der Zellqualität ableiten. Bezogen auf die Umgebungstemperatur lässt sich auf Grundlage von Abbildung 4.11 und der Veröffentlichung von HEIMES[355] keine signifikante Verbesserung mittels der Umgebungstemperaturanpassung feststellen. Vor diesem Hintergrund wird für die Hauptversuche die Umgebungstemperatur auf 20 °C festgelegt.

Wird die Umsetzung der Ergebnisse in einem Warenträger inklusive Kosten und Aufwand mit einbezogen, muss die mechanische Verspannung mittels konstanter Kraft dem einer konstanten Weglänge gegenübergestellt werden. Die mechanische Verspannung mit konstanter Weglänge ermöglicht die Aufnahme der Druckentwicklung innerhalb der Lithium-Ionen-Pouch-Zelle und ermöglicht die Untersuchung der mechanischen Verspannung mit konstanter Weglänge, welche bezogen auf einen Warenträger wesentlich kostengünstiger gestaltet werden kann. Bezogen auf die Befähigung in einem Warenträger – und damit unter Verzicht auf ein kraftgeregeltes System – wurde in den Hauptversuchen der Versuchsaufbau auf eine mechanische Verspannung mit konstanter Weglänge umgebaut.

Im Rahmen der Hauptversuche standen 15 Lithium-Ionen-Pouch-Zellen (vgl. Kapitel 4.1) zur Verfügung. Die resultierende Versuchsmatrix ist in Tabelle 4.5 dargestellt. Im Unterschied zu den Vorversuchen wurde in den Hauptversuchen eine statistische Grundmenge von drei Ver-

[355] Vgl. Heimes et al. (2019): *The Effects of Mechanical and Thermal Loads during Lithium-Ion Pouch Cell Formation and Their Impacts on Process Time*, S. 1ff.

suchen pro Stufe festgelegt. Entsprechend lassen sich fünf verschiedene Stufen bezogen auf die initiale mechanische Verspannung konstanter Weglänge festlegen.

Tabelle 4.5: Versuchsmatrix der Hauptversuche (VR 2)

Zell-Nr.	Zell-ID[356]	0,000 kN	0,054 kN	0,850 kN	1,700 kN	2,200 kN	Temp. [°C]	Status
1	H-C01	☑	☐	☐	☐	☐	20	ok
2	H-C02	☑	☐	☐	☐	☐	20	ok
3	H-C03	☑	☐	☐	☐	☐	20	ok
4	H-C04	☐	☑	☐	☐	☐	20	ok
5	H-C05	☐	☑	☐	☐	☐	20	ok
6	H-C06	☐	☑	☐	☐	☐	20	ok
7	H-C07	☐	☐	☐	☑	☐	20	ok
8	H-C08	☐	☐	☐	☑	☐	20	ok
9	H-C09	☐	☐	☐	☑	☐	20	ok
10	H-C10	☐	☐	☐	☐	☑	20	ok
11	H-C11	☐	☐	☐	☐	☑	20	ok
12	H-C12	☐	☐	☐	☐	☑	20	ok
13	H-C13	☐	☐	☑	☐	☐	20	ok
14	H-C14	☐	☐	☑	☐	☐	20	ok
15	H-C15	☐	☐	☑	☐	☐	20	ok

Als Referenzmessung wurden 0,000 kN definiert. Aufbauend auf den Zyklisierungsergebnissen aus Abbildung 4.11 sowie den Ergebnissen von HEIMES, die eine gute Performance der konstanten mechanischen Verspannung mit 0,850 kN und 1,700 kN zeigen, wurden diese auch für eine Betrachtung mit initialer mechanischer Verspannung und konstanter Weglänge gewählt. Zur Identifikation eines geeigneten Optimums wurde eine Kraftbelastung zwischen 0,850 kN und 1,700 kN in Form von 1,300 kN (0,149 MPa) gewählt. Aufgrund der Messbegrenzung des Kraftmessers von maximal 5,000 kN und der während der Formierung entstehenden Drücke in der Lithium-Ionen-Pouch-Zelle wurde eine maximale initiale Kraft von 2,200 kN (0,251 MPa) festgelegt.

[356] H-Cxx = Hauptversuch-Cell-xx.

Verifizierungsversuche (VR 3)

Während der Langzeit-Zyklisierung der am MEET Batterieforschungszentrum hergestellten und in den Hauptversuchen formierten Lithium-Ionen-Pouch-Zellen war eine untypisch hohe Degradation des SOH zu erkennen. Aufgrund der rapiden zyklischen Alterung der Lithium-Ionen-Pouch-Zellen aus den Hauptversuchen mussten Verifizierungsversuche durchgeführt werden (vgl. Tabelle 4.6). Der Grund für die rapide Alterung konnte auf Fehler in der Zellherstellung zurückgeführt werden, welche in Kapitel 5.5.2 beschrieben werden.

Tabelle 4.6: Versuchsmatrix der Verifizierungsversuche (VR 3)

Zell-Nr.	Zell-ID	0,000 kN	0,054 kN	0,850 kN	1,700 kN	2,200 kN	Temp. [°C]	Status
16	H-C16	☑	☐	☐	☐	☐	20	ok
17	H-C17	☑	☐	☐	☐	☐	20	ok
18	H-C18	☑	☐	☐	☐	☐	20	ok
19	H-C19	☐	☑	☐	☐	☐	20	failed
20	H-C20	☐	☑	☐	☐	☐	20	ok
21	H-C21	☐	☑	☐	☐	☐	20	ok
22	H-C22	☐	☐	☑	☐	☐	20	ok
23	H-C23	☐	☐	☑	☐	☐	20	ok
24	H-C24	☐	☐	☑	☐	☐	20	ok
25	H-C25	☐	☐	☐	☑	☐	20	failed
26	H-C26	☐	☐	☐	☑	☐	20	failed
27	H-C27	☐	☐	☐	☑	☐	20	ok
28	H-C28	☐	☐	☐	☑	☐	20	ok
29	H-C29	☐	☐	☐	☑	☐	20	failed
30	H-C30	☐	☐	☐	☑	☐	20	ok
31	H-C31	☐	☐	☑	☐	☐	20	ok
32	H-C32	☐	☐	☐	☑	☐	20	failed
33	H-C33	☐	☐	☐	☑	☐	20	ok
34	H-C34	☐	☐	☐	☑	☐	20	failed

Für die Verifizierungsversuche wurde der analoge Testaufbau der Hauptversuche genutzt. Es handelt sich bei den Verifizierungsversuchen um eine Verspannung mit konstanter Weglänge.

Entgegen den Hauptversuchen wurde aufgrund der Herstellungsroutinen beim MEET Batterieforschungszentrum in Münster und der Ergebnisse aus dem Forschungsprojekt OZF[357] eine konstante Wettingzeit von zwei Stunden gewählt. Im Rahmen des Forschungsprojektes wurde identifiziert, dass die Anpassung der Wettingzeit von 23 Stunden auf 2 Stunden keine Auswirkung auf die Qualität der Zelle hat. Im Anschluss an die Versuchsdurchführung der Formierung konnten die Lithium-Ionen-Pouch-Zellen direkt nach der Entgasung mit Messkanälen am MEET in Münster konditioniert werden. Entsprechend der Notwendigkeit der Verifizierung wurde eine erneute Testreihe geplant.

Während der Durchführung der Verifizierungsversuche traten Komplikationen in Form von Undichtigkeit an den Schweißnähten der Versiegelung auf. Aufgrund der begrenzt verfügbaren Lithium-Ionen-Pouch-Zellen konnten somit keine Messdaten für die Formierung mit initialer Kraftbelastung von 2,200 kN (Druckbelastung 0,251 MPa) erzeugt werden.

Die Ergebnisse der Verifizierungsversuche sowie der Hauptversuche werden in Kapitel 5.2 bis 5.5 konsolidiert dargestellt. Hierbei werden insbesondere die Ergebnisse der Verifizierungsversuche aufgrund der genannten Gründe herangezogen. Der Vergleich der Ergebnisse mit denen aus den Hauptversuchen wird ergänzend in Kapitel 0 dargestellt. Hierbei wird die VR 2 (Hauptversuche) mit der VR 3 (Verifizierungsversuche) bezüglich der Prozesszeit, der Kapazität, der Druckentwicklung und der zyklischen Alterung verglichen.

4.3.2 Standardisierung der Versuchsdurchführung

Standardization of the experimental implementation

Um Störgrößen und damit Abweichungen in den Ergebnissen sowie eine gute Vergleichbarkeit unter den Projekt- und Clusterpartnern auf Grundlage des Herstellungsprozesses zu ermöglichen, wurde ein standardisierter Produktionsprozess definiert. Die Materialien und somit die Elektroden (Anode und Kathode) wurden aus der gleichen Charge des MEET Batterieforschungszentrums Münster bezogen.

Die Assemblierung erfolgte in einem Trockenraum durch geschultes Personal des MEET Batterieforschungszentrums Münsters. Nach der der Elektrolytbefüllung wurde eine Wettingzeit von 23 Stunden vorgesehen. Im Rahmen der Vorversuche wurden für die Wettingzeit 2 Stunden eingeräumt. Aufbauend auf den Ergebnissen der Vorversuche wurde dieser Wert auf 23 Stunden erhöht, um eine gleichmäßige Verteilung des Elektrolyts in der Elektrodenstruktur der Lithium-Ionen-Pouch-Zelle zu garantieren. Jedoch hat diese Verlängerung sowie weitere vorausgegangene Versuchsergebnisse innerhalb des Projektes OZF[357] gezeigt, dass eine Verlängerung der Befeuchtungsdauer der Elektroden mit dem Elektrolyt zu keinem ersichtlichen Unterschied hinsichtlich der Zellqualität führt.[358]

---

[357] Förderkennzeichen: 03XP0071B.

[358] Vgl. Heimes et al. (2019): *The Effects of Mechanical and Thermal Loads during Lithium-Ion Pouch Cell Formation and Their Impacts on Process Time*, S. 9.

Folgend auf die Elektrodenherstellung, Zellassemblierung und Elektrolytbefüllung wurden die Lithium-Ionen-Pouch-Zellen vom MEET Batterieforschungszentrum für die Formierung übergeben. Um vergleichbare Ergebnisse zu erzeugen, wurde aufbauend auf den definierten Parametern ein standardisierter Formierungsprozess definiert. Die Variablen *mechanische Belastung*, *Umgebungstemperatur* sowie *Formierungsprozedur*, welche im Rahmen des Forschungsprojektes untersucht werden, wurden in einem ersten Schritt als konstante Parameter angenommen. Im Rahmen des Forschungsclusters ProZell wurde daraufhin ein schlanker Formierungszyklus definiert, welcher aus einem Konstantstromschritt (CC) – C-Raten als Variable –, gefolgt von einem Konstantspannungsschritt (CV) mit einer Ladeschlussspannung von 4,2 V und einem Abschaltstrom von C/20 bestand. Anschließend wurde die Lithium-Ionen-Pouch-Zelle in einem CC-Schritt – C-Rate als Variable – bis auf 3,0 V entladen. Voruntersuchungen bezüglich der Intensität des angelegten Stroms in der CC-Ladephase und der CC-Entladephase zeigen, dass eine Variation von 0,3C auf 1C einen positiven Unterschied in der Langzeitbetrachtung der Lithium-Ionen-Pouch-Zellen zeigt. Bei der Voruntersuchung wurden keine mechanischen Belastungen appliziert und die Formierungstemperatur betrug 20°C (vgl. Abbildung 4.12).[359]

Die Voruntersuchungen beweisen, dass eine C-Rate von 1C im Vergleich zu 0,3C eine kürzere Formierungszeit sowie eine bessere Langzeitstabilität erzeugen. Aufbauend auf den Ergebnissen wurde für die folgenden Untersuchungen eine fixe *C-Rate* von 1C definiert, um die Parameter *mechanische Belastung* und *Temperatur* zu variieren.

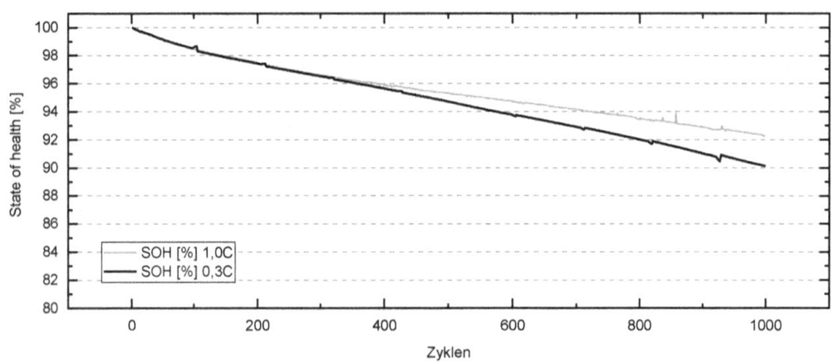

Abbildung 4.12: Kapazitätsabnahme der Pouch-Zellen aus den Vorversuchen

Das Referenzverfahren der Formierung ist in Tabelle 4.7 dargestellt. Die Lithium-Ionen-Batterie-Pouch-Zellen werden mit einem Vollzyklus formiert. Hierbei wird mit einer 1C-CC-Ladephase bis zu einer Ladeschlussspannung von 4,2 V geladen. Anschließend folgt eine CV-Phase bei 4,2 V bis zum Unterschreiten von C/20. Abschließend wird mit einer CC-Phase mit

[359] Vgl. Heimes et al. (2019): *The Effects of Mechanical and Thermal Loads during Lithium-Ion Pouch Cell Formation and Their Impacts on Process Time*, S. 9.

1C bis zu einer Ladeschlussspannung von 3 V entladen. Nach dem Formierungszyklus wird eine Pause von mindestens 30 Minuten vorgesehen. Anschließend findet die Entgasung und Wiederverschließung der Lithium-Ionen-Pouch-Zelle durch das Personal des MEET Batterieforschungszentrums statt. Danach wird im Rahmen des Produktionsprozesses die Konditionierung durchgeführt. Dazu werden 19 Vollzyklen bei einer Umgebungstemperatur von 20 °C und ohne externe mechanische Belastung durchgeführt. Anschließend folgt ein 20. Zyklus, ohne CV-Phase und Entladeschritt, der bei 30,00 % SOC endet.[360]

Tabelle 4.7: Formierungs- und Konditionierungsverfahren

Kürzel[361]	Prozess	C-Rate	Abbruch-kriterium	Temp.	Mech. Belast.
FV1	CC-Ladung	1C	U ≥ 4.2 V	0-50 °C	0,000-1,700 kN
FV2	CV-Ladung (U=4.2 V)	-	$I \leq 0.05C$	0-50 °C	0,000-1,700 kN
FV3	CC-Entladung	1C	U = 3.0 V	0-50 °C	0,000-1,700 kN
FV4	Pause	-	t ≥ 0.5 h	0-50 °C	0,000-1,700 kN
KV1	CC-Ladung	1C (5A)	U ≥ 4.2 V	20 °C	0,000 kN
KV2	CV-Ladung (U=4.2 V)	-	$I \leq 0.05C$	20 °C	0,000 kN
KV3	CC-Entladung	1C (5A)	U = 3.0 V	20 °C	0,000 kN
KV4	Wiederholen der Schritte C1 bis C3 18-mal ohne Pause				
KV5	CC-Ladung	1C (5A)	U ≥ 4.2 V	20 °C	0,000 kN
KV6	CC-Entladung	1C (5A)	SOC < 30.00 %	20 °C	0,000 kN
AV1	Stromlose Lagerung	-	24 h	20 °C	0,000 kN

Abweichend von den Vorversuchen und den Verifizierungsversuchen ist aufgrund von fehlenden Messkanälen vor Ort die Konditionierung bei den Hauptversuchen nicht direkt im Anschluss an die Formierung erfolgt, sondern mit einem zeitlichen Abstand von ca. 75 Stunden. Diese Entscheidung wurde auf Basis der Annahme getroffen, dass eine längere stromlose Reifung keine negativen Auswirkungen auf die Performance der Lithium-Ionen-Pouch-Zellen hat. Dies wurde durch noch nicht veröffentlichte Versuche am MEET Batterieforschungszentrum Münster bewiesen, welche dem Team im Rahmen der gemeinsamen Ausarbeitung des Forschungsprojektes OZF[362] vorliegen. Anschließend wird der Spannungsabfall während der stromlosen Lagerung gemessen. Tabelle 4.7 zeigt das Formierungsverfahren (FV) sowie das Konditionierungsverfahren (KV) mit allen charakteristischen Parametern. Vor der Formierung

[360] Vgl. Heimes et al. (2019): *The Effects of Mechanical and Thermal Loads during Lithium-Ion Pouch Cell Formation and Their Impacts on Process Time*, S. 9.

[361] FV = Formierungsverfahren; KV = Konditionierungsverfahren; AV = Alterungsverfahren.

[362] Förderkennzeichen: 03XP0071B.

wurden die Lithium-Ionen-Pouch-Zellen mind. 30 Minuten in einer Klimakammer vortemperiert. Abschließend wurden sie auf ihre Einsatzfähigkeit überprüft. Hierzu wurden verschiedene Testverfahren definiert, die in Kapitel 4.3.3 dargestellt sind. [363]

4.3.3 Definition der Testmethoden

Definition of the test methods

Testmethoden kamen in der Durchführung der Versuche an verschiedenen Stellen zum Einsatz, um bewertbare und vergleichbare Werte zu erzeugen. Bevor die Lithium-Ionen-Pouch-Zelle durch das PEM RWTH Aachen University übernommen und formiert wurde, wurde diese durch das MEET Batterieforschungszentrum in Münster nach der Elektrolytbefüllung sowie nach der Entgasung charakterisiert. Nach der Elektrolytbefüllung wurden das Zellgewicht, der Innenwiderstand mithilfe der Impedanz, die Spannung, die Elektrolytmenge und der Elektrolyttyp aufgezeichnet. Nach der Entgasung wurden der Innenwiderstand mithilfe der Impedanz, die Spannung, die Zelldicke und das Zellgewicht aufgezeichnet. Neben den Werten, die direkt bei der Herstellung aufgezeichnet wurden, wurden Testmethoden während der zyklischen Alterung angewendet, um die Zellqualität zu überwachen.

Innenwiderstandsbestimmung vor der zyklischen Alterung

Nach der Konditionierung erfolgt die elektrochemische Impedanzspektroskopie, welche der Innenwiderstandsbestimmung dient. Eine mögliche Widerstandsänderung während der ersten Zyklen (Konditionierung) kann so nachvollziehbar detektiert werden. Verwendet wurde ein Messsystem der Firma BioLogic, welches ebenfalls zur Formierung genutzt wurde. Im Rahmen der Vorversuche erfolgte die Innenwiderstandsmessung nach einem vereinfachten Verfahren nach dem Prinzip des ohmschen Gesetzes. Folgend wird zuerst die Innenwiderstandmessung mittels Impedanzspektroskopie dargestellt und danach mittels des Prinzips des ohmschen Gesetzes.

Zu Beginn erfolgt eine Ruhespannungsmessung, welche als Grundlage für die elektrochemische Impedanzspektroskopie mit einer Amplitude von 10 mV dient. Aufgrund der Relaxationszeit von über 24 Stunden dauert die OCV-Bestimmung ca. 2 Minuten. Aus Zeitgründen wurde die elektrochemische Impedanzspektroskopie in zwei Teile aufgeteilt (vgl. Tabelle 4.8). Teil 1 wird bei einer Frequenz von 10 kHz bis 100 mHz und 50 Punkten pro Dekade in logarithmischem Abstand durchgeführt. Teil zwei fährt bei einer Frequenz von 100 mHz bis zu 10 mHz bei 10 Punkten pro Dekade in logarithmischem Abstand fort. Dem Anhang A.5 sind die Residuen des linearen Kramers-Kronig-Validierungstest für die EIS-Messungen zu entnehmen.

---

[363] Vgl. Heimes et al. (2019): *The Effects of Mechanical and Thermal Loads during Lithium-Ion Pouch Cell Formation and Their Impacts on Process Time*, S. 9.

Tabelle 4.8: Prozedur der elektrochemischen Impedanzspektroskopie vor der Zyklisierung

Prozessschritt	Modus	Strom/Spannung	Abschaltkriterium	Messrate
OCV-Bestimmung	Pause	OCV	t > 2 min	1 mV
PEIS Teil 1	EIS	Sinus Amplitude 10 mV (V_{rms} ~ 7,07 mV)	10 kHz - 100 mHz	50 Punkte pro Dekade in logarithmischen Abständen
PEIS Teil 2	EIS	Sinus Amplitude 10 mV (V_{rms} ~ 7,07 mV)	100 mHz - 10 mHz	50 Punkte pro Dekade in logarithmischen Abständen

Bei dem vereinfachten Verfahren nach dem Prinzip des ohmschen Gesetzes wird der Innenwiderstand der gesamten Zelle in Abhängigkeit des SOC gemäß der Formel 4-1 berechnet (vgl. Abbildung 4.13).

$$R_I(SOC) = \frac{|U_{2(SOC)} - U_{1(SOC)}|}{|I_{2(SOC)} - I_{1(SOC)}|} \quad \text{4-1}$$

$R_I(SOC)$ = Innenwiderstand in Abhängigkeit des SOC

$\Delta U_{(SOC)}$ = Spannungsunterschied in Abhängigkeit des SOC

$\Delta I_{(SOC)}$ = Stromunterschied in Abhängigkeit des SOC

Analog zur Abbildung 4.13 wird für eine definierte Zeit ein definierter Strom bei einem definierten SOC appliziert. Gewählt wurden 25 % SOC, 50 % SOC und 75 % SOC. Bei Applizierung des Stroms $I_{1(25\,\%)}$ von 5 A steigt die Spannung entsprechend auf $U_{1(25\,\%)}$ und klingt danach auf $U_{2(25\,\%)}$ ab. Danach wiederholt sich dieser Vorgang für die genannten SOCs mit den entsprechenden Strömen $I_{i(SOC\,\%)}$ und $U_{i(SOC\,\%)}$ bis $U_{2(75\,\%)}$. Angeschlossen daran wird eine konstante Spannung appliziert, bis die Abbruchspannung erreicht wird. Folgend wird das Verfahren analog für den Entladevorgang genutzt. Entsprechend der gemessenen Spannungen $U_{1(25\,\%)}$, $U_{2(25\,\%)}$, $U_{1(50\,\%)}$, $U_{2(50\,\%)}$, $U_{1(75\,\%)}$, $U_{2(75\,\%)}$ und der korrespondierenden Ströme $I_{1(25\,\%)}$, $I_{2(25\,\%)}$, $I_{1(50\,\%)}$, $I_{2(50\,\%)}$, $I_{1(75\,\%)}$, $I_{2(75\,\%)}$ kann mit Formel 4-1 der Innenwiderstand in Abhängigkeit des SOC bestimmt werden. Abbildung 5.9 zeigt das Verfahren zur Innenwiderstandsbestimmung für die Zelle 0.4, welche bei 5 °C und 1,700 kN formiert wurde. Hierbei ist in der oberen Hälfte des Diagramms die Spannung in Volt und in der unteren Hälfte des Diagramms der Strom in Ampere über die Zeit in Stunden aufgeführt.

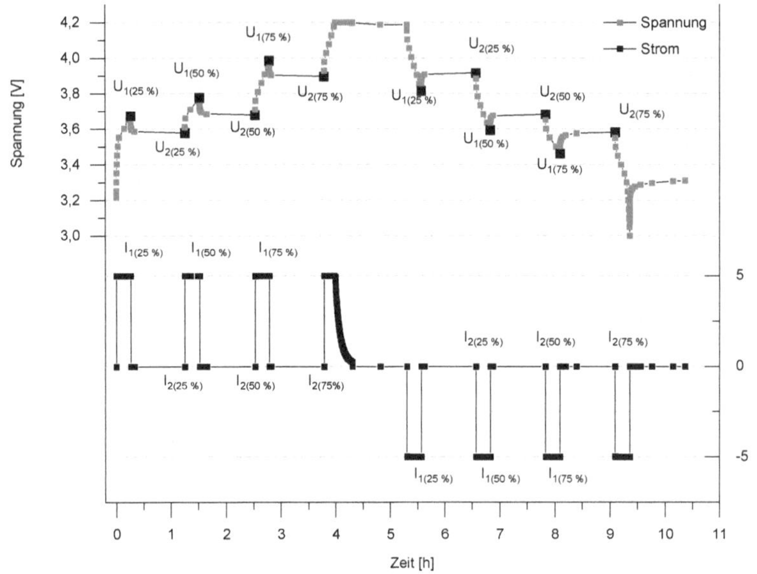

Abbildung 4.13: Innenwiderstandstest bei Zelle 0.4 (5 °C und 1,700 kN)

Kalendarische und zyklische Alterung

Angeschlossen an die Formierungsversuche und die Konditionierung werden die Lithium-Ionen-Pouch-Zellen durchschnittlich ca. 4,7 Tage stromlos gelagert. Die Lithium-Ionen-Pouch-Zellen aus den Vorversuchen wurden mehrere Monate stromlos gelagert, um die Auswirkungen der stromlosen Lagerung zu untersuchen. Während der stromlosen Alterung wird die Selbstentladerate in definierten Abständen gemessen.

Nach der kalendarischen Alterung erfolgt die zyklische Alterung der Lithium-Ionen-Pouch-Zellen. Diese erfolgt bei einer Umgebungstemperatur von 20,00 °C ohne mechanische Belastung der Lithium-Ionen-Pouch-Zellen entsprechend einer gleichbleibenden und definierten Prozedur, welche vollständig der Tabelle 4.9 entnommen werden kann.

In der Phase 1 erfolgt die Temperierung (01), bei der eine Temperierungsphase von zwei Stunden vorgesehen ist, in der sich die Zelltemperatur an die Umgebungstemperatur der Klimakammer von 20,00 °C anpassen kann. Anschließend wird ein 1C-Kapazitätstest (02-05) durchgeführt, um die Bemessungskapazität zu bestimmen (vgl. Kapitel 2.3.2). Mithilfe der Bemessungskapazität ist es möglich, den SOH während der zyklischen Alterung zu berechnen. Mit Beginn der wiederholenden Prozedurschleife (06-21) in Phase 2 folgt nach der Entladung auf SOC 0,00 % ein CCCV-Zyklus (08-12) mit geringer Stromstärke (1/5C), welcher der ICA-Analyse (vgl. Kapitel 2.3.2) dient. Angeschlossen daran erfolgt der Pulse-Peak-Test (13-16) bei drei unterschiedlichen Ladzuständen. Danach findet eine erneute Entladung (17-18) statt, worauf 200 Vollzyklen (19-21) in Form eines 1C-CC-Lade-, C/20-CV-Lade- und eines 1C-CC-Entladeverfahrens folgen. Nach Abschluss der 200 Zyklen erfolgt die Wiederholung der Schleife aus Phase 2 und 3 (06-21). Die Schleife wird wiederholt, bis der SOH 80,00 % erreicht wird. Nach Erreichen des Grenzwerts erfolgt abschließend die Phase 2 (06-18) bis zum Start der 200 Zyklen zur Charakterisierung der Zellqualität.

Tabelle 4.9: Testprozedur der zyklischen Alterung

Phase	Prozess-schritt	#	Modus	Strom/ Spannung	Abschaltkriterium	Messrate
Phase 1	Temperierung	01	Pause	OCV	t > 2 h	s
	1C-Kapazitäts-test	02	CC-Laden	1C (5 A)	U > 4,2 V	5 mV
		03	CV-Laden	4,2 V	I ≤ 0,05C (250 mA)	5 mA
		04	Pause	OCV	t > 1 h	5 mV
		05	CC-Entladen	1C (5 A)	U < 3,0 V	5 mV
		Schleifenanfang (06-21) mit Abbruchkriterium SOH < 80.00 %				
Phase 2	Entladen	06	CC-Entladen	0,2C (1A)	U < 3,0 V	5 mV
		07	CV-Entladen	3,0 V	I ≤ 0,005 C (25 mA)	5 mA
	CCCV-Zyklus	08	CC-Laden	0,2C (1A)	U > 4,2 V	5 mA
		09	CV-Laden	4,2 V	I ≤ 0,02C (100 mA)	5 mA
		10	Pause	OCV	t > 1 h	5 mA
		11	CC-Entladen	0,2C (1A)	U < 3,0 V	5 mA
		12	CV-Entladen	3,0 V	I ≤ 0,02C (100 mA)	5 mA
	Pulse-Peak-Test		Zelle mit 25,00 % der zuletzt bestimmten Entladekapazität beladen. Durchführen der Pulse. Wiederholung bis Ladeschlussspannung von 4,2 V nicht überschritten wird. Zelle um 25,00 % der zuletzt bestimmten Entladekapazität entladen. Durchführen der Pulse. Wiederholung bis Entladeschlussspannung von 3,0 V nicht unterschritten wird.			
		13	Charge Pulse	1C (5 A)	t > 12 s	t = 10 ms; U = 1 mV
		14	Pause	OCV	30 min	1 mV
		15	Entladen Pulse	1C (5 A)	t > 12 s	t = 10 ms; U = 1 mV
		16	Pause	OCV	30 min	1 mV
	Entladen	17	CC-Entladen	0,2C (1A)	U < 3,0 V	5 mV
		18	CV-Entladen	3,0 V	I ≤ 0,005 C (25 mA)	5 mA
Phase 3	Zyklisierung 200 Zyklen	19	CC-Laden	1C (5 A)	U > 4,2 V	5 mV
		20	CV-Laden	4,2 V	I ≤ 0,05C (250 mA)	5 mA
		21	CC-Entladen	1C (5 A)	U < 3,0 V	5 mV
		Schleifenende (06-21) mit Abbruchkriterium SOH < 80,00 %				
		Nach Erreichen des SOH 80,00 % wird abschließend der Zyklus mit geringer Stromstärke (06-12) und der Pulse-Peak-Test (13-18) durchlaufen.				

Innenwiderstandsbestimmung nach 80,00 % SOH mittels Impedanzspektroskopie

Nach Erreichen des SOH von 80,00 % wurde eine zweite Innenwiderstandsmessung nach der zyklischen Alterung der Lithium-Ionen-Pouch-Zellen durchgeführt. Das verwendete Messsystem entspricht dem in Kapitel 4.2 beschriebenen System der Firma BioLogic. Das Verfahren ist in Tabelle 4.10 dargestellt (Spannungslevel (U_i) für EIS-Messungen: 3,2 V; U_{relax}; U_{reif}; 3,7 V; 3,9 V). Zu Beginn erfolgt eine CC-Entladephase bis zu einer Entladeschlussspannung von 3,0 V. Angeschlossen werden mehrere Spannungen mit dem CCCV-Ladeverfahren angefahren und bei jeder Spannung das OCV über einen Zeitraum von 3 Stunden gemessen sowie eine EIS-Messung durchgeführt. Die EIS-Messung erfolgt zwischen 10 kHz und 10 mHz bei 50 Punkten pro Dekade in logarithmischen Abständen und einer Amplitude von 10 mV. Angefahren werden die folgenden Spannungen: 3,2 V, U_{relax}, U_{reif}, 3,7 V und 3,9 V. U_{relax} ist die Spannung der Lithium-Ionen-Pouch-Zelle nach Erreichen der Relaxierungsphase des Formierungsprozesses. U_{reif} ist die Spannung nach der Reifelagerung der Konditionierung.

Tabelle 4.10: Elektrochemische Impedanzspektroskopie nach zyklischer Alterung

Prozessschritt	Modus	Strom/Spannung	Abschaltkriterium	Messrate
Entladen	CC-Discharge	0,2C (1 A)	U < 3,0 V	5 mV
Laden	CCCV-Charge	100 mA U_i	U > U_i I ≤ 1 mA	5 mV 1 mA
OCV-Bestimmung	Pause	OCV	t > 3 h	1 mV
PEIS	EIS	Sinus Amplitude 10 mV (V_{rms} ~ 7,07 mV)	10 kHz - 10 mHz	50 Punkte pro Dekade (log. Abstände)
Entladen	CC-Discharge	0,2C (1 A)	U < 3,0 V	5 mV

Post-mortem-Analyse

Die Post-mortem-Analyse (PMA) wurde durchgeführt, um makroskopische Alterungserscheinungen nach Durchlauf der zyklischen Alterung zu identifizieren, also nach Erreichen eines SOH von 80,00 %. Mikroskopische Alterungseffekte konnten nicht untersucht werden, da die Analysemethoden wie zum Beispiel die Methoden der Röntgenbeugung oder der Ramanspektroskopie nicht zur Verfügung standen. Zur optischen Begutachtung wurde ein Lichtmikroskop verwendet, um eine Ausprägung von sichtbaren Alterungseffekten zu visualisieren.

Bevor die Pouch-Zelle in einer Argon-Atmosphäre (Wassergehalt < 0,1 ppm, Sauerstoffgehalt < 0,1 ppm) demontiert wurde, ist die Zelle aus Sicherheitsgründen mittels eines festen Widerstandes tiefenentladen worden. Diese Sicherheitsmaßnahme wurde getroffen, da es bei der Demontage zu Kurzschlüssen kommen kann. Bei höheren Ladezuständen der Zelle ist die Gefahr eines Brandes durch einen Kurzschluss erhöht. Die Argon-Atmosphäre verhindert einen solchen Brand nur bedingt, da eine Lithium-Ionen-Batterie eigenen Sauerstoff für den

Brand mitbringt. Nach der Einschleusung der Zelle in die mit Argon gefüllte Glovebox, wurde die Lithium-Ionen-Pouch-Zelle aufgeschnitten und die Kontaktierung zu den Ableitern durchtrennt. Anschließend wurden die gestapelten Elektrodenstapel nacheinander auseinandergebaut. Nach einer Trocknungsphase an der Argon-Atmosphäre wurden die Elektroden in Tüten verschweißt. Die optische Untersuchung von Anoden- und Kathodensheets wurde abschließend an der Luft durchgeführt.

4.4 Zwischenfazit der Umsetzung

Interim conclusion of the implementation

Im Rahmen des vorliegenden Kapitels 4 wurden die zu untersuchende Lithium-Ionen-Pouch-Zelle mit allen relevanten Parametern definiert, die Untersuchungsvorrichtung ausgelegt und umgesetzt sowie das notwendige Untersuchungsdesign inklusive aller Versuche aufbauend auf einem Design of Experiment ausgelegt.

Die Lithium-Ionen-Batteriezelle wurde aufbauend auf dem Forschungsprojekt OZF[364] gemeinsam mit den Partnern definiert. Es handelt sich um eine Lithium-Ionen-Pouch-Zelle mit einer Kathodenchemie von NMC622. Eine detaillierte Produktbeschreibung kann Kapitel 4.1 entnommen werden. Die Untersuchungsvorrichtung wurde zum Zweck der Untersuchungen an den festgelegten Lithium-Ionen-Pouch-Zellen mit den festgelegten Untersuchungsparametern aus Kapitel 2.5 ausgelegt und umgesetzt. Der Versuchsaufbau und die Untersuchungen sind in der Art einzigartig. Eine detaillierte Beschreibung des Versuchsaufbaus kann Kapitel 4.2 entnommen werden. Das Versuchsdesign wurde auf Grundlage eines Design of Experiment und auf Basis der vorliegenden Versuchszellen sowie der Ergebnisse aus den vorangegangen Versuchen festgelegt und ausgeführt. Eine detaillierte Beschreibung der Versuche kann Kapitel 4.3 entnommen werden. Aufbauend auf der Umsetzungsplanung und -realisierung werden folgend in Kapitel 5 die Ergebnisse der Untersuchungen dargestellt und analysiert. Die Versuchsergebnisse werden hierbei anhand der dargestellten Inhalte und des Stand der Technik eingeordnet.

[364] Förderkennzeichen: 03XP0071B.

5 Ergebnisevaluierung: Prozessparameteruntersuchung in der Zellfinalisierung

Result evaluation: process parameter investigation in cell finalization

Der Formierungsprozess in der Batteriezellproduktion hat einen wesentlichen Anteil an der Gesamtprozesszeit und damit ein hohes Potential zur Reduzierung der Produktionskosten. Dies wurde in den vorangegangenen Kapiteln hergeleitet. Folgend werden entsprechend des Design of Experiment, welches in Kapitel 4.3 beschrieben wird, die Ergebnisse aus den Vorversuchen (VR1), den Hauptversuchen (VR2) und den Verifizierungsversuchen (VR3) dargestellt. Alle Ergebnisse werden diskutiert und anhand von bestehenden Ansätzen, welche in Kapitel 2 beschrieben sind, eingeordnet. Die Herangehensweise folgt der beschriebenen methodischen Herangehensweise in Kapitel 3.

Entsprechend der Abbildung 5.1 werden zuerst die in Kapitel 3.3 aufgestellten wissenschaftlichen Fragestellungen und Hypothesen anhand von Vorversuchen (VR1) untersucht. Hiermit werden die Notwendigkeit der Untersuchung bewiesen sowie eine Eingrenzung in die relevanten Prozessparameter vorgenommen. Konkret werden die Prozesszeit (vgl. Kapitel 5.1.1), die Umgebungstemperatur und Zelltemperatur (vgl. Kapitel 5.1.2), die mechanischen Belastungen (vgl. Kapitel 0) sowie die Qualität während der Formierung (vgl. Kapitel 0) untersucht und bewertet.

Aufbauend auf der Beweiskette werden als Teil der Hauptversuche (VR2) die Hypothesen im Detail geprüft. Diese Untersuchung umfasst die Prozesszeitoptimierung (vgl. Kapitel 5.2), die Implikationen der Druckentwicklung (vgl. Kapitel 5.3), die Implikationen der Temperaturentwicklung (vgl. Kapitel 0) sowie die zyklische Alterung der Lithium-Ionen-Zellen (vgl. Kapitel 5.5).

Aufgrund der in Kapitel 5.5 dargestellten Ergebnisabweichungen sowie der in Kapitel 5.6 beschriebenen Fehleruntersuchung war es notwendig, die Ergebnisse der Hauptversuche in Verifizierungsversuchen (VR3) erneut zu untersuchen. Da die Ergebnisdaten der Formierungsuntersuchungen – ausgeschlossen der zyklischen Alterung – nicht voneinander abweichen, werden sie gemeinsam in den folgenden Kapiteln bezüglich der Formierungsprozesszeit (vgl. Kapitel 5.2.1), der Kapazität bezogen auf die mechanische Verspannung (vgl. Kapitel 5.2.2), der Implikationen der Druckentwicklung während der Formierung (vgl. Kapitel 5.3) und der Implikationen der Temperaturentwicklung (vgl. Kapitel 5.4) untersucht.

Abschließend wird in Kapitel 0 ein Abgleich der Kernergebnisse aus den Hauptversuchen mit den Ergebnissen der Verifizierungsversuche vorgenommen.

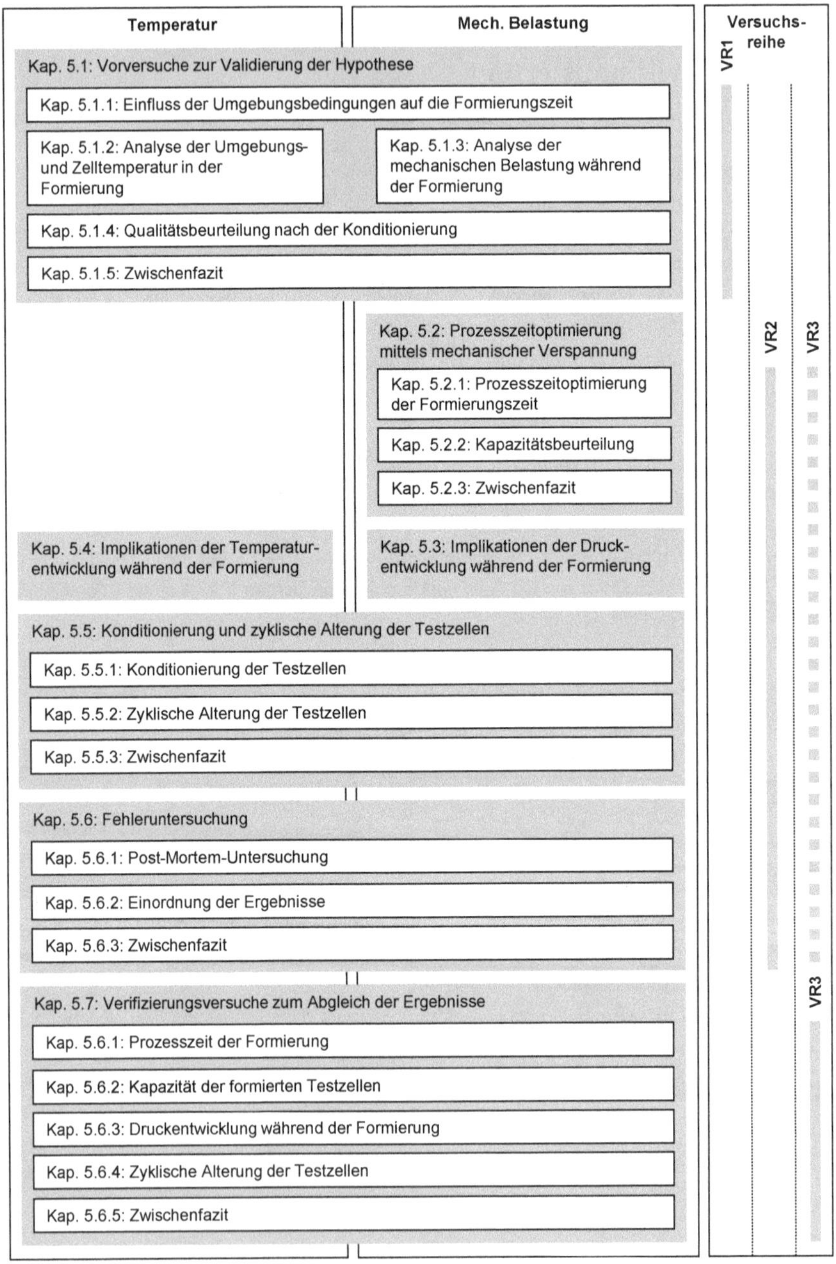

Abbildung 5.1: Übersicht der Ergebnisevaluierung

5.1 Vorversuche zur Validierung der Hypothese

Preliminary tests to validate the hypothesis

Um eine verkürzte Prozesszeit des Formierungszyklus zu erreichen, ist das Ziel, die Auswirkungen der Umgebungsbedingungen auf die Lithium-Ionen-Pouch-Zelle während der Formierung zu erforschen. Explizit werden die Umgebungstemperatur sowie eine zusätzlich aufgebrachte externe mechanische Belastung untersucht. Vor diesem Hintergrund werden mithilfe von Vorversuchen die in Kapitel 3.3 aufgestellten Hypothesen untersucht.

Die Darstellung und Auswertung der Versuchsergebnisse umfasst die thermischen und mechanischen Einflüsse auf die Formierung bezüglich der Formierungsdauer, des Temperaturverlaufs bezogen auf die Umgebungs- und Zelloberflächentemperatur, des Spannungsverlaufs, der Lade- bzw. Entladekapazität und des Kapazitätsverlusts sowie der zyklischen Alterung. Die Ergebnisse der Vorversuche dienen als Grundlage für das DOE der Hauptversuche und wurden teilweise bereits in dem Journal Energy Technology[365] veröffentlicht.

5.1.1 Einfluss der Umgebungsbedingungen auf die Formierungszeit

Influence of environmental conditions on the formation time

Basierend auf den Untersuchungen können die thermischen und mechanischen Umgebungsbedingungen einen positiven Einfluss auf die Formierungsprozesszeit haben. Die Dauer des Formierungszyklus in Abhängigkeit von vier Umgebungstemperaturen bei zwei unterschiedlichen äußeren mechanischen Belastungen (vgl. Kapitel 4.3.1) ist in Abbildung 5.2 dargestellt.

Werden die mechanischen Belastungen 0,054 kN und 1,700 kN als Konstante betrachtet, ist bei einer Temperaturänderung von 5 °C auf 50 °C in beiden Fällen eine Reduktion der CV-Phase von ca. 70,00 % zu beobachten. Lediglich bei den Versuchen mit einer geringeren Verspannung von 0,054 kN und 35 °C ist eine Abweichung vom sichtbaren Abwärtstrend erkennbar. Werden die Auswirkungen der mechanischen Belastung losgelöst bei konstanter thermischer Belastung betrachtet, ist eine starke Verringerung der Prozesszeit der CV-Ladephase erkennbar. Neben der CV-Phase ist eine Betrachtung der CC-Phasen notwendig. Sowohl die CC-Ladephase als auch die CC-Entladephase verlängern sich mit steigender Umgebungstemperatur für beide mechanischen Belastungen. Eine zusätzliche mechanische Belastung führt zu einer weiteren, im Verhältnis geringeren Verlängerung der Prozesszeit der CC-Phasen. Eine Ausnahme bildet die CC-Ladephase bei einer Umgebungstemperatur von 50 °C und einer mechanischen Verspannung von 0,054 kN, welche zwar im Verhältnis zu den CC-Ladephasen bei geringeren Temperaturen zunimmt, aber deutlich länger als die CC-Ladephase bei einer mechanischen Belastung von 1,700 kN und Umgebungstemperatur von 50 °C ist.

---

365 Vgl. Heimes et al. (2019): *The Effects of Mechanical and Thermal Loads during Lithium-Ion Pouch Cell Formation and Their Impacts on Process Time*, S. 1ff.

Dieses Verhalten lässt sich auf verschiedene Ursachen zurückführen, welche folgend in Kapitel 5.1.2 sowie im Kapitel 5.4 im Rahmen der Hauptuntersuchung der Implikationen der Temperaturentwicklung untersucht werden. Implikationen sind neben den beschleunigten chemischen Reaktionen in der Lithium-Ionen-Batteriezelle, welche sich positiv und negativ auf die Gesamtperformance auswirken können, insbesondere die Verbesserung des Innenwiderstands und damit der Elektrolytleitfähigkeit bzw. der Ionenleitfähigkeit der Materialien.

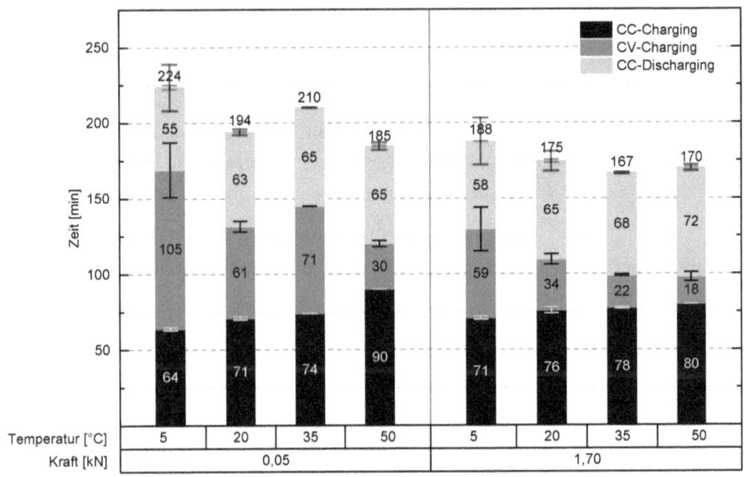

Abbildung 5.2: Einfluss der Umgebungstemperatur auf die Gesamtdauer der Formierung

Neben der Betrachtung der Umgebungstemperaturen ist eine Betrachtung der mechanischen Verspannungen notwendig. In Abbildung 5.3 werden verschiedene mechanische Belastungen bei festen Umgebungstemperaturen nebeneinander dargestellt. Bei einer konstanten Umgebungstemperatur von 20 °C ist bezogen auf die Prozesszeit der Formierung bei 1,700 kN im Vergleich zu 0,000 kN eine merkliche Verkürzung von Δt_{total}=32,40 % zu beobachten. Diese merkliche Verkürzung der Prozesszeit durch die mechanische Belastung lässt sich auch bei den anderen Umgebungstemperaturen beobachten. Eine Ausnahme stellt die mechanische Belastung von 0,850 kN dar, welche auf Schwankungen in der Lithium-Ionen-Batteriezellproduktion zurückzuführen ist, da keine Auffälligkeiten bei den Experimenten auftraten. Ähnlich zu den Ergebnissen dargestellt in Abbildung 5.2 deutet die Erhöhung der mechanischen Belastungen bei konstanter Umgebungstemperatur auf eine zeitliche Verlängerung der CC-Lade- und CC-Entladephasen hin. Zu erkennen ist, dass sich die Effekte der Verspannung nicht proportional zu den Prozesszeiten verhalten. Dies ist insbesondere bei der Verspannung von 0,054 kN und 0,850 kN zu erkennen.

Dieses Verhalten lässt sich auf verschiedene Ursachen zurückführen, welche folgend in Kapitel 5.1.3 sowie in Kapitel 5.3 im Rahmen der Hauptuntersuchung der Implikationen der Druckentwicklung untersucht werden. Hierbei haben die mechanischen Verspannungen eine Auswirkung auf die Gasabführung und damit auf die Zersetzungsreaktionen innerhalb der

Lithium-Ionen-Batteriezelle. Auch die Ausbildung einer homogeneren SEI wird mithilfe der Verspannungen gefördert, wodurch Zersetzungsreaktionen und Reparaturreaktionen infolge von z. B. Graphitabblätterung vermieden werden können.

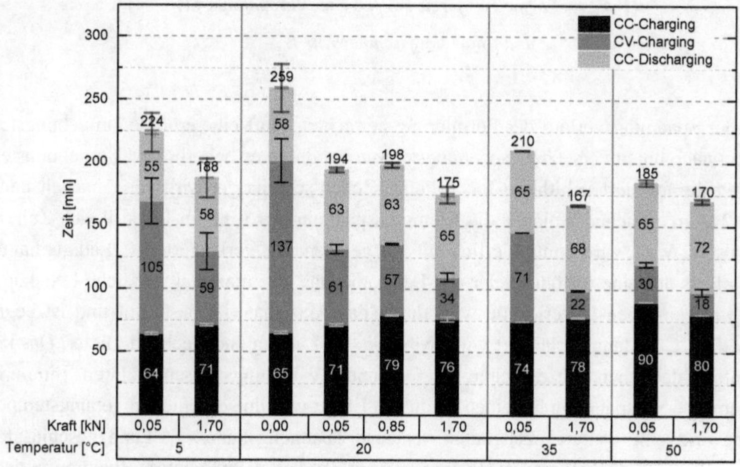

Abbildung 5.3: Einfluss der mechanischen Belastung auf die Formierungszeit

Die thermische und mechanische Belastung zeigt eine deutliche zeitliche Verkürzung des Formierungszyklus. Die durchschnittliche Verkürzung der Gesamtformierungszeit in Abhängigkeit von der thermischen Belastung wird nach Formel 5-1 und die durchschnittliche Verkürzung der Gesamtformationszeit in Abhängigkeit der mechanischen Belastung nach Formel 5-2 berechnet. So führt eine Erhöhung der thermischen Belastung von T_1=5 °C auf T_2=50 °C zu einer durchschnittlichen Reduzierung der Gesamtformationszeit von Δt_{total}=13,50 %. Die Erhöhung der mechanischen Belastung der Lithium-Ionen-Pouch-Zelle von F_1=0,054 kN auf F_2=1,700 kN kann die Gesamtformierungszeit um durchschnittlich Δt_{total}=14,70 % reduzieren.

$$\Delta t_{total}(T_2 + T_1)[\%] = \frac{\sum_{i=1}^{n} \frac{t(T_1, F_i) - t(T_2, F_i)}{t(T_1, F_i)}}{n} \tag{5-1}$$

$n = Anzahl\ der\ berücksichtigten\ Verspannungen$

$\Delta t_{total} = Durchschnittliche\ Reduzierung\ der\ Gesamtformierungszeit$

$bei\ Erhöhung\ der\ thermischen\ Belastung\ von\ T_1\ zu\ T_2$

$t(T_i, F_i) = Formierungszeit\ bei\ Umgebungstemperatur\ T_i$

$und\ externer\ Verspannung\ F_i$

$$\Delta t_{total}(F_2 + F_1)[\%] = \frac{\sum_{i=1}^{n} \frac{t(F_1, T_i) - t(F_2, T_i)}{t(F_1, T_i)}}{n} \tag{5-2}$$

$$n = Anzahl\ der\ berücksichtigten\ thermischen\ Lasten$$

$$\Delta t_{total} = Durchschnittliche\ Reduzierung\ der\ Gesamtbildungszeit$$

$$bei\ Erhöhung\ der\ mechanischen\ Belastung\ von\ F_1\ zu\ F_2$$

$$t(T_i, F_i) = Formeirungszeit\ bei\ externer\ Verspannung\ F_i$$

$$und\ Umgebungstemperatur\ T_i$$

Wird der Spannungsverlauf der Formierung betrachtet, führt eine erhöhte Umgebungstemperatur zu nach unten versetzten Spannungskurven, wodurch es bei erhöhter Umgebungstemperatur für die formierten Lithium-Ionen-Pouch-Zellen schwieriger wird, die Abschaltspannung von 4,2 V zu erreichen. Solange die Klemmenspannung der Lithium-Ionen-Pouch-Zelle niedriger als 4,2 V ist, wird kontinuierlich mit 5 A geladen. Die verlängerte CC-Ladung hat direkten Einfluss auf eine Erhöhung der CC-Ladekapazität. Die maximal mögliche Ladekapazität einer Lithium-Ionen-Batteriezelle wird durch das Aktivmaterial bestimmt und ist begrenzt. Wenn die CC-Ladung verlängert wird, wird die CV-Ladung entsprechend kürzer. Das könnte die unterschiedlichen Prozesszeiten der CC- und CV-Ladungsphasen erklären. Eine erhöhte mechanische Verspannung hat einen ähnlichen Effekt wie eine erhöhte Umgebungstemperatur und bewirkt eine weitere nach unten versetzte Spannungskurve. Es kann geschlussfolgert werden, dass die mechanische Verspannung dazu beiträgt, die exotherme Reaktion in der späteren Phase der Beladung zu reduzieren.

In der Schlussfolgerung haben sowohl die Verspannung als auch die Umgebungstemperatur einen direkten Einfluss auf die CC- und CV-Phasen des Ladevorgangs. Eine vorhandene bzw. erhöhte Verspannung erzeugt eine verkürzte CV-Phase. Eine erhöhte Umgebungstemperatur verkürzt die CV-Phase und verlängert die CC-Phase. Die Betrachtung der Qualität und damit der elektrochemischen Charakterisierung durch elektrische Parameter wie Strom, Spannung und Kapazität ist notwendig für ein ganzheitliches Bild. Es lässt sich zusammenfassen, dass eine erhöhte Verspannung durch eine wesentlich verkürzte CV-Phase und eine moderat verlängerte CC-Phase die Gesamtformierungszeit wesentlich verkürzt. Eine erhöhte Umgebungstemperatur hingegen weist einen geringeren Einfluss auf die Gesamtformierungszeit auf. Aufbauend auf der Untersuchung des Einflusses auf die Formierungszeit wird in den Hauptversuchen eine weitere vertiefte Betrachtung der mechanischen Verspannung vorgesehen.

Eine Zusammenfassung sowie Bewertung ist in Tabelle 5.1 gegeben. Sowohl bezogen auf die Umgebungstemperatur als auch auf die mechanische Verspannung der Lithium-Ionen-Batteriezellen konnte eine Prozesszeitreduktion mithilfe der Anpassung der Prozessparameter bewiesen werden. Es besteht ein direkter Einfluss auf den Output der Produktionslinie sowie die potentiellen Investitionskosten in Maschinen und Anlagen. Eine genauere Betrachtung dieser Phänomene folgt in Kapitel 5.1.2 und Kapitel 5.1.3. Hiermit konnte die Relevanz der Teilforschungsfrage 1 und 2 mithilfe der Vorversuche (VR1) bewiesen werden.

Tabelle 5.1: Hypothesenprüfung zur Formierungszeit

<table>
<tr><th>K/#</th><th>Aktion</th><th>Auswirkung</th><th>Erklärung</th><th>VR</th><th>TF</th></tr>
<tr><td>5.1.1 /001</td><td>Steigerung der Umgebungstemperatur von 5 °C auf 50 °C</td><td>Reduktion der Prozesszeit um 17,41 % (0,054 kN) bzw. 9,57 % (1,700 kN) und damit ein direkter Einfluss auf die Prozesszeit</td><td rowspan="2">Erklärungsmodelle erfolgen in Kapitel 5.1.2
• geringerer Innenwiderstand
• höhere Leitfähigkeit des Elektrolyten durch den Separator
• erhöhte Feststoffdiffusionsfähigkeit in die Materialpartikel des Aktivmaterials
• Reduktion der Elektroden-Elektrolyt-Grenzflächen
• gesteigerte Reaktionsfähigkeit</td><td>1</td><td>2</td></tr>
<tr><td>5.1.1 /002</td><td>Applizierung einer mechanischen Verspannung (0,000 kN bzw. 0,054 kN zu 1,700 kN)</td><td>Reduktion der Prozesszeit um 32,69 % (20 °C), 16,07 % (5 °C), 20,00 % (35 °C) bzw. 8,10 % (50 °C) und damit ein direkter Einfluss auf die Prozesszeit</td><td>1</td><td>1</td></tr>
</table>

K = Kapitel; VR = Versuchsreihe; TF = Teilforschungsfrage

5.1.2 Analyse der Umgebungs- und Zelltemperatur in der Formierung

Analysis of ambient and cell temperature during formation

Aufbauend auf der Diskussion der potentiellen Verkürzungen und Verlängerungen der Prozesszeit des Formierungszyklus werden die Daten in diesem Kapitel hinsichtlich ihrer Temperatur, bezogen auf die elektrischen und elektrochemischen Eigenschaften, untersucht. Mithilfe des aufgenommenen Temperaturverlaufs der Zelloberfläche während der Formierung lassen sich die Wärmeentwicklung und damit die Ursache-Wirkungs-Zusammenhänge zwischen den thermischen, mechanischen und elektrischen Belastungen untersuchen. Außerdem lassen sich Rückschlüsse auf die chemischen Reaktionen innerhalb der Lithium-Ionen-Pouch-Zelle schließen. Zur Qualitätsbeurteilung werden die Lade- und Entladekapazität sowie die Kapazitätsverluste herangezogen.

Es erfolgen eine getrennte Betrachtung von erhöhten und verringerten Temperaturen bezogen auf die Umgebungstemperatur 20 °C sowie eine getrennte Betrachtung der Umgebungstemperatur und der gemessenen Zelloberflächentemperatur. Aufgrund der Komplexität des Systems der Lithium-Ionen-Pouch-Zelle und dessen Auswertung wird angenommen, dass die Zelloberflächentemperatur der Lithium-Ionen-Pouch-Zelle nach einer Temperaturangleichungsphase nahe der Kerntemperatur der Batteriezelle und damit der dort ablaufenden chemischen und elektrochemischen Reaktionen ist. Diese Annahme kann getroffen werden, da die Lithium-Ionen-Batterie-Pouch-Zelle nur $6{,}27 \pm 0{,}003$ mm dick ist und der Temperaturunterschied demnach in der vorgesehenen Angleichungsphase vernachlässigbar ist. Ohne diese Annahmen wäre ein thermisches Simulationsmodell notwendig. Folgend wird die Zelloberflächentemperatur gleich der Kerntemperatur gesetzt. Die Umgebungstemperatur dient als Umgebungsmedium zur Wärmeübertragung und zum Wärmeausgleich.

Auf Basis der Untersuchungen lässt sich festhalten, dass die Zelloberflächentemperatur stark von der Umgebungstemperatur und der angelegten Spannung und dem angelegten Strom abhängig ist. Der Formierungsprozess wird hierbei in die bereits vorgestellten, vier losgelösten Schritte CC-Ladephase, CV-Ladephase, CC-Entladephase und Pause unterteilt. In der Abbildung 5.4 wird der durchschnittliche Temperaturverlauf der Zelloberfläche aller untersuchten Lithium-Ionen-Batteriezellen dargestellt. Der Abbildung kann entnommen werden, dass die Zelloberflächentemperatur rapide steigt, sobald ein Strom appliziert wird. Aufgrund der hohen C-Rate von 1C kann dies mit exothermen Reaktionen in Verbindung gebracht werden. Im zweiten Schritt der CV-Phase ist ein Abklingen der Zelloberflächentemperatur zu erkennen, was bei 4,2 V mit allmählich abnehmendem Strom erklärt werden kann. Bei unterschiedlicher Kombination der Umgebungstemperatur und mechanischer Verspannung können die Kurven in diesem Schritt unterschiedliche Entwicklungen zeigen. Im dritten Schritt, der CC-Entladephase, lässt sich eine Tendenz hinsichtlich der Umgebungstemperatur ableiten. Ist die Wärmeentwicklung stärker als die Wärmeabfuhr, welche abhängig von der Umgebungstemperatur ist, steigt die Temperatur der Lithium-Ionen-Pouch-Zelle an. Im vierten Schritt wird eine Pause durchgeführt.

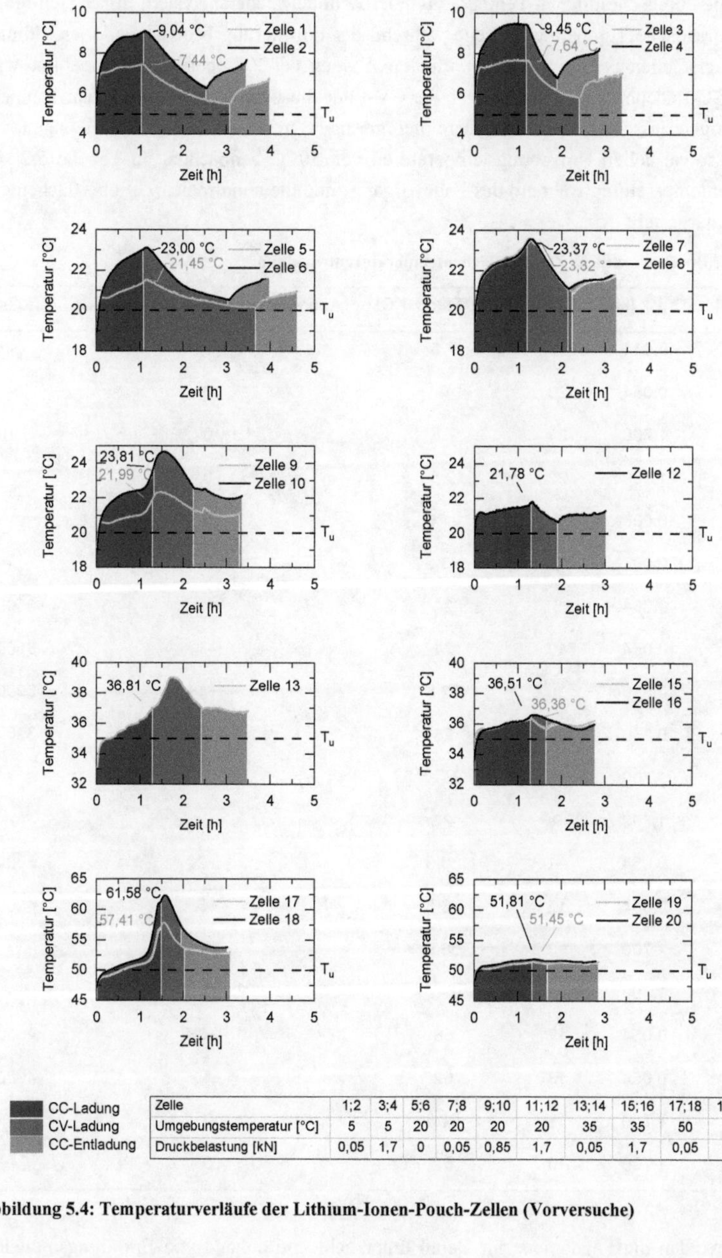

Zelle	1;2	3;4	5;6	7;8	9;10	11;12	13;14	15;16	17;18	19;20
Umgebungstemperatur [°C]	5	5	20	20	20	20	35	35	50	50
Druckbelastung [kN]	0,05	1,7	0	0,05	0,85	1,7	0,05	1,7	0,05	1,7

Abbildung 5.4: Temperaturverläufe der Lithium-Ionen-Pouch-Zellen (Vorversuche)

Werden die durchschnittlichen Temperaturen der Zelloberfläche analysiert, lassen sich moderate und drastische Temperaturanstiege während der Formierung beobachten. Vier Lithium-Ionen-Pouch-Zellen weisen einen abnormalen Anstieg der Zelloberflächentemperatur während der CC-Ladephase bzw. am Anfang der CV-Ladephase auf. Diese untypischen Temperaturänderungen lassen sich insbesondere bei geringen mechanischen Verspannungen von 0,054 kN sowie hohen Umgebungstemperaturen von 50 °C beobachten. In Tabelle 5.2 sind die Spitzentemperaturen während des Ladevorgangs und die abnormalen Zelloberflächentemperaturen dargestellt.

Tabelle 5.2: Durchschnittliche Zelloberflächentemperaturentwicklung

Temp. [°C]	Druck [kN]	Zelle	Peak-Temp. [°C]	Abnormale Temp.-Erhöhung [°C]	Time [s]
5	0.054	19	7.5	0	-
5	0.054	20	9	0	-
5	1.700	21	7.8	0	-
5	1.700	22	9.5	0	-
20	0.000	7	21.6	0	-
20	0.000	8	23.5	0	-
20	0.054	6	24	+1	3500s
20	0.054	10	24	+1	3500s
20	0.850	3	22.5	+1	3900s
20	0.850	4	25	+2	3900s
20	1.700	1	-		-
20	1.700	9	22	0	-
35	0.054	11	39.5	+2	5000s
35	0.054	12	43.5	+5	4000s
35	1.700	13	36.5	0	-
35	1.700	14	37.5	0	-
50	0.054	17	58	+6	4500s
50	0.054	18	62	+10	4000s
50	1.700	15	51.5	0	-
50	1.700	16	52	0	-

Folgend werden die Phänomene im Detail untersucht und anhand von Erklärungsmodellen beschrieben. Bei Betrachtung der erhöhten Umgebungstemperatur auf die Prozesszeit der Formierung lässt sich anführen, dass eine Erhöhung der Umgebungstemperatur zu einem geringeren Innenwiderstand führt. Darüber hinaus lässt sich durch eine Erhöhung der Umgebungstemperatur die Leitfähigkeit des Elektrolyten durch den Separator und die Feststoffdiffusionsfähigkeit in die Materialpartikel des Aktivmaterials verbessern sowie die Elektroden-Elektrolyt-Grenzfläche reduzieren[366]. Diese Effekte erzeugen eine gesteigerte Reaktionsgeschwindigkeit sowie einen geringeren Gesamtwiderstand. Infolgedessen lässt sich die Verformung der Spannungskurve bei der CC-Lade- und Endladephase erklären. Die Lithium-Ionen-Batterie-Pouch-Zelle fungiert während der Ladephase als elektrischer Verbraucher und die Klemmspannung kann durch zwei Komponenten, die ‚reale' Zellspannung sowie den Spannungsabfall aufgrund des internen Widerstands, beschrieben werden. Die ‚reale' Zellspannung wird durch die Potentialdifferenz zwischen beiden Elektroden bestimmt. Die Potentiale der Elektroden werden durch ihren eigenen Ladezustand definiert. Infolgedessen beeinflussen die Umgebungstemperatur und die Zelloberflächentemperatur nicht die ‚reale' Zellspannung. Der Spannungsabfall ist proportional zum Innenwiderstand und nimmt ab, sobald der Innenwiderstand sinkt. Sobald die Temperatur steigt und der Innenwiderstand sich verringert, sinkt der Spannungsabfall und somit die Klemmspannung. Dies trifft auf die CC-Ladephase zu. Dieser Effekt wird in Abbildung 5.5 und Abbildung 5.6 visuell in Form der Ladespannungskurven des Formierungszyklus bei 0,054 kN und 1,700 kN für verschiedene Umgebungstemperaturen dargestellt.

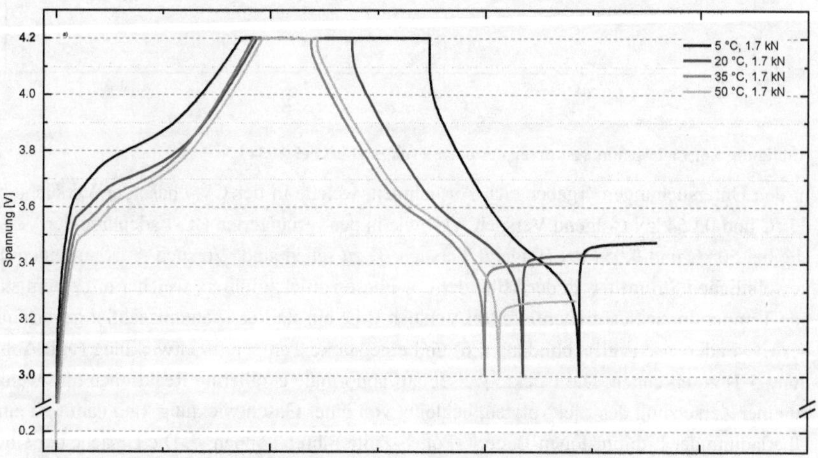

Abbildung 5.5: Ladespannungskurven des Formierungszyklus bei 1,700 kN

[366] Vgl. Leng et al. (2017): *Electrochemical Cycle-Life Characterization of High Energy Lithium-Ion Cells with Thick Li(Ni 0.6 Mn 0.2 Co 0.2)O 2 and Graphite Electrodes*, S. A1039.

Entsprechend der Darstellung des Effektes des geringeren Spannungsabfalls bei steigender Umgebungstemperatur und damit steigender Zelloberflächentemperatur bzw. Zellinnentemperatur während der Ladephasen lassen sich die leicht ansteigenden CC-Ladephasen aufgrund der steigenden Umgebungstemperatur erklären. Analog lässt sich die zeitlich verkürzte CV-Phase erklären, da während der CC-Ladephase vor Erreichen der Ladeschlussspannung mehr Ladungsträger in das Aktivmaterial der Anode gespeichert wird.

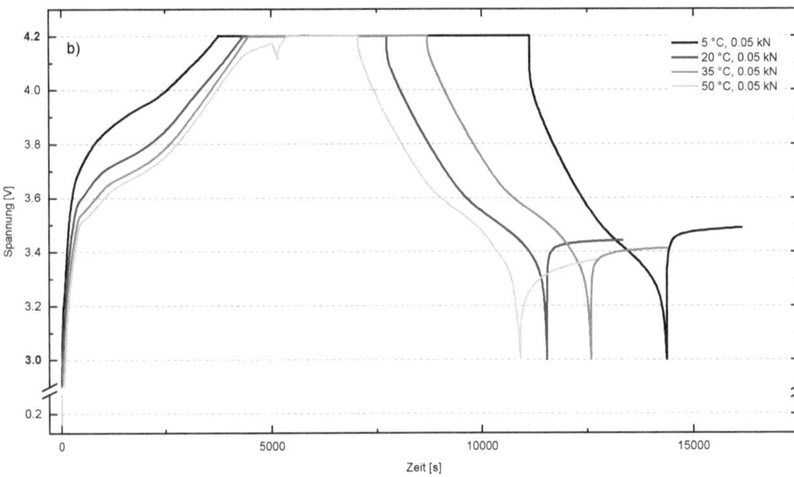

Abbildung 5.6: Ladespannungskurven des Formierungszyklus bei 0,054 kN

In den Untersuchungen ergaben sich Ausnahmen, welche in der CV-Phase der Versuche bei 35 °C und 0,054 kN (folgend Versuch A) sowie in der verlängerten CC-Ladephase der Versuche bei 50 °C und 0,054 kN (folgend Versuch B) zu sehen sind. Versuch A ist auf einen ungewöhnlichen Stromfluss in der Mitte der CV-Phase zurückzuführen, welcher mit einem starken Temperaturanstieg einherging. Bei Versuch B ist ein starker Spannungsabfall gegen Ende der CC-Ladephase (vgl. Abbildung 5.6) und eine starke Temperaturentwicklung (vgl. Abbildung 5.7) zu erkennen. Die Effekte weisen auf abnormale exotherme Reaktionen hin, welche zu einer Zersetzung des Elektrolyten, begleitet von einer Gasentwicklung, und damit zu einer Überladung der Lithium-Ionen-Batterie-Pouch-Zelle führen können[367]. Die Ursache der Überladung kann darauf zurückgeführt werden, dass zu viele Ladungsträger in Nebenreaktionen verschwendet werden, anstatt in dem Aktivmaterial der Anode gespeichert zu werden. Es werden also zu viele Lithium-Ionen aus dem Aktivmaterial der Kathode de-interkaliert, da die Lithium-Ionen-Pouch-Zelle die Ladeschlussspannung von 4,2 V erreichen muss. Bei den Nebenreaktionen der Zersetzung des Elektrolyten handelt es sich um exotherme Reaktionen, wodurch ein deutlicher Temperaturanstieg im Verhältnis zur Umgebungstemperatur erzeugt

[367] Vgl. Kumai et al. (1999): *Gas generation mechanism due to electrolyte decomposition in commercial lithium-ion cell*, S. 717f.

wird. Nach dem Arrhenius-Gesetz gibt es einen exponentiellen Zusammenhang zwischen der Reaktionsgeschwindigkeit und der Temperatur[368]. Untersuchungen verschiedener Kohlenstoff-Elektrodenmaterialien mit Elektrolyt hinsichtlich ihrer Reaktivität bei erhöhten Temperaturen zeigen, dass ab einer Temperatur von 80 °C exotherme Nebenreaktionen des lithiierten Kohlenstoffs zur Selbsterhitzung führen[369]. Bezogen auf Versuch B konnte eine Erhitzung der Lithium-Ionen-Pouch-Zelle aufgrund der exothermen Nebenreaktionen auf 60 °C beobachtet werden. Aus Sicherheitsgründen wurde die CC-Ladephase für zwei Minuten unterbrochen, was den Spannungseinbruch nach ca. 7000 Sekunden verursacht hat. Ein exponentielles Wachstum der Temperatur lässt die Vermutung zu, dass irreversible Schäden an der Lithium-Ionen-Pouch-Zelle verursacht werden.

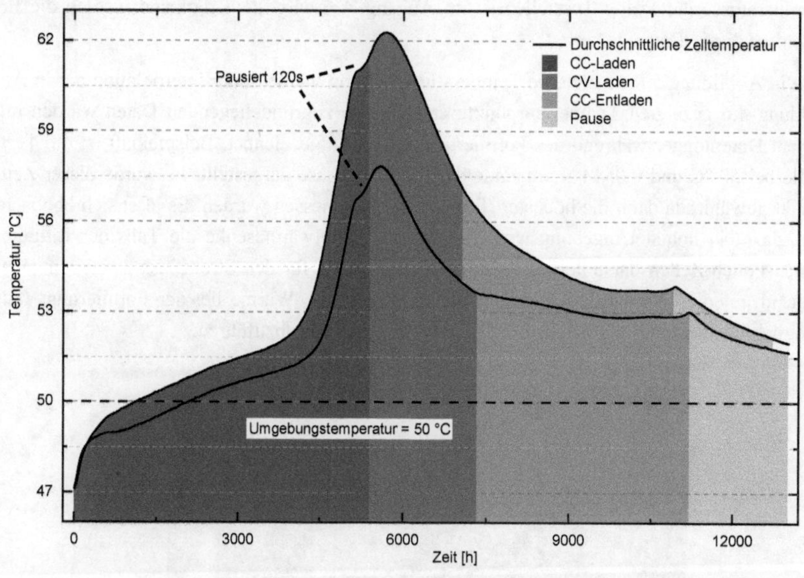

Abbildung 5.7: Durchschnittliche Temperaturentwicklung (50 °C und 0,054 kN)

Durch die Überladung und die damit verbundenen erhöhten Temperaturen der Lithium-Ionen-Pouch-Zelle werden Änderungen an der Morphologie und der Zusammensetzung der SEI induziert, inklusive eines Wachstums und einer Reparatur durch SEI-Auflösung[370]. In dem Zusammenhang wird von einer Umwandlung von metastabilen SEI-Komponenten in stabilere

---

[368] Vgl. Ecker et al. (2012): *Development of a lifetime prediction model for lithium-ion batteries based on extended accelerated aging test data*, S. 250.

[369] Vgl. MacNeil et al. (1999): *Comparison of the Reactivity of Various Carbon Electrode Materials with Electrolyte at Elevated Temperature*, S. 3601f.

[370] Vgl. Parimalam et al. (2017): *Decomposition Reactions of Anode Solid Electrolyte Interphase (SEI) Components with LiPF 6*, S. 22737.

anorganische SEI-Komponenten gesprochen[371]. Es kann geschlussfolgert werden, dass die beschriebenen Mechanismen der Zersetzung des Elektrolyten und der Reparatur der SEI mit einem Energieverbrauch einhergehen und zu höheren irreversiblen Ladungsverlusten während des Formierungszyklus führen. Insbesondere die Veränderung der SEI-Bestandteile kann einen nachhaltig negativen Einfluss auf die Zyklenstabilität induzieren.

Die thermische Energieentwicklung an der Oberfläche einer Lithium-Ionen-Pouch-Zelle während eines Formierungszyklus kann, wie in Kapitel 5.1.2 beschrieben, eine wertvolle Information über unerwünschte Nebenreaktionen geben. Vor diesem Hintergrund wurde während des Formierungszyklus die Zelloberflächentemperatur ausgewählter Versuchsobjekte mit dem in Kapitel 4.2 beschriebenen Versuchsaufbau aufgezeichnet. Eine vollständige Darstellung der Temperaturverläufe aller Testzellen ist im Anhang A.6 dargestellt. Folgend werden die Ergebnisse dieser Daten diskutiert.

Die in Abbildung 5.8 dargestellte Temperaturverteilung wurde durch Interpolation der in Abbildung 4.6 gezeigten Temperaturpunkte erstellt. Die zugrundeliegenden Daten wurden mit einem Datenlogger während des Formierungszyklus aufgezeichnet. Beispielhaft ist die Testzelle bei 50 °C und 0,054 kN am Ende der CC-Ladephase dargestellt. Es wurde dieser Zeitpunkt gewählt, da dann die höchsten Temperaturen gemessen wurden. Es lässt sich beobachten, dass bei hohen Umgebungstemperaturen die Hauptwärmesenke die Tabs der Lithium-Ionen-Pouch-Zellen darstellen und damit einen Engpass für den Stromfluss darstellen. Aufbauend auf dieser Schlussfolgerung wird empfohlen, die Wärme bei der Formierung, falls möglich und kostenseitig effizient realisierbar, an den Tabs abzuführen.

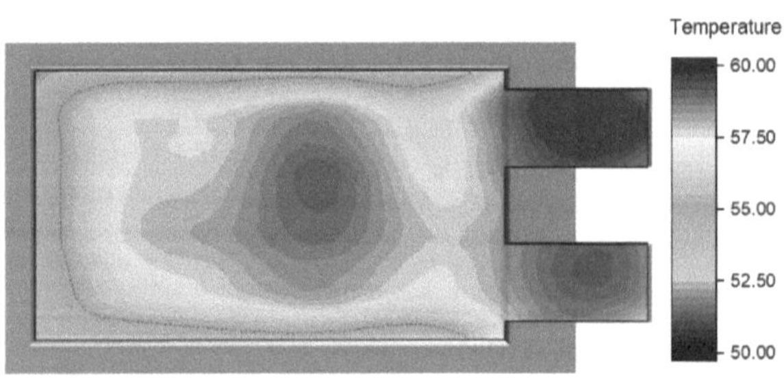

Abbildung 5.8: Temperaturverteilung (50 °C, 0,054 kN) am Ende der CC-Ladung

Wird die Entladephase betrachtet, kann die Lithium-Ionen-Pouch-Zelle als elektrische Spannungsquelle und entsprechend die Klemmspannung als ‚reale' Zellspannung abzüglich des Spannungsabfalls aufgrund des Innenwiderstands angenommen werden. Eine Erhöhung der Umgebungstemperatur induziert entsprechend der Herleitung zuvor eine höhere Klemmspannung während der CC-Entladephase. Dies erklärt die leicht gestiegenen CC-Entladephasen bei steigender Umgebungstemperatur. Infolgedessen ergeben sich unterschiedliche Entladekapa-

[371] Vgl. Richard et al. (1999): *Accelerating Rate Calorimetry Study on the Thermal Stability of Lithium Intercalated Graphite in Electrolyte. I. Experimental*, S. 2073.

zitäten während des Formierungszyklus. Im Zuge der Konditionierung wurden die Lithium-Ionen-Pouch-Zellen bei gleichen Umgebungsbedingungen auf die gleiche Ladeschlussspannung geladen.

Es ist notwendig, nicht nur die Auswirkung von erhöhten, sondern auch von abgesenkten Umgebungstemperaturen zu betrachten. Es kann abgeleitet werden, dass sich der Spannungsverlauf des Ladevorgangs entgegengesetzt zur Formierung bei hohen Temperaturen verhält. Dies soll im Folgenden belegt werden. Es lässt sich annehmen, dass bei abgesenkter Umgebungstemperatur auch die Zellinnentemperatur im Vergleich zu den anderen Szenarien abgesenkt ist. Studien haben gezeigt, dass eine abgesenkte Temperatur im Inneren einer Lithium-Ionen-Batteriezelle zu einer Hemmung bzw. Verlangsamung der elektrochemischen Reaktionen führt und die Ionenmobilität durch den Elektrolyten reduziert wird[372]. Der Lithium-Feststoff-Diffusionsprozess innerhalb des Aktivmaterials der Elektroden ist langsamer und auch die Diffusion des Elektrolyten in die Porosität der Elektroden erfolgt langsamer, wodurch der Innenwiderstand mit sinkender Temperatur steigt. Aus einem höheren Innenwiderstand folgt ein größerer Spannungsabfall und die Ladeschlussspannung wird schneller erreicht. Folglich verkürzt sich die CC-Ladephase im Vergleich zur Formierung bei erhöhter Umgebungstemperatur.

Das Verhalten der CV-Phase bei erhöhter Umgebungstemperatur ist analog zu dem bei niedrigerer Umgebungstemperatur zu betrachten, wodurch ein höherer Innenwiderstand zu einer verlängerten CV-Phase führt. Aufgrund des höheren Spannungsabfalls durch den Innenwiderstand kann in der CC-Entladephase die Entladeschlussspannung früher erreicht werden. Ein wirtschaftlicher Vorteil durch die Prozessverlängerung durch abgesenkte Umgebungstemperaturen ist nicht erkennbar. Die herangezogene Literatur, dargestellt in Kapitel 2.5, sieht ebenfalls keinen positiven Effekt einer Formierung mit niedrigen Umgebungstemperaturen unter 10 °C. Infolgedessen wird empfohlen, in den Hauptversuchen auf Untersuchungen von abgesenkten Umgebungstemperaturen zu verzichten.

Eine Zusammenfassung inklusive einer Bewertung ist in Tabelle 5.3 gegeben. Aufbauend auf Kapitel 5.1.1 wurde der Einfluss der Umgebungs- und Zelloberflächentemperatur im Detail untersucht und Erklärungsmodelle für die beschriebenen Temperaturanstiege sowie die Prozesszeitreduktionen wurden aufgestellt. Die starken Anstiege der Zelloberflächentemperaturen, beobachtet bei hohen Umgebungstemperaturen sowie geringen mechanischen Verspannungen, werden auf erhöhte exotherme Reaktionen zurückgeführt. Außerdem wurde mithilfe eines Erklärungsmodells, aufbauend auf der Klemmspannung, und dessen Bestandteilen, der ‚realen' Zellspannung und dem Spannungsabfall, die Steigung und Senkung des Innenwiderstands beschrieben. Damit wurden die geänderten Spannungsverläufe erklärt, welche einen direkten Einfluss auf die CC- und die CV-Ladephasen haben.

---

[372] Vgl. Zhang et al. (2003): *The low temperature performance of Li-ion batteries*, S. 138.

Tabelle 5.3: Hypothesenprüfung zur Analyse der Umgebungs- und Zelltemperatur

<table>
<tr><th>K/#</th><th>Aktion</th><th>Auswirkung</th><th>Erklärung</th><th>VR</th><th>TF</th></tr>
<tr><td>5.1.2 /003</td><td>Applizierung eines Stroms / einer Spannung in der CC-Ladephase</td><td>Starker Anstieg der Zeloberflächentemperatur und damit starke Abhängigkeit zwischen Strom / Spannung und Temperatur</td><td>Exotherme Reaktionen aufgrund der Applizierung wegen eines hohen Stroms von 1C</td><td>1</td><td>4</td></tr>
<tr><td>5.1.2 /004</td><td>Applizierung eines Stroms / einer Spannung in der CV-Ladephase</td><td>Abklingen der Steigung der Zelloberflächen und damit starke Abhängigkeit zwischen Strom / Spannung und Temperatur</td><td>Reduzierung des angelegten Stroms bei 4,2 V und damit der exothermen Reaktionen</td><td>1</td><td>4</td></tr>
<tr><td>5.1.2 /005</td><td>Applizierung von geringen Verspannungen bei hohen Umgebungstemperaturen während der Formierung</td><td>Starker Temperaturanstieg</td><td>Hohe Temperaturen haben die Zersetzung des Elektrolyten zur Folge, was eine Reparatur der SEI mit hohem Energieverbrauch ergibt. Damit entstehen irreversible Ladungsverluste.</td><td>1</td><td>4</td></tr>
<tr><td>5.1.2 /006</td><td>Applizierung von erhöhten Temperaturen während der Formierung</td><td rowspan="2">Bezogen auf die Spannungsverläufe lassen sich entgegengesetzte Trends zu erhöhten und abgesenkten Temperaturen erkennen. Abgesenkte Temperaturen zeigen im Unterschied zu erhöhten Temperaturen, bestätigt durch wissenschaftliche Literatur, keine positiven Effekte auf die Formierung.</td><td rowspan="2">Hemmung bzw. Verlangsamung der elektrochemischen Reaktionen und Reduzierung der Ionenmobiliät im Elektrolyten. Lithium-Feststoff-Diffusionsprozess innerhalb des Aktivmaterials erfolgt langsamer und die Diffusion des Elektrolyten in die Porosität der Elektroden ist reduziert, wodurch der Innenwiderstand bei sinkender Temperatur steigt.</td><td>1</td><td>4</td></tr>
<tr><td>5.1.2 /007</td><td>Applizierung von abgesenkten Temperaturen während der Formierung</td><td>1</td><td>4</td></tr>
<tr><td>5.1.2 /008</td><td></td><td>Tabs stellen die Hauptwärmesenke bei der elektrischen Beladung der Lithium-Ionen-Pouch-Zelle dar.</td><td>Konzentration der elektrischen Leitung auf den Engpass der Tabs führt zu einer hohen Wärmeentwicklung.</td><td>1</td><td>4</td></tr>
</table>

K = Kapitel; VR = Versuchsreihe; TF = Teilforschungsfrage

5.1.3 Analyse der mechanischen Belastung während der Formierung

Analysis of mechanical stress during formation

Grundsätzlich hat aus chemischer Sicht der Einfluss einer externen mechanischen Belastung in der Formierung keinen wesentlichen Einfluss auf die Stärke der chemischen Reaktionen in der Lithium-Ionen-Pouch-Zelle. Denn die Konzentration der Reaktanten ändert sich nicht. Anhand der bereits vorgestellten und diskutierten Ergebnisse ist aber eine ähnliche Auswirkung der erhöhten mechanischen Verspannung analog zu der erhöhten Umgebungstemperatur während der CC-Ladephase und CC-Entladephase sowie der verkürzten CV-Ladephase zu beobachten. Ähnliche Effekte sind auch anhand der Verformung der Spannungskurven in Abhängigkeit der mechanischen Verspannung abzuleiten und in Abbildung 5.9 dargestellt.

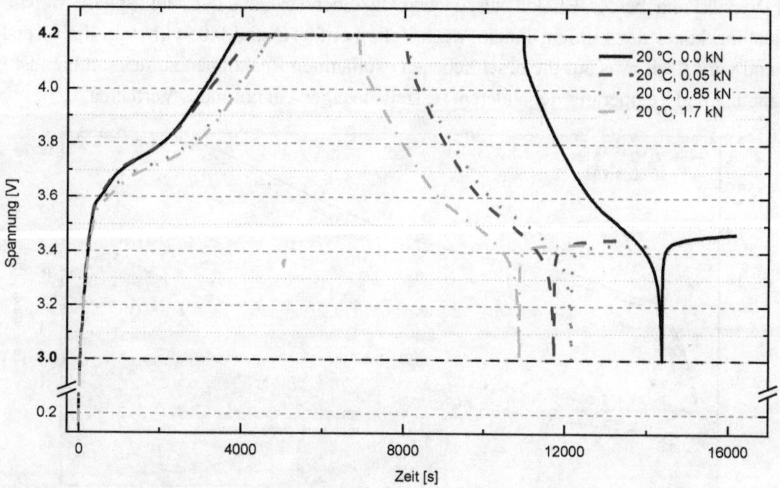

Abbildung 5.9: Spannungsverlauf des Formierungszyklus (CC-CV-CC) (20 °C)

Dieser Effekt wird von WEBER mit der Verringerung des physikalischen Abstands zwischen den Elektroden aufgrund der Elastizität des Separators erklärt[373]. Ein weiteres Erklärungsmodell ist, dass eine erhöhte mechanische Verspannung sich positiv auf die Diffusion des Elektrolyten in die poröse Struktur des Aktivmaterials auswirkt und damit eine Verringerung der Diffusionswege sowie eine verstärkte Diffusion induziert. Dies hat zur Folge, dass die Reaktion beschleunigt wird und der Innenwiderstand sinkt. Der reduzierte Innenwiderstand führt zu einer Verformung der Spannungskurve (vgl. Abbildung 5.9) und damit zu leicht verlängerten CC-Ladephasen und CC-Entladephasen (vgl. Abbildung 5.3). Damit einher geht eine deutliche Reduzierung der CV-Ladephase. Eine mechanische Verspannung hat somit einen Einfluss auf den Innenwiderstand der Lithium-Ionen-Pouch-Zelle und sorgt insgesamt für

[373] Vgl. Weber et al. (2014): *Material review of Li ion battery separators*, S. 66ff.

eine Verkürzung der Prozesszeit des Formierungszyklus. In den Versuchsergebnissen ist eine tendenziell geringe Abweichung der Prozesszeit von ca. 3,00 % zu erkennen, welche auf eine unvermeidliche Produktionsvarianz der Lithium-Ionen-Pouch-Zellen in einer Kleinserien-/Prototypenfertigung zurückzuführen ist. Dies ist insbesondere bei 20 °C und 0,850 kN zu beobachten.

Bei der Betrachtung einer erhöhten Umgebungstemperatur sowie einer mechanischen Verspannung der Lithium-Ionen-Pouch-Zellen ist gemäß der Annahme, dass eine erhöhte Temperatur auch den Innenwiderstand verringert, davon auszugehen, dass sich beide Effekte gegenseitig begünstigen. In Abbildung 5.10 ist die Spannung und die Temperaturentwicklung über der Kapazität aufgetragen. In der CC-Ladephase geht die Spannungskurve der Lithium-Ionen-Pouch-Zellen bei 50 °C und 1,700 kN über die bei 50 °C und 0,054 kN hinaus. Es ist von einer Verstärkung beider Effekte auszugehen. In einer späten CC-Ladungsphase weicht die Spannungskurve der Lithium-Ionen-Pouch-Zelle bei 50 °C und 0,054 kN von ihrer Tendenz ab und wird flach, was auf die beschriebenen exothermen Reaktionen zurückzuführen ist. Die Spannung und Temperatur der anderen Testzellen zeigen ein normales Verhalten.

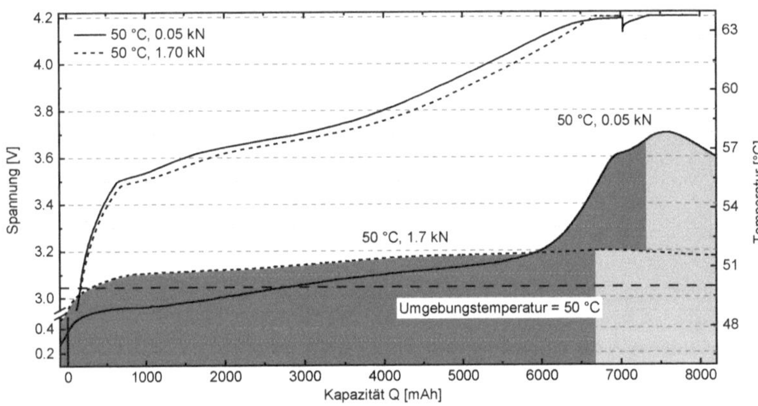

Abbildung 5.10: Spannung und Temperatur des Formierungszyklus (50 °C)

Folgend sollen die Erkenntnisse zusammengefasst werden. Mechanische Verspannungen reduzieren bei erhöhten Umgebungstemperaturen während der Formierung die exothermen Reaktionen. Dadurch kann eine Temperaturerhöhung reduziert oder vermieden werden. Dies steht im Zusammenhang mit einer geringeren Reduktion des Elektrolyten während der Formierung durch Zersetzungsreaktionen. Ein Erklärungsmodell ist, dass die mechanische Kraft, welche senkrecht zur Elektrodenfläche aufgebracht wird, die bei der Formierung entstandenen Gase besser von der Elektrodenstruktur zu der Gastasche verdrängt. Dies hat zur Folge, dass Mikroporen im Inneren des Aktivmaterials nicht durch gasförmige Reduktionsprodukte besetzt sind und ein geringerer Widerstand der Elektrolytdiffusion entsteht. Darüber hinaus beeinflusst die Bewegung der Gasblasen das Zirkulieren des Elektrolyten positiv, wodurch eine gleichmäßigere Verteilung der SEI aufgrund des guten Kontaktes von Graphit und Elektrolyt gewährleistet werden kann.

Neben den genannten Eigenschaften kann von positiven Effekten hinsichtlich der Graphitabblätterung (Exfolation) ausgegangen werden, was die Bildung einer dünnen und stabilen SEI begünstigt. Bei der Graphitabblätterung (Exfolation) lösen sich Schichten des Graphits ab, was automatisch zu einer wiederholenden Reparation der SEI durch Zersetzung der Bestandteile des Elektrolyten und des Lithiums führt. Aufgrund des begrenzten Raums zwischen Separator und Anode könnte die Graphitabblätterung (Exfolation) aufgrund der Interkalation und Deinterkalation von Lithiumionen mithilfe einer mechanischen Verspannung gedämpft und damit eine gleichmäßigere Bildung der SEI ermöglicht werden.

Eine Zusammenfassung sowie Bewertung ist in Tabelle 5.4 gegeben. Aufbauend auf Kapitel 5.1.1 wurde der Einfluss der mechanischen Verspannung der Lithium-Ionen-Pouch-Zellen in dem Prozessschritt der Formierung im Detail untersucht und Erklärungsmodelle für die beschriebenen Prozesszeitreduktionen aufgestellt. Es lassen sich zwei konkrete Beobachtungen in der Untersuchung festhalten. Zum einen begünstigen sich die beiden Umgebungsparameter – Umgebungstemperatur und mechanische Verspannung – gegenseitig und zum anderen reduzieren die mechanischen Verspannungen die Gradienten der Zelloberflächentemperaturentwicklung.

Tabelle 5.4: Hypothesenprüfung zur Analyse der mechanischen Belastung

K/#	Aktion	Auswirkung	Erklärung	VR	TF
5.1.3 /009	Applizierung von mechanischen Verspannungen während der Formierung	Reduzierung der Prozesszeit (siehe Kapitel 5.1.1)	Reduzierter physikalischer Abstand zwischen den Elektroden sinkt aufgrund der Elastizität des Separators. Damit steigt die Diffusion und der Innenwiderstand sinkt.	1	3
5.1.3 /010	Applizierung von mechanischen Verspannungen und erhöhten Umgebungstemperaturen während der Formierung	Parameter begünstigen sich gegenseitig. Mechanische Verspannungen sorgen bei erhöhten Umgebungstemperaturen dafür, dass exotherme Reaktionen und damit die Gradienten der Temperaturzunahme gehemmt werden.	Umgebungsparameter haben einen direkten Einfluss auf Zellparameter. Entstandene Gase werden besser von der Elektrodenstruktur zur Gastasche verdrängt. Mikroporen werden nicht durch Gas besetzt und es entstehen geringere Widerstände bei der Elektrolytdiffusion. Die Zirkulation des Elektrolyten wird gefördert, wodurch eine gleichmäßigere SEI entsteht.	1	3

K = Kapitel; VR = Versuchsreihe; TF = Teilforschungsfrage

5.1.4 Qualitätsbeurteilung nach der Konditionierung

Quality assessment after conditioning

Aufbauend auf der detaillierten Betrachtung des Formierungszyklus bei unterschiedlichen Umgebungstemperaturen und äußeren mechanischen Verspannungen der Lithium-Ionen-Pouch-Zellen wird im Folgenden die Kapazität bei gleichen Umgebungsbedingungen nach der Konditionierung und einer kalendarischen Alterung betrachtet (vgl. Abbildung 5.11). Voraussetzung ist, dass die thermische Belastung und mechanische Beanspruchung während der Formierung nicht zu einer Kapazitätsabweichung außerhalb der zulässigen Toleranz führen. Das Verhalten der bei 5 °C und 0,054 kN formierten Testzellen war nach der Konditionierung und Alterung während der Kapazitätstests abnormal, weshalb die Betrachtung dieser Testzellen nicht berücksichtigt wurde.

Abbildung 5.11 zeigt die 1C-Entladekapazität nach der Konditionierung sowie der Alterungszeit der Lithium-Ionen-Batteriezelle bei einer Umgebungstemperatur von 20 °C und keiner externen mechanischen Belastung. Die geringste Entladekapazität konnte bei den bei 5 °C und 1,700 kN formierten Lithium-Ionen-Pouch-Zellen beobachtet werden. Dies ist auf die niedrige Umgebungstemperatur zurückzuführen, die eine gedämpfte Reaktion verursacht und somit zu einem instabilen SEI-Wachstum führt. Die SEI bricht während der Konditionierung und baut sich wieder auf, was zu einem Kapazitätsverlust und einem höheren Innenwiderstand führt. Dieses Verhalten der Reparatur wurde in Kapitel 2.1.3 eingeführt.

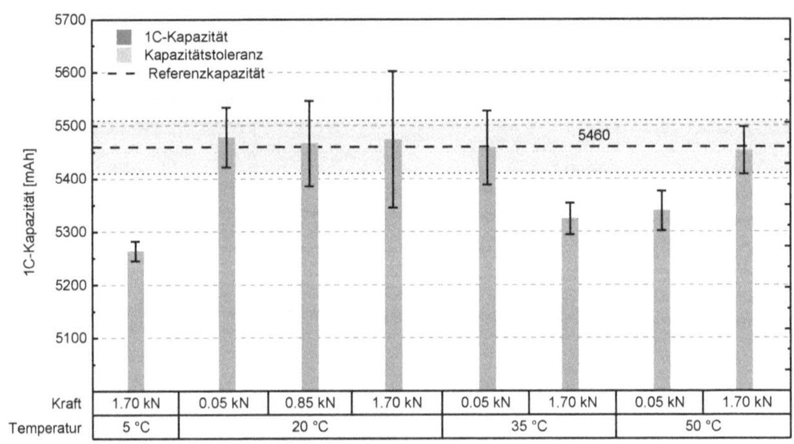

Abbildung 5.11: 1C-Entladekapazität nach Konditionierung inkl. Alterungszeit

Das Verhalten der bei 50 °C und 0,054 kN formierten Testzellen und damit die geringe Entladekapazität wird auf die exothermen Reaktionen und deren Zersetzung des Elektrolyten sowie die damit verbundene Erhöhung des Innenwiderstands zurückgeführt. Dies hat zur Folge, dass die Entladeschlussspannung von 3 V aufgrund des höheren Spannungsabfalls durch den Innenwiderstand früher erreicht wird. Nicht nachvollziehbar liegt die durchschnittliche

Entladekapazität der bei 35 °C und 1,700 kN formierten Testzellen außerhalb der Toleranz. Erwähnt werden muss, dass die Entladekapazität der bei 35 °C und 1,700 kN formierten Testzelle nur um weniger als 3,00 % von der Nennkapazität abweicht. Werden die verbleibenden durchschnittlichen Entladekapazitäten betrachtet, so erfüllen sie die Forderung nach einer maximalen Kapazitätsabweichung innerhalb der Toleranz.

Neben der Betrachtung der Entladekapazität ist die Betrachtung der Zyklenstabilität elementar, um die Qualität einzuschätzen. In Abbildung 5.12 ist der SOH der unter verschiedenen Umgebungsbedingungen formierten Lithium-Ionen-Pouch-Zellen über die Anzahl der Zyklen dargestellt. Der Abbildung ist zu entnehmen, dass die Testzellen, welche mit höheren mechanischen Verspannungen und einer Umgebungstemperatur von 20 °C formiert wurden, eine bessere Zyklenfestigkeit aufweisen. Zwischen den Testzellen mit 0,850 kN (0,097 MPa) und 1,700 kN (0,194 MPa) bei 20 °C Umgebungstemperatur ist aufgrund der Abweichungen keine klare Interpretation möglich. Alle Testzellen erreichen nach 1000 Zyklen einen SOH über 88,00 %.

Werden die Mittelwerte der Testzellen eines Parametersets betrachtet, lassen sich Abweichungen von bis zu 200 Zyklen beobachten. Werden die Abweichungen der einzelnen Lithium-Ionen-Pouch-Zellen innerhalb eines Parametersets betrachtet, lassen sich innerhalb dieses Testsetups Abweichungen der Zyklisierungsdauer von ≥ 200 Zyklen feststellen. Damit entsprechen die Abweichungen der Zyklendauern innerhalb eines Testsetups den Abweichungen der Mittelwerte verschiedener Testsetups. Es lassen sich keine klaren Unterschiede zwischen den einzelnen Lithium-Ionen-Pouch-Zellen und den Testsetups identifizieren.

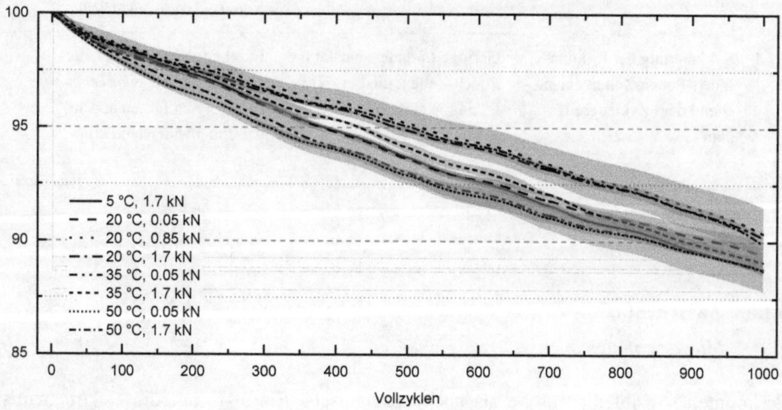

Abbildung 5.12: Zyklische Alterung

Analog zur vorangegangenen Auswertung birgt insbesondere unter Berücksichtigung der zyklischen Alterung der Einfluss erhöhter Umgebungstemperaturen inklusive einer externen mechanischen Belastung nicht den entscheidenden Vorteil hinsichtlich einer Prozesszeitverkürzung für die Formierung wie eine höhere externe mechanische Belastung bei thermischen Standardbedingungen von 20 bis 25 °C.

Eine Zusammenfassung sowie Bewertung ist in Tabelle 5.5 gegeben. Aufbauend auf den vorangegangenen Kapiteln wurden die Qualität der Lithium-Ionen-Pouch-Zellen nach der Formierung mit den verschiedenen Umgebungsbedingungen inklusive der mechanischen Verspannung und der Umgebungstemperatur untersucht sowie Erklärungsmodelle für die identifizierte Qualität aufgestellt. Lithium-Ionen-Pouch-Zellen, welche bei 20 °C und einer mechanischen Verspannung formiert wurden, weisen die beste zyklische Stabilität (SOH) auf.

Tabelle 5.5: Hypothesenprüfung zur Qualitätsbeurteilung

K/#	Aktion	Auswirkung	Erklärung	VR	TF
5.1.4 /011	Zyklisierung der Lithium-Ionen-Pouch-Zellen entsprechend dem Zyklisierungsplan	Lithium-Ionen-Pouch-Zellen, welche bei 20 °C und einer mechanischen Verspannung formiert wurden, weisen die beste zyklische Stabilität (SOH) auf.	Erhöhte Umgebungstemperaturen inkl. externer mechanischer Belastung haben entgegen einer reinen höheren externen mechanischen Belastung bei thermischen Standardbedingungen keinen entscheidenden Vorteil hinsichtlich einer Zeitverkürzung für die Formierung.	1	5
5.1.4 /012	Zyklisierung der Lithium-Ionen-Pouch-Zellen entsprechend dem Zyklisierungsplan	Geringe Entladekapazität bei Pouch-Zellen, die bei 1,700 kN und 5 °C formiert wurden.	Gedämpfte Reaktionen, die zu einer instabilen SEI führen, wodurch die SEI aufbricht, repariert wird und ein Kapazitätsverlust entsteht	1	5
5.1.4 /013	Zyklisierung der Lithium-Ionen-Pouch-Zellen entsprechend dem Zyklisierungsplan	Geringe Entladekapazität bei Pouch-Zellen, die bei 0,054 kN und 50 °C formiert wurden.	Exotherme Reaktionen, die zu einer Zersetzung des Elektrolyten führen und so den Innenwiderstand erhöhen	1	5

K = Kapitel; VR = Versuchsreihe; TF = Teilforschungsfrage

5.1.5 Zwischenfazit

Interim conclusion

Es konnten sowohl thermische als auch mechanische Einflüsse auf die elektrochemischen Prozesse in der Formierung von Lithium-Ionen-Zellen nachgewiesen werden (vgl. Tabelle 5.6). So zeigt eine hohe mechanische Verspannung eine reduzierte Zellerwärmung während der Formierung (vgl. A in Tabelle 5.6). Zusätzlich führen erhöhte Umgebungstemperaturen und eine externe mechanische Verspannung zu einer Zunahme der CC-Lade- und -Entladekapazität sowie einer Abnahme der CV-Ladekapazität. Bedingt durch die typisch degressive Steigung der Ladekapazität in der CV-Phase – im Vergleich zur linearen Steigung der Lade- bzw. Entladekapazität in der CC-Phase – überwiegt der Effekt der reduzierten CV-

Ladekapazität auf die Formierungszeit (vgl. B in Tabelle 5.6). So kann die Prozesszeit in der Formierung durch thermische und mechanische Einflüsse entscheidend verkürzt werden. Bezüglich der Zellperformance konnte ein positiver Effekt der mechanischen Verspannung bei hohen Umgebungstemperaturen nachgewiesen werden (vgl. C in Tabelle 5.6). So lässt sich durch den mechanischen Einfluss in der Formierung zum einen der Kapazitätsverlust im ersten Zyklus der hochtemperierten Formierung stark reduzieren. Zum anderen ergibt sich innerhalb der kalendarischen Reifung eine verbesserte Kapazitätserhaltung bei einer Formierung mit einer mechanischen Verspannung von 1,700 kN und einer Umgebungstemperatur von 50 °C.

Die thermischen und mechanischen Einflüsse auf die Reifung wurden bezüglich der Entladekapazität nach einer 153-tägigen und temperierten Reifelagerung analysiert. Durch die Darstellung der Entladekapazität nach der Lagerung können die thermischen und mechanischen Einflüsse auf die Reifung im Sinne der Zellperformance untersucht werden. Die Entladekapazität wurde mithilfe eines vollständigen CCCV-Verfahrens mit 1C ermittelt. Die Abweichungen von der Nennkapazität von 5,46 Ah nach der Reifelagerung zeigen eine geringe Abweichung von ca. ± 0,15 Ah.

Tabelle 5.6: Ergebnisdarstellung der Vorversuche (VR 1)

Umgebungstemperatur		Mechanische Verspannung ↑		0,054 kN	
↑		↓ (B) 1	↓ (C) 3	↓ 1	↑ 3
		Keine Aussage 2	Abflachen (A) 4	Keine Aussage 2	↑ 4
20 °C		↓ 1	↓ 3	- 1	- 3
		Keine Aussage 2	Abflachen (A) 4	- 2	- 4
↓		↓ 1	↑ 3	↑ 1	↑ 3
		Keine Aussage 2	↑ 4	Keine Aussage 2	↑ 4

1 = Prozesszeit; 2 = Zelldruck; 3 = Nebenreaktionen; 4 = Zelltemperaturgradient

Bezogen auf die Formierungszeit sowie die Qualitätseigenschaften der Lithium-Ionen-Batteriezellen konnte das Setup bei 20,00 °C und einer mechanischen Verspannung die besten Ergebnisse erzeugen (vgl. Tabelle 5.3, Tabelle 5.4 und Tabelle 5.5). Folgend wird für die Hauptversuche wie in Kapitel 4.3.1 beschrieben eine detaillierte Untersuchung der mechanischen Verspannung bei einer konstanten Umgebungstemperatur von 20,00 °C festgelegt.

5.2 Prozesszeitoptimierung mittels mechanischer Verspannung

Process time optimization by means of mechanical tensioning

Aufbauend auf den Ergebnissen der Vorversuche wurden die Hauptversuche (VR 2) entsprechend des Design of Experiment, beschrieben in Kapitel 4.3.1, definiert und durchgeführt. Die Hauptversuche dienen einer detaillierten Analyse der in den Vorversuchen identifizierten Erkenntnisse. Fokus der Betrachtung stellt die mechanische Verspannung bei einer konstanten

Umgebungstemperatur von 20 °C dar. Die mechanische Verspannung ist statisch in Form einer konstanten Wegverspannung und demnach nicht dynamisch realisiert. Eine detaillierte Beschreibung des Versuchsdesigns ist Kapitel 4.3 zu entnehmen. Folgend werden die Ergebnisse der Prozesszeitoptimierung dargestellt und diskutiert. Die Aufstellung von Erklärungsmodellen zu den beschriebenen und diskutierten Ergebnissen erfolgt in Kapitel 5.3 und 5.4.

5.2.1 Prozesszeitoptimierung der Formierungszeit

Process time optimization of the formation time

Die Formierungszeit besitzt einen elementaren Einfluss auf die Prozesskosten. Um eine Kostenreduzierung bzw. eine Output-Steigerung zu ermöglichen und damit die Wirtschaftlichkeit der Batteriezellproduktion zu verbessern ist es notwendig, die Prozesszeit zu reduzieren. Zu diesem Zweck wird in Abbildung 5.13 der Einfluss der mechanischen Belastung auf die Lithium-Ionen-Pouch-Zellen und ihre Auswirkung auf die Formierungszeit dargestellt. Links ist eine Referenzmessung ohne mechanische Belastung dargestellt. Rechts ist die mittlere Formierungszeit in Abhängigkeit einer mechanischen Belastung mit Anfangsdruckbelastung (konstante Weglänge) angegeben. In Schwarz ist die Standardabweichungen der Gesamtformierungszeit, der Summe aus CC-Ladung, CV-Ladung und CC-Entladungszeit, dargestellt.

Betrachtet wird eine mechanische Belastung mit konstanter Weglänge. In den Abbildungen und der folgenden Betrachtung sind die Kraftbelastung zu Beginn der Untersuchung angegeben. Zusätzlich ist ein Referenzversuch ohne mechanische Belastung angegeben. Die Gesamtdauer der Formierung sowie die Prozesszeiten der jeweiligen Lade- und Entladephasen des Referenztests (0,000 MPa) dienen als Referenzwert für die Prozesszeiten mit mechanischer Belastung.

Die mechanische Belastung von Lithium-Ionen-Pouch-Zellen mit einem Anfangsdruck von 0,097 MPa zeigt eine Zeitersparnis von 29,90 %. Eine Anfangsbelastung von 0,194 MPa führte zu einer Reduzierung der Formierungszeit um 34,00 %. Insgesamt kann gezeigt werden, dass eine externe Belastung mit konstanter Weglänge auf Lithium-Ionen-Pouch-Zellen zu einer durchschnittlichen Reduzierung der Formierungsprozesszeit um 31,90 % führt und sich somit positiv auf die Wirtschaftlichkeit der Batteriezellproduktion auswirken kann. Die erreichte Prozesszeitverkürzung zeigt das Potenzial der Formierung unter externer mechanischer Verspannung und damit die Erhöhung der Wettbewerbsfähigkeit der Lithium-Ionen-Batteriezellenproduktion aus wirtschaftlicher Sicht.

Wird die Formierungszeit aufgeteilt in den einzelnen Prozessphasen betrachtet, so ist zu beobachten, dass eine externe Belastung der Lithium-Ionen-Pouch-Zelle eine Verlängerung der CC-Ladephase bewirkt. Das bedeutet, dass die Ladeschlussspannung im Vergleich zur Referenzmessung später erreicht wird. Eine mechanische Belastung führt zu einer durchschnittlichen Verlängerung der CC-Ladephase von 17,00 %. Bei der Betrachtung der CV-Ladephase ist im Spannungsverlauf eine deutliche Zeitverkürzung durch ein kürzeres Verweilen der Zellspannung an der Abschaltspannung zu erkennen. Diese Zeitverkürzung beträgt im Mittel 72,90 %. Wie in der CC-Ladephase kommt es auch in der CC-Entladephase zu einer Verlängerung durch externe Belastung, die im Mittel 15,90 % beträgt. Die Verlängerung resultiert daraus, dass die Entladeschlussspannung später als bei der Referenzmessung erreicht wird.

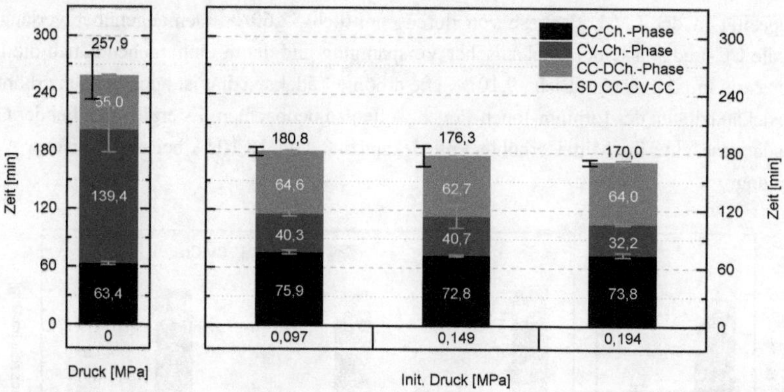

Abbildung 5.13: Einfluss der mechanischen Belastung auf die Formierungszeit

Es lässt sich festhalten, dass mithilfe der erreichten Reduzierung der Prozesszeit des Formierungsprozesses Vorteile bezogen auf den Output und die Wirtschaftlichkeit der Batteriezellherstellung von Lithium-Ionen-Batteriezellen erzielt werden können. Die Reduzierungen lassen sich auf die mechanische Belastung der Lithium-Ionen-Batterie-Pouch-Zelle zurückführen.

Die sehr ähnlichen mittleren Zeitverlängerungen der CC-Phasen deuten darauf hin, dass die mechanische Belastung auf den Lade- und Entladevorgang den gleichen Einfluss hat. Der Zusammenhang zwischen Formierungszeit und Lade- und Entladeleistung im Hinblick auf mögliche Ursachen durch äußere Druckbelastung wird im Folgenden erläutert.

5.2.2 Kapazitätsbeurteilung

Capacity assessment

Eine Prozesszeitverkürzung des Formierungsprozesses impliziert die Gewährleistung einer gleichbleibenden bzw. verbesserten Qualität. Ein Maß dafür stellt die Kapazität der Lithium-Ionen-Pouch-Zellen bezogen auf den Referenztest (0,000 MPa) dar. Insofern ist die zuvor beschriebene zeitliche Verlängerung der CC-Phasen sowie eine zeitliche Verkürzung der CV-Phasen auch anhand der Formierungskapazität von Lithium-Ionen-Pouch-Zellen unter äußerer Verspannung zu untersuchen. Der Einfluss der mechanischen Belastung von Lithium-Ionen-Pouch-Zellen auf die Lade- und Entladekapazität der Formierung ist in Abbildung 5.14 dargestellt. Hierbei sind die Ladekapazität, zusammengesetzt aus CC- und CV-Ladephase, und die Entladekapazität bei einer Stromrate von 1C der Referenzmessung (links) aufgetragen.

Dargestellt durch die geladene Kapazität der CC- und CV-Ladephase ist abzulesen, dass die Ladekapazität der Lithium-Ionen-Pouch-Zellen unabhängig von der extern aufgebrachten mechanischen Verspannung nahezu identisch bei ca. 7 Ah liegt. Die geladene Kapazität setzt sich hierbei aus der geladenen Kapazität aus der CC-Phase sowie dem Kapazitätsanteil der CV-Ladephase zusammen. Während der Formierung mit mechanischer Verspannung zeigt sich eine starke Verkürzung der CV-Phase und damit einhergehend eine Reduzierung der Ladekapazität in der CV-Ladephase von durchschnittlich 52,60 %. Demgegenüber verlängert sich die CC-Ladephase bei mechanischer Verspannung und damit einhergehend auch die Ladekapazität um durchschnittlich 19,10 %. Die erhöhte Ladekapazität ist auch bei den erhöhten Entladekapazitäten der Lithium-Ionen-Pouch-Zellen zu beobachten. Es ergibt sich bei der CC-Entladephase eine im Mittel erhöhte Entladekapazität von 18,10 % bei mechanischer Verspannung.

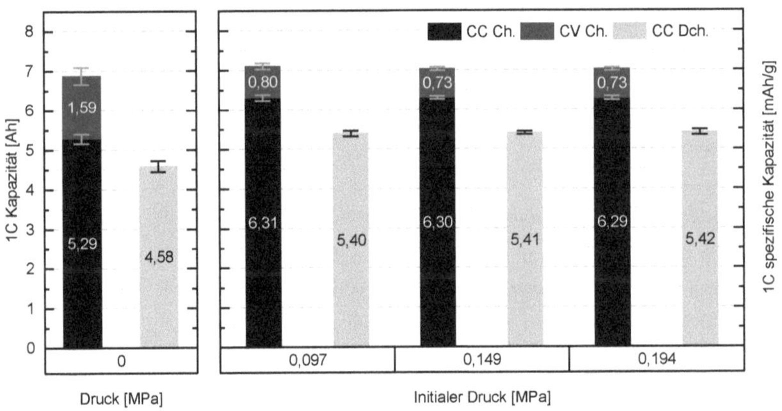

Abbildung 5.14: Einfluss der mechanischen Belastung auf die Formierungskapazität

Diese Phänomene der verlängerten CC-Phasen während der Formierung und damit die erhöhte CC-Lade- und -Entladekapazität sind auf das spätere Erreichen der Lade- bzw. Entladeschlussspannung zurückzuführen. In Abbildung 5.15 wird der Spannungsverlauf über der 1C-Lade- und 1C-Entladekapazität für mit mechanischer Verspannung formierte Lithium-Ionen-Pouch-Zellen dargestellt. Zu erkennen ist, dass sowohl bei der Ladekurve als auch der Entladekurve die Ladeschlussspannungen wesentlich versetzt erreicht werden.

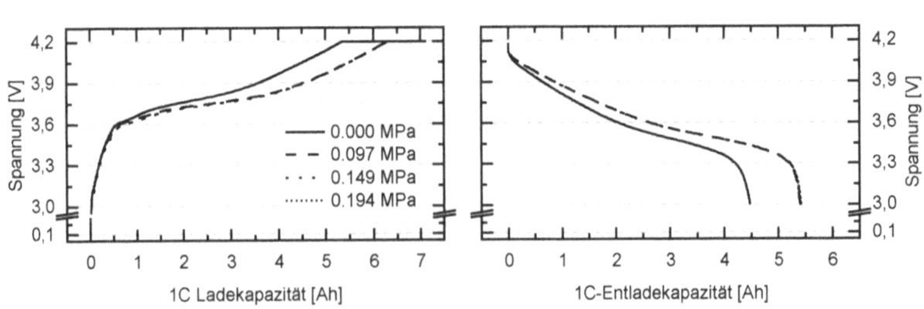

Abbildung 5.15: Spannungskurve des Formierungszyklus

Da die Ladeschlussspannung später erreicht wird, ist von einer höheren geladenen Kapazität auszugehen. Das Abweichen der Spannungskurven soll im Folgenden analysiert werden. Ab einer Spannung von ca. 3,63 V bei der CC-Ladephase ist eine Abweichung der Spannungskurve der Referenzmessung (0,000 MPa) gegenüber den unter mechanischer Verspannung formierten Testzellen zu beobachten. Wird an dieser Stelle die inkrementelle Kapazitätsanalyse herangezogen, lassen sich Parallelen identifizieren. In Abbildung 5.17 (links) lässt sich bei der beschriebenen Spannung die Mitte des ersten Peaks identifizieren. Auch der zweite Peak, welcher kurz danach folgt, ist Teil der Abweichung. Eine mechanische Verspannung induziert demnach, dass die Zellspannung länger im Bereich der Spitzenspannungen der ICA verbleibt. Durch die Peaks werden die zwei Stufen der Interkalation des Graphits repräsentiert, da der kontinuierliche Potentialanstieg der NMC-Kathode nur geringe Änderungen der ICA-Kurve hervorruft. Demnach kann angenommen werden, dass beide Peaks eine längere Interkalationsphase beschreiben. Neben der Verschiebung der Ladespannungskurve ist auch eine Verschiebung der Entladespannungskurve zu beobachten. Die mechanische Verspannung hat demnach auch eine Auswirkung auf das spätere Erreichen der Entladeschlussspannung. Die Ursachen sollen folgend diskutiert werden.

Das verzögerte Erreichen der Lade- und Entladeschlussspannung kann auf einen geringeren Spannungsabfall aufgrund einer geringeren ohmschen Überspannung η_{ohmic} zurückgeführt werden. Diese ohmsche Überspannung wird durch den seriellen ohmschen Innenwiederstand R_i beeinflusst. Die Innenwiderstände werden in Abbildung 5.16 an diskreten Zeitpunkten der Zellproduktion dargestellt. Nach der Elektrolytbefüllung (vor dem Formierungsprozess) liegt der Innenwiderstand der betrachteten Lithium-Ionen-Pouch-Zellen zwischen 2,8 mΩ und 3,0 mΩ. Wird der Zeitpunkt nach der Entgasung (nach dem Formierungsprozess) betrachtet, ist zu beobachten, dass der ohmsche Innenwiderstand bei den Referenzmessungen ohne mechanische Verspannung in dem Formierungsprozess bei 3,74 mΩ und bei den Testzellen mit mechanischer Verspannung in dem Formierungsprozess zwischen 3,20 mΩ und 3,52 mΩ gemessen wurden. Hervorgerufen wird dies durch eine Verringerung des physikalischen Abstandes zwischen den Elektroden aufgrund der Elastizität des Separators[374] oder durch das Vorbeugen der Entstehung von Elektrodenwelligkeit durch die Anodenausdehnung (engl. *electrode rippling*)[375]. Dies würde zu einem Verlust des Kontakts zum Separator und damit zu einem Kapazitätsverlust führen[376].

Es wird weiterhin davon ausgegangen, dass eine mechanische Verspannung der Lithium-Ionen-Pouch-Zellen während der Formierung das verfügbare Expansionsvolumen des Gases eingrenzt und so lokal Ablösungen des Aktivmaterials, welche durch die Gasentwicklung bei der SEI-Bildung verursacht werden, entgegenwirken kann. Darüber hinaus wird angenom-

---

[374] Vgl. Weber et al. (2014): *Material review of Li ion battery separators*, S. 66ff.
[375] Vgl. Zhang et al. (2012): *Dissecting anode swelling in commercial lithium-ion batteries*, S. 52ff.
[376] Vgl. Cannarella et al. (2014): *Stress evolution and capacity fade in constrained lithium-ion pouch cells*, S. 745ff.

men, dass die mechanische Verspannung und damit der Druck die gasbildenden Reaktionen reduziert[377].

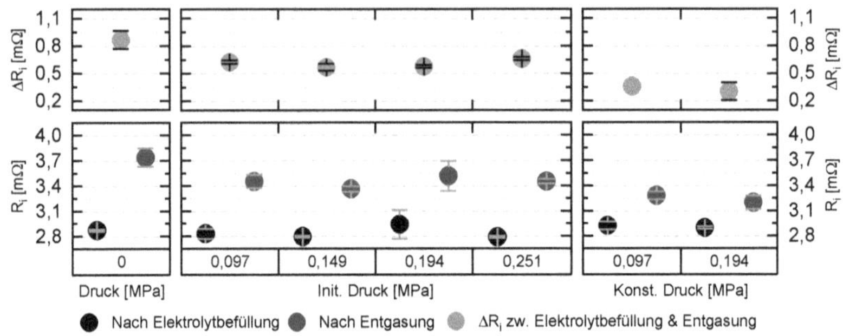

Abbildung 5.16: Ohmscher Innenwiderstand zu diskreten Zeitpunkten

Ein weiterer positiver Effekt ist, dass der Druck das Gas, welches in den Poren des Aktivmaterials durch die internen elektrochemischen Reaktionen entsteht, begünstigend aus den Poren heraus in die vorgesehene Gastasche treibt. Dieser Effekt war während der Versuche sehr visuell sichtbar, da die Gastasche am Ende der Formierung wesentlich voller als bei den drucklos formierten Testzellen war, bei denen sich das Gas auch zwischen den Elektrodenschichten befand. Somit können in den Poren durch Gasblasen blockierte Kontaktstellen zwischen Elektrolyt und Aktivmaterial reduziert werden und eine größere Reaktionsfläche zur Verfügung gestellt werden[378]. Abschließend kann eine bessere Benetzung der porösen Elektroden mit Elektrolyt ermöglicht werden, da das Elektrolyt gezwungen wird, auch in die kleinsten Poren der Elektrodenstruktur zu diffundieren. Folgerichtig kann die Annahme getroffen werden, dass damit eine Reduzierung des Innenwiderstands durch externe mechanische Verspannung einhergeht. Entsprechend ist kritisch zu reflektieren, ob die verzögerten Lade- und Entladeschlussspannungen und damit die höheren/niedrigeren Kapazitäten der CC-Phasen aufgrund des Innenwiderstands einzig durch die geringere ohmsche Überspannung η_{ohmic} verursacht wird. Zu diesem Zweck ist in Abbildung 5.17 (rechts oben) der Innenwiderstand zusammen mit dem Spannungsabfall nach dem ohmschen Gesetz $U = R \cdot I$ bei einer Stromrate von 1C (5 A) dargestellt.

Die Ladung $Q_{\Omega\text{-drop}}$, welche durch geringe Überspannungen η_{ohmic} zusätzlich in die Lithium-Ionen-Pouch-Zelle geladen wird, kann mithilfe des ohmschen Spanungsabfalls $U_{\Omega\text{-drop}}$ und der Differenzkapazität kurz vor Erreichen der Ladeschlussspannung bei 5 Ah/V in Abbildung 5.17 (links) berechnet werden. Die Ladung $Q_{\Omega\text{-drop}}$ ist abhängig von der mechanischen Verspannung zwischen 84 mAh und 88 mAh (Abbildung 5.17, unten rechts). Die Ladungsdiffe-

[377] Vgl. Zhao et al. (2017): *Preventing lithium ion battery failure during high temperatures by externally applied compression*, S. 296ff.

[378] Vgl. Mao et al. (2017): *Calendar Aging and Gas Generation in Commercial Graphite/NMC-LMO Lithium-Ion Pouch Cell*, S. A3469ff.

renz ΔQ_{ch} liegt zwischen 1001,2 mAh und 1018,3 mAh (Abbildung 5.17, unten rechts). Der Anteil ($Q_{\Omega\text{-drop}}/\Delta Q_{ch}$) der Ladung $Q_{\Omega\text{-drop}}$, welche durch die geringere Überspannung η_{ohmic} erzeugt wurde, beträgt an der Ladungsdifferenz ΔQ_{ch} weniger als 9,00 % (Abbildung 5.17, unten rechts). Es kann abgeleitet werden, dass ein späteres Erreichen der Lade- oder Entladeschlussspannung nicht ausschließlich durch die reduzierte ohmsche Überspannung verursacht wird. Es wird davon ausgegangen, dass weitere Effekte oder Reaktionen auftreten, welche die gemessene Zellspannung reduzieren und eine erhöhte Lade- bzw. Entladekapazität der CC-Phasen aufgrund der mechanischen Verspannung verursachen.

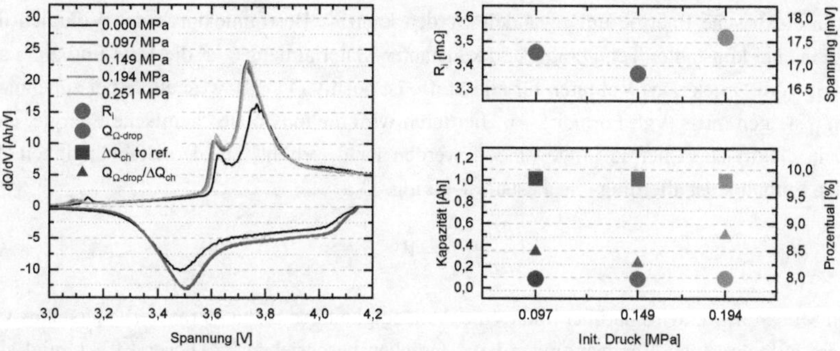

Differenzkapazität des Formierungszyklus (1C) von Lithium-Ionen-Pouch-Zellen, die unter mechanischer Belastung mit konstanter Weglänge formiert wurden (links). Innenwiderstand und ohmscher Spannungsabfall (rechts oben). Resultierende Ladung $Q_{\Omega\text{-drop}}$ und Ladungsdifferenz der CC-Ladephase zwischen belasteten Lithium-Ionen-Pouch-Zellen und Referenzmessung (rechts unten).

Abbildung 5.17: Differenzkapazität, Innenwiderstand sowie ohmscher Spannungsabfall

Weitere Effekte kann die mechanische Verspannung auf das elektrochemische Verhalten der Lithium-Ionen-Pouch-Zellen haben. Die durch Druck getriebene Diffusion[379] ist einer der wichtigsten Effekte, bei der die Ionendiffusion verbessert werden. Damit wird der Diffusionswiderstand reduziert[380], wodurch sich die Diffusionsüberspannung $\eta_{Diffusion}$ reduziert. Infolgedessen kann die durch Druck getriebene Diffusion den Ionenkonzentrationsgradienten sowie die Druckentwicklung in den Elektroden absenken[381]. Der Einfluss dieses Effektes auf die gemessene Zellspannung ist aber gering[382].

[379] Vgl. Fu et al. (2013): *Modeling, validation and analysis of mechanical stress generation and dimension changes of a pouch type high power Li-ion battery*, S. 211ff.

[380] Vgl. Zhang et al. (2018): *Characterization of external pressure effects on lithium-ion pouch cell*, S. 2055ff.

[381] Vgl. Christensen (2010): *Modeling Diffusion-Induced Stress in Li-Ion Cells with Porous Electrodes*, S. A367; Vgl. Christensen et al. (2006): *Stress generation and fracture in lithium insertion materials*, S. 293ff; Vgl. Zhang et al. (2007): *Numerical Simulation of Intercalation-Induced Stress in Li-Ion Battery Electrode Particles*, S. A911; Vgl. Zhang et al. (2008): *Intercalation-Induced Stress and Heat Generation within Single Lithium-Ion Battery Cathode Particles*, S. A542ff.

[382] Vgl. Christensen (2010): *Modeling Diffusion-Induced Stress in Li-Ion Cells with Porous Electrodes*, S. A366.

Ein weiterer Effekt wird von BOWER ET AL. beschrieben, wobei die mechanische Verspannung eine Absenkung der Ruhespannung und damit eine Reduktion der Zellspannung bewirkt. BOWER ET AL. haben dies durch Modifikation der Nernst-Gleichung unter Berücksichtigung der Ruhespannung als Funktion des Drucks bewiesen[383]. Folglich senkt, bewiesen durch Experimente, eine Druckbelastung der Anode die Zellspannung und damit das Ruhepotential U_0 [384]. Da das Ruhepotential aus der Gibbs-Helmholtz-Gleichung 5-3 abgeleitet werden kann, ist es mit der freien Enthalpie ΔG verknüpft.

$$\Delta G = \Delta H - T \cdot \Delta S \qquad 5\text{-}3$$

Die freie Enthalpie einer galvanischen Zelle entspricht der maximalen chemischen Energie, die in elektrische Energie umgewandelt werden kann[385]. Bestimmt durch das Volumen des Systems bei konstanter Temperatur und konstanter Materialmenge, ist die freie Enthalpie abhängig vom Druck. Das Volumen für alle Stoffe ist positiv ($V > 0$), weshalb G bei zunehmendem p steigen muss (vgl. Formel 5-4). Hierdurch wird die maximale chemische Energie, welche in elektrische Energie umgewandelt werden kann, erhöht. Die Druckabhängigkeit der freien Enthalpie ist allerdings für Feststoffe gering.[386]

$$\left(\frac{\partial G}{\partial p}\right)_{T,n} = V \qquad 5\text{-}4$$

Von MUSSA ET AL. wird darüber hinaus die Abhängigkeit des Ladungstransferwiderstands von extern aufgebrachten Verspannungen bzw. Drücken beschrieben[387]. Dieser Effekt zeigt sich bei der Impedanzmessung der Testzellen nach der Konditionierung, dargestellt in Abbildung 5.18. Die Impedanz wurde ohne mechanische Verspannung der Testzellen aufgenommen. Das Nyquist-Diagramm lässt sich in drei Teilbereich bezogen auf den Hz-Bereich (Teilbereich 1: MHz-kHz, Teilbereich 2: kHz-Hz, Teilbereich 3: Hz-mHz) zuordnen. Zu erkennen ist, dass sich die Realteile des Innenwiderstands in den Nyquist-Kurven bei externer Druckbelastung sowohl um 1 Hz herum als auch im Bereich Hz-mHz zu kleineren Realanteilen des Innenwiderstands verschieben. Da der Frequenzbereich Hz-mHz der Diffusion im Elektrolyten sowie im Feststoff zugeordnet werden kann[388], wird die Reduktion des Diffusionswiderstand in Abhängigkeit der mechanischen Verspannung deutlich.

Anhand der Verschiebung der Interkalations-Peaks bei 3,63 V sowie 3,77 V bei 0,000 MPa des Ladevorgangs (positives dQ/dV) hin zu niedrigeren Zellspannungen, dargestellt in der

---

[383] Vgl. Bower et al. (2011): *A finite strain model of stress, diffusion, plastic flow, and electrochemical reactions in a lithium-ion half-cell*, S. 804ff.

[384] Vgl. Sethuraman et al. (2010): *In Situ Measurements of Stress-Potential Coupling in Lithiated Silicon*, S. A1253.

[385] Vgl. Käbitz (2013): *Untersuchung der Alterung von Lithium-Ionen-Batterien mittels Elektroanalytik und elektrochemischer Impedanzspektroskopie*, S. 5f.

[386] Vgl. Atkins et al. (2013): *Physikalische Chemie*.

[387] Vgl. Mussa et al. (2018): *Effects of external pressure on the performance and ageing of single-layer lithium-ion pouch cells*, S. 18ff.

[388] Vgl. Käbitz (2013): *Untersuchung der Alterung von Lithium-Ionen-Batterien mittels Elektroanalytik und elektrochemischer Impedanzspektroskopie*, S. 52.

ICA in Abbildung 5.17, kann die Verringerung der Zellspannung durch äußere Druckbelastung in der Formierung zusätzlich zu dem Spannungsverlauf über der Kapazität, dargestellt in Abbildung 5.15, abgelesen werden. Die Menge der Ladung, die in die Zelle gespeist wird, kann anhand der Amplitude der Peaks abgelesen werden. Mithilfe der Darstellung in Abbildung 5.17 lässt sich demnach ein Zusammenhang zwischen der Druckbelastung und der Einlagerung der Li^+-Ionen während des Ladevorgangs an der Anode bei gleicher Zellspannung ableiten. Werden Abbildung 5.17 und Abbildung 5.15 weiter verglichen, können die Peaks der ICA als zeitlich beschränkte Abflachung der Spannungskurve interpretiert werden. Es ist davon auszugehen, dass diese neben den Interkalationsstufen des Graphits auf zusätzliche Reaktionen bei dieser Zellspannung hinweisen.

Nach THEIL handelt es sich bei dem Peak bei 3,142 V (0,000 MPa) um eine Reaktion mit dem EC (Lösungsmittel) oder dem Leitsalz zur Bildung der SEI. Durch THEIL wird die Zuordnung des Peaks zu Nebenreaktionen – insbesondere mit EC und dem Leitsalz $LiPF_6$ – damit begründet, dass sich die Zersetzungsmenge des Zusatzstoffes VC am Peak-Maximum und am Ende des Peaks kaum unterscheiden. Demgegenüber steigt der Innenwiderstand während des Peaks merklich an, obwohl polymerisiertes VC keinen so deutlichen Widerstandsanstieg verursachen sollte. Entsprechend wird davon ausgegangen, dass vorrausichtlich in diesem Spannungsbereich der SEI Zersetzungsprodukte aus Nebenreaktionen mit dem EC oder dem Leitsalz hinzugefügt werden. Die Abweichungen in den Peak-Spannungen von THEIL zu den Ergebnissen in dieser Arbeit von 0,1 V lassen sich auf die geringeren Ströme in der Formierung von C/3 im Gegensatz zu dem in dieser Arbeit verwendeten Strom von 1C zurückführen.[389]

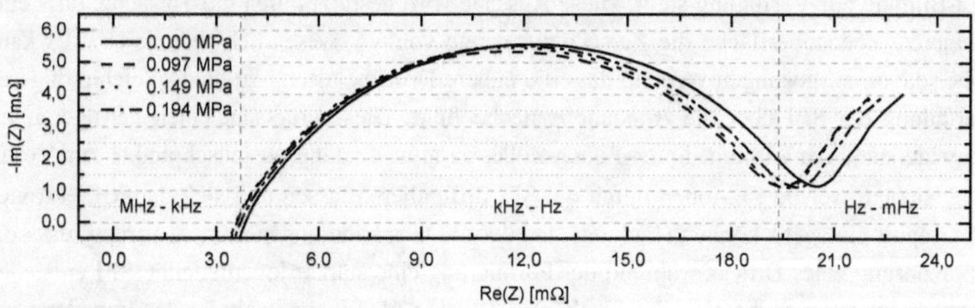

Abbildung 5.18: Nyquist-Diagramm der Zellen nach der Konditionierung

Eine Vergrößerung des beschriebenen Peaks aus Abbildung 5.17 ist in Abbildung 5.19 dargestellt. Zu erkennen ist eine Verschiebung der Peaks zu geringeren Spannungen sowie eine flachere Kurve hin zu den mechanisch verspannten Testzellen in der Formierung. Die Verschiebung zu niedrigeren Spannungen kann durch die zuvor beschriebenen Auswirkungen einer mechanischen Verspannung auf die Überspannung erklärt werden. Die Abnahme der Amplituden lässt einen Rückschluss auf weniger Umsetzung von Ladungsmengen bei den

[389] Vgl. Theil (2016): *Elektrolytalterung in Lithium-Ionen-Batterien.*

Peak-Spannungen zu. Demgegenüber nimmt die Breite der Peaks zu, wodurch die gesamte Ladungsumsetzung (Fläche unterhalb der Kurve) konstant bleibt.

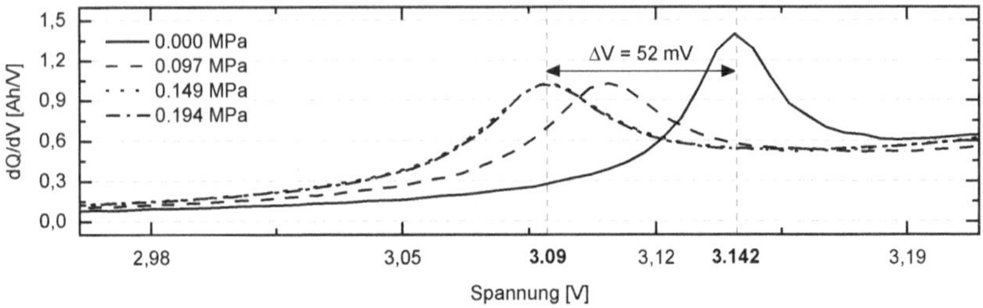

ICA-Peak der SEI-Zersetzungsprodukte aus Lösungsmittel oder Leitsalz des Elektrolyten von Lithium-Ionen-Pouch-Zellen, die unter mechanischer Belastung mit konstanter Weglänge formiert werden.

Abbildung 5.19: ICA-Peak der SEI-Zersetzungsprodukte

Die umgewandelte Ladung des Peaks bei der Referenzmessung (0,000 MPa) beträgt 41,9 mAh, wobei die umgewandelte Ladung bei mechanischer Verspannung zwischen 43,3 mAh und 47,5 mAh liegt. Die signifikant erhöhten umgesetzten Ladungsmengen stützen die Annahme, dass eine mechanische Verspannung den Umsatz der Ladungsmengen verbessern, indem sie den Elektrolyten in die kleinsten Poren treibt – und damit eine größere Anodenoberfläche mit Reaktionspunkten für die Zersetzung von EC, Leitsalz oder VC für die SEI-Bildung zur Verfügung stellt. Diese Aussage wird gestützt durch die Tatsache, dass eine kleinere Anodenoberfläche die Zersetzungsmenge von VC wesentlich reduziert[390]. Es kann daher davon ausgegangen werden, dass die äußere Druckbelastung zu einer gleichmäßigeren Verteilung der SEI über die Anodenoberfläche führt. Dies verursacht einen geringeren Innenwiderstand der Lithium-Ionen-Pouch-Zelle, da mehr Ladungsaustauschpunkte zur Verfügung stehen, welche Li^+-Ionen durch die SEI diffundieren lassen und sich damit Elektronen im Graphit einlagern können (Ladung). Darüber hinaus kann angenommen werden, dass die Applizierung eines Drucks während der Formierung eine stärker ionenleitende SEI entstehen lässt, da im Frequenzbereich der Festkörperdiffusion niedrigere Realteile der Impedanz gemessen wurden (vgl. Abbildung 5.18).

5.2.3 Zwischenfazit

Interim conclusion

Durch die Hauptversuche (VR 2) konnten die mechanischen und thermischen Implikationen bei einer Formierung mit mechanischer Verspannung in Form einer konstanten Wegverspannung und 20 °C Umgebungstemperatur aufbauend auf den Vorversuchen (VR 1) im Detail untersucht werden. Eine Zusammenfassung sowie Bewertung ist in Tabelle 5.7 gegeben. Es

[390] Vgl. Theil (2016): *Elektrolytalterung in Lithium-Ionen-Batterien*, S. 64f.

konnte nachgewiesen werden, dass die mechanische Belastung mittels einer konstanten Weglänge bezogen auf die Formierungszeit sehr ähnliche Ergebnisse wie mit einer konstanten Druckbelastung erzeugen. Es lässt sich festhalten, dass die mechanische Belastung eine wesentliche Prozesszeitverkürzung von bis zu 34,00 % hervorruft.

Tabelle 5.7: Hypothesenprüfung zur Prozesszeitoptimierung

K/#	Aktion	Auswirkung	Erklärung	VR	TF
5.2.1 /014	Mechanische Belastung mit konstanter Weglänge und konstanter Druckbelastung	Ähnliche Ergebnisse bezogen auf die Prozesszeit und Kapazität in Abhängigkeit der Art der Verspannung	Fokussierung auf die mechanische Verspannung mit konstanter Weglänge, aufgrund der Kosten des Warenträgers	2	3
5.2.1 /015	Mechanische Verspannung der Lithium-Ionen-Pouch-Zellen mit konstanter Weglänge	Reduzierung der Prozesszeit von 34,00 % (0,194 MPa) durch eine starke Verkürzung der CV-Phase sowie eine leichte Erhöhung der CC-Phasen	Gesteigerte Ionendiffusion durch die mit Druck getriebene Diffusion	2	1
5.2.2 /016	Mechanische Verspannung der Lithium-Ionen-Pouch-Zellen mit konstanter Weglänge	Im Mittel eine erhöhte Entladekapazität von 18,10 %	Gleichmäßigere SEI auf der Anodenoberfläche, damit geringerer Innenwiderstand und mehr Ladungspunkte	2	5
5.2.2 /017	Mechanische Verspannung der Lithium-Ionen-Pouch-Zellen	Reduziertes lokales Expansionsvolumen und damit bessere Ableitung des Gases in die Gastasche	Lokalen Ablösungen des Aktivmaterials wird entgegengewirkt und das Gas zielgerichteter in die Gastasche geführt.	2	5

K = Kapitel; VR = Versuchsreihe; TF = Teilforschungsfrage

Bezogen auf die Kapazität und damit eine gleichbleibende Qualität wurde gezeigt, dass im Mittel bei mechanischer Verspannung eine erhöhte Entladekapazität von 18,10 % erzeugt werden kann. Darüber hinaus lässt sich das verfügbare Expansionsvolumen des Gases eingrenzen, was zur Folge hat, dass lokalen Ablösungen des Aktivmaterials entgegengewirkt wird und das entstandene Gas zielgerichteter in die Gastasche entweicht. Auch die Ionendiffusion konnte durch die mit Druck getriebene Diffusion gestärkt werden. Aufgrund von verschiedenen, bereits in den vorangegangenen Kapiteln beschriebenen Effekten kann davon ausgegangen werden, dass eine äußere mechanische Belastung zu einer gleichmäßigeren SEI-Bildung auf der Anodenoberfläche führt. Dies ergibt einen geringeren Innenwiderstand aufgrund von mehr zur Verfügung stehenden Ladungspunkten, womit mehr Elektronen in die Graphitstruktur einlagert werden können.

Folgend der Prozesszeitbetrachtung in Kapitel 5.2.1 sowie der Kapazitätsbeurteilung in Kapitel 5.2.2 kann ein Zwischenfazit bezogen auf die Untersuchungen der mechanischen Verspannung der Lithium-Ionen-Batterie-Pouch-Zellen gezogen werden: Auf Grundlage der Ergebnisse ist eine wesentliche Verkürzung der Formierungsprozesszeit zu erkennen. Bei weiterer Betrachtung der Kapazität als Qualitätskriterium der Testzellen konnten Wirkungszusammenhänge zwischen der mechanischen Verspannung und der Qualität hergestellt werden, die eine Optimierung der Qualität hervorrufen.

5.3 Implikationen der Druckentwicklung während der Formierung

Implications of pressure development during formation

Aufbauend auf den Erkenntnissen aus den vorangegangenen Kapiteln – bezogen auf die Auswirkungen der mechanischen Verspannung und damit einer äußeren Druckbelastung auf die Kapazität und deren mögliche Ursachen – wird im Folgenden der Druckverlauf der Lithium-Ionen-Pouch-Zellen während der Formierung betrachtet. Abbildung 5.20 stellt den Druckverlauf über der Kapazität der formierten Lithium-Ionen-Pouch-Zellen unter mechanischer Belastung bei konstanter Weglänge dar.

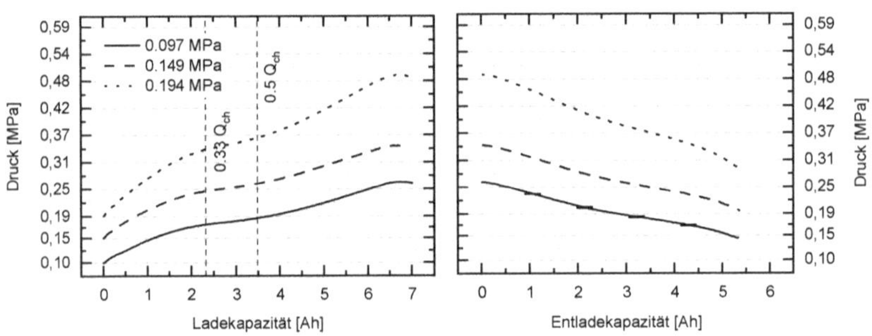

Abbildung 5.20: Druckverlauf des Formierungszyklus über der Kapazität

Sobald die Stromrate von 1C während der Formierung auf der Lithium-Ionen-Pouch-Zelle appliziert wird, steigt die gemessene Kraft am Kraftaufnehmer und damit der Druck an. Der Gradient des Drucks flacht vor Erreichen eines Drittels der Ladekapazität (ca. 0.33 Q_{ch}) ab. Gefolgt wird ein abgeflachter Gradient und damit ein langsamer ansteigender Druck. Nach dem Laden der Lithium-Ionen-Pouch-Zelle mit ca. 0.5 Q_{ch} der Formierungskapazität des Ladevorgangs erfährt die Lithium-Ionen-Pouch-Zelle erneut einen starken Gradienten des Drucks nach oben. Der abgeflachte Druckverlauf im Bereich zwischen 0,33 Q_{ch} und 0,5 Q_{ch} hat Ähnlichkeiten mit der Graphitausdehnungskurve in Abbildung 5.21.[391] In Abbildung 5.21

[391] Vgl. Käbitz (2013): *Untersuchung der Alterung von Lithium-Ionen-Batterien mittels Elektroanalytik und elektrochemischer Impedanzspektroskopie*, S. 118ff; Vgl. Hahn et al. (2008): *A Dilatometric Study of Lithium Intercalation into Powder-Type Graphite Electrodes*, S. A151ff; Vgl. Märkle et al. (2011): *Morphology of the Solid Electrolyte Interphase on Graphite in Dependency on the Formation Current*, S. A1478ff; Vgl. Münnix (2017): *Einfluss von Stromstärke und Zyklentiefe auf graphitische Anoden*, S. 1ff.

wird der Vergleich der Lithiierungsphasen mit der Ausdehnung des Graphits dargestellt. Die dilatometrischen Daten der porösen Graphitelektrode nach HAHN wurden aus KÄBITZ rekonstruiert und die Phasenzuordnung erfolgte nach MÜNNIX.

Die Expansion der Lithium-Ionen-Pouch-Zelle und damit der entstehende Innendruck, der sich bei einer starren Einspannung der Lithium-Ionen-Pouch-Zelle aufbaut, wird im Wesentlichen durch den Lithium-Ionen-Einlagerungsprozess an der Anode bestimmt[392]. Es kann daher angenommen werden, dass die abnehmende Steigung des Druckgradienten nach 0,33 Q_{ch} durch das Expansionsplateau des Graphits zwischen einem Ladungszustand von $Li_{0,33}C_6$ und $Li_{0,5}C_6$ verursacht wird (vgl. Abbildung 5.21). Die Graphit-Anode dehnt sich in diesem Bereich nicht aus, sondern ihre Dicke bleibt konstant. Die Ausdehnung der gesamten Lithium-Ionen-Pouch-Zelle ist somit gehemmt und wird in diesem Bereich durch andere Faktoren bestimmt. Da in der Formierung der erste Ladevorgang und damit auch die erste Einlagerung der Li^+-Ionen in die Graphitstruktur vollzogen wird, ist die Ladungsmenge von 0,33 Q_{ch} der Formierungskapazität des Ladevorgangs gut vergleichbar mit dem theoretischen Ladungszustand einer Graphit-Anode von $Li_{0,33}C_6$. Die Stages wurden in Kapitel 2.1.3 beschrieben und in Abbildung 2.6 das hierfür notwendige Interkalationsmodell nach DAUMAS-HÉROLD und RÜDORFF eingeführt.

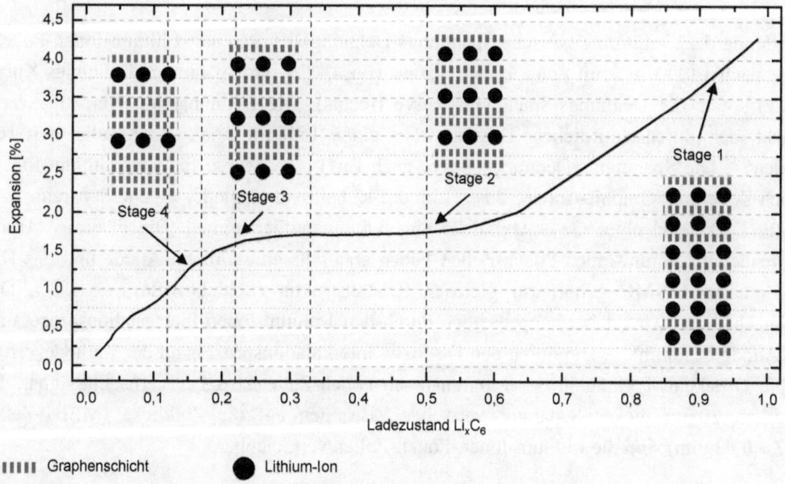

Abbildung 5.21: Vergleich der Lithiierungsphasen mit der Ausdehnung des Graphits

Wird das Ende des Druckverlaufs während des Ladevorgangs betrachtet, kann ein Druckabfall in der Druckkurve am Ende der CV-Phase identifiziert werden. Nach FU ET AL. nimmt der Gradient der Ionenkonzentration in den Elektroden während einer Ruhephase ab, so dass in-

---

[392] Vgl. Fu et al. (2013): *Modeling, validation and analysis of mechanical stress generation and dimension changes of a pouch type high power Li-ion battery*, S. 211ff.

folgedessen der Druck sinkt[393]. Übertragen auf den abnehmenden Strom in der CV-Phase könnte der Gradient der Ionenkonzentration in den Elektroden bereits während der CV-Phase abnehmen und so zu einem Druckabfall führen. Während der Entladung zieht sich die Testzelle wieder zusammen. Dies lässt sich aus dem Druckabfall während der Entladung ableiten.

Im Hinblick auf die Entwicklung eines Warenträgers für die Formierung zur Verspannung der Lithium-Ionen-Pouch-Zellen und somit für die Formierung unter mechanischer Belastung ist die Kenntnis der Zellexpansion elementar. Hierbei ist zu evaluieren, ob im Falle einer konstanten mechanischen Belastung mit geregeltem Druck eine Regelung für den Druckaufbau ausgelegt werden muss oder eine konstante Wegverspannung realisiert wird. In beiden Fällen müssen die Komponenten entsprechend den entstehenden mechanischen Belastungen ausgelegt werden.

Eine Lithium-Ionen-Pouch-Zelle folgt keiner linearen Spannungs-Dehnungs-Kurve, sondern setzt sich aus den individuellen Spannungs-Dehnungs-Kurven der einzelnen Komponenten Separator, Anodenaktivmaterial und Kathodenaktivmaterial zusammen[394]. Die Dehnung in Richtung der Stapelungsrichtung kann mit der folgenden Gleichung berechnet werden. Die Dehnung ist ε, die Dickenänderung der Testzelle Δl und die Anfangsdicke der Testzelle L.

$$\varepsilon = \frac{\Delta l}{L} \qquad \text{5-5}$$

Abbildung 5.22 zeigt eine typische Spannungs-Dehnungs-Kurve einer Lithium-Ionen-Pouch-Zelle nach LIU ET AL. mit einer Dehnungsrate von 10^{-5} /s der Spannungs-Dehnungs-Kurve (links) sowie die Dehnungs-Spannungs-Kurve (rechts). Die Dehnungsrate von 10^{-5} /s entspricht der durchschnittlichen Dehnungsrate einer Lithium-Ionen-Pouch-Zelle bei 1C-Zyklen[395]. Die Spannungs-Dehnungs-Kurve nach LIU ET AL. wurde für eine Lithium-Ionen-Pouch-Zelle mit Graphit-Anode, einer Lithium-Kobaltoxid-Kathode, einem Separator von 18 µm Dicke und einer Gesamtzelldicke von 6,5 mm aufgenommen. Die in dieser Arbeit verwendeten Lithium-Ionen-Pouch-Zellen haben ebenfalls eine Graphit-Anode und das Kathodenmaterial NMC gehört zur gleichen Kristallstruktur (Schichtoxide) wie LCO. Die Zellausdehnung wird dabei hauptsächlich durch den Lithium-Ionen-Interkalationsprozess an der Anode bestimmt[396]. Die durch den De- bzw. Interkalationsprozess an der Kathode verursachte Druckentwicklung in der Lithium-Ionen-Pouch-Zelle ist daher vernachlässigbar. Es wird ein 20 µm dicker Separator verwendet. Bezogen auf die Zelldicke (MEET-Zelle: 6,27 ± 0,03 mm) sind die Lithium-Ionen-Pouch-Zellen vergleichbar.

---

[393] Vgl. Fu et al. (2013): *Modeling, validation and analysis of mechanical stress generation and dimension changes of a pouch type high power Li-ion battery*, S. 211ff.

[394] Vgl. Sahraei et al. (2012): *Calibration and finite element simulation of pouch lithium-ion batteries for mechanical integrity*, S. 307ff.

[395] Vgl. Liu et al. (2016): *Effects of Cycling Ranges on Stress and Capacity Fade in Lithium-Ion Pouch Cells*, S. A2501-A2507.

[396] Vgl. Fu et al. (2013): *Modeling, validation and analysis of mechanical stress generation and dimension changes of a pouch type high power Li-ion battery*, S. 211ff.

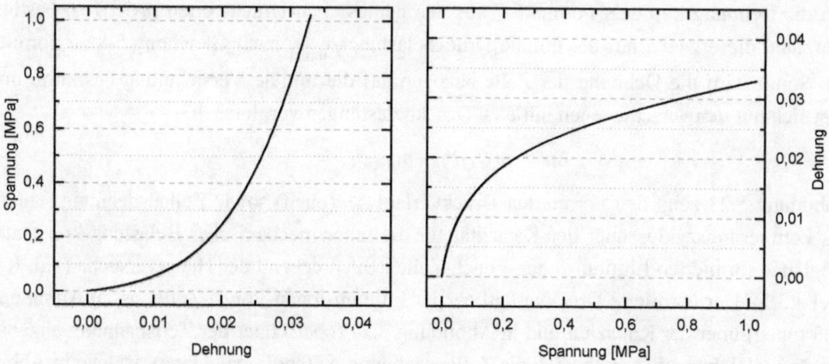

Abbildung 5.22: Typische Spannungs-Dehnungs-Kurve

Mithilfe eines modifizierten sigmoidalen Boltzmann-Fits in OriginPro 2018G von OriginLab Corporation[397] wurde die Spannungs-Dehnungs-Kurve nach LIU ET AL.[398] zu folgender Funktion rekonstruiert.

$$p = f(\varepsilon) = A_3 + \frac{A_1 - A_2}{1 + e^{\frac{\varepsilon - \varepsilon_0}{d\varepsilon}}}, 0 \leq \varepsilon \leq 0{,}033 \qquad 5\text{-}6$$

Mit $A_1 = -0.027259$, $A_2 = 3.06968$, $A_3 = 3.075087659$, $\varepsilon_0 = 0.0382466$ und $d\varepsilon = 0.00773156$. p bezeichnet den Druck, bzw. die Spannung in [MPa] und ε die Dehnung.

Bei Kenntnis der Zellausdehnung der untersuchten Lithium-Ionen-Pouch-Zelle kann von der Expansion auf die Dehnung mittels Gleichung 5-5 zurückgeschlossen werden. Somit lässt sich der intern entstandene Druck bei Einschränkung der Zelldickenänderung durch Einsetzen der Dehnung in die Funktion 5-5 bzw. durch Ablesen der Spannungs-Dehnungs-Kurve bestimmen.

In entgegengesetzter Richtung wurde das Prinzip von CANNARELLA ET AL. angewendet. So konnte von der gemessenen Druckentwicklung auf die Ausdehnungsgrade der Zelle, normiert auf die Ladung, geschlossen werden[399]. Aus dem aufgezeichneten Druck kann somit die resultierende Dehnung ε bestimmt werden. Durch Umstellung der Formel 5-6 ergibt sich die folgende Gleichung 5-7.

$$\varepsilon = \mathrm{d}\varepsilon \cdot \ln\left(\frac{A_1 - A_2}{p - A_3} - 1\right) + \varepsilon_0 , 0 \leq p \leq 1 \qquad 5\text{-}7$$

Die Parameter A_1, A_2, A_3, ε_0 und $d\varepsilon$ der Gleichung 5-6 entsprechen denen der Funktion 5-7.

[397] Vgl. OriginLab Corporation (2019): *Sigmoidaler Boltzman Fit*.
[398] Vgl. Liu et al. (2016): *Effects of Cycling Ranges on Stress and Capacity Fade in Lithium-Ion Pouch Cells*, S. A2501ff.
[399] Vgl. Cannarella et al. (2014): *Stress evolution and capacity fade in constrained lithium-ion pouch cells*, S. 745ff.

Um die Dehnung ε mittels Formel 5-7 aus den gemessenen Druckwerten $p(Q,U)$ zu bestimmen, sind diese zuerst auf die initiale Druckbelastung p_{initial} nach Gleichung 5-8 zu normieren. Somit wird die Dehnung der Zelle bezogen auf die initiale Verspannung bestimmt und lässt sich mit den verschiedenen initialen Druckbelastungen vergleichen.

$$\Delta p = p(Q,U) - p_{initial} \qquad 5\text{-}8$$

Abbildung 5.23 zeigt den normierten Druckverlauf Δp (oben) sowie Zellausdehnung (unten) des Formierungszyklus über der Kapazität für die unter mechanischer Belastung konstanter Weglänge formierten Lithium-Ionen-Pouch-Zellen entsprechend der Hauptversuche (vgl. Kapitel 4.3.1). Der normierte Druckverlauf Δp der Lithium-Ionen-Pouch-Zellen ist in Abbildung 5.23 (oben) über der Kapazität und in Abbildung 5.24 (oben) über der Zellspannung abgebildet. Aus Gleichung 5-2 ergibt sich die Zellausdehnung Δl (engl. *expansion*), welche in Abbildung 5.23 (unten) über der Kapazität sowie in Abbildung 5.24 (unten) über der Zellspannung dargestellt ist.

Die Expansion der Lithium-Ionen-Pouch-Zelle über der Ladekapazität zeigt einen deutlichen, positiven Gradienten im ersten Drittel, welcher in eine kurzweilige Stagnation der Zellausdehnung übergeht und daraufhin wieder ansteigt. Anhand dieses Verlaufes der Zellexpansion für den Ladevorgang wird die Annahme gestärkt, dass die mögliche Ursache der gehemmten Zellausdehnung nach einem Drittel der Ladekapazität durch das Expansionsplateau der Anode (vgl. Abbildung 5.21) hervorgerufen wird und in diesem Bereich die Ausdehnung durch andere Faktoren bestimmt wird.

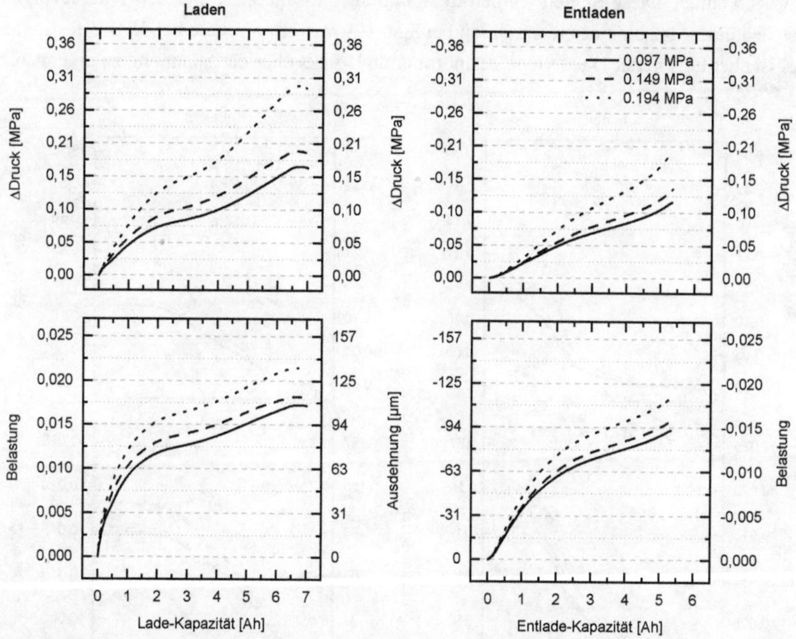

Normierter Druckverlauf (oben) sowie Zellausdehnung (unten) des Formierungszyklus über der Kapazität für die unter mechanischer Belastung konstanter Weglänge formierten Li-Ionen-Pouch-Zellen (VR 2 und VR 3).

Abbildung 5.23: Normierter Druckverlauf und Zellausdehnung über Ladekapazität

Bezogen auf den Entladevorgang ist zu Anfang ein starkes Zusammenziehen der Zellen zu beobachten, welches zwischen 2 Ah und 3 Ah abnimmt und zwischen 4 Ah und 5 Ah wieder leicht steigt. Ein deutliches Abflachen der Dehnungskurve über der Kapazität für den Entladevorgang wie beim Ladevorgang ist allerdings nicht zu erkennen. Dennoch deutet sich der Einfluss des Expansionsplateaus der Anode durch die zwei Wendepunkte in der Dehnungskurve des Entladevorgangs über der Kapazität an.

In Bezugnahme zu dem Druckverlauf über der Kapazität, dargestellt in Abbildung 5.20, lässt sich bei Betrachtung des normierten Drucks über der Kapazität (vgl. Abbildung 5.23, oben) sowie des normierten Drucks über der Spannung (vgl. Abbildung 5.24, oben) eine deutliche Differenz zwischen dem initialen Druck vor der Formierung sowie dem resultierenden Druck nach dem Formierungszyklus erkennen. Die Druckdifferenzen der einzelnen initialen mechanischen Verspannungen sind in Abbildung 5.25 (rechts unten) dargestellt. Zu erkennen ist, dass die Druckdifferenz zwischen dem Initialdruck und dem abschließenden Druck nach dem Formierungszyklus mit steigenden Initialverspannungen ansteigt.

Wird die Darstellung des normierten Drucks sowie die daraus resultierende Zellausdehnung über der Zellspannung in Abbildung 5.24 betrachtet, können relevante Stellen in den Kurven identifiziert werden. Während des Ladevorgangs lassen sich Änderungen des Druckgradienten sowie der Kontraktion/Zellausdehnung an den markanten Stellen 3,10 V, 3,61 V sowie

3,73 V erkennen. Diese Stellen wurden in Abbildung 5.24 markiert. Für den Entladevorgang lässt sich eine Abnahme der Kontraktion bei 3,50 V sowie eine weitere bei 3,30 V feststellen. Dies ist ebenfalls in der Darstellung des normierten Drucks über der Spannung zu erkennen.

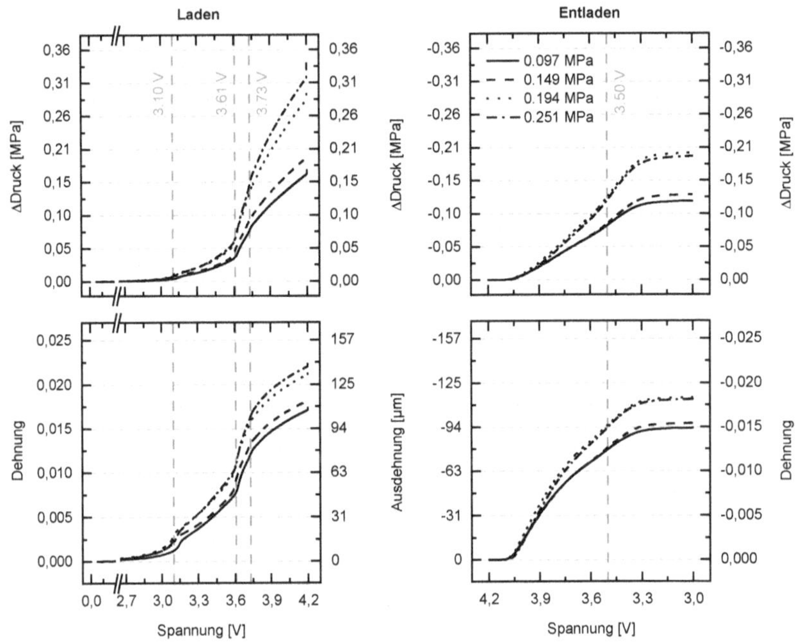

Normierter Druckverlauf sowie Zellausdehnung des Formierungszyklus über der Spannung für die unter mechanischer Belastung konstanter Weglänge formierten Li-Ionen-Pouch-Zellen (VR 2 und VR 3).

Abbildung 5.24: Normierter Druckverlauf und Zellausdehnung über Spannung

Die Abweichungen der Versuche mit unterschiedlichen initialen Verspannungen in Abbildung 5.24 lassen sich hinsichtlich der unterschiedlichen Änderung des Drucks und der Zelldicke untersuchen. In Abbildung 5.25 (rechts) ist die Differenz des Drucks und damit auch die Differenz der Zelldicke zwischen dem Start und dem Ende des Formierungszyklus in Abhängigkeit der initialen Verspannungen dargestellt. Mit steigenden initialen Verspannungen steigen die Gradienten des Drucks sowie der Zelldicke. Grund für die wachsende Zelldickendifferenz in Abhängigkeit der initialen Verspannung kann die Ausbildung einer großflächigeren SEI sein, welche durch eine bessere Benetzung der Poren der Anode mit dem Elektrolyten hervorgerufen werden kann[400]. Damit lässt sich die These stützen, dass eine erhöhte initiale Verspannung eine bessere Benetzung der Poren der Anode mit dem Elektrolyten und damit eine

[400] Vgl. Theil (2016): *Elektrolytalterung in Lithium-Ionen-Batterien*, S. 114f.

bessere Ausbildung der SEI impliziert. Um diese Annahme zu belegen, sind weitere Untersuchungen der SEI notwendig, auf die im Ausblick weiter eingegangen wird.

Werden die charakteristischen Spannungen bezogen auf den Druck hinsichtlich der Peaks in der delta-differentiellen Kapazitätsanalyse (engl. *Incremental Capacity Analysis*, ICA) sowie in der Ableitung des Drucks nach der Zellspannung (engl. *Incremental Pressure Analysis,* IPA) untersucht, können die Zusammenhänge visualisiert werden. Die Peaks der IPA, dargestellt in Abbildung 5.25, zeigen die bereits beschriebenen charakteristischen Werte der Druckzunahme beim Ladevorgang an den Stellen 3,10 V, 3,61 V und 3,73 V sowie der Druckabnahme beim Entladen zwischen 3,50 V und 3,30 V. Die Spannungswerte 3,61 V und 3,73 V beim Ladevorgang entsprechen den Spannungswerten der Interkalationspeaks der ICA (vgl. Abbildung 5.25). Durch den Vergleich der Interkalationspeaks (dargestellt in der ICA) und der Druckpeaks (dargestellt in der IPA) wird deutlich, dass ein Interkalieren einer großen Anzahl an Li^+-Ionen in das Graphit bei gleichbleibender Spannung – folglich ein zeitliches Abflachen der Spannungskurve – zu einem erkennbaren Druckanstieg führt.

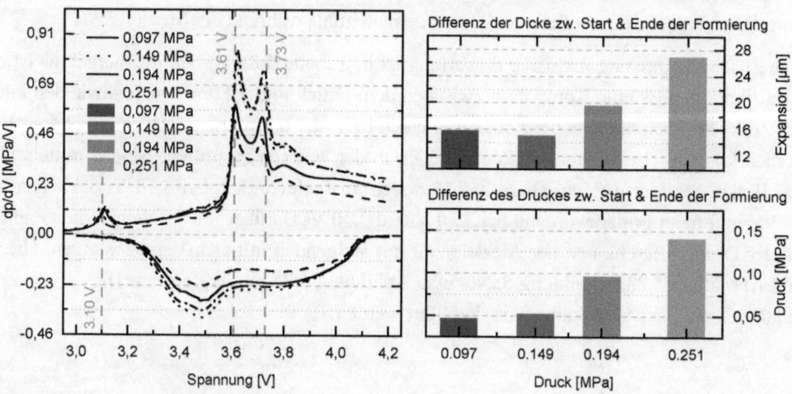

Differentieller Druck des Formierungszyklus der unter mechanischer Belastung konstanter Weglänge formierten Zellen (links). Differenz der Zelldicke zwischen Start und Ende der Formierung (rechts oben). Differenz des Druckes zwischen Start und Ende der Formierung (rechts unten).

Abbildung 5.25: Differentieller Druck und Differenz der Zelldicke/des Druckes

Sobald die Zellspannung von 3,73 V während des Ladevorgangs erreicht wird, nimmt die Druckzunahme stetig ab. Dies wird durch die geringere Zunahme der Zellausdehnung sowie den abnehmenden Verlauf der IPA deutlich. Die Annahme, dass die Expansionsplateaus der Graphit-Anode einen Einfluss auf den Verlauf des Druckes bzw. die Zellausdehnung über der Kapazität haben, kann dadurch bestärkt werden, dass der gemessene Druck bei 3,73 V dem Druck bei 0,33 Q_{ch} entspricht.

Neben den genannten Interkalationspeaks bei 3,61 V und 3,73 V ist beim Ladevorgang ein weiterer Peak in der IPA bei 3,10 V zu erkennen. Der Peak deutet auf einen Druckanstieg und damit auf einen deutlichen Anstieg der Zellausdehnung hin (vgl. Abbildung 5.24 und Abbildung 5.25). Wird die ICA betrachtet, lässt sich bei 3,10 V ebenfalls ein Peak identifizieren (vgl. Abbildung 5.19). Der Peak wurde zuvor in Kapitel 5.2.2 in Zusammenhang mit Nebenreaktionen der Anode mit EC und dem Leitsalz des Elektrolyten gebracht. Es wurde die Annahme getroffen, dass in diesem Spannungsbereich Zersetzungsprodukte aus den Nebenreaktionen mit EC oder dem Leitsalz der SEI hinzugefügt werden. Wird davon ausgegangen, dass die SEI auf der Graphitoberfläche der porösen Graphit-Anode wächst, könnte der Zuwachs an Zersetzungsprodukten, welche der SEI als Festkörper hinzugefügt werden, zu einer räumlichen Ausdehnung der porösen Anode führen. Die physische Ausdehnung der Graphit-Anode kann infolgedessen Ursache für den Druckanstieg sein.

Basierend auf den aufgenommenen Daten und deren Visualisierung in der ICA (vgl. Abbildung 5.19) sowie der IPA (vgl. Abbildung 5.25) lässt sich eine Korrelation zwischen den internen Zellreaktionen (z. B. SEI-Wachstum) und der gemessenen Kraft bzw. den daraus resultierenden Druck bei einer Zellspannung von 3,10 V herleiten. Dies legt zugrunde, dass über die Auswertung des gemessenen Drucks bzw. die Zellausdehnung Aussagen über die entstandene SEI getroffen werden können. Hierzu bedarf es weiterer Untersuchungen der Formierung mit mechanischer Verspannung mit kleinen Strömen in dem beschriebenen Spannungsbereich sowie der Aufnahme des Anodenpotentials während der Messung.

Eine Zusammenfassung inklusive Bewertung ist in Tabelle 5.8 gegeben. Kernergebnis ist die Identifikation, dass eine Korrelation zwischen dem Druck in der Formierung sowie den internen Zellreaktionen mithilfe der Druckgradienten bzw. der normierten Ausdehnung hergestellt werden können. Hierzu sind markante Stellen in den Kurven zu prüfen, welche mittels ICA und IPA abgebildet werden. Diese befinden sich im Ladevorgang bei 3,10 V, 3,61 V sowie 3,73 V und beim Entladevorgang bei 3,50 V und 3,30 V. Darüber hinaus steigen die Gradienten der Druckdifferenz und der Ausdehnung mit steigenden initialen Verspannungen. Hierzu sind Abbildung 5.23, Abbildung 5.24 sowie Abbildung 5.25 zu vergleichen. Diese Phänomene können auf die SEI-Bildung zurückgeführt werden.

Tabelle 5.8: Hypothesenprüfung zu den Implikationen der Druckentwicklung

K/#	Aktion	Auswirkung	Erklärung	VR	TF
5.3 /018	Messung des Kraftverlaufs und des resultierenden Druckverlaufs während der Formierung mit mechanischer Verspannung	Der Druckgradient des Druckverlaufs flacht zwischen 0,33 Q_{ch} und 0,5 Q_{ch} ab	Es kann ein Zusammenhang zwischen dem Druckgradienten und der Graphitausdehnungskurve bzw. der Lithiierungsphasen hergestellt werden.	2	3
5.3 /019	Messung des Kraftverlaufs und des resultierenden Druckverlaufs während der Formierung mit mechanischer Verspannung	Es lassen sich Änderungen des Druckgradienten beim Ladevorgang und markante Stellen (3,10 V, 3,61 V, 3,73 V) der Kontraktion bzw. Zellausdehnung im Verlauf der Kurven identifizieren.	Aufbauend auf der ICA und der IPA wird deutlich, dass ein Interkalieren der Li^+-Ionen in das Graphit bei gleicher Spannung zu einem erkennbaren Druckanstieg führt.	2	3
5.3 /020	Messung des Kraftverlaufs und des resultierenden Druckverlaufs während der Formierung mit mechanischer Verspannung	Beim Entladevorgang lässt sich eine Abnahme der Kontraktion bei 3,50 V und 3,30 V feststellen.	Vergleiche Druck- und Ausdehnungskurve in Abbildung 5.23, Abbildung 5.24 sowie Abbildung 5.25	2	3
5.3 /021	Erhöhung der Initialverspannungen bei der Formierung	Die Druckdifferenz und damit die Differenz der Zelldicke steigt.	Ausbildung einer großflächigeren SEI, welche durch eine bessere Benetzung der Poren der Anode mit dem Elektrolyten hervorgerufen wird.	2	3
5.3 /022	Erhöhung der Initialverspannungen bei der Formierung	Die Gradienten des Drucks steigen an.	Vergleiche Druck- und Ausdehnungskurve in Abbildung 5.23, Abbildung 5.24 sowie Abbildung 5.25	2	3
5.3 /023	Erhöhung der Initialverspannungen bei der Formierung	Es lassen sich Korrelationen zwischen den internen Zellreaktionen (z. B. SEI-Ausbildung), dargestellt in der ICA und IPA, und der gemessenen Kraft bzw. des resultierenden Drucks herleiten.	Vergleiche Druck- und Ausdehnungskurve in Abbildung 5.23, Abbildung 5.24 sowie Abbildung 5.25	2	3

K = Kapitel; VR = Versuchsreihe; TF = Teilforschungsfrage

5.4 Implikationen der Temperaturentwicklung während der Formierung

Implications of temperature development during formation

Bezogen auf die Qualitätsbeurteilung der Lithium-Ionen-Pouch-Zelle ist die Betrachtung der Temperaturentwicklung an der Zelloberfläche und deren Implikationen notwendig, um ein vollständiges Verständnis über die Prozess-Produkt-Wirkungs-Zusammenhänge zu bekommen. Hierzu wird im Folgenden eine Analyse der entstehenden Abwärme während der Formierung dargestellt und diskutiert.

Wärme stellt eine nicht stoffgebundene Energie dar, welche über die Grenzen eines Systems hinaus transportiert wird. Die innere Energie eines Systems, welche eine Zustandsgröße darstellt, ist hierbei von der Wärme, welche eine Prozessgröße darstellt, zu unterscheiden. Prozessgrößen treten bei Zustandsänderungen eines Systems auf und werden im Fall der Wärme über die Grenze des Systems hinaus transportiert.[401]

In Bezug auf die Wärme, die während des Betriebs im Inneren einer Lithium-Ionen-Pouch-Zelle entsteht, lässt sich die Bilanzgleichung 5-9 für den Wärmestrom nach BERNARDI ET AL.[402] aufstellen.

$$\dot{Q} = \dot{Q}_{irr} + \dot{Q}_{rev} + \dot{Q}_{react} + \dot{Q}_{mix} \tag{5-9}$$

$\dot{Q}_{\text{irr}}$ beschreibt die elektrischen (ohmschen) Verluste während des Betriebs einer Lithium-Ionen-Batteriezelle. $\dot{Q}_{\text{rev}}$ ist die Reaktionsentropie und beinhaltet den begleitenden Wärmestrom der Interkalations- und Deinterkalationsprozesse. $\dot{Q}_{\text{mix}}$ ist die Mischungsenthalpie und beschreibt den Wärmestrom, welcher durch Relaxieren der Lithium-Ionen-Konzentration im Elektrolyten entsteht. $\dot{Q}_{\text{react}}$ ist die Reaktionswärme durch Nebenreaktionen und beschreibt den Wärmestrom, verursacht durch Nebenreaktionen des Elektrolyten mit den Elektroden. Dieser Wärmestrom tritt unter anderem verstärkt beim Aufbau der SEI auf und ist daher während der Formierung zu berücksichtigen. Eine nähere Erläuterung der Wärmeströme ist SCHMIDT ET AL.[403] zu entnehmen. Im Normalbetrieb einer Batteriezelle kann der Wärmestrom $\dot{Q}_{\text{react}}$ (im Abuse-Fall nicht vernachlässigbar[404]) und nach THOMAS ET AL.[405] der Wärmestrom $\dot{Q}_{\text{mix}}$ vernachlässigt werden.

Bezogen auf das System Lithium-Ionen-Pouch-Zelle war es nicht möglich, die Wärmeströme innerhalb der Batteriezelle mit dem vorhandenen Versuchsaufbau und Messequipment inklusive der mechanischen Belastung zu untersuchen, ohne die Batteriezelle im Inneren zu beeinflussen. Vor diesem Hintergrund wurde, entsprechend der Beschreibung in Kapitel 4.2, die Oberflächentemperatur der Batteriezelle in Abhängigkeit der definierten Versuche untersucht.

---

401 Vgl. Schmidt (2013): *Verfahren zur Charakterisierung und Modellierung von Lithium-Ionen Zellen*, S. 13.
402 Vgl. Bernardi (1985): *A General Energy Balance for Battery Systems*, S. 6ff.
403 Vgl. Schmidt (2013): *Verfahren zur Charakterisierung und Modellierung von Lithium-Ionen Zellen*, S. 13ff.
404 Vgl. Spotnitz et al. (2003): *Abuse behavior of high-power, lithium-ion cells*, S. 81ff.
405 Vgl. Thomas et al. (2003): *Thermal Modeling of Porous Insertion Electrodes*, S. A176ff.

Aufgrund der Positionierung der Temperatursensoren in der Kunststoffplatte unmittelbar oberhalb und unterhalb der Oberfläche der Testzelle (oberste Schicht der Pouchfolie aus Polypropylen) ist die Zelloberflächentemperatur bekannt. Damit lassen sich Aussagen über die Wärmeübertragung von der Lithium-Ionen-Pouch-Zelle auf die Umgebung treffen.

Die an der Oberfläche mit den matrixangeordneten Temperatursensoren des Versuchsaufbaus gemessenen Temperaturen sind exemplarisch für einen Fall in Abbildung 5.26 dargestellt. Zu sehen ist die obere Seite, ausgerichtet zum Kraftsensor (oben), sowie die untere Seite, ausgerichtet zum Boden des Versuchsaufbaus (unten).

Unter Berücksichtigung der Entwicklung eines Warenträgers lassen sich mit den Ergebnissen der Temperaturentwicklung oberhalb und unterhalb der Lithium-Ionen-Pouch-Zelle während der Formierung wertvolle Informationen bezüglich der abzuführenden Wärmeenergie ermitteln. Zur Vereinfachung in dieser Arbeit und zur besseren Betrachtung der zukünftigen Applikation wird die Wärmeübertragung durch den Kunststoff sowie die Aluminiumplatte der Druckvorrichtung vernachlässigt. Stattdessen wird eine direkte Energieabfuhr der Zelloberflächenwärme an die Luft in der Klimakammer mit 20 °C angenommen. Entsprechend der Annahmen handelt es sich um eine Wärmeübertragung durch Konvektion. In diesem Fall wird der Wärmetransport von einer Wand (Oberfläche der Lithium-Ionen-Pouch-Zelle) auf ein fluides Medium (Luft) angenommen.[406]

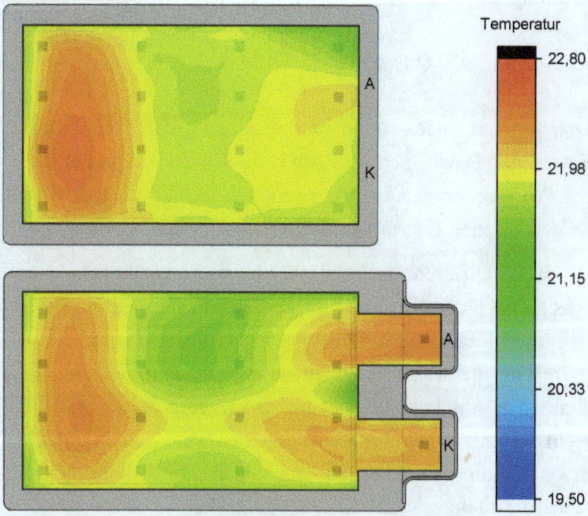

Temperaturverteilung der Zelloberfläche einer Lithium-Ionen-Pouch-Zelle bei der Zellspannung von 3,61 V während des Ladevorgangs der Formierung unter mechanischer Belastung mit initialer Druckbelastung von 0,251 MPa. Im oberen Abschnitt ist die Temperaturverteilung der oberen Zellfläche abgebildet. Im unteren Abschnitt ist die untere Fläche inklusive der Tabs dargestellt.

Abbildung 5.26: Temperaturverteilung der Zelloberfläche

---

[406] Vgl. Heinle (2012): *Simulationsgestützte Entwicklung von Bauteilen aus wärmeleitenden Kunststoffen*, S. 5f.

Grundsätzlich wird bei der Konvektion zwischen freier Konvektion durch Strömungen aufgrund von temperaturbedingten Dichteunterschieden und erzwungener Konvektion durch beispielsweise Pumpen (Flüssigkeiten) oder Ventilatoren (Gase) unterschieden[407]. Zur Bestimmung der Wärmestromdichte $\dot{q}$ wird die thermodynamische Triebkraft, der Temperaturgradient ΔT zwischen Festkörper (Wand) und dem Fluid (Luft), mit einem Proportionalitätsfaktor, dem Wärmeübergangskoeffizienten α, multipliziert[408]:

$$\dot{q} = \alpha \cdot \Delta T \qquad 5\text{-}10$$

Der Wärmeübertragungskoeffizient hängt von Faktoren wie dem Strömungsfeld, der Abhängigkeit der Materialgrößen von der Strömung, den Geometriegrößen oder den Materialeigenschaften des strömenden Mediums ab[409]. Aufgrund der Luftumwälzung innerhalb der Temperaturkammer mittels eines Ventilators handelt es sich um erzwungene Konvektion eines Gases. Da die exakte Luftgeschwindigkeit an der Lithium-Ionen-Pouch-Zelle nicht bekannt ist, wird zur Berechnung der Wärmeenergie der folgende Anhaltswert für den Wärmeübergangskoeffizient verwendet[410]:

$$\alpha = 10 \ldots 100 \qquad 5\text{-}11$$

Unter Einbeziehung der Zelloberfläche A kann durch Integration von Gleichung 5-10 über der Zeit die abzuführende Wärmeenergie Q [Wh] während der Formierung in Abhängigkeit der mechanischen Belastung wie in Gleichung 5-12 berechnet werden.

$$Q = \alpha \cdot A \cdot \int_{t_0}^{t} \Delta T \, dt \qquad 5\text{-}12$$

Die Integralgrenzen für den Lade- sowie Entladevorgang der Formierung ergeben sich aus dem Start t_0 des jeweiligen Prozessschrittes sowie dessen Ende t. Der resultierende Mittelwert der abzuführenden Wärmeenergie, unter Verwendung des Wärmekoeffizienten aus 5-11, ist zusammen mit der gemessenen Energie des Batterietesters in Abbildung 5.27 zu sehen.

In Abbildung 5.27 ist die Differenz zwischen der in die Testzelle geladenen Energie und der Kapazität der Testzelle nach der Formierung zu erkennen. Die gemessene elektrische Energie des Batterietesters für die Lade- und Entladevorgänge ergibt sich hierbei aus dem Produkt des fließenden Stroms mit der gemessenen Zellspannung und Zeit. Die eingeladene Energie und damit die Kapazität ist in Abhängigkeit der initial aufgebrachten Verspannung sehr ähnlich. Es ist außerdem ein Sprung in der Entladeenergie zwischen einer drucklos formierten und einer mechanisch verspannten Testzelle zu beobachten. Die Erklärung dessen ist analog zu den vorangegangenen Kapiteln.

---

[407] Vgl. Specht (2008): *Vorlesung: Grundlagen der Wärme- und Stoffübertragung*, S. 7.
[408] Vgl. VDI-Gesellschaft Verfahrenstechnik und Chemieingeneurswesen (2013): *VDI-Wärmeatlas*.
[409] Vgl. VDI-Gesellschaft Verfahrenstechnik und Chemieingeneurswesen (2013): *VDI-Wärmeatlas*.
[410] Vgl. Specht (2008): *Vorlesung: Grundlagen der Wärme- und Stoffübertragung*, S. 8.

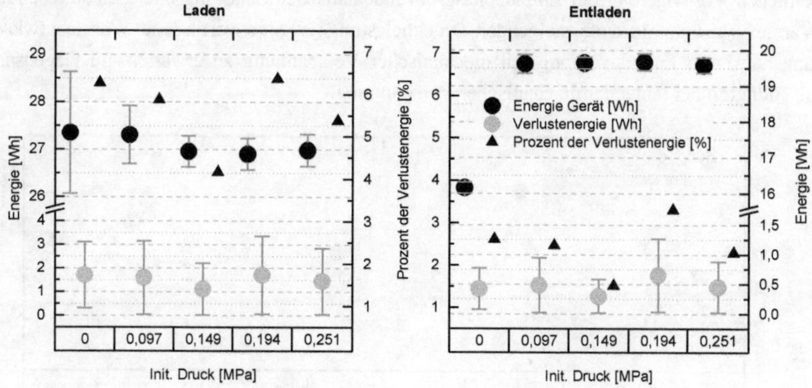

Wärmeverlustenergie der Formierung von Lithium-Ionen-Pouch-Zellen unter mechanischer Belastung mit konstanter Weglänge bei einer Kühlung durch erzwungene Konvektion auf 20 °C Lufttemperatur.

Abbildung 5.27: Wärmeverlustenergie bei Kühlung durch Konvektion

Es resultiert eine berechnete Wärmeverlustenergie des Ladevorgangs von 1 Wh bis 2 Wh. Diese Verlustenergie wurde über die Oberfläche der Testzelle abgeführt. Die mechanische Verspannung hat entsprechend der Ergebnisse und Berechnung keinen signifikanten Einfluss auf die abgeführte thermische Energie. Bezogen auf den Entladevorgang wurde lediglich eine thermische Energie von 0,1 Wh bis 0,8 Wh berechnet. Eine Abhängigkeit zu der mechanischen Verspannung ist auch beim Entladevorgang nicht zu beobachten. Zur besseren Vergleichbarkeit der Wärmeverlustenergien des Lade- und Engladevorgangs sind in Abbildung 5.27 die prozentualen Anteile der Wärmeverlustleistung an der gemessenen elektrischen Energie am Batterietester angegeben. Damit wird deutlich, dass während des Ladevorgangs mehr thermische Energie an die Umgebungsluft abgegeben wird. Dies lässt sich mithilfe der Reaktionswärme $\dot{Q}_{\text{react}}$ aus der Formel 5-9 erklären. Diese hat aufgrund des Aufbaus der SEI im ersten Ladevorgang der Formierung eine verstärkte Auswirkung auf den Wärmestrom[411].

Die Wärmeentwicklungsrate [W/L] des Lade- und Entladevorgangs der Formierung ist ausgehend von der Wärmeverlustenergie, den Formierungsprozesszeiten (vgl. Abbildung 5.13) und des Volumens der Lithium-Ionen-Pouch-Zelle von $V_{Zelle} = 0{,}0549\ L$ in Abbildung 5.28 dargestellt. Eine mechanische Belastung mit konstanter Weglänge während des Ladevorgangs der Formierung bewirkt demnach eine erhöhte Wärmeentwicklungsrate. Diese Schlussfolgerung korrespondiert mit der signifikanten Prozesszeitreduktion des Ladevorgangs durch eine mechanische Verspannung bei gleichbleibender Wärmeverlustenergie trotz steigender Druckbelastung. Bei dem Entladevorgang ist ausgenommen der mechanischen Belastung mit 0,194 MPa eine Verringerung der Wärmeentwicklungsrate zu erkennen. Aufbauend auf der

[411] Vgl. Schmidt (2013): *Verfahren zur Charakterisierung und Modellierung von Lithium-Ionen Zellen*, S.13ff; Vgl. Bernardi (1985): *A General Energy Balance for Battery Systems*, S. 6ff.

zeitlichen Verlängerung der Entladephase bei mechanischer Belastung und gleichbleibender Wärmeverlustenergie trotz steigender Druckbelastung ist eine verringerte Wärmeentwicklungsrate beim Entladevorgang mit mechanischer Verspannung zu erwarten, im Gegensatz zur Situation bei fehlender mechanischer Verspannung.

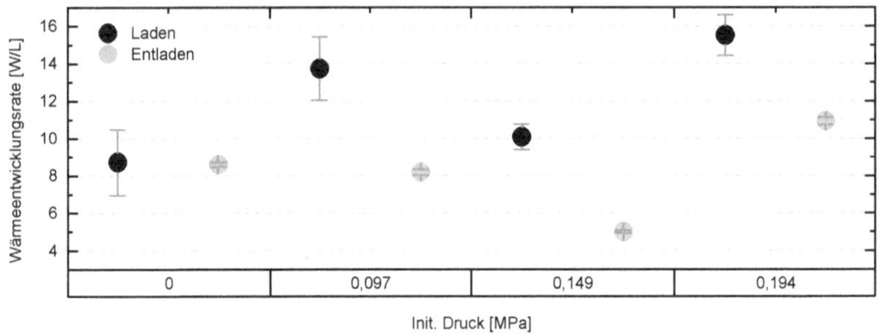

Abbildung 5.28: Wärmeentwicklungsrate des Lade- und Entladevorgangs der Formierung

Die Wärmeentwicklungsraten für den Lade- sowie Entladevorgang mit einer Stromrate von 1C korrespondieren mit den in der Literatur angegebenen Werten[412]. Infolgedessen kann als erste Näherung die Berechnung der Wärmeverlustenergie nach Formel 5-12 mit dem Wärmeübergangskoeffizienten nach 5-11 für eine direkte Energieabfuhr der Zelloberflächenwärme an die Luft der Klimakammer (20 °C) angewendet werden. Eine exakte Bestimmung der Wärmeverlustenergie in Abhängigkeit der mechanischen Belastung während der Formierung bedarf weiterer Messungen, unter anderem mittels eines Kalorimeters[413].

Zusätzlich zur Betrachtung der abzuführenden Wärmeenergiemenge in Summe ist zu evaluieren, an welchen Positionen der Zelloberfläche lokale thermische Engpässe auftreten. Beispielhaft wird anhand der Temperaturverteilung des Ladevorgangs zum Zeitpunkt von 8,85 min nach Formierungsbeginn und einer Zellspannung von 3,61 V in Abbildung 5.26 gezeigt, dass die Oberflächentemperatur bezogen auf die Abbildung im linken Teil der Lithium-Ionen-Pouch-Zelle größer ist – und damit am entgegengesetzten Punkt bezogen auf die Tabs. Zum Zeitpunkt von 8,85 min wurden die höchsten Temperaturen an der Zelloberfläche bei der Formierung mit initialer Druckbelastung von 0,251 MPa gemessen. Bei der Zellspannung von 3,61 V handelt es sich um die Peak-Spannung des ersten Interkalationspeaks des Graphits (vgl. Abbildung 5.17). Ebenfalls ist eine erhöhte Temperaturentwicklung an den Tabs festzustellen. Die Ergebnisse deuten darauf hin, dass die entstehende Wärme während des Ladevorgangs der Formierung aus dem mittleren Bereich der Lithium-Ionen-Pouch-Zelle zu den Tabs geleitet und über diese an die Umgebung abgegeben wird. Der Transport wird aufgrund der hohen Wärmeleitfähigkeit über die Stromableiter aus Kupfer und Aluminium ermöglicht. Es

---

[412] Vgl. Bandhauer et al. (2011): *A Critical Review of Thermal Issues in Lithium-Ion Batteries*, S. R1ff.

[413] Vgl. Madani et al. (2018): *Heat Loss Measurement of Lithium Titanate Oxide Batteries under Fast Charging Conditions by Employing Isothermal Calorimeter*, S. 1ff.

ist anzunehmen, dass eine Wärmeabfuhr aus dem linken Abschnitt der Lithium-Ionen-Pouch-Zelle über die Stromableiter und das Aktivmaterial zu den Tabs nicht schnell genug ist. Dadurch tritt eine höhere Zelloberflächentemperatur im linken Bereich der Testzelle auf. Zu beachten ist, dass aufgrund der ohmschen Verluste der Zellkontaktierung zwischen Batterietester und Tabs eine erhöhte Temperatur an den Tabs herrscht. Die ohmschen Verluste sind aufgrund der vergoldeten Kontaktstifte als gering anzunehmen.

Eine Zusammenfassung sowie Bewertung ist in Tabelle 5.9 gegeben. Bei der Entwicklung eines Warenträgers für die Batteriezellproduktion ist eine Kühlung der Tabs sowie des linken Zellabschnitts zu empfehlen.

Tabelle 5.9: Hypothesenprüfung zu den Implikationen der Temperaturentwicklung

K/#	Aktion	Auswirkung	Erklärung	VR	TF
5.4 /024	Applizierung einer mechanischen Verspannung während der Formierung	Höhere Entladeenergie	Vgl. Abbildung 5.28, Erklärungsmodell analog zu Kapitel 5.3	2	4
5.4 /025	Applizierung einer mechanischen Verspannung während der Formierung	Kein signifikanter Einfluss auf die abgeführte thermische Energie beim elektrischen Lade- und Entladevorgang	Es sind keine Qualitätseinschränkungen aufgrund der Wärmeentwicklung bei definierten mechanischen Verspannungen zu erwarten.	2	4
5.4 /026	Applizierung einer mechanischen Verspannung während der Formierung	Beim elektrischen Ladevorgang wird mehr Wärmeenergie als beim Entladevorgang abgeführt.	Wärmeenergie entsteht (vgl. Reaktionen) aufgrund der SEI-Ausbildung ($\dot{Q}_{react}$).	2	4
5.4 /027	Applizierung einer mechanischen Verspannung während der Formierung	Konstante Weglänge bewirkt eine etwas erhöhte Wärmeentwicklungsrate beim Ladevorgang der Formierung.	Erhöhte Wärmeentwicklungsrate (erhöhte Reaktionsrate) korrespondiert mit Prozesszeitreduktion (Laden) bei gleicher aufsummierter Wärmeverlustenergie	2	4
5.4 /028	Applizierung einer mechanischen Verspannung (steigende Initialverspannungen) während der Formierung	Während des Entladevorgangs wird im Vergleich zum Ladevorgang eine Verringerung der Wärmeentwicklungsrate beobachtet.	Verringerte Wärmeentwicklungsrate (verringerte Reaktionsrate) korrespondiert mit beschriebenen Phasen der Formierung und abgeschlossener Ausbildung der SEI	2	4
5.4 /029	Applizierung einer mechanischen Verspannung während der Formierung	Bestätigung der Annahme aus VR1, dass die Tabs eine Wärmesenke darstellen	Vgl. Abbildung 5.26	2	4

K = Kapitel; VR = Versuchsreihe; TF = Teilforschungsfrage

5.5 Konditionierung und zyklische Alterung

Conditioning and cyclic aging

Zur Bestimmung der Qualität der Lithium-Ionen-Pouch-Zellen ist es notwendig, die Proben hinsichtlich ihrer Zyklenstabilität zu untersuchen. Hierzu wird zum einen eine Konditionierung und zum anderen eine zyklische Belastung mittels Vollzyklen genutzt. Kapitel 5.5.1 und 5.5.2 beschreiben die Ergebnisse der VR 1 und 2. Diese Untersuchungen waren notwendig, um die starke Degradation der VR 2 einzuordnen.

5.5.1 Konditionierung

Conditioning

Im Rahmen der Untersuchungen wurden nach dem ersten Vollzyklus, der Formierung, weitere 19 Vollzyklen vorgesehen, welche folglich als Konditionierung bezeichnet werden. Die Konditionierung dient der Verifizierung der durch THEIL aufgestellten Theorie, dass nach dem ersten Vollzyklus der Formierungsprozess die SEI-Bildung vollständig abgeschlossen ist. Dies führt er darauf zurück, dass nach dem ersten und zweiten Vollzyklus keine wesentlichen Unterschiede in der VC-Konzentration festgestellt werden konnten und die Anode einmal den ganzen Potentialbereich durchlaufen hat. VC ist ein Additiv für die SEI-Bildung.[414]

Zur Verifizierung im Rahmen dieser Untersuchung wurde der Verbrauch des aktiven Lithiums analysiert. Vorgesehen für die Konditionierung sind 19 Vollzyklen bei einer Umgebungstemperatur von 20 °C, ohne mechanische Verspannung und mit einer Laderate von 1C.

Abbildung 5.29 zeigt die 1C-Entladekapazität der Konditionierung der Vorversuche (VR 1) auf der rechten Seite, welche unter konstanter Kraft formiert wurden. Auf der linken Seite sind die Hauptversuche (VR 2) zu sehen, welche unter konstanter Weglänge formiert wurden. Dargestellt ist die 1C-Entladekapazität des ersten Zyklus, des 19. Zyklus sowie die Änderung der 1C-Entladekapazität zwischen dem 1. und 19. Zyklus in Prozent.

Werden die Vorversuche (VR 1) betrachtet, ist eine geringe positive Abweichung der Entladekapazität zu beobachten. Bei den Testzellen ohne mechanische Verspannung ist eine positive Abweichung von ca. 3,00 % zu erkennen. Dieses Verhalten ist mithilfe einer gesteigerten Ionenleitfähigkeit zu erklären, welche durch einen geringeren Innenwiderstand hervorgerufen werden kann. Dieser niedrigere Innenwiderstand kann auf eine zellinterne Temperaturzunahme während der Zyklisierung zurückgeführt werden.

Entgegen den Vorversuchen ist bei den Hauptversuchen eine starke negative Abweichung der 1C-Entladekapazität der mit konstanter Weglänge verspannten Lithium-Ionen-Pouch-Zellen zu erkennen. Dieses Verhalten kann auf fortlaufende Nebenreaktionen des Elektrolyten zurückgeführt werden, welche für einen aktiven Verlust von Lithium sorgen. Es lässt sich bereits in diesen ersten Zyklen eine frühzeitig Alterung durch parasitäre Reaktionen identifizie-

[414] Vgl. Theil (2016): *Elektrolytalterung in Lithium-Ionen-Batterien*, S. 64.

ren, die den Innenwiderstand beeinflussen. Die Innenwiderstandsänderung der Testzellen beträgt zwischen der Formierung und dem Ende der Konditionierung 0,1 mΩ bis 0,21 mΩ.

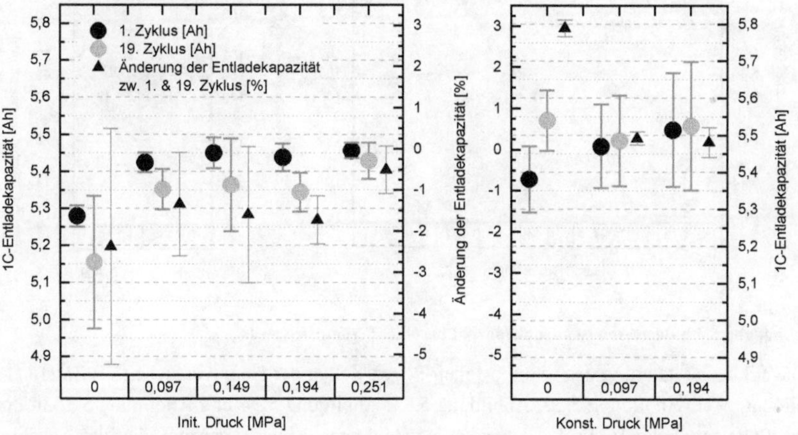

1C-Entladekapazität der Konditionierung (ohne mechanische Belastung) der Testzellen, formiert unter mechanischer Belastung einer initialen Kraft und damit Drucks (konstante Weglänge, links) und konstanter Kraft und damit Druck (rechts).

Abbildung 5.29: 1C-Entladekapazität der Konditionierung

Es lässt sich zusammenfassen, dass bereits bei der Konditionierung der Hauptversuche eine überdurchschnittliche Alterung der Testzellen festgestellt werden konnte, welche auf parasitäre Reaktionen aufgrund eines schlechten Elektrolyten zurückzuführen ist.

5.5.2 Zyklische Alterung

Cyclic aging

Um die Produktqualität hinsichtlich der zyklischen Stabilität zu bewerten, wurde eine zyklische Alterung der Lithium-Ionen-Pouch-Zellen vorgesehen. Prämisse der Untersuchung stellt eine gleichbleibende oder verbesserte Qualität der Testzellen dar.

Zu diesem Zweck wurde vorab ein Kapazitätstest zur Ermittlung der Bemessungsentladekapazität bei einer Stromrate von 1C durchgeführt. Der Kapazitätstest erfolgte bei einer Umgebungstemperatur von 20 °C und ohne mechanische Verspannung. Nach Zellherstellerangaben beträgt die Entladekapazität 5,46 Ah (1C CCCV C/20, 1C CC, 20 °C). Die Bemessungsentladekapazität wird zur Bestimmung des SOH benötigt. Die zyklische Alterung erfolgt analog zu der Beschreibung in Kapitel 4.3.3. Abbildung 5.30 zeigt die gemessene 1C-Bemessungsentladekapazität der Vorversuche (VR 1) rechts und die der Hauptversuche (VR 2) links. Die Entladekapazitäten der Hauptversuche (VR 2) weichen für die verschiedenen initialen mechanischen Verspannungen leicht nach unten von den Herstellerangaben ab. Demgegenüber ist die Abweichung der Vorversuche (VR 1) geringer und positiv gegenüber den Herstellerangaben. Die stärkste Abweichung von der Herstellerangabe ist bei den Testzellen ohne mechanische Verspannung zu beobachten. Der hier festgestellte Kapazitätsverlust konnte auch bereits im Kapitel 5.5.1 in der Konditionierung beobachtet werden und wird folgend in der zyklischen Alterung weiter betrachtet.

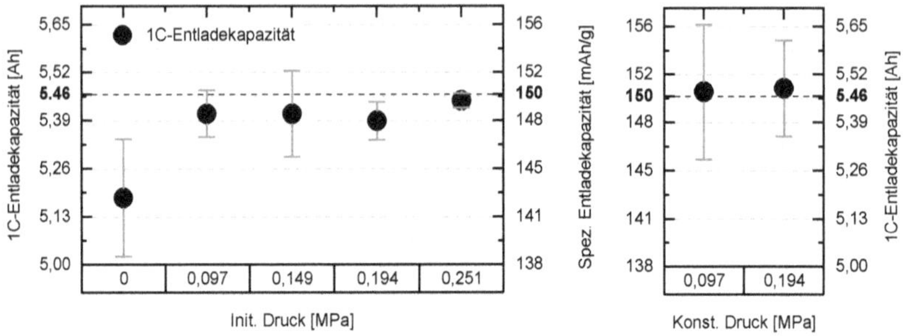

Abbildung 5.30: Bemessungsentladekapazität bei einer Stromrate von 1C

Die zyklische Alterung der Lithium-Ionen-Pouch-Zellen der Hauptversuche (VR 2) ist in Abbildung 5.31, Abbildung 5.32, Abbildung 5.33, Abbildung 5.34 und Abbildung 5.35 in Form des SOH sowie der 1C-Entladekapazität bzw. der spez. Entladekapazität über der Anzahl der Vollzyklen dargestellt. Zu erkennen ist eine untypisch hohe Degradation der Lithium-Ionen-Pouch-Zellen. Dargestellt werden nur die ersten 300 Zyklen, bei denen bereits ein rapider Abfall des SOH erkennbar ist. Keine der betrachteten Testzellen erreicht 300 Zyklen mit einem Schwellwert von 80,00 % SOH. Im Vergleich dazu weisen die untersuchten Lithium-Ionen-Pouch-Zellen aus den Vorversuchen (VR 1) nach 300 Zyklen einen SOH über 96,00 % auf (vgl. Kapitel 0).

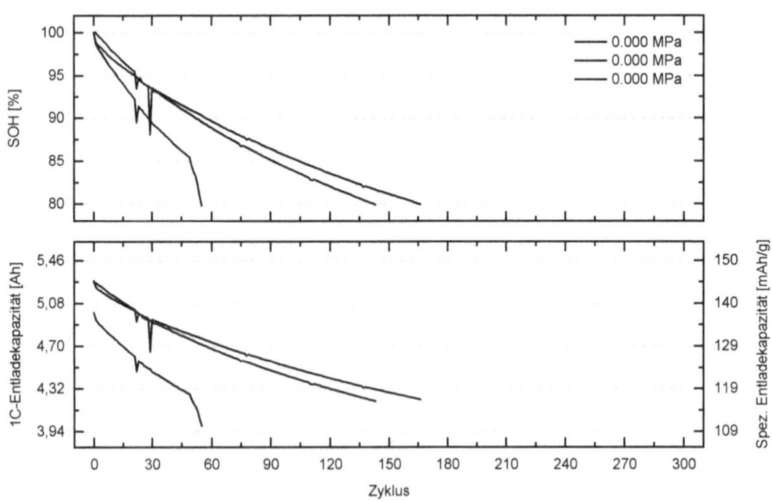

Abbildung 5.31: Zyklische Alterung der Testzellen aus VR2 (0,000 MPa)

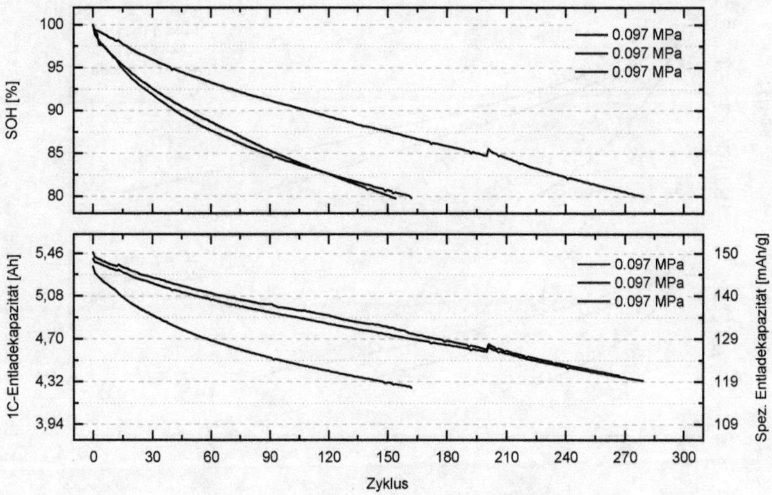

Abbildung 5.32: Zyklische Alterung der Testzellen aus VR2 (0,097 MPa)

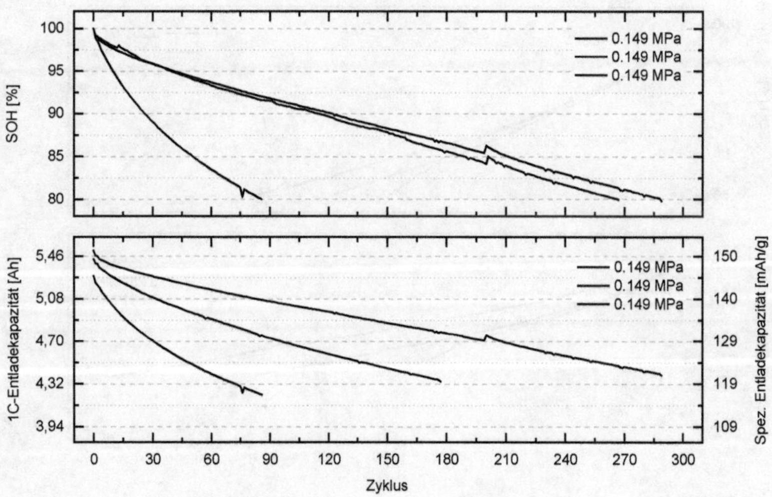

Abbildung 5.33: Zyklische Alterung der Testzellen aus VR2 (0,149 MPa)

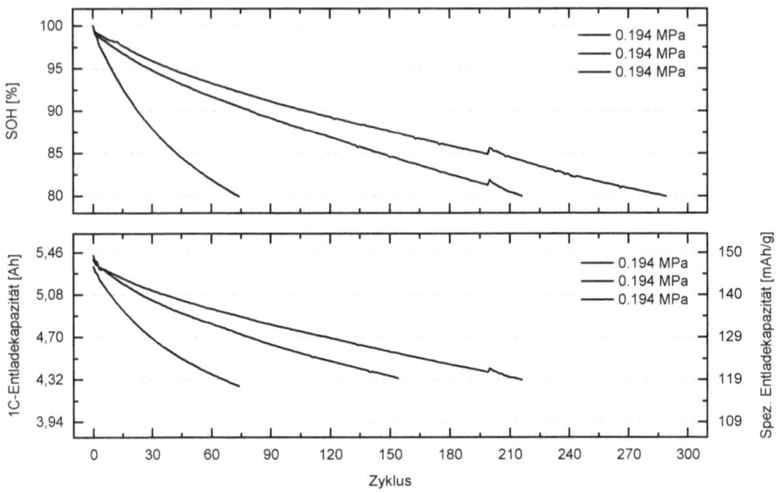

Abbildung 5.34: Zyklische Alterung der Testzellen aus VR2 (0,194 MPa)

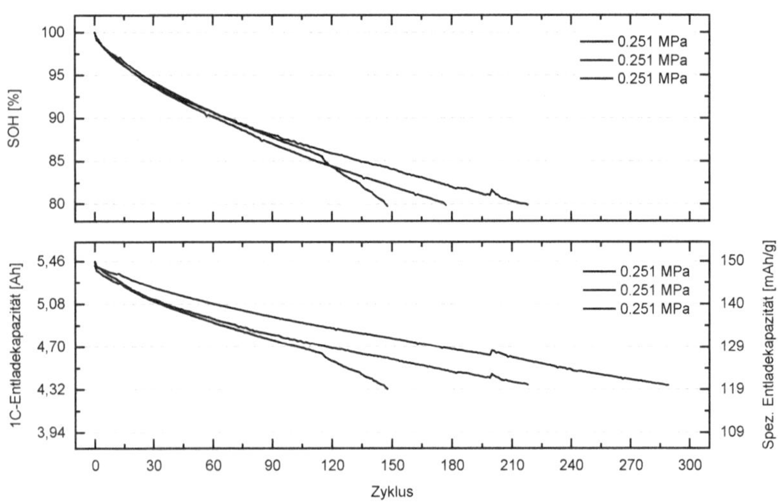

Abbildung 5.35: Zyklische Alterung der Testzellen aus VR2 (0,251 MPa)

Alle Testzellen weisen im gleichen Maße eine unverhältnismäßig starke Degradation auf. Dies lässt sich auf einen Produktionsfehler aller Testzellen zurückführen. Des Weiteren ist eine starke Abweichung der Testergebnisse bezogen auf die individuellen Testbedingungen zu beobachten. Am Beispiel der Testzellen ohne mechanische Verspannung kann eine Differenz der Zyklen mit dem Faktor 3 festgestellt werden. Bei den Testzellen mit einer initialen mechanischen Verspannung von 0,149 MPa ist sogar eine Abweichung mit dem Faktor 3,4 zu beobachten. Dies bekräftigt die Annahme, dass eine Abweichung in den Testergebnissen auf Produktionsfehler zurückzuführen ist. Das wird damit begründet, dass bei gleichen Bedingungen von einem gleichen Ergebnis auszugehen wäre. Eine detaillierte Beweisführung dieser Hypothese findet in dem folgenden Kapitel 5.6.1, Kapitel 5.6.2 und in einem Fazit in Kapitel 5.6.3 statt.

Bezogen auf die Einschätzung der Prozessqualität sind die Ergebnisse der zyklischen Alterung wertvoll, lassen aber keine Aussage bezogen auf die Bestimmung der Prozess-Qualitäts-Beziehungen mit mechanischer Verspannung formierter Testzellen zu. Die Versuchsergebnisse sind mithilfe von Verifizierungsversuchen (VR 3) zu untersuchen.

5.5.3 Zwischenfazit
Interim conclusion

Um die Qualität der Testzellen zu bestimmen, wurde sowohl eine Konditionierung als auch eine zyklische elektrische Belastung der Testzellen mit Vollzyklen durchgeführt. Bereits in der Konditionierung konnten Abweichungen der 1C-Entladekapazität und damit eine überdurchschnittliche zyklische Alterung der Testzellen festgestellt werden. Diese sind auf parasitäre Reaktionen aufgrund eines schlechten Elektrolyten zurückzuführen. Das gleiche Ergebnis ist bei der Bestimmung der Bemessungskapazität für die zyklische Alterung zu sehen.

In der zyklischen elektrischen Belastung der Testzellen mit Vollzyklen ist außerdem eine starke Degradation und damit ein rapider Abfall des SOH erkennbar, der eine maximale Zyklenfestigkeit von unter 300 Zyklen erzeugt. Wichtig zu beachten an dieser Stelle ist, dass alle Testzellen gleichermaßen schnell gealtert sind, was auf einen grundsätzlichen Fehler im System hindeutet.

Sowohl die Ergebnisse der Konditionierung (vgl. Kapitel 5.5.1) als auch die Ergebnisse der zyklischen Alterung (vgl. Kapitel 5.5.2) zeigen damit im Vergleich von VR 1 und VR 2 eine überaus starke Alterung der Lithium-Ionen-Pouch-Zellen aus VR 2 bezogen auf den SOH bzw. die 1C-Entladekapazität. Eine Zusammenfassung der Beobachtungen und Hypothesen ist in Tabelle 5.10 gegeben. Die Ergebnisse weisen hierbei alle auf erhöhte Nebenreaktionen des Elektrolyten und damit einen aktiven Lithiumverlust hin. Frühzeitige parasitäre Reaktionen, die den Innenwiderstand beeinflussen, kommen hinzu. Die Ergebnisse deuten darauf hin, dass es sich um Produktionsfehler handeln kann. Eine weitere Untersuchung in Form einer Post-mortem-Analyse (vgl. Kapitel 5.6) ist notwendig, um diese Aussagen zu bestätigen.

Tabelle 5.10: Hypothesenprüfung der Konditionierung und zyklischen Alterung

K/#	Aktion	Auswirkung	Erklärung	VR	TF
5.5.1 /030	Konditionierung der unter mechanischer Verspannung formierten Lithium-Ionen-Pouch-Zellen	Überdurchschnittliche Alterung der Lithium-Ionen-Pouch-Zellen in VR 2	Erhöhte fortlaufende Nebenreaktionen des Elektrolyten und damit aktiver Verlust von Lithium. Frühzeitige parasitäre Reaktionen, die den Innenwiderstand beeinflussen. Dies ist ein Hinweis auf Produktionsfehler.	2	5
5.5.2 /031	Konditionierung der unter mechanischer Verspannung formierten Lithium-Ionen-Pouch-Zellen	Bemessungsentladekapazität weicht in VR 2 stark nach unten ab, wobei VR 1 tendenziell nach oben abweicht und bessere Ergebnisse zeigt.	Erklärung analog zu 027. Dies ist ein Hinweis auf Produktionsfehler.	2	5
5.5.2 /032	Zyklische Alterung der unter mechanischer Verspannung formierten Lithium-Ionen-Pouch-Zellen	Untypisch hohe Degradation von VR 2. 60 bis 280 Zyklen bei 80,00 % SOH. Alle Lithium-Ionen-Pouch-Zellen weisen eine gleichermaßen starke Alterung auf.	Vgl. Abbildung 5.31, Abbildung 5.32, Abbildung 5.33, Abbildung 5.34 und Abbildung 5.35. Erklärung analog zu 027. Dies ist ein Hinweis auf Produktionsfehler.	2	5

K = Kapitel; VR = Versuchsreihe; TF = Teilforschungsfrage

5.6 Fehleruntersuchung

Error investigation

Aufbauend auf Kapitel 5.5 und damit der Konditionierung und der zyklischen Alterung der Lithium-Ionen-Pouch-Zellen wird in Kapitel 5.6 eine Analyse der starken Degradation in Form einer Post-mortem-Analyse durchgeführt und in Kapitel 5.6.1 beschrieben. Diese Untersuchungen waren notwendig, um die starke Degradation der Hauptversuche (VR 2) einschätzen zu können. Kapitel 5.6.2 ordnet die Ergebnisse in den Gesamtkontext ein und beschreibt die potentiellen Hintergründe der starken Degradation.

5.6.1 Post-mortem-Untersuchung

Post-mortem examination

Aufgrund der starken Degradation der Testzellen aus den Hauptversuchen (VR 2) wurden Post-mortem-Untersuchungen an ausgewählten zyklisch gealterten Lithium-Ionen-Pouch-Zellen nach Erreichen eines SOH von 80,00 % durchgeführt. Diese Untersuchungen dienten der makroskopischen Beurteilung der Alterungserscheinungen, wobei ein Lichtmikroskop zum Einsatz kam. Optische Aufnahmen der Post-mortem-Untersuchung sind in Abbildung 5.36 dargestellt.

Für die Post-mortem-Untersuchung wurde die Lithium-Ionen-Pouch-Zelle aus Sicherheitsgründen mit einem festen Widerstand tiefenentladen und in einer Argon-Atmosphäre (Wassergehalt < 0,1 ppm, Sauerstoffgehalt < 0,1 ppm) demontiert. In der Argon-Atmosphäre der Glovebox wurde die Lithium-Ionen-Pouch-Zelle aufgeschnitten und die Kontaktierungen zu den Ableitern gelöst. Anschließend wurden die gestapelten Elektrodenlayer und die Separatoren voneinander getrennt und nebeneinander ausgelegt.

Die in Abbildung 5.36 abgebildeten Komponenten zeigen (von links nach rechts) eines der äußeren Anodensheets, ein Anodensheet aus dem mittleren Bereich des Zellstapels, die der Anode zugewandte Seite eines Separatorsheets, die der Kathode zugewandte Seite eines Separatorsheets, ein Kathodensheet aus dem mittleren Bereich des Zellstapels und eines der äußeren Kathodensheets in Argon-Atmosphäre.

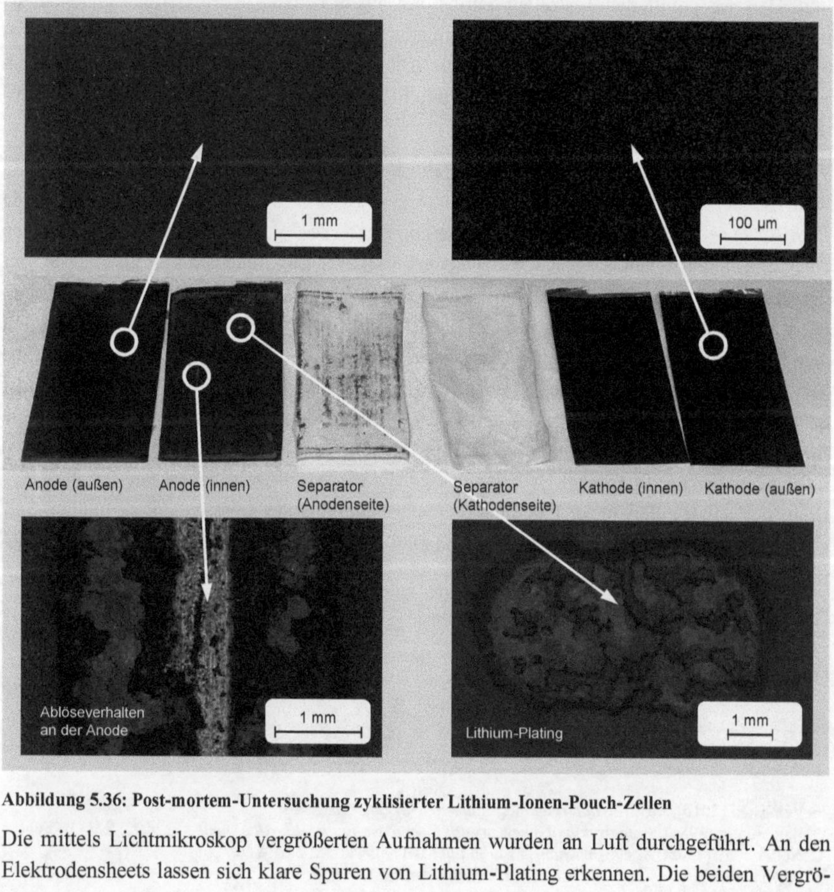

Abbildung 5.36: Post-mortem-Untersuchung zyklisierter Lithium-Ionen-Pouch-Zellen

Die mittels Lichtmikroskop vergrößerten Aufnahmen wurden an Luft durchgeführt. An den Elektrodensheets lassen sich klare Spuren von Lithium-Plating erkennen. Die beiden Vergrößerungen im oberen Abschnitt zeigen ein äußeres Anodensheet (links) sowie ein äußeres Kathodensheet (rechts) des Zellstapels ohne makroskopisch sichtbare Alterungserscheinungen. Im unteren Abschnitt der Abbildung wird das Ablösen des Aktivmaterials an der Anode hervorgehoben, welches teilweise bis zum Ableiter (Kupfer) reicht.

Diese Qualitätsfehler wurden auf die Verwendung eines fehlerhaften Elektrolyten zurückgeführt. Die Herleitung ist im folgenden Kapitel 5.6.2 dargestellt. Es bestand damit die Notwendigkeit, die Ergebnisse aus den Hauptversuchen (VR 2) mit einer erneuten Versuchsreihe analog zu den Hauptversuchen zu verifizieren (VR 3).

5.6.2 Einordnung der Ergebnisse

Classification of the results

Aufgrund der klaren Indizien bezüglich eines Produktionsfehlers wurden neue Lithium-Ionen-Pouch-Zellen mit Elektroden aus demselben Batch sowie den gleichen Materialien assembliert. Diese assemblierten Testzellen wurden mit einem neuen Elektrolyten der gleichen Art befüllt, formiert und zyklisch gealtert. In den ersten 200 Zyklen ließ sich kein drastischer Kapazitätsabfall beobachten. Der zuvor festgestellte rapide Kapazitätsverlust konnte demnach auf einen fehlerhaften Elektrolyten zurückgeführt werden. Ursache könnte eine Kontamination des Elektrolyten mit Spuren von Wasser sein.

Wenn Spuren von Wasser an den Elektrolyten gelangen, kann bei der Reaktion des $LiPF_6$ mit dem Wasser Fluorwasserstoff (HF) entstehen. Aufgrund des Mangans in der Kathode (NMC622) wird die Dispoportionierungsreaktion gefördert[415]. Tritt dieser Fall ein, werden Übergangsmetall-Ionen, insbesondere Mangan[416], aus der Elektrodenstruktur gelöst. Dies bedeutet, dass Aktivmaterial reduziert wird und es infolgedessen zu einem Kapazitätsverlust an der Kathode kommt. Zusätzlich kann eine Diffusion der ausgelösten Mangan-Ionen hin zur Anode stattfinden und sich dort reduktiv abscheiden. Das vergiftet die Anode und hemmt die SEI-Bildung[417]. Aufgrund dieses Mechanismus kann die Graphit-Elektrode lokal nicht vor der CO-Interkalation der negativ geladenen Solvathüllen-Ionen geschützt werden, was zur Folge hat, dass die Graphenschichten aufbrechen (Exfolation) und die SEI lokal weiter zerstört wird. Infolgedessen können durch Solvent-Moleküle die Pfade im Kristallgitter des Graphits blockiert und somit eine weitere Interkalation und Deinterkalation des Lithiums verhindert werden[418]. Abschließend kann die starke Degradation mithilfe der beschriebenen Disproportionierungsreaktion und der daraus entstehenden Exfolation durch Co-Interkalation der Solvent-Moleküle erklärt werden.

---

[415] Vgl. Theil (2016): *Elektrolytalterung in Lithium-Ionen-Batterien*, S. 20.

[416] Vgl. Hunter (1981): *Preparation of a new crystal form of manganese dioxide: lambda-MnO2*, S. 143ff; Vgl. Vetter et al. (2005): *Ageing mechanisms in lithium-ion batteries*, S. 272.

[417] Vgl. Theil (2016): *Elektrolytalterung in Lithium-Ionen-Batterien*, S. 19f.

[418] Vgl. Theil (2016): *Elektrolytalterung in Lithium-Ionen-Batterien*, S. 20.

Basierend auf der Riss- und Reparaturtheorie[419] wird sich die SEI bei lokaler Zerstörung, z. B. Exfolation wie in der zuvor beschriebenen Theorie, regenerieren. Bei der Regenerierung wächst die SEI und damit der Li^+-Ionen-Festkörperleiter und erhöht so den Innenwiderstand der Lithium-Ionen-Pouch-Zelle. Der serielle Innenwiderstand R_i – anteilig bestehend aus den ohmschen Widerständen des Elektrolyten, der Aktivmassen, der Ableiter, der elektrischen Kontaktierung zwischen Ableiter und Aktivmassen sowie weiterer rein ohmscher Anteile zu diskreten Zeitpunkten der Lithium-Ionen-Pouch-Zelle – ist in Abbildung 5.37 dargestellt.

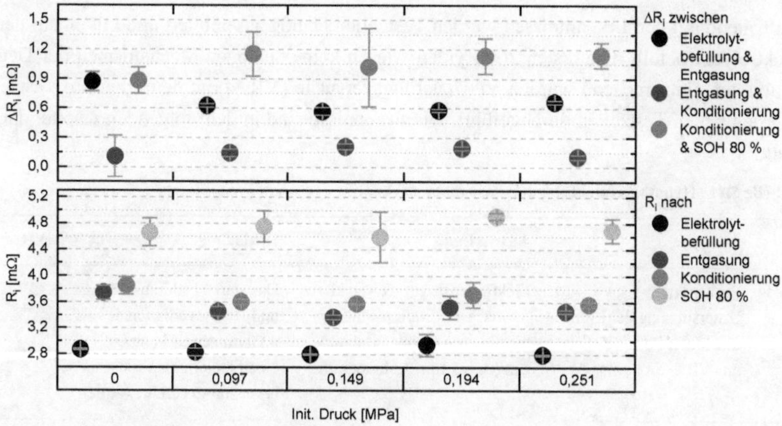

Abbildung 5.37: Serieller Innenwiderstand der Lithium-Ionen-Pouch-Zelle

Der Innenwiderstand steigt durch die zyklische Alterung kontinuierlich an. Der Innenwiderstand R_i ist nach der Konditionierung bis zum Erreichen des Schwellenwerts SOH 80,00 % um ΔR_i zwischen 0,9 mΩ und 1,2 mΩ abgewichen. Bezogen auf die mit mechanischer Verspannung formierten Testzellen ergibt sich eine tendenzielle Abweichung um 1,2 mΩ. Entsprechend für die Testzellen, welche ohne mechanische Verspannung formiert wurden, nur eine Abweichung von tendenziell 0,9 mΩ. Der Innenwiderstand der zyklisch gealterten Testzellen liegt zwischen 4,7 mΩ und 5,0 mΩ. Die Zunahme des Innenwiderstands stützt die Hypothese des entstandenen HF, welches aufgrund seiner korrosiven Eigenschaften die Batteriezellkomponenten angreift und damit die Kontakteigenschaften zwischen Aktivmaterial und Ableiter beschädigen kann. Die makroskopischen Alterungserscheinungen konnten in einer Post-mortem-Analyse in Kapitel 5.6.1 untersucht und nachgewiesen werden. Das von dem Kupferableiter abgelöste Aktivmaterial an der Anode haftet bei der Disassemblierung an dem Separator, wohingegen die der Kathode zugewandten Seiten keine Spuren einer Ablösung aufwiesen.

---

[419] Vgl. Laresgoiti et al. (2015): *Modeling mechanical degradation in lithium ion batteries during cycling: Solid electrolyte interphase fracture*, S. 121.

5.6.3 Zwischenfazit

Interim conclusion

Die auf den Ergebnissen aus Kapitel 5.5 aufbauende Post-mortem-Untersuchung hat gezeigt, dass an der Anode starke Spuren eines Lithium-Plating zu erkennen sind. Darüber hinaus konnte ein Ablösen des Aktivmaterials an der Anode identifiziert werden. Diese Mechanismen bekräftigen die Verwendung eines fehlerhaften Elektrolyten. Die Beobachtungen sind in einer Zusammenfassung in Tabelle 5.11 dargestellt.

Aufbauend auf den Erkenntnissen wurden Testzellen analog assembliert und mit einem neuen Elektrolyten befüllt. Die ersten 200 Zyklen wiesen keine analogen Mechanismen der Degradation auf. Entsprechend wurden Verifizierungsversuche (VR 3) mit dem gleichen Testsetup und den neuen Testzellen durchgeführt. Die Ergebnisse sind in dem folgenden Kapitel dargestellt.

Tabelle 5.11: Hypothesenprüfung der Post-mortem-Analyse

K/#	Aktion	Auswirkung	Erklärung	VR	TF
5.6.1 /033	Post-mortem-Untersuchung der Lithium-Ionen-Pouch-Zellen aus VR 2	Elektrodensheets weisen klare Spuren von Lithium-Plating bis hin zu Aktivmaterialablösungen bis zum Ableiter auf.	Das starke Lithium-Plating und Ablöseverhalten des Aktivmaterials kann auf einen fehlerhaften Elektrolyten zurückgeführt werden.	2	5
5.6.2 /034	Post-mortem-Untersuchung der Lithium-Ionen-Pouch-Zellen aus VR 2		Kontamination des Elektrolyten mit Spuren von Wasser führt zu Reaktionen, die die Exfolation fördern, womit die starke Degradation auf Grundlage der Riss- und Reparaturtheorie erklärt wird.	2	5
5.6.2 /035	Zyklische Alterung der Lithium-Ionen-Pouch-Zellen aus VR 2	Kontinuierlich ansteigender Innenwiderstand während der zyklischen Alterung der Lithium-Ionen-Pouch-Zellen	Innenwiderstandserhöhung stützt die Annahme der Entstehung von HF (vgl. 031), welches aufgrund der korrosiven Eigenschaften die Zellkomponenten angreift.	2	5

K = Kapitel; VR = Versuchsreihe; TF = Teilforschungsfrage

5.7 Verifizierungsversuche zum Abgleich der Ergebnisse

Verification tests to reconcile the results

Aufbauend auf der Ergebnisdarstellung in den Kapiteln 5.2 bis 5.5 werden in diesem Kapitel die Hauptversuche (VR 2) mit den Verifizierungsversuchen (VR 3) bezüglich der Prozesszeit, der Kapazität und der Druckentwicklung verglichen. Die Gegenüberstellung dient der Vergleichbarkeit und Verifizierung der Versuchsergebnisse. Die Versuchsdurchführung ist analog zu der Beschreibung in Kapitel 4.3.1 erfolgt.

5.7.1 Prozesszeit der Formierung

Formation process time

Bezogen auf die Prozesszeit der Formierung ist in Abbildung 5.38 eine Gegenüberstellung der Versuche dargestellt. Abgebildet sind eine Referenzmessung ohne mechanische Belastung (links), die durchschnittliche Formierungszeit der Hauptversuche (Mitte) sowie der Verifizierungsversuche (rechts) bezogen auf die Prozesszeit. Die Standardabweichung der Gesamtdauer der Formierung, die Summe aus CC-Lade-, CV-Lade- und CC-Entladedauer ist über Abweichungsbalken dargestellt.

Der Vergleich zeigt deutlich, dass die Dauer der CC-Phase des Lade- sowie Entladevorgangs der Formierung eine maximale Abweichung von 2,8 min bezogen auf die beiden VR 1 und VR 2 aufweist. Darüber hinaus lässt sich bei der VR 3 feststellen, dass entgegen der VR 2 eine weitere zeitliche Verkürzung der CV-Phase auch bei 0,194 MPa erkennbar ist. Beispielhaft wurde für die VR 3 eine um 15,9 min verkürzte Prozesszeit der Formierung durch eine initiale Druckbelastung von 0,194 MPa gegenüber der VR 2 gemessen. Somit ist auch eine insgesamt verringerte Prozesszeit bei der VR 3 zu erkennen.

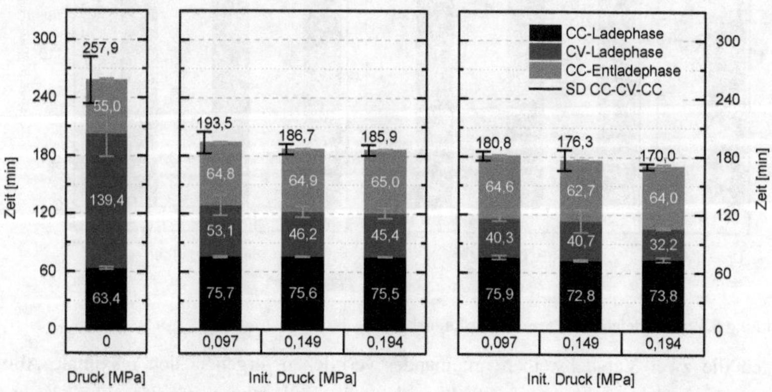

Abbildung 5.38: Vergleich der Formierungszeit

Bezogen auf die Referenzmessungen (links) bei 0,000 MPa ergibt sich eine durchschnittliche prozentuale Reduzierung der Prozesszeit der Formierung in der VR 3 von 31,90 %. Diese Reduzierung liegt 4,90 % unter der durchschnittlichen Prozesszeitreduzierung der VR 2.

Wird darüber hinaus die mechanische Verspannung mit konstanter Weglänge aus den Hauptversuchen (VR 2) und den Verifizierungsversuchen (VR 3) mit den Ergebnissen der mechanischen Verspannung mit konstantem Druck aus den Vorversuchen (VR 1) verglichen, lässt sich eine stärkere Prozesszeitreduzierung bei der VR 2 und VR 3 erkennen. Die durchschnittliche Prozesszeitreduzierung der VR 1 liegt bei 27,20 %.

5.7.2 Kapazität der formierten Testzellen

Capacity of the test cells after formation

Bezogen auf die Formierungskapazität ist in Abbildung 5.39 die Gegenüberstellung der Versuche dargestellt. Abgebildet sind eine Referenzmessung ohne mechanische Belastung (links), die durchschnittliche Formierungszeit der Hauptversuche (Mitte) sowie der Verifizierungsversuche (rechts) bezogen auf die Ladekapazität, zusammengesetzt aus CC- und CV-Ladephase, und die Entladekapazität bei einer Stromrate von 1C.

Der Vergleich zeigt, dass bei den Hauptversuchen die Ladekapazitäten zwischen 7,02 und 7,11 Ah und die Entladekapazität zwischen 5,40 und 5,52 Ah liegt. Damit ergibt sich für die Ladekapazität eine geringe maximale Abweichung der Werte von ± 1,27 % und für die Entladekapazität von ± 2,20 %. Werden die Verifizierungsversuche betrachtet, ergeben sich für die Ladekapazität Werte im Bereich 6,77 und 7,07 Ah sowie für die Entladekapazität Werte zwischen 5,23 und 5,39 Ah. Entsprechend ergeben sich interne Abweichungen der Versuche für die Ladekapazität von ± 4,37 % und für die Entladekapazität von ± 3,10 %.

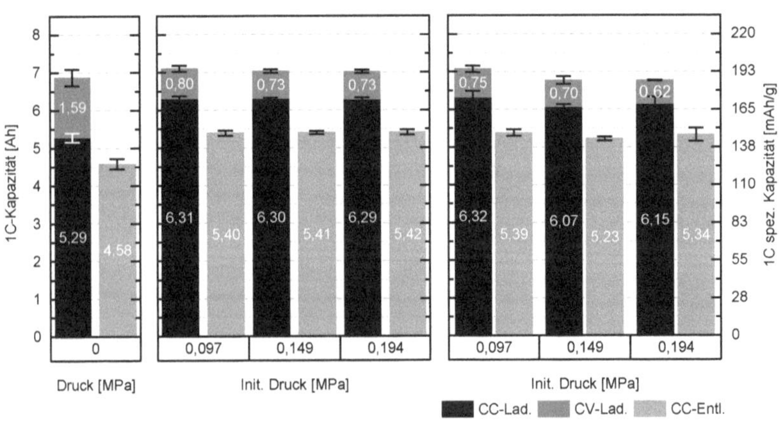

Abbildung 5.39: Vergleich der Formierungskapazität

Werden die zwei Versuchsreihen miteinander verglichen, ergeben sich maximale Abweichungen der Ladekapazität von ± 4,90 % und für die Entladekapazität von ± 3,57 %. Insgesamt zeigt der Vergleich der Formierungskapazität der Hauptversuche mit den Verifizierungsversuchen eine sehr ähnliche Auswirkung der initialen Druckbelastung bei der Formierung auf die gemessene Ladungsmenge der Lithium-Ionen-Pouch-Zellen.

5.7.3 Druckentwicklung während der Formierung

Pressure development while formation

Folgend werden die beiden Versuchsreihen VR 2 und VR 3 hinsichtlich der Druckentwicklung gegenübergestellt. In Abbildung 5.40 wird der während der Formierung mit dem Druckaufnehmer aufgenommene Druck in MPa für VR 2 und VR 3 über der Lade- und Entladekapazität dargestellt.

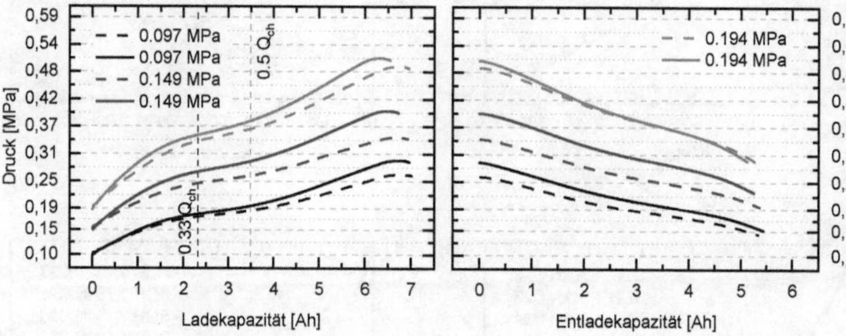

Abbildung 5.40: Vergleich der Druckentwicklung

Bezogen auf die beiden Versuchsreihen sind gleiche charakteristische Verläufe für den aus der aufgezeichneten Kraft resultierenden Druck über der Kapazität zu erkennen. Die Verifizierungsversuche weichen hierbei leicht, aber konstant nach oben gegenüber den Hauptversuchen ab. Dieses Verhalten könnte auf die tendenziell kleineren Gastaschen der Lithium-Ionen-Pouch-Zellen zurückgeführt werden, welche sich aufgrund der Komplikationen mit der Siegelnaht in den Verifizierungsversuchen ergeben haben.

Insgesamt zeigen die Hauptversuche und die Verifizierungsversuche aber den gleichen charakteristischen Verlauf des Druckes über der Kapazität, weshalb die gewonnen Erkenntnisse und getroffenen Annahmen aus den vorangegangenen Kapiteln weiterhin ihre Gültigkeit behalten.

5.7.4 Zyklische Alterung der Testzellen

Cyclic aging of the test cells

Aufbauend auf den erneut durchgeführten Untersuchungen ist die Produktqualität hinsichtlich der zyklischen Alterung zu bewerten bzw. validieren. Prämisse der Untersuchung stellt weiterhin eine gleichbleibende oder verbesserte Qualität der Testzellen dar. Die folgende Untersuchung folgt den Ergebnissen und Durchführungen aus Kapitel 5.5.2 bzw. der Versuchsbeschreibung aus Kapitel 4.3.3. Die Untersuchungsergebnisse sind in Abbildung 5.41 dargestellt. In der Abbildung sind oben links die Zyklisierungsergebnisse der nicht verspannten, oben rechts die mit 0,850 kN verspannten, unten links die mit 1,300 kN verspannten und unten rechts die mit 1,700 kN verspannten Lithium-Ionen-Batteriezellen dargestellt. Anhand der Ergebnisse lassen sich verschiedene Rückschlüsse auf die Qualität der untersuchten Lithium-Ionen-Batteriezellen treffen, welche im Folgenden dargestellt werden.

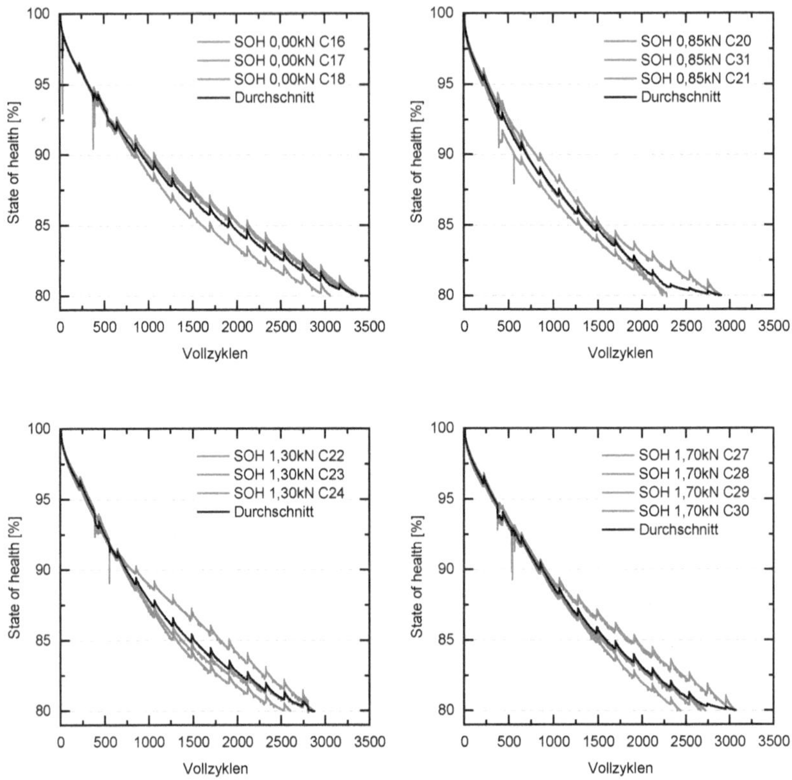

Abbildung 5.41: Zyklisierungsdaten der Lithium-Ionen-Batteriezellen

Bezogen auf das Abbruchkriterium von 80,00 % SOH haben alle verspannten und nicht verspannten Lithium-Ionen-Batteriezellen durchschnittlich 2875 bis 3375 Zyklen erreicht. Demnach liegen alle untersuchten Lithium-Ionen-Batteriezellen bei Erreichen des Abbruchkriteriums in einer Abweichung von ca. ± 8,00 %. Neben der Untersuchung der grundsätzlichen Überlebensfähigkeit wird die Zyklenfestigkeit im Detail untersucht. Hierbei sind ca. 250 bis 500 zusätzliche Zyklen bei den Lithium-Ionen-Batteriezellen ohne mechanische Verspannung zu erkennen. Es ist hierbei von einer prozentualen Abweichung von 7,00 bis 15,00 % auszugehen. Mit dieser Aussage lässt sich eine qualitativ schlechtere Zyklisierungsfestigkeit bei den Lithium-Ionen-Batteriezellen beobachten, welche mit einer mechanischen Verspannung formiert wurden. Es ist zu berücksichtigen, dass die Abweichung der Ergebnisse innerhalb einer Versuchsreiche bis zu ca. 500 bis 700 Zyklen auseinander liegen. Demzufolge liegen die absoluten Abweichungen der Versuchsreichen unter den Abweichungen der einzelnen Versuche.

Es lässt sich festhalten, dass die Abweichungen der Testzellen innerhalb eines Kriteriums, z. B. keine Verspannung, bereits mit großen Abweichungen belegt sind und diese die Abweichungen der Testzellen bezogen auf die verschiedenen Kriterien übersteigt. Eine klare Aussage zu der Qualität der Testzellen kann hiermit nicht abschließend getroffen werden.

5.7.5 Zwischenfazit

Interim conclusion

Aufbauend auf den Hauptversuchen (VR 2) wurden Verifizierungsversuche (VR 3) durchgeführt, da der verwendete fehlerhafte Elektrolyt zu einer rapiden Degradation der Testzellen geführt hat. Demnach wurde ein neuer Elektrolyt mit analog assemblierten Testzellen für die Verifizierungsversuche genutzt. Es lassen sich keine wesentlichen Abweichungen bezogen auf die Prozesszeit und die beschriebenen Ergebnisse aus Kapitel 5.2 erkennen. Auch bezogen auf die Kapazität und die Druckentwicklung während der Formierung ergeben sich sehr vergleichbare Ergebnisse. Die zyklische elektrische Belastung der Testzellen mit Vollzyklen zeigt eine moderat gleiche Alterung, da keine Testzellen untypisch früh ausgefallen sind.

5.8 Zwischenfazit

Interim conclusion

Durch die Vorversuche konnten thermische und mechanische Einflüsse auf die elektrochemischen Prozesse in der Formierung von Lithium-Ionen-Zellen nachgewiesen werden. Hohe mechanische Verspannungen zeigen eine reduzierte Zellerwärmung während der Formierung. Erhöhte Umgebungstemperaturen bzw. externe mechanische Verspannung führen zu einer Zunahme der CC-Lade- und -Entladekapazität sowie einer Abnahme der CV-Ladekapazität. Es wurde bewiesen, dass die Prozesszeit in der Formierung durch thermische und mechanische Einflüsse entscheidend verkürzt werden kann. Bezüglich der Zellperformance ließ sich ein positiver Effekt der mechanischen Verspannung bei hohen Umgebungstemperaturen nachweisen. So lässt sich durch den mechanischen Einfluss in der Formierung zum einen der Kapazitätsverlust im ersten Zyklus der hochtemperierten Formierung stark reduzieren, zum anderen ergibt sich innerhalb der kalendarischen Reifung eine verbesserte Kapazitätserhaltung bei einer Formierung mit einer mechanischen Verspannung. Die Reifelagerung hat nur einen vernachlässigbaren Einfluss auf die Ergebnisse, weswegen dieser Schritt in den Hauptversuchen ausgelassen wurde.

Mithilfe der Hauptversuche konnten die mechanischen und thermischen Implikationen bei einer Formierung mit mechanischer Verspannung in Form einer konstanten Wegverspannung und 20 °C Umgebungstemperatur aufbauend auf den Vorversuchen im Detail untersucht werden. Es konnte nachgewiesen werden, dass die mechanische Belastung mittels einer konstanten Weglänge bezogen auf die Formierungszeit sehr ähnliche Ergebnisse wie mit einer konstanten Kraftbelastung erzeugt. Es lässt sich festhalten, dass die mechanische Belastung eine wesentliche Prozesszeitverkürzung von bis zu 34,00 % ermöglicht.

Bezogen auf die Kapazität und damit eine gleichbleibende Qualität wurde gezeigt, dass im Mittel bei mechanischer Verspannung eine erhöhte Entladekapazität von 18,10 % erzeugt werden kann. Darüber hinaus lassen sich verschiedene Nebenreaktionen mit der Verspannung hemmen oder verhindern und eine bessere Ausbildung der SEI fördern. Somit konnten bei

Betrachtung der Kapazität als Qualitätskriterium der Testzellen Wirkungszusammenhänge zwischen der mechanischen Verspannung und der Qualität hergestellt werden, die eine Optimierung der Qualität hervorrufen.

Bezogen auf den Druckverlauf der Testzellen bei der Formierung mit mechanischer Verspannung lassen sich darüber hinaus Effekte beobachten, welche Rückschlüsse auf das Verhalten der Testzellen zulassen. Bei Applizierung der Stromrate von 1C während der Formierung steigt die gemessene Kraft am Kraftaufnehmer und resultierend der Druck rapide an, wobei der Gradient vor Erreichen eines Drittels der Ladekapazität wieder abflacht. Ein erneuter Anstieg des Gradienten ist ab 0,5 Q_{ch} zu beobachten. Dieser Verlauf der Lithiierungsphasen wurde der Graphitausdehnungskurve gegenübergestellt und eine starke Korrelation festgestellt. Es konnte ein erster Zusammenhang zwischen der SEI-Bildung und dem Druck hergestellt werden. Bei Betrachtung verschiedener Verspannungen ließ sich feststellen, dass der Gradient des Druckes sowie die resultierende Zelldicke mit steigenden initialen Verspannungen ansteigen.

Neben der Betrachtung des Druckverlaufs ist die Betrachtung des Temperaturverlauf während der Formierung elementar, um die Qualität der Testzellen zu beurteilen. Die mechanische Verspannung hat während der Versuchsreihen keinen signifikanten Einfluss auf die Wärmeentwicklung bzw. die Wärmeverlustenergie gezeigt. Es konnte eine Wärmeverlustenergie des Ladevorgangs von ca. 1 bis 2 Wh und des Entladevorgangs von 0,1 bis 0,8 Wh berechnet werden. Eine mechanische Belastung bewirkt grundsätzlich einen erhöhten Gradienten der Wärmeentwicklung, was mit der gesteigerten Prozesszeitreduktion korrespondiert. Darüber hinaus konnten lokale Wärmehotspots bei der Formierung visualisiert werden, welche in das Design des Warenträgers eingeflossen sind.

Aufbauend auf den Hauptversuchen wurden Verifizierungsversuche durchgeführt, da der verwendete fehlerhafte Elektrolyt zu einer rapiden Degradation der Testzellen geführt hat. Demnach wurde ein neuer Elektrolyt mit analog assemblierten Testzellen für die Verifizierungsversuche genutzt. Es lassen sich keine wesentlichen Abweichungen bezogen auf die Prozesszeit und die beschriebenen Ergebnisse aus Kapitel 5.2 erkennen. Auch bezogen auf die Kapazität und die Druckentwicklung während der Formierung ergeben sich sehr vergleichbare Ergebnisse. Ebenso zeigt die zyklische elektrische Belastung der Testzellen mit Vollzyklen eine moderat gleiche Alterung, da keine Testzellen untypisch früh ausgefallen sind.

Mit Bezug auf die Prozesszeit bei Verspannung mit konstanter Weglänge bzw. mit konstanter Kraftbelastung und der dadurch erzielten Ladungsmengen der verschiedenen Versuche aus den vorangegangenen Kapiteln kann eine klare Empfehlung hinsichtlich einer Verspannung der Batteriezellen in einem Warenträger mit konstanter Weglänge ausgesprochen werden. Die Abbildung einer konstanten Kraftbelastung ist nicht notwendig, da damit höhere Investitionskosten für den Warenträger einhergehen und die Ergebnisse bezogen auf die Kapazität und die Prozesszeit keine wesentlichen Verbesserungen erzielt haben. Die Formierung von initial verspannten Zellen erzielt kürzere Formierungszeiten bei gleichen Ladungsmengen. Demnach können die Kosten für die Entwicklung eines Kraftregelsystems eingespart werden.

Tabelle 5.12: Kernaussagen der Ergebnisevaluierung aus Kapitel 5

	Mechanische Beeinflussung	**Kap.**	**Thermische Beeinflussung**	**Kap.**
Prozesszeit	**TF 1:**		**TF 2:**	
Prozesszeit	Einfluss von mechanischer Verspannung auf die elektrochemischen Prozesse und die Prozesszeit bei der Formierung wurde anhand der Versuche bestätigt.	5.2	Thermische Einflüsse auf die elektrochemischen Prozesse und die Prozesszeit bei der Formierung wurden anhand der Versuche bestätigt.	5.2
Prozesszeit	Prozesszeit kann durch Anpassung der mechanischen Verspannung entscheidend um bis zu 34,00 % verkürzt werden.	5.2	Prozesszeit kann durch Anpassung der Umgebungstemperatur um bis zu 17,00 % verkürzt werden.	5.2
Prozessimplikationen	**TF 3:**		**TF 4:**	
Prozessimplikationen	Belastung mit konstanter Weglänge sowie konstanter Kraftbelastung erzeugen, bezogen auf die Prozesszeit, ähnliche Ergebnisse.	5.3	Starker Anstieg der Zelloberflächentemperatur bei Applizierung eines Stroms sowie Abklingen des Temperaturgradienten in der CV-Phase.	5.4
Prozessimplikationen	Mit steigenden Initialverspannungen erhöhen sich die Gradienten des Drucks und erzeugen damit eine größere Druckzunahme während der Formierung.	5.3	Mechanische Verspannung hat keinen signifikanten Einfluss auf Wärmeentwicklung bzw. Wärmeverlustenergie.	5.4
Prozessimplikationen	Mechanische Verspannungen senken den Temperaturgradienten bei hohen Temperaturen, hemmen damit die Nebenreaktionen und erzeugen eine bessere SEI.	5.3	Mechanische Verspannung bewirkt erhöhten Gradienten der Wärmeentwicklung, was mit der Prozesszeitreduktion korrespondiert.	5.4
Prozessimplikationen	Es lassen sich Korrelationen zwischen dem aufgenommenen Druck bzw. der Druckänderung und der SEI-Bildung herleiten.	5.3	Wärmespots konnten visualisiert werden. Die Tabs stellen Wärmesenken dar.	5.4
Prozessimplikationen	Hohe mechanische Verspannungen reduzieren die Zellerwärmung.	5.3		
Qualität	**TF 5:**			
Qualität	Erhöhte mechanische Verspannungen führen zu einer Zunahme der CC-Lade- und -Endladekapazität sowie einer Abnahme der CV-Ladekapazität. Entladekapazitätssteigerung von bis zu 18,00 %.			5.2
Qualität	Reduziertes lokales Expansionsvolumen und entstehende Gase durch mechanische Verspannung.			5.2
Qualität	Positiver Effekt durch mechanische Verspannungen bei erhöhten Temperaturen hinsichtlich der Qualität durch eine Reduzierung des Kapazitätsverlustes sowie eine bessere Kapazitätserhaltung.			5.4
Qualität	Die Batteriezellen erreichen alle die notwendige Zyklenanzahl bei SOH 80 %.			5.5

6 Entwicklung und Aufbau einer integrierten Formierungsvorrichtung

Validation: Development and construction of an integrated formation device

Die vorangegangenen Kapitel haben gezeigt, dass insbesondere die mechanische Verspannung verschiedene positive Effekte auf den Prozessschritt Formierung hat. Durch den Stand der Technik (Kapitel 2) ist bekannt, dass dies nur unzureichend im wissenschaftlichen Umfeld untersucht wurde. Aufbauend auf den Ergebnissen dieser Arbeit wird in Kapitel 6 eine Anforderungsanalyse bzw. -definition sowie die Entwicklung eines Demonstrators zur Optimierung des Formierungsprozesses durchgeführt. Dieser Warenträger basiert auf grundsätzlichen Arbeiten zu diesem Thema an dem Lehrstuhl PEM RWTH Aachen University, welche in Form eines Patents veröffentlicht wurden. Die vollständige Beschreibung des Patents und damit die Grundlage für die beschriebene konsistente Weiterentwicklung basierend auf den Ergebnissen dieser Arbeit ist dem Patent WO 2020/239927 A1[420] zu entnehmen.

Das Patent WO 2020/239927 A1 umfasst die Beschreibung der Erfindung eines Warenträgersystems inklusive eines Warenträgers und eines Zellträgers zur Formierung von Batteriezellen. Der Warenträger besitzt eine Führungseinrichtung zur Aufnahme der Zellträger inklusive einer Kontaktierung der Batteriezellen zur Stromführung und einer Spannvorrichtung zu Applizierung eines Drucks. Teil des Warenträgersystems sind Kühlkörperstirnplatten, welche teilweise mit einer Kraftmesseinrichtung versehen sein können, um die applizierte Verspannung zu messen. Hierdurch lässt sich die Kraft gezielt einstellen und während der Formierung messen und kontrollieren. Neben den Kühlkörperstirnplatten besitzt das System Kühlkörperplatten, welche mit einer aktiven Kühlmediumführung ausgestattet sind. Zusätzlich zu Lager- und Gewindestangen weist die Vorrichtung Kontaktiereinheiten auf, welche über Federkontaktstifte realisiert werden.[420]

Es empfiehlt sich grundsätzlich, eine Produktentwicklung entsprechend der VDI 2221 durchzuführen. Daher wurde die folgende Entwicklung des Demonstrators eines Warenträgers an diese Richtlinie angelehnt[421]. Hierzu wird in Kapitel 6.1 eine Anforderungsanalyse durchgeführt, die sowohl die notwendigen Anforderungen aus den vorangegangenen Kapiteln wie der mechanischen Verspannung der Lithium-Ionen-Pouch-Zellen als auch die generell notwendigen Anforderungen an den Prozess aufnimmt. Darauf aufbauend wird in Kapitel 6.2 der entwickelte und umgesetzte Demonstrator zur Formierung von Lithium-Ionen-Batteriezellen mit einer mechanischen Verspannung vorgestellt. Hierbei wird auf die mechanische, elektrische und thermische Auslegung des Formierungsträgers eingegangen. Abschließend wird in Kapitel 6.3 ein Zwischenfazit der Warenträgerentwicklung gezogen und eine Potentialanalyse aufbauend auf den gewonnenen Erkenntnissen durchgeführt.

---

420 Vgl. vom Hemdt et al. (2020): *Goods Carrier*.

421 Vgl. Verein Deutscher Ingenieure (2019): *VDI 2221 Blatt 1, Entwicklung technischer Produkte und Systeme - Modell der Produktentwicklung*, S. 35ff.

6.1 Anforderungsanalyse an die Formierungsvorrichtung

Requirements analysis for the formation device

Ziel der Entwicklung sowie Zweck des Warenträgers zur optimierten Formierung von Lithium-Ionen-Pouch-Zellen sind die Erfüllung der in Kapitel 2.5 formulierten wissenschaftlichen Fragestellungen und Hypothesen. Damit adressiert die Entwicklung des optimierten Warenträgers für die Formierung von Lithium-Ionen-Pouch-Zellen die Reduzierung der Prozesszeit und so die Verringerung der damit verbundenen Prozesskosten und die gleichbleibende bzw. verbesserte Qualität des Produktes. Anhand dieser Zielsetzung werden folgend die Anforderungen an die Formierungsvorrichtung basierend auf den vorangegangenen Kapiteln dargestellt.

Die grundlegenden Anforderungen an den Formierungswarenträger lassen sich hinsichtlich verschiedener Cluster deklarieren. Zunächst müssen die aus der Untersuchung ableitbaren und notwendigen Prozessparameter definiert werden. Dies wird basierend auf den Ergebnissen aus Kapitel 5 vorgenommen. Untersucht wurden die mechanische Verspannung und die Anpassung der Umgebungstemperatur der Lithium-Ionen-Pouch-Zellen. Basierend auf den Vorversuchen (vgl. Kapitel 5.1) wurde in den Hauptversuchen und den Verifizierungsversuchen keine weitere Betrachtung der Umgebungstemperatur vorgesehen, da deren Auswirkung auf die Prozesszeit und die Prozessqualität negativ bis vernachlässigbar war. Vielmehr wurde identifiziert, dass es notwendig ist, eine gleichbleibende Temperatur zu gewährleisten. Folgend wird eine mechanische Verspannung inklusive einer Temperierung im Rahmen der Entwicklung des Formierungswarenträgers vorgesehen.

Es können aufbauend auf den Ergebnissen Anforderungen an das System definiert werden. Diese Anforderungen sind unabhängig von den Ursachen zu betrachten, die zu dem dargestellten Verlauf der Zellausdehnung führen. Bezogen auf die mechanische Verspannung wurde in den Vorversuchen eine adaptive Verspannung realisiert, die mithilfe eines Regelungssystems den Druck auf die Lithium-Ionen-Pouch-Zelle variabel anpasst, je nachdem, wie viel Druck innerhalb der Lithium-Ionen-Pouch-Zelle entsteht. In den Haupt- und Verifizierungsversuchen wurde diese adaptive Verspannung durch eine Verspannung mit konstanter Weglänge ersetzt. Hierbei stieg der Druck auf die Lithium-Ionen-Pouch-Zelle, wenn ein additiver Druck innerhalb der Testzelle durch die Formierung entstand. Im Vergleich war kein wesentlicher Vorteil durch die adaptive Druckregelung in den Ergebnissen erkennbar, sodass folgend für die Entwicklung des Formierungswarenträgers eine konstante Weglänge vorgesehen werden soll.

Für die mechanische Verspannung mit konstanter Weglänge ist es notwendig, die initialen Kräfte sowie potentielle additive Kräfte zu definieren, hervorgerufen durch die Druckentwicklung innerhalb der Lithium-Ionen-Pouch-Zelle. In den vorangegangenen Untersuchungen wurden initiale Verspannungskräfte von 0,000 kN bis 2,200 kN untersucht. Bezogen auf die Fläche der Lithium-Ionen-Pouch-Zelle handelt es sich um Flächenverspannungen von 0,000 MPa bis 0,251 MPa. Die Ergebnisse haben gezeigt, dass Flächenverspannungen von 0,251 MPa immer noch positive Resultate erzeugt haben, weswegen in der Entwicklung des Formierungswarenträgers dieser Wert als Basiswert herangezogen wurde. Um die Möglichkeit höherer mechanischer Verspannungen zu gewährleisten, wurde für die Auslegung, basierend auf dem Basiswert von 2,200 kN, eine initiale mechanische Verspannungskraft von 3,000 kN pro Lithium-Ionen-Pouch-Zelle bei konstanter Weglänge festgelegt.

Unter Berücksichtigung der festgelegten initialen mechanischen Verspannungskraft ist der Warenträger mechanisch entsprechend den entstehenden mechanischen Kräften inklusive der additiven Kräfte durch die Zellatmung der Lithium-Ionen-Pouch-Zelle durch chemische Reaktionen auszulegen. Werden die Ergebnisse aus Kapitel 5.3 herangezogen, ist zu erkennen, dass neben den bestehenden Kräften durch die initiale mechanische Verspannung additive Kräfte von bis zu 0,310 MPa im Falle einer initialen mechanischen Verspannung von 0,194 MPa entstehen. Entsprechend entsteht ein Druck von 0,500 MPa, was einem Druckzuwachs von 62,00 % pro Lithium-Ionen-Pouch-Zelle entspricht. Dieser Druckzuwachs inklusive einer Sicherheit von 20,00 % dient als Basiswert für die mechanische Auslegung des Formierungswarenträgers.

Bezogen auf die Umgebungstemperatur wird die Formierung bereits heutzutage in klimatisierten Umgebungen durchgeführt. Diese klimatisierten Umgebungen sind entweder abgeschlossene Kammern, die gleichzeitig eine Feuersicherheit gewährleisten, oder große Lagersysteme, bei denen die Sicherheit durch Sicherheitsbehälter gewährleistet wird. Diese fahren individuell an die entsprechende Stelle und evakuieren die fehlerhafte Lithium-Ionen-Pouch-Zelle. Aufbauend auf den Ergebnissen konnte kein wesentlicher Unterschied in der Temperierung der untersuchten Lithium-Ionen-Pouch-Zellen festgestellt werden. Deswegen wird die Klimatisierung mittels Klimatisierungskammern vorgesehen, aber nicht weiter ausgeführt. Es wird ein Temperaturbereich von 0 °C bis 60 °C vorgesehen. Die optimale Temperatur für die Untersuchungen stellt eine Umgebungstemperatur von 20 °C bis 25 °C dar.

Angesichts der Ergebnisse war eine wesentliche Herausforderung, die durch die Formierung der Lithium-Ionen-Pouch-Zellen entstandene Abwärme durch die chemischen Reaktionen sowie die Innen- und Übergangswiderstände bei der Stromführung innerhalb der Lithium-Ionen-Pouch-Zelle abzuführen. Um eine Überhitzung zu vermeiden und damit Nebenreaktionen zu verhindern, ist es notwendig, die entstandene Abwärme optimal abzuführen, welche durch verbesserte Formierungsprotokolle reduziert werden kann. Vor diesem Hintergrund wurden verschiedene Konzepte von direkter Kühlung mittels eines Fluides oder eines Luftstroms bis zu keiner direkten Kühlung untersucht. Ziel ist eine gleichbleibende Temperatur, welche aufbauend auf den Ergebnissen in Kapitel 5 sowie der Untersuchung der verschiedenen Konzepte zu einer luftstromgekühlten Formierung festgelegt wurde. Der Luftstrom kann hierbei durch die in den Klimakammern integrierten Luftströme realisiert werden.

Neben den untersuchten Parametern sind folgend die Grundannahmen basierend auf vorangegangenen Untersuchungen und dem Stand der Technik festgelegt worden. Zu den Anforderungen zählen die schnelle bzw. automatisierte Formierungswarenträgerbestückung, die Realisierung eines modularen Systems, die Kostenoptimierung des Gesamtsystems, die Notwendigkeit der Temperatur- und Spannungsüberwachung jeder Lithium-Ionen-Pouch-Zelle und die Realisierung eines Lade-/Entladestroms von 2C inklusive der dafür notwendigen Stromführung.

Darüber hinaus müssen grundsätzliche Parameter wie die hohe Temperaturbeständigkeit, Korrosionsbeständigkeit bzw. chemische Beständigkeit, Flammhemmbarkeit (Flammschutzgrad: V0), Stapelbarkeit, Rückverfolgbarkeit, Gewicht, Volumen bzw. Packungsdichte, mechanische Stabilität bzw. Integrität und Handhabbarkeit des Warenträgers berücksichtigt werden. Diese Parameter stellen Grundanforderungen an das System dar. Bezogen auf das Gewicht ist der Warenträger mit der Prämisse, die Kosten zu optimieren, so auszulegen, dass er einfach handhabbar und damit leicht ist. Der Kostenfaktor ist hierbei stärker zu berücksichtigen. Das Volumen und damit die Packungsdichte des Warenträgers ist möglichst klein auszulegen, um den notwendigen Raum und damit das dafür notwendige Kühl- bzw. Heizvolumen und den notwendigen Flächenbedarf für die Anlagen zu reduzieren. Die mechanische Stabilität bzw. Integrität und deren Handhabbarkeit stellen eine Grundanforderung an den Warenträger dar. Der entwickelte Demonstrator ist so auszulegen, dass er auch händisch von Person transportiert werden kann.

Um eine Automatisierung der Bestückung des Formierungswarenträgers zu ermöglichen, ist es notwendig, diese bereits in der Entwicklung vorzusehen. Entsprechend werden eine Bestückung des Warenträgers von einer Seite sowie eine automatisierte mechanische Verspannung und Kontaktierung festgelegt. Die mechanische Verspannung und die Kontaktierung soll hierbei mithilfe einer aufgebrachten Kraft an einer Stelle des Formierungswarenträgers ermöglicht werden, um eine spätere Automatisierung zu ermöglichen.

Das Gesamtsystem Formierungswarenträger soll kostenoptimiert ausgelegt sowie mittels modularer Bausteine leicht an neue Lithium-Ionen-Pouch-Zellen anpassbar gemacht werden. Hierbei geht es neben der Zellchemie insbesondere um das Zellformat sowie die Größe der Lithium-Ionen-Batteriezellen in der Höhe, Breite und Tiefe. So lässt sich eine hohe Flexibilität der Warenträgeranpassung erzielen. Hierzu sind möglichst viele Gleichteile zu nutzen. Diese Anforderungen stellen eine elementare Notwendigkeit dar, um eine potentielle spätere Skalierung dieses Formierungswarenträgers in einer skalierten Produktion zu ermöglichen.

Neben der Realisierung eines Lade- und Entladestroms von 2C, basierend auf den in dieser Arbeit verwendeten Lithium-Ionen-Pouch-Zellen mit 5Ah, ist für jede dieser Zellen eine Spannungsmessung sowie eine Temperaturmessung inklusive einer automatisierten Kontaktierung im Falle einer Serienfertigung vorzusehen. Somit soll eine voneinander unabhängige Formierung der Lithium-Ionen-Batteriezellen im Gegensatz zu einer seriellen Verschaltung ermöglicht werden. Auf diese Weise kann auch bei einem Ausfall einer Lithium-Ionen-Batteriezelle die weitere Formierung der anderen Zellen gewährleistet werden.

Die dargestellten Anforderungen stellen die Grundlage für die Entwicklung des Formierungswarenträgers dar, welcher im folgenden Kapitel 6 dargestellt wird.

6.2 Umsetzung der Formierungsvorrichtung

Implementation of the formation device

Aufbauend auf der Anforderungsdefinition in Kapitel 6.1 wird folgend der entwickelte und umgesetzte Formierungswarenträger, aufbauend auf dem Patent WO 2020/239927 A1[422], dargestellt. Der entwickelte Warenträger ist hiermit eine sukzessive Weiterentwicklung der am Lehrstuhl patentierten Entwicklung. Die Darstellung des Formierungswarenträgers erfolgt nach den Hauptfunktionen.

Entsprechend der Anforderungsdefinition ist innerhalb des Formierungswarenträgers eine automatisierte Kontaktierung eines Spannungs- und Temperatursensors sowie der Stromführung zu gewährleisten. Zu diesem Zweck wurde auf einen Kontaktblock als Kontaktierungseinheit inklusive der Temperatur- und Spannungsmessung der Firma Feinmetall zurückgegriffen. Die Kontaktierungseinheit beinhaltet einen Temperatursensor, gehalten durch eine Spiralfeder, sowie einen Sense-Federkontaktstift zur Messung der Spannung und sechs stromführende Federkontaktstifte zur Realisierung des vorgesehenen elektrischen Stroms. Die ganze Kontaktierungseinheit wird mithilfe eines 3D-gedruckten Kunststoffbauteils in die Spannplatte eingepresst und ist damit von dem Formierungswarenträger elektrisch und thermisch isoliert. In Abbildung 6.1 ist der Schnitt durch die Spannplatte inklusive der Kontaktierungseinheit dargestellt. Sowohl die Federkontaktstifte als auch die Spiralfeder des Temperatursensors sind so ausgelegt, dass sie durch die Zusammenführung der Spannplatten auf die Tabs der Lithium-Ionen-Pouch-Zellen gedrückt werden und durch die definierte Einstellung der Federkontaktstifte einen definierten Druck ausüben. Um eine sichere Kontaktierung zu gewährleisten, wird eine Dehnungsbewegung vorgesehen, hervorgerufen durch die Dehnung der Lithium-Ionen-Pouch-Zellen durch die chemischen Reaktionen während der Formierung von mindestens 5 mm.

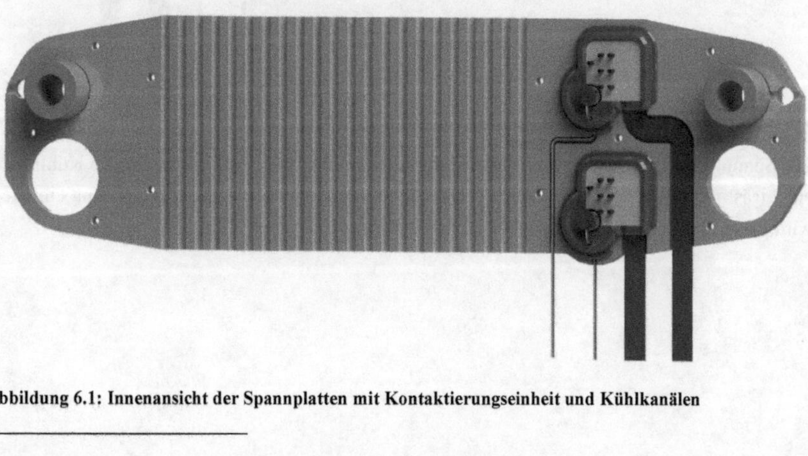

Abbildung 6.1: Innenansicht der Spannplatten mit Kontaktierungseinheit und Kühlkanälen

[422] Vgl. vom Hemdt et al. (2020): *Goods Carrier.*

Die Federkontaktstifte sind leicht angeschrägt in der Kontaktierungseinheit eingebaut, um bei der Kontaktierung mithilfe eines Kratzers die oberste Oxidationsschicht der Tabs aufzubrechen und damit einen besseren Übergangswiderstand zu ermöglichen. Die Temperatur- und Spannungskabel werden getrennt von den stromführenden Stromschienen aus der Spannplatte hinausgeführt, um eine Beeinflussung der Sensorkabel zu vermeiden. Die gesamte Kontaktierungseinheit wurde aufgrund der hohen Anforderungen an die Raumausnutzung auf die kleinstmögliche Größe ausgelegt. Entsprechend der maximalen Höhe von 12 mm wurden entgegen der ursprünglichen Annahme eines stromführenden Federkontaktstiftes sechs stromführende Federkontaktstifte genutzt.

Entsprechend der Anforderungsdefinition wird für die Realisierung des Formierungswarenträgers eine Kühlung mittels des vorhandenen Luftstroms in der Klimakammer vorgesehen. Eine Anpassung dieser Kühlung ist bei einer Anforderungsänderung im Rahmen einer Skalierung des Produktes aufwandsarm umsetzbar. In dem betrachteten Formierungswarenträger wurden Spannplatten aus Aluminium mit gefrästen innenliegenden Kanälen vorgesehen, um die Wärmeabfuhr zu gewährleisten. Abbildung 6.2 und Abbildung 6.3 stellen die Spann- und Kühlplatten des Formierungswarenträgers inklusive der Kontaktierungseinheit dar.

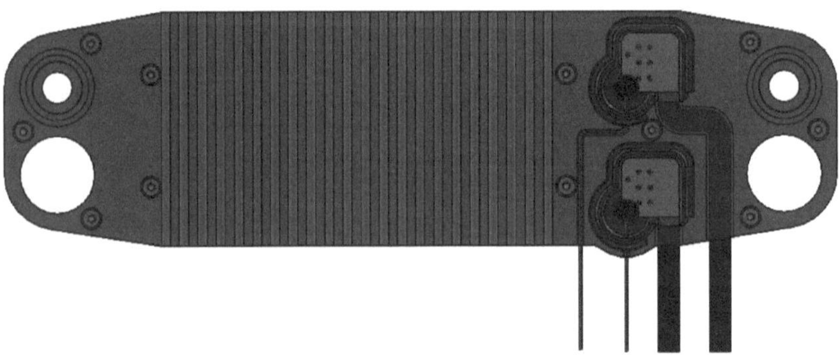

Abbildung 6.2: Spann- und Kühlplatte zur Darstellung der Kühlkanäle

Die Spann- und Kühlplatten aus Aluminium bestehen aus zwei Hälften, in die die Kühlrippen eingefräst wurden sowie die Kontaktierungseinheit eingepresst und die Verkabelung eingelegt wird, bevor beide Seiten miteinander verschraubt werden.

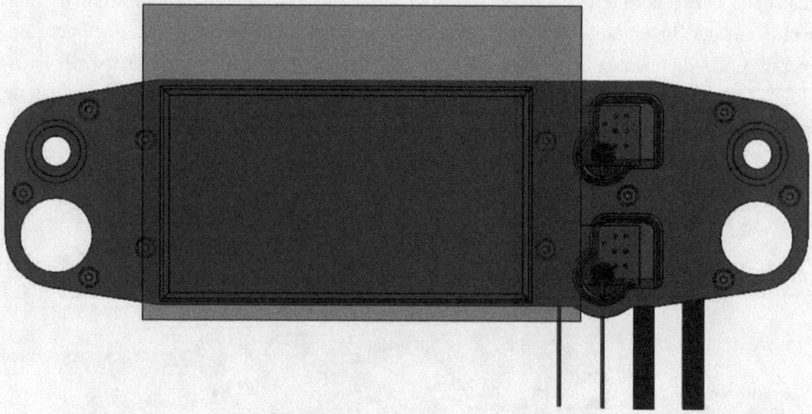

Abbildung 6.3: Spann- und Kühlplatte mit einer Lithium-Ionen-Pouch-Zelle

Die vollständige Assemblierung der Verspannungseinheit für die Formierung wird in Abbildung 6.4 und Abbildung 6.5 dargestellt. Die horizontale Führung der Spann- und Kühlungsplatten wird über vier Führungsstäbe realisiert, welche mit Gleitlagern an den Spann- und Kühlplatten befestigt sind. Die Führungsstangen und Gleitlager dienen der horizontalen Führung und es werden keine horizontalen Kräfte übertragen. Aufgrund des begrenzten Bauraums werden die Spann- und Kühlplatten alternierend an der oberen und unteren Seite geführt, sodass eine möglichst hohe Packungsdichte erzeugt werden kann.

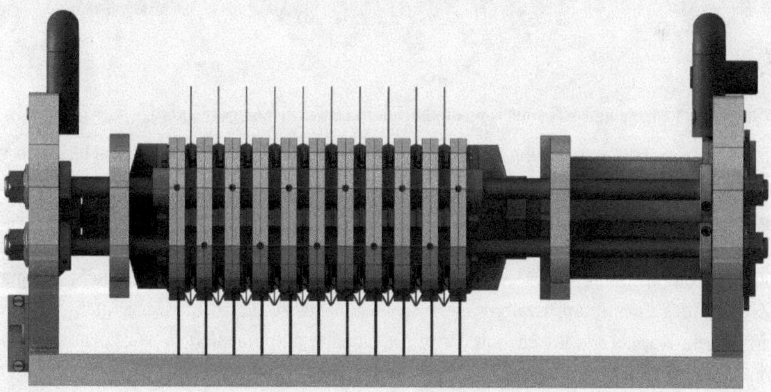

Abbildung 6.4: Vollständige Assemblierung des Formierungswarenträgers von vorne

Die Führungsstangen sind an den beiden Endplatten links und rechts befestigt, über die eine direkte mechanische Verspannung über den Bolzen als Spannelement auf die Spann- und Kühlplatten übertragen werden kann. Hierzu ist von der rechten Seite der Bolzen in das System hineinzubewegen. Im Bolzen befindet sich ein Druckzylinder, der eine definierte Kraft realisiert. Diese definierte Kraft kann vorab am Druckzylinder eingestellt werden. Hierzu wurde auf der linken Seite zwischen Endplatte und Spannelement ein Kraftaufnehmer implementiert, der die entstandene Kraft misst, welche auf die Lithium-Ionen-Pouch-Zellen wirkt. Beim Zusammenführen der einzelnen Spann- und Kühlplatten werden die Lithium-Ionen-Pouch-Zellen automatisch kontaktiert.

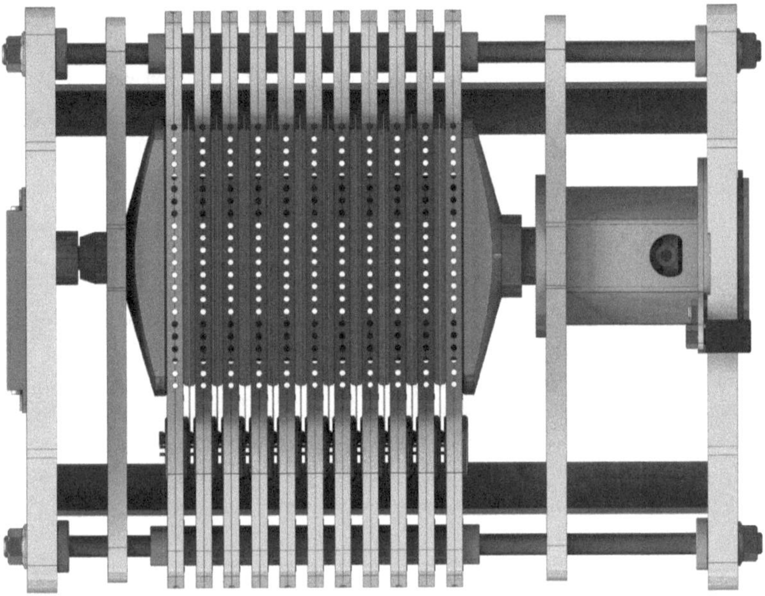

Abbildung 6.5: Vollständige Assemblierung des Formierungswarenträgers von oben

Bezogen auf die Automatisierung wurde die Einführung der Lithium-Ionen-Pouch-Zellen von oben realisiert (vgl. Abbildung 6.6). Der Formierungswarenträger wurde so ausgelegt, dass das physische Design der Lithium-Ionen-Pouch-Zellen ermöglicht wird, dargestellt in Kapitel 4.1. Die automatische Kontaktierung geschieht hierbei auf einer Seite automatisiert beim Zusammenführen der Spann- und Kühlplatten. Abbildung 6.6 zeigt hierbei den nicht verspannten Zustand des Formierungswarenträgers im Gegensatz zu den bereits gezeigten Abbildungen in diesem Kapitel. Es lassen sich damit die Objekte automatisiert in den Formierungswarenträger einbringen sowie automatisiert die mechanische Verspannung und die Kontaktierung realisieren.

Abbildung 6.6: Vollständige Assemblierung des Formierungswarenträgers

Mittels des Demonstrators des Formierungswarenträgers konnten alle definierten Anforderungen umgesetzt werden. Eine vollständige Dokumentation der CAD-Bilder kann dem Anhang A.7 sowie der realen Bilder im Anhang A.8 entnommen werden. Eine vollständige Bill of Material (BOM) ist dem Anhang A.9 zu entnehmen.

6.3 Wirtschaftlichkeits- und Skalierungsanalyse

Profitability and scalability analysis

Aufbauend auf der umgesetzten integrierten Formierungseinheit wird in Kapitel 6.3 eine wirtschaftliche Potentialanalyse durchgeführt. Hierbei ist eine Berechnung mit Bezug zu den tatsächlichen Einsparungspotentiale durchgeführt worden, basierend auf der Prozesszeit und der damit einhergehenden Einsparungen in Bezug auf die Flächen der Maschinen und Anlagen sowie die potentiellen Zusatzkosten des Warenträgers. Grundlage für diese Analyse stellen die Abschätzungen aus Kapitel 2.4.1 dar, welche im Folgenden für die Untersuchung herangezogen werden.

Bezogen auf den Warenträger ergeben sich Mehrkosten, welche bei der Betrachtung der Maschinen und Anlagen einkalkuliert werden müssen. Es wird davon ausgegangen, dass ein Warenträger für die Lithium-Ionen-Pouch-Zellen ohne die beschriebenen Anpassungen bereits in der Zellproduktion genutzt wird oder ein Warenträgerkonzept besteht, um die Lithium-Ionen-Pouch-Zellen zu transportieren sowie in den Klimaschränken oder Klimaräumen zu lagern, bzw. in den Formierungseinheiten elektrisch zu be- und entladen. Die einmaligen maschinen- und anlagenseitigen Mehrkosten durch den optimierten Prozess beziehen sich somit auf die Erweiterung durch eine Anlage zur Verspannung der einzelnen Warenträger sowie die Versteifung und Optimierung des Warenträgers hin auf die Verspannung, Kühlung und Automatisierung. Bei der zusätzlichen Anlage für die Verspannung der Warenträger wird von einem Mehrkostenaufwand von maximal 5,00 % ausgegangen. Denn die Hauptkosten des Prozessschrittes werden durch die Formierungskanäle, es wird ein Kanal pro Batteriezelle benötigt, hervorgerufen. Zudem weist die Verspannung (im Bereich von Sekunden) eine vernachlässigbare Prozesszeit im Gegensatz zur Formierung (im Bereich von Minuten bis Stunden) auf. Für den Warenträger werden Mehrkosten in Höhe von maximal 20,00 % angenommen, da die grundsätzliche Vorrichtung bereits vorhanden ist. Wird von einem relativen Anteil der Warenträger an den Kosten für die Formierung von ca. 30,00 % ausgegangen, kann ein Mehraufwand für die Maschinen und Anlagen in der Formierung von 11,00 % angenommen werden. Dieser Abschätzung liegen die Material- und Fertigungskosten des Demonstrators zugrunde, welche als A-Muster wesentlich höher sind als die eines D-Musters. Außerdem wurden die Kosten für die bereits vorhandenen Maschinen und Anlagen berücksichtigt.

Demgegenüber stehen die Optimierungen des Prozesses basierend auf der Prozesszeit sowie der notwendigen Fläche für die Maschinen und Anlagen. Wie in den vorangegangenen Kapiteln beschrieben kann von einer Prozessbeschleunigung von bis zu 34,00 % ausgegangen werden. Eine detaillierte Herleitung dieser Kennzahl ist Kapitel 5.1.1 sowie Kapitel 5.2.1 zu entnehmen. Diese Prozesszeitverkürzung hat einen direkten Einfluss auf den Output der Linie. Da die Formierung als Bottleneck gilt und den letzten Prozessschritt der Linie darstellt, kann somit eine direkte Outputsteigerung der Linie um 34,00 % realisiert werden. Wird davon ausgegangen, dass eine neue Linie geplant wird, kann die Anzahl der Maschinen und Anlagen und können damit die Investitionskosten, die Energiekosten und die Flächenkosten der Maschinen und Anlagen direkt beeinflusst werden. Es kann vereinfacht angenommen werden, dass die Kosteneinsparungen für die Maschinen und Anlagen sowie die Flächenkosten entsprechend der Prozesszeiteinsparung bei 34,00 % liegen und damit größer als die Mehrkosten für die Anpassungen sind.

Wird angenommen, dass die Kosten für eine Batteriezelle aktuell bei ca. 100 €/kWh liegen, das Verhältnis von Materialkosten zu Fertigungskosten bei 72,00 % zu 28,00 % liegt und durch die Prozessbeschleunigung die Energiekosten, Personalkosten, variablen Instandhaltungskosten, Fabrikkosten und Abschreibungen in dem Prozessschritt Formierung beeinflusst werden können sowie die Ausschusskosten und zusätzlichen Investitionskosten konstant bleiben, kann von einer Prozesskosteneinsparung von 2,00 % der Gesamtkosten ausgegangen werden. Es ließen sich somit 1,94 €/kWh einsparen. In diesem Zusammenhang machen die Energiekosten, Personalkosten, variablen Instandhaltungskosten, Fabrikkosten und Abschreibungen des Prozessschrittes Formierung 6,00 % der Gesamtkosten aus.

In Bezug auf die Skalierung des Formierungswarenträgers ist das System zum einen mit bestehenden, nicht öffentlich zugänglichen Lösungen und zum anderen mit dem bestehenden Patent, beschrieben in Kapitel 6, zu vergleichen. Bestehende Lösungen von Formierungswarenträgern sind öffentlich nicht zugänglich. Es kann aber ein Vergleich zu Systemen hergestellt werden, welche im Rahmen von Besichtigungen von Zellproduktionen sowie im Rahmen von Zellproduktionsplanungsprojekten analysiert wurden.

Im Vergleich zu dem Patent WO 2020/239927 A1[423] wurde der Formierungswarenträger konsequent weiterentwickelt. Es konnte eine höhere Packungsdichte erreicht werden, indem die Spannplatten alternierend an den oberen zwei oder unteren zwei Führungsstangen geführt werden. Dies ermöglicht genügend Raum für den Einbau der Kugellager, welche für die Führung der Spannplatten benötigt werden, um eine gleiche Druckverteilung auf allen Lithium-Ionen-Batteriezellen aufzubringen.

Die Kontaktierungseinheit des Warenträgers wurde wesentlich optimiert, indem die Kontaktierungseinheit direkt in der Spannplatte inklusive einer Stromschiene eingelassen wird. So lassen sich Kosten beim Warenträger verringern, da die notwendigen Teile reduziert werden. Die Kontaktierungseinheit ermöglicht wie bei dem Patent eine automatisierte Kontaktierung der Lithium-Ionen-Batterie-Pouch-Zellen während deren Verspannung. Neben der Kontaktierung der einzelnen Lithium-Ionen-Batterie-Pouch-Zellen wurden die einzelnen Kontaktierungseinheiten inklusive der Temperatur- und Sense-Sensoren über eine Führungsschiene an ein Ende des Warenträgers geführt und mithilfe eines Universalsteckers gebündelt aus dem Warenträger herausgeführt. Dies wurde durch das Patent zwar erwähnt, aber nicht konsequent umgesetzt. So ist eine Kontaktierung des Formierungswarenträgers mithilfe eines Universalsteckers möglich, um alle Lithium-Ionen-Batterie-Pouch-Zellen gleichzeitig sowie unabhängig voneinander zu laden.

Bezüglich der Verspannung der einzelnen Lithium-Ionen-Batterie-Pouch-Zellen wurde ein Druckzylinder in der Vorrichtung vorgesehen, welcher kleine Druckänderungen innerhalb der Lithium-Ionen-Batterie-Pouch-Zellen ausgleichen kann. Die Verspannung wird über ein externes Gerät ermöglicht und mit einem Schnellverschluss fixiert, sobald die richtige Kraft appliziert ist. Dies kann das bestehende Patent nicht vorweisen.

Im Gegensatz zu dem bestehenden Patent wurde eine passive Kühlung der Lithium-Ionen-Batterie-Pouch-Zellen gewählt, da eine aktive Kühlung in einer skalierten Lösung zu kostenintensiv wäre und der Benefit nicht den notwendigen Aufwand widerspiegelt. Über die bestehenden Kühlpatten inklusive der Kühlrippen kann über das Aluminium und einen Luftstrom in den Klimaöfen genug Wärmeenergie abgeführt werden.

Bestehende Lösungen am Markt, welche im Rahmen von Besichtigungen bestehender Batteriezellproduktionen sowie Batteriezellproduktionsprojekten analysiert werden konnten, besitzen nur eine Spannvorrichtung, um einen definierten Druck auf die Lithium-Ionen-Batterie-Pouch-Zellen aufzubringen und keine weiteren Features wie Druckregelung bzw. Druckkompensation oder Kontaktierung von Sensoren und stromführenden Kontakten. Die Spannvorrichtung ist statisch ausgelegt und ermöglicht keinen Ausgleich der Spannung während der Formierung. Es werden die Materialien Kunststoff und Aluminium verwendet. Kosten liegen am Markt für solche Lösungen zwischen 1000 und 4000 Euro. Sie werden für die Schritte Vorformierung und Formierung genutzt.

---

423 Vgl. vom Hemdt et al. (2020): *Goods Carrier.*

Für die Lagerung und Alterung werden üblicherweise Warenträger aus Kunststoff genutzt, die keine Kraft auf die Batteriezellen übertragen können. Die Kosten für diese Warenträger liegen bei 50 bis 300 Euro.

Beide Lösungen, sowohl der Warenträger für die Vorformierung und Formierung als auch der für die Lagerung und das Altern, werden mit einer hohen Temperaturbeständigkeit, Korrosionsbeständigkeit, flammhemmend (Flammschutzgrad: V0), stapelbar und rückverfolgbar ausgelegt. Diese Parameter entsprechen den Anforderungen, welche in dieser Arbeit an den Warenträger gestellt wurden.

Schwächen des Formierungswarenträgers beziehen sich insbesondere auf die Anwendung auf das im Verhältnis kleine Format, welches in der Untersuchung verwendet wurde. Bei Übertragung des Konzeptes auf größere Formate und auf einen konkreten Anwendungsfall lassen sich verschiedene Schwächen des Warenträgers adressieren. Zu nennen ist das aktuell noch schlechte Verhältnis zwischen den erforderlichen Materialien und dem Volumen bezogen auf das Volumen der Lithium-Ionen-Batterie-Pouch-Zellen aufgrund des kleinen Zellformats. Außerdem kann durch die beschriebene Übertragung des Konzepts die Skalierung des Warenträgers praktisch validiert werden.

6.4 Zwischenfazit

Interim conclusion

Als Teil der Überführung der Ergebnisse in eine reale Anwendung wurde ein Demonstrator für die optimierte Formierung von Lithium-Ionen-Pouch-Zellen entwickelt und umgesetzt sowie in Kapitel 6.2 vollständig beschrieben. Diese Entwicklung basiert auf einer Anforderungsanalyse der untersuchten Parameter sowie der generellen Anforderungen an eine solche Vorrichtung, welche in Kapitel 6.1 formuliert wurden.

Entgegen den ersten Versuchen, bei denen mit einer adaptiven Druckvorrichtung gearbeitet wurde, ist aufbauend auf den Ergebnissen eine konstante Wegverspannung für die Lithium-Ionen-Pouch-Zellen festgelegt worden. Um kritische Verspannungskräfte in der Auslegung einzubeziehen, wurden die notwendigen Flächenverspannungen pro Batteriezelle berechnet. Hierbei ist es elementar, die in der Lithium-Ionen-Pouch-Zelle potentiell entstehenden Druckspannungen in die Berechnung mit einzubeziehen. Denn diese besitzen einen Einfluss auf die Formierungsqualität. Somit konnte eine mechanische Auslegung der Formierungsvorrichtung vorgenommen werden. In Bezug auf die thermische Auslegung werden eine Klimakammer sowie in die Verspannungsplatten konstruierte Kühlrippen integriert, um eine direkte Kühlung der Außenflächen der Lithium-Ionen-Pouch-Zellen mittels einer Luftumwälzung im Klimaschrank zu gewährleisten. Um eine schnelle und automatisierte Bestückung des Warenträgers sicherzustellen, wurde eine einheitliche Bestückung von oben gewählt. Der Warenträger ist hierbei auf verschiedene Batteriezellen adaptierbar und skalierbar ausgelegt, sodass die Modularität gewährleistet werden kann. Für eine potentielle Automatisierung wurde neben der Bestückung von oben eine automatisierte Verspannungseinheit entworfen. Diese ermöglicht es, den Warenträger automatisiert zu fahren und damit die Verspannung auf die Lithium-Ionen-Batteriezellen aufzubringen sowie die elektrische Kontaktierung und Temperaturmessung automatisiert durchzuführen. Die Stromführung ist auf Basis der Untersuchungen für das gewählte Batteriezelldesign auf 2C beschränkt, um große Formierungsströme zu ermöglichen. Somit wurden die Anforderungen an eine modulare, automatisierbare und skalierbare Warenträgervorrichtung mit der Möglichkeit der Applizierung einer Verspannung auf die Lithium-Ionen-Batterie-Pouch-Zellen sowie der Gewährleistung einer gleichmäßigen Temperatur erfüllt.

Aufbauend auf der umgesetzten integrierten Formierungseinheit wurde eine wirtschaftliche Potentialanalyse durchgeführt. Hierbei ist basierend auf der Prozesszeit und der damit einhergehenden Einsparungen in Bezug auf die Flächen der Maschinen und Anlagen sowie die potentiellen Zusatzkosten des Warenträgers eine Berechnung mit Bezug zu den tatsächlichen Einsparungspotentialen vorgenommen worden.

7 Zusammenfassung und Ausblick

Summary and Outlook

7.1 Zusammenfassung

Summary

Aufgrund der guten Eigenschaften der Lithium-Ionen-Batterien kommen sie in vielfältigen Anwendungsgebieten zum Einsatz. Insbesondere die Nachfrage im stark wachsenden Automobilmarkt mit stetig neuen Ankündigungen von elektrifizierten Modellen und klaren Strategien hin zu einem rein batterieelektrischen Portfolio der Fahrzeughersteller beschleunigt die Nachfrage an Batteriezellen. Um diesen exponentiell zunehmenden Bedarf zu adressieren ist es notwendig, die bestehenden Produktionskapazitäten zu erhöhen und so die kurzfristige und langfristige Nachfrage zu bedienen. Werden darüber hinaus die aktuellen Gründe der Käufer gegen ein Elektroauto betrachtet, werden in den meisten Fällen die höheren initialen Kosten genannt. Um eine nachhaltige Durchdringung des Marktes mit lokal emissionsfreien Mobilitätslösungen zu ermöglichen, ist es erforderlich, die Kosten der Elektroautos zu reduzieren. Da die Batteriezelle hier einen hohen Anteil ausmacht, gilt es dementsprechend, die Kosten in der Batteriezellherstellung zu optimieren. Zuletzt müssen die hohen Anforderungen der OEM adressiert werden, um potentielle Produktionsfehler zu vermeiden, die zum Versagen oder Thermal-Runaway der Batteriezelle führen können. Eine gleichbleibende bzw. verbesserte Qualität ist unabdingbar. Hierbei stellt die Formierung als Teilschritt des Produktionsprozesses von Lithium-Ionen-Batteriezellen ein wesentliches Bottleneck dar. Die besondere Herausforderung besteht darin, dass sich der Batteriezellhersteller in der klassischen Zulieferpyramide zumeist nicht mehr unter dem Automobilhersteller befindet, sondern aufgrund der hohen Nachfrage eine gesonderte Rolle eingenommen hat und demnach nicht durch den OEM steuerbar ist. Entsprechend können Kostenpotentialhebel der OEM, welche sie an die Zulieferer weitergeben, nicht wie bei anderen konventionellen Zulieferern eingesetzt werden. Hierdurch ist die Innovationskraft der Zellhersteller reduziert.

Es lassen sich drei konkrete theoretische Herausforderungen des Teilschritts der Zellfinalisierung und insbesondere des Prozessschritts der Formierung identifizieren, welche teilweise im Zusammenhang mit den praktischen Herausforderungen stehen. Bei Betrachtung der wissenschaftlichen Literatur zeigt sich, dass die Prozesse der SEI-Bildung noch nicht vollständig verstanden sind und es insbesondere im Bereich der Ursache-Wirkungs-Zusammenhänge Forschungsbedarf besteht. Außerdem werden durch Anpassungen im Produktionssetup große Unsicherheiten in der Produktsicherheit, kalendarischen und zyklischen Produktlebensdauer und der Produktperformance hervorrufen, da die Auswirkungen nicht klar abgeschätzt werden können. Infolgedessen besteht eine starke Hürde darin, neue Prozessschritte, Prozessrouten und Prozessparameter zu implementieren. Aufgrund der hohen Qualitätsstandards und des fragilen Prozesses werden demnach Prozessinnovationen nicht zugelassen oder gehemmt. Zuletzt ist die Betrachtung des Know-hows in den individuellen Prozessschritten, Prozessrouten sowie den Prozessparametern von Relevanz, welches wegen der hohen Relevanz für die Wettbewerbsfähigkeit vollständig bei den Zellherstellern liegt. Bereits geringe Anpassungen lassen wesentliche Einsparungen in der Prozesszeit zu, beeinflussen aber stark die Qualität des Produktes. Durch die fehlende Transparenz gegenüber den Maschinen- und Anlagenbauern werden deren Optimierungsmöglichkeiten gehemmt. Außerdem werden die Innovationszyklen der Batteriezelle aufgrund neuer Use Cases beschleunigt. Entsprechend wachsen die Störgrößen und die Unsicherheiten in den Prozessparametern. Es besteht demnach eine hohe Relevanz in der wissenschaftlichen Untersuchung der Prozessparameter sowie deren Implikationen mit der Batteriezellqualität.

Ausgehend von der Zielsetzung wurden notwendige Anforderungen an die Untersuchung der Einflüsse mechanischer Verspannung und der Umgebungstemperatur auf die Formierung definiert. Bestehende problemrelevante wissenschaftliche Literatur wurde anhand dieser Kriterien untersucht und kategorisiert. Im Rahmen der Analyse konnten wesentliche Defizite in den bestehenden Ansätzen hinsichtlich der Betrachtung der mechanischen und thermischen Belastung während der Formierung festgestellt werden. Bezogen auf die thermische Beeinflussung der Formierung wurden die Auswirkungen auf die Zellperformance experimentell untersucht, jedoch wurden häufig kontroverse Ergebnisse dargestellt. Auch die Vielfalt der verschiedenen Zelldesigns trägt dazu bei, dass es großen Handlungsbedarf hinsichtlich einer weiteren Untersuchung des Betrachtungsraums gibt. Neben der Auswertung der Umgebungstemperatur als Inputparameter ist es weiterhin notwendig, die Zelloberflächentemperatur während der Formierung durch Sensorik aufzunehmen, um Rückschlüsse auf die interne Zelltemperatur ziehen zu können. Bezogen auf die Einflüsse einer mechanischen Verspannung wurde in der problemrelevanten wissenschaftlichen Literatur lediglich die Reifung betrachtet und es besteht eine klare Notwendigkeit, das wissenschaftliche Feld zu untersuchen. Keiner der bestehenden Forschungsansätze erfüllt die Anforderungen an eine experimentelle und wirtschaftliche Untersuchung thermischer und mechanischer Einflüsse auf die Formierung. Folgend werden aufbauend auf der Prozessmodellierung und der theoretischen Untersuchung der problemrelevanten wissenschaftlichen Literatur die zu untersuchenden Parameter der Umgebungstemperatur und der mechanischen Verspannung festgelegt.

Ausgehend von den festgelegten Untersuchungsparametern wurden die zu untersuchende Lithium-Ionen-Pouch-Zelle (Kathodenchemie: NMC622) mit allen relevanten Parametern definiert, die Untersuchungsvorrichtung ausgelegt und umgesetzt sowie das notwendige Untersuchungsdesign inklusive aller Versuche aufbauend auf einem Design of Experiment ausgelegt. Der Versuchsaufbau und die Untersuchungen sind in der Art einzigartig.

Im Rahmen der Vorversuche ließen sich thermische und mechanische Einflüsse auf die elektrochemischen Prozesse in der Formierung von Lithium-Ionen-Zellen nachweisen. Hohe mechanische Verspannung zeigen eine reduzierte Zellerwärmung während der Formierung. Erhöhte Umgebungstemperaturen bzw. externe mechanische Verspannung führen zudem zu einer Zunahme der CC-Lade- und -Entladekapazität sowie einer Abnahme der CV-Ladekapazität. Es wurde bewiesen, dass die Prozesszeit in der Formierung durch thermische und mechanische Einflüsse entscheidend verkürzt werden kann. Bezüglich der Zellperformance konnte ein positiver Effekt der mechanischen Verspannung bei hohen Umgebungstemperaturen nachgewiesen werden. So lässt sich durch den mechanischen Einfluss in der Formierung zum einen der Kapazitätsverlust im ersten Zyklus der hochtemperierten Formierung stark reduzieren, zum anderen ergibt sich innerhalb der kalendarischen Reifung eine verbesserte Kapazitätserhaltung bei einer Formierung mit einer mechanischen Verspannung. Die Reifelagerung hat nur einen vernachlässigbaren Einfluss auf die Ergebnisse, weswegen dieser Schritt für die Hauptversuche ausgelassen wurde.

Im Zuge der Hauptversuche konnten die mechanischen und thermischen Implikationen bei einer Formierung mit mechanischer Verspannung in Form einer konstanten Wegverspannung und 20 °C Umgebungstemperatur aufbauend auf den Vorversuchen im Detail untersucht werden. Es ließ sich nachweisen, dass die mechanische Belastung mittels einer konstanten Weglänge bezogen auf die Formierungszeit sehr ähnliche Ergebnisse wie mit einer konstanten Kraft- und damit Druckbelastung erzeugt. Es kann festgehalten werden, dass die mechanische Belastung eine wesentliche Prozesszeitverkürzung von bis zu 34,00 % ermöglicht. Bezogen auf die Kapazität und damit eine gleichbleibende Qualität wurde gezeigt, dass im Mittel bei mechanischer Verspannung eine erhöhte Entladekapazität von ca. 18,10 % erzeugt werden kann. Darüber hinaus ließen sich verschiedene Nebenreaktionen mithilfe einer Verspannung hemmen und es konnte eine bessere Ausbildung der SEI gefördert werden. Somit konnten Wirkungszusammenhänge zwischen der mechanischen Verspannung und der Qualität hergestellt werden.

Bezogen auf den Druckverlauf mit mechanischer Verspannung lassen sich darüber hinaus Effekte beobachten, welche Rückschlüsse auf das Verhalten der Testzellen zulassen. Bei Applizierung der Stromrate von 1C während der Formierung lässt sich eine starke Korrelation zwischen dem Verlauf der Lithiierungsphasen und der Graphitausdehnungskurve feststellen. Es konnte somit ein erster Zusammenhang zwischen der SEI-Bildung und der gemessenen Kraft sowie dem darauf resultierenden Druck hergestellt werden. Bei Betrachtung verschiedener Verspannungen konnte bewiesen werden, dass der Gradient des Druckes sowie die resultierende Zelldicke mit steigenden initialen Verspannungen ansteigen. Neben der Analyse des Druckverlaufs ist die Untersuchung des Temperaturverlaufs während der Formierung elementar, um die Qualität der Testzellen zu beurteilen. Die mechanische Verspannung hat während der Versuchsreihen keinen signifikanten Einfluss auf die Wärmeentwicklung bzw. die Wärmeverlustenergie gezeigt. Eine mechanische Belastung bewirkt grundsätzlich einen erhöhten Gradienten der Wärmeentwicklung, was mit der gesteigerten Prozesszeitreduktion korrespondiert. Darüber hinaus konnten lokale Wärmehotspots bei der Formierung visualisiert werden, welche in das Design des Warenträgers eingeflossen sind.

Aufbauend auf den Hauptversuchen wurden Verifizierungsversuche durchgeführt, da der verwendete fehlerhafte Elektrolyt in den Hauptversuchen zu einer rapiden Degradation der Testzellen geführt hat. Demnach wurde ein neuer Elektrolyt mit analog assemblierten Testzellen für die Verifizierungsversuche genutzt. Es lassen sich keine wesentlichen Abweichungen zu den beschriebenen Ergebnissen erkennen. Die zyklische elektrische Belastung der Testzellen aus den Verifizierungsversuchen mit Vollzyklen zeigt eine moderat gleiche Alterung, da keine Testzellen untypisch früh ausgefallen sind. Bezogen auf die Prozesszeit kann eine klare Empfehlung hinsichtlich einer Verspannung der Batteriezellen in einem Warenträger mit konstanter Weglänge ausgesprochen werden. Die Realisierung einer konstanten Druckbelastung ist nicht notwendig, da damit höhere Investitionskosten für den Warenträger einhergehen würden und die Ergebnisse bezogen auf die Kapazität und die Prozesszeit keine wesentlichen Verbesserungen zeigen.

Im Rahmen der Validierung wurde ein Demonstrator entwickelt, welcher die Verspannung der Lithium-Ionen-Batterie-Pouch-Zellen zulässt. Integriert in den Warenträger sind eine automatisierte Zellkontaktierung bei Verspannung der Batteriezellen sowie ein Kühlplattendesign und eine Inline-Spannungs- und Temperaturüberwachung an den Kontaktstellen. Der Demonstrator wurde für eine skalierte Produktion mit automatisierten Prozessen ausgelegt.

Zusammenfassend lässt sich der wissenschaftliche Mehrwert dieser Arbeit in der initialen wissenschaftlichen Untersuchung der mechanischen Verspannung von Lithium-Ionen-Batterie-Pouch-Zellen in der Produktion sowie der Identifikation wesentlicher Kosteneinsparpotentiale und der Realisierung eines Demonstrators verorten. Aufbauend auf den Ergebnissen wird im Ausblick auf die zukünftigen, an diese Arbeit anschließenden notwendigen Untersuchungen und Maßnahmen eingegangen.

7.2 Ausblick

Outlook

Die dargestellten Ergebnisse bieten eine gute Grundlage für Folgeuntersuchungen in dem Themengebiet der Formierung mit mechanischen Verspannungen und unter thermischen Bedingungen. Bei Betrachtung der Ergebnisse lassen sich verschiedene Themen identifizieren, in denen eine tiefere Analyse der Sachverhalte sinnvoll ist.

Es ist sinnvoll, die Anzahl der in dieser Arbeit vorgenommenen Versuche noch einmal zu erhöhen, um eine umfangreichere statistische Menge an Versuchsergebnissen und eine aussagekräftigere Validierung zu erhalten. Hierbei bedarf es der Herstellung von Testzellen im skalierten Format, welches eine umfangreichere Untersuchung zulässt.

Abgesehen von der reinen Erhöhung der statistischen Menge ist es sinnvoll, die Anzahl der Stichproben der mechanischen Belastungen hin zu höheren Verspannungen auszudehnen, um das sinnvolle Maximum potentieller Verspannungen zu identifizieren. Diese maximalen Verspannungen sollten vergleichbar mit den Verspannungen der Lithium-Ionen-Pouch-Zellen in Batteriemodulen sein.

Im Hinblick auf die Verspannung der Lithium-Ionen-Pouch-Zellen in Batteriemodulen bietet sich ein direkter Vergleich der Verspannungen im Produktionsprozess mit der im Batteriemodul an. Hierbei wäre es sinnvoll zu untersuchen, ob eine gleiche oder unterschiedliche Verspannung positive oder negative Effekte auf die zyklische oder kalendarische Lebensdauer sowie die Zellperformance hervorruft.

In dieser Arbeit wurde nur die Lithium-Ionen-Pouch-Zelle betrachtet. Im Rahmen des Forschungsprojektes OZF[424] fand bereits ein Testversuch mit prismatischen Lithium-Ionen-Zellen entsprechend der identifizierten Prozessparameter statt. Hierbei konnten keine wesentlichen Verbesserungen festgestellt werden. Aufgrund der mechanischen Integrität der Gehäu-

[424] Funding code: 03XP0071B.

se von prismatischen und zylindrischen Lithium-Ionen-Batteriezellen bietet die Verspannung während der Formierung nicht so große Vorteile wie bei der Lithium-Ionen-Pouch-Zelle. Trotzdem wäre eine Vergleichsuntersuchung der verschiedenen Zellformate sinnvoll.

Im Rahmen des Forschungsprojektes OZF[425] (Cluster ProZell) sowie der Ausarbeitung der wissenschaftlichen Arbeit wurden Folgeanträge gestellt, welche wissenschaftlich auf dieser Arbeit aufbauen. Alle drei Anträge – FormEl[426] (Cluster ProZell), OptiPro[427] (Cluster InZePro) und InForm[428] (Cluster InZePro) – wurden genehmigt und befinden sich aktuell in Bearbeitung.

FormEl dient dazu, die Prozess-Qualitäts-Beziehungen der Formierung und des End-of-Line-Tests zur funktionsintegrierten Gesamtprozessoptimierung zu ermitteln. Das Vorhaben adressiert damit die grundsätzliche Untersuchung von Wirkungszusammenhängen in der Zellfinalisierung. Ziel ist die Funktionsintegration verschiedener Prozessschritte.

OptiPro beschäftigt sich übergeordnet mit der Optimierung der Zellfinalisierung durch innovative Anlagentechnik und parametergestützter Auswertung der Prozess- und Qualitätsparameter in einem virtuellen Produktionssystem. Es adressiert hiermit sowohl die Wirkungszusammenhänge als auch die Digitalisierung und automatisierte Auswertung der Prozess- und Qualitätsparameter.

InForm geht hierbei einen Schritt weiter und hat die Entwicklung einer intelligenten Formierungsanlage zum Ziel. Dabei stehen die Optimierung und Diagnose von Zelleigenschaften während der Formierung im Fokus. Angepasst an individuelle Produktparameter sollen die Prozessparameter gesteuert werden und eine automatisierte Formierung ermöglichen.

[425] Förderkennzeichen: 03XP0071B.
[426] Förderkennzeichen: 03XP0296C.
[427] Förderkennzeichen: 03XP0364A.
[428] Förderkennzeichen: 03XP0363B.

Summary

Due to the good properties of lithium-ion batteries, they are used in a wide range of applications. In particular, the demand for battery cells is accelerating in the rapidly growing automotive market with constant new announcements of electrified models and clear strategies towards a purely battery-electric portfolio by vehicle manufacturers. In order to address this exponentially increasing demand, it is necessary to increase existing production capacities to meet short-term and long-term demand. Furthermore, if the current reasons of buyers against an electric car are considered, the higher initial costs are mentioned in most cases. To enable sustainable penetration of the market with locally emission-free mobility solutions, it is necessary to reduce the costs of electric cars. Since the battery cell accounts for a large proportion of these costs, it is essential to optimize the costs of battery cell production. Lastly, the high demands of OEMs must be addressed to avoid potential production defects that can lead to battery cell failure or thermal runaway. Consistent or improved quality is essential. In this context, formation as a sub-step of the production process of lithium-ion battery cells, represents a major bottleneck. The particular challenge lies in the fact that the battery cell manufacturer is usually no longer below the automobile manufacturer in the classic supplier pyramid, but has taken on a separate role due to the high demand and is therefore not controllable by the OEM. Accordingly, cost potential levers of the OEM, which they usually pass on to the suppliers, cannot be used as with other conventional suppliers. This reduces the innovative power of the cell manufacturers.

Three concrete theoretical challenges of the cell finalization step and in particular of the formation step can be identified, which are partly related to the practical challenges. A review of the scientific literature shows that the processes of SEI formation are not yet fully understood and that there is a need for research, particularly in the area of cause-effect relationships. Furthermore, adjustments in the production setup will cause large uncertainties in product safety, calendrical and cyclical product lifetime and product performance, as the effects cannot be clearly estimated. As a result, there is a strong hurdle in implementing new process steps, process routes and process parameters. Due to the high quality standards and the fragile process, process innovations are therefore not allowed or inhibited. Last but not least, the know-how in the individual process steps, process routes and process parameters is of relevance, which lies entirely with the cell manufacturers due to its high relevance for competitiveness. Even minor adjustments allow significant savings in process time, but strongly influence the quality of the product. The lack of transparency vis-à-vis the machine and plant manufacturers inhibits their optimization options. In addition, the innovation cycles of the battery cell are accelerated due to new use cases. Accordingly, the disturbance variables and the uncertainties in the process parameters are growing. There is therefore a high relevance in the scientific investigation of the process parameters and their implications with the battery cell quality.

Based on the objective, necessary requirements for the investigation of the influences of mechanical stress and ambient temperature on formation were defined. Existing problem-relevant scientific literature was examined and categorized on the basis of these criteria. The analysis revealed significant deficiencies in the existing approaches with regard to the consideration of mechanical and thermal stress during formation. With respect to the thermal influence on the formation, the effects on the cell performance were investigated experimentally, but controversial results were often presented. The variety of different cell designs also contributes to the fact that there is a great need for further investigation of the area under consideration. In addition to the evaluation of the ambient temperature as an input parameter, it is also necessary to record the cell surface temperature during formation by sensors in order to be able to draw conclusions about the internal cell temperature. Regarding the influences of mechanical tension, only maturation has been considered in the problem-relevant scientific literature and there is a clear need to investigate the scientific field. None of the existing research approaches meets the requirements for an experimental and economic investigation of thermal and mechanical influences on formation. Consequently, based on the process modeling and the theoretical investigation of the problem-relevant scientific literature, the parameters of ambient temperature and mechanical stress to be investigated are defined.

Based on the defined investigation parameters, the lithium-ion pouch cell to be investigated (cathode chemistry: NMC622) was defined with all relevant parameters, the investigation device was designed and implemented, and the necessary investigation design, including all experiments, was based on a design of experiment. The experimental setup and the investigations are unique in their kind.

During the preliminary tests, thermal and mechanical influences on the electrochemical processes in the formation of lithium-ion cells could be demonstrated. High mechanical stresses show reduced cell heating during formation. Increased ambient temperatures or external mechanical stress also lead to an increase in CC charge and discharge capacity and a decrease in CV charge capacity. It has been proven that the process time in the formation can be decisively shortened by thermal and mechanical influences. With regard to cell performance, a positive effect of mechanical stressing at high ambient temperatures was demonstrated. Thus, on the one hand, the capacity loss in the first cycle of high-temperature formation can be greatly reduced by the mechanical influence in formation, and on the other hand, capacity fade was reduced within the calendar aging when formation with mechanical tension. The aging has only a negligible influence on the results, which is why this step was omitted for the main tests.

During the main tests, the mechanical and thermal implications of formation with mechanical tension in form of constant path tension and 20 °C ambient temperature were investigated in detail on basis of the preliminary tests. It could be shown that mechanical load by means of a constant path length related to the formation time produces very similar results as with a constant compressive load. It can be stated that mechanical loading allows a significant process time reduction of up to 34.00 %. In terms of capacity and thus consistent quality, it was shown that on average an increased discharge capacity of approx. 18.10 % can be generated with mechanical stressing. In addition, various side reactions could be inhibited with the help of bracing and a better formation of the SEI could be realized. Thus, correlations between mechanical tension and quality could be established.

In relation to the pressure curve with mechanical tensioning, it was also possible to observe effects that allowed conclusions to be drawn about the behavior of the test cells. When the current rate of 1C is applied during formation, a strong correlation can be observed between the course of the lithiation phases and the graphite expansion curve. Thus, a first correlation between the SEI formation and the measured pressure could be established. When considering different strains, it could be proven that the gradient of the pressure as well as the resulting cell thickness increase with increasing initial strains. In addition to the analysis of the pressure gradient, the investigation of the temperature gradient during formation is elementary to evaluate the quality of the test cells. During the test series, the mechanical stress had no significant influence on the heat development or the heat loss energy. Mechanical stress basically causes an increased gradient of heat generation, which corresponds to the increased process time reduction. In addition, local heat hotspots could be visualized during the formation process, which were incorporated into the design of the product carrier.

Based on the main tests, verification tests were carried out, since the faulty electrolyte used in the main tests led to rapid degradation of the test cells. Accordingly, a new electrolyte with analogously assembled test cells was used for the verification tests. No significant deviations from the described results can be identified. The cyclic electrical load of the test cells from the verification tests with full cycles shows moderately equal aging, since no test cells failed untypically early. In terms of process time, a clear recommendation can be made with regard to bracing the battery cells in a merchandise support with a constant path length. The implementation of a constant pressure load is not necessary, since this would entail higher investment costs for the container and the results do not show any significant improvements in terms of capacity and process time.

As part of the validation, a demonstrator was developed which allows the lithium-ion battery pouch cells to be braced. Integrated into the demonstrator are an automatized cell contacting system when the battery cells are braced, as well as a cold plate design and in-line voltage and temperature monitoring at the contact points. The demonstrator was designed for scaled production with automated processes.

In summary, the scientific added value of this work can be located in the initial scientific investigation of the mechanical stressing of lithium-ion battery pouch cells in production as well as the identification of significant cost saving potentials and the realization of a demonstrator. Based on the results, the outlook deals with the necessary future investigations and measures that will follow on from this work.

Outlook

The results presented provide a good basis for follow-up investigations in the field of formation with mechanical stresses and under thermal conditions. When considering the results, various topics can be identified in which a deeper analysis of the issues is useful.

It makes sense to increase the number of experiments carried out in this work once again in order to obtain a more comprehensive statistical set of experimental results and a more meaningful validation. This requires the production of test cells in a scaled format, which allows a more extensive investigation. Apart from just increasing the statistical quantity, it is useful to extend the number of samples of mechanical stresses towards higher stresses in order to identify the reasonable maximum of potential stresses. These maximum strains should be comparable to the strains of the lithium-ion pouch cells in battery modules. With regard to the stresses of the lithium-ion pouch cells in battery modules, a direct comparison of the stresses in the production process with those in the battery module would be useful. Here, it would be useful to investigate whether the same or different loads causes positive or negative effects on the cyclic or calendar lifetime as well as the cell performance.

In this work, only the lithium-ion pouch cell was considered. Within the framework of the OZF research project, a test trial with prismatic lithium-ion cells corresponding to the identified process parameters has already been carried out. No significant improvements could be observed. Due to the mechanical integrity of the housings of prismatic and cylindrical lithium-ion battery cells, bracing during formation does not offer as great an advantage as with the lithium-ion pouch cell. Nevertheless, a comparative study of the different cell formats would be useful.

Within the framework of the research project OZF[429] (Cluster ProZell) as well as the elaboration of the scientific work, follow-up applications were submitted, which build scientifically on this work. All three applications – FormEl[430] (Cluster ProZell), OptiPro[431] (Cluster InZePro) and InForm[432] (Cluster InZePro) – have been approved and are currently being processed. FormEl serves to determine the process-quality relationships of formation and end-of-line testing for function-integrated overall process optimization. The project thus addresses the fundamental investigation of interdependencies in cell finishing. The goal is the functional integration of different process steps. OptiPro is concerned with the optimization of cell finishing using innovative plant technology and parameter-based evaluation of process and quality parameters in a virtual production system. It addresses both the interdependencies and the digitalization and automated evaluation of the process and quality parameters. InForm goes one step further and aims at the development of an intelligent formation plant. The focus is on the optimization and diagnosis of cell properties during formation. The process parameters are to be controlled according to individual product parameters and enable automated formation.

---

[429] Förderkennzeichen: 03XP0071B.
[430] Förderkennzeichen: 03XP0296C.
[431] Förderkennzeichen: 03XP0364A.
[432] Förderkennzeichen: 03XP0363B.

8 Literaturverzeichnis

References

Abe, K.; Yoshitake, H.; Kitakura, T.; Hattori, T.; Wang, H.; Yoshio, M.: *Additives-containing functional electrolytes for suppressing electrolyte decomposition in lithium-ion batteries*. In: Electrochimica Acta, Jg. 49, 2004, Nr. 26, S. 4613–4622

Al-Kayiem, H. H.; Sidik, M. F.B.M.; Munusammy, Y. R.A.L.: *Study on the Thermal Accumulation and Distribution Inside a Parked Car Cabin*: American Journal of Applied Sciences 7 (6), 2010

An, S. J.; Li, J; Daniel, C.; Mohanty, D.; Nagpure, S.; Wood, D. L.: *The state of understanding of the lithium-ion-battery graphite solid electrolyte interphase (SEI) and its relationship to formation cycling*. In: Carbon, Jg. 105, 2016, S. 52–76

Andersson, A.; Edström, K.; Rao, N.; Wendsjö, Å.: *Temperature dependence of the passivation layer on graphite*. In: Journal of Power Sources, Jg. 81-82, 1999, S. 286–290

Andersson, A. M.; Edström, K.: *Chemical Composition and Morphology of the Elevated Temperature SEI on Graphite*. In: J. Electrochem. Soc., Jg. 148, 2001, Nr. 10, A1100

Andre, D.; Kim, S.-J.; Lamp, P.; Lux, S. F.; Maglia, F.; Paschos, O.; Stiaszny, B.: *Future generations of cathode materials: an automotive industry perspective*. In: Journal of Materials Chemistry A, Jg. 3, 2015, Nr. 13, S. 6709–6732

Arai, H.; Okada, S.; Sakurai, Y.; Yamaki, J.-I.: *Thermal behavior of Li1-yNiO2 and the decomposition mechanism*. In: Solid State Ionics, Jg. 109, 1998, Nr. 3-4, S. 295–302

Arora, S.; Kapoor, A.: *Mechanical Design and Packaging of Battery Packs for Electric Vehicles*. In: Pistoia, G; Liaw, B. (Hrsg.): Behaviour of Lithium-Ion Batteries in Electric Vehicles: *Battery Health, Performance, Safety, and Cost* (Reihe: Green Energy and Technology). Cham: Springer, 2018, S. 175–200

Atkins, P. W.; de Paula, J.: *Physikalische Chemie*. 5. Aufl. Weinheim: Wiley-VCH Verlag GmbH & Co. KGaA, 2013

Aurbach, D.: *Review of selected electrode–solution interactions which determine the performance of Li and Li ion batteries*. In: Journal of Power Sources, Jg. 89, 2000, Nr. 2, S. 206–218

Aurbach, D.; Levi, M. D.; Levi, E.; Schechter, A.: *Failure and Stabilization Mechanisms of Graphite Electrodes*. In: J. Phys. Chem. B, Jg. 101, 1997, Nr. 12, S. 2195–2206

Aurbach, D.; Markovsky, B.; Rodkin, A.; Cojocaru, M.; Levi, E.; Kim, H.-J.: *An analysis of rechargeable lithium-ion batteries after prolonged cycling*. In: Electrochimica Acta, Jg. 47, 2002, Nr. 12, S. 1899–1911

Aurbach, D.; Markovsky, B.; Salitra, G.; Markevich, E.; Talyossef, Y.; Koltypin, M.; Nazar, L.; Ellis, B.; Kovacheva, D.: *Review on electrode–electrolyte solution interactions, related to cathode materials for Li-ion batteries*. In: Journal of Power Sources, Jg. 165, 2007, Nr. 2, S. 491–499

Aurbach, D.; Markovsky, B.; Weissman, I.; Levi, E.; Ein-Eli, Y.: *On the correlation between surface chemistry and performance of graphite negative electrodes for Li ion batteries*. In: Electrochimica Acta, Jg. 45, 1999, Nr. 1-2, S. 67–86

Aurbach, D.; Talyosef, Y.; Markovsky, B.; Markevich, E.; Zinigrad, E.; Asraf, L.; Gnanaraj, J. S.; Kim, H. J.: *Design of electrolyte solutions for Li and Li-ion batteries: A review.* In: Electrochimica Acta, Jg. 50, 2004, Nr. 2-3 SPEC. ISS, S. 247–254

Azuma, H.; Imoto, H.; Yamada, S.; Sekai, K.: *Advanced carbon anode materials for lithium ion cells.* In: Journal of Power Sources, Jg. 81-82, 1999, S. 1–7

Bach, T. C.; Schuster, S. F.; Fleder, E.; Müller, J.; Brand, M. J.; Lorrmann, H.; Jossen, A.; Sextl, G.: *Nonlinear aging of cylindrical lithium-ion cells linked to heterogeneous compression.* In: Journal of Energy Storage, Jg. 5, 2016, S. 212–223

Bandhauer, T. M.; Garimella, S.; Fuller, T. F.: *A Critical Review of Thermal Issues in Lithium-Ion Batteries.* In: Journal of The Electrochemical Society, Jg. 158, 2011, Nr. 3, R1

Barai, A.; Guo, Y.; McGordon, A.; Jennings, P.: *A study of the effects of external pressure on the electrical performance of a lithium-ion pouch cell*: 2013 International Conference on Connected Vehicles and Expo (ICCVE): IEEE 2013, S. 295–299

Bardt, H.; Grömling, M.: *Anhaltende Produktionslücken durch Vorleistungsengpässe.* In: Wirtschaftsdienst, Jg. 102, 2022, Nr. 2, S. 123–126

Bar-Tow, D.: *A Study of Highly Oriented Pyrolytic Graphite as a Model for the Graphite Anode in Li-Ion Batteries.* In: Journal of The Electrochemical Society, Jg. 146, 1999, Nr. 3, S. 824

BaSyTec GmbH: *Users Manual BaSyTec Battery Test System*, 2018

BaSyTec GmbH: *BaSyTest*, 2019

Berckmans, G.; de Sutter, L.; Marinaro, M.; Smekens, J.; Jaguemont, J.; Wohlfahrt-Mehrens, M.; van Mierlo, J.; Omar, N.: *Analysis of the effect of applying external mechanical pressure on next generation silicon alloy lithium-ion cells.* In: Electrochimica Acta, Jg. 306, 2019, S. 387–395

Bernardi, D.: *A General Energy Balance for Battery Systems.* In: Journal of The Electrochemical Society, Jg. 132, 1985, Nr. 1, S. 5

Bernhard, W.; Gabaldon, D.; Zheng, R.; Schmitt, P.; Hotz, T.; Braun, S.; Kampker, A.; Offermanns, C.; Krämer, S.: *Rising opportunities for battery equipment manufacturers. Boom in electric cars and Li-Ion batteries shifts manufacturing equipment into overdrive.* München: ROLAND BERGER GmbH, 2020

Besenhard, J. O.: *The electrochemical preparation and properties of ionic alkali metal-and NR4-graphite intercalation compounds in organic electrolytes.* In: Carbon, Jg. 14, 1976, Nr. 2, S. 111–115

Besenhard, J. O.; Winter, M.; Yang, J.; Biberacher, W.: *Filming mechanism of lithium-carbon anodes in organic and inorganic electrolytes.* In: Journal of Power Sources, Jg. 54, 1995, Nr. 2, S. 228–231

Bhattacharya, S.; Riahi, A. R.; Alpas, A. T.: *Thermal cycling induced capacity enhancement of graphite anodes in lithium-ion cells.* In: Carbon, Jg. 67, 2014, S. 592–606

BioLogic Science Instruments 2015: *Mutlichannel-Potentiostat VMP-300 Datenblatt.* http://www.bio-logic.net/wp-content/uploads/2015-biologic-vmp300.pdf

Blizanac, B.; Mentus, S.; Cvjeticanin, N.; Pavlovic, N.: *Temperature effect on graphite KS44.* In: Journal of the Serbian Chemical Society, Jg. 68, 2003, Nr. 2, S. 119–130

Bloom, I.; Cole, B.; Sohn, J.; Jones, S.; Polzin, E.; Battaglia, V.; Henriksen, G.; Motloch, C.; Richardson, R.; Unkelhaeuser, T.; Ingersoll, D.; Case, H.: *An accelerated calendar and cycle life study of Li-ion cells.* In: Journal of Power Sources, Jg. 101, 2001, Nr. 2, S. 238–247

Bodenes, L.; Dedryvère, R.; Martinez, H.; Fischer, F.; Tessier, C.; Pérès, J.-P.: *Lithium-Ion Batteries Working at 85°C: Aging Phenomena and Electrode/Electrolyte Interfaces Studied by XPS.* In: J. Electrochem. Soc., Jg. 159, 2012, Nr. 10, A1739-A1746

Bolt, P. J.; Sillekens, W. H.: *Prediction of shape aberrations due to punching, shearing and slitting.* In: Journal of Materials Processing Technology, Jg. 103, 2000, Nr. 1, S. 87–94

Boukamp, B. A.: *A Linear Kronig-Kramers Transform Test for Immittance Data Validation.* In: Journal of The Electrochemical Society, Jg. 142, 2006, Nr. 6, S. 1885

Bower, a. F.; Guduru, P. R.; Sethuraman, V. a.: *A finite strain model of stress, diffusion, plastic flow, and electrochemical reactions in a lithium-ion half-cell.* In: Journal of the Mechanics and Physics of Solids, Jg. 59, 2011, Nr. 4, S. 804–828

Bühler, J.: *Mobility Studie 2020. Eine repräsentative Befragung der Bevölkerung in Deutschland im Auftrag des TÜV-Verbands.* Berlin: Verband der TÜV e.V., 2020

Cai, Z. P.; Liang, Y; Li, W. S.; Xing, L. D.; Liao, Y. H.: *Preparation and performances of LiFePO4 cathode in aqueous solvent with polyacrylic acid as a binder.* In: Journal of Power Sources, Jg. 189, 2009, Nr. 1, S. 547–551

Cannarella, J.; Arnold, C. B.: *Stress evolution and capacity fade in constrained lithium-ion pouch cells.* In: Journal of Power Sources, Jg. 245, 2014, S. 745–751

Chandrasekaran, R.: *Quantification of contributions to the cell overpotential during galvanostatic discharge of a lithium-ion cell.* In: Journal of Power Sources, Jg. 262, 2014, S. 501–513

Cheng, X.-B.; Zhang, R.; Zhao, C.-Z.; Wei, F.; Zhang, J.-G.; Zhang, Q.: *A Review of Solid Electrolyte Interphases on Lithium Metal Anode.* In: Advanced science (Weinheim, Baden-Wurttemberg, Germany), Jg. 3, 2016, Nr. 3, S. 1500213

Chiang, P.-C. J.; Wu, M.-S.; Lin, J.-C.: *A Novel Dual-Current Formation Process for Advanced Lithium-Ion Batteries.* In: Electrochemical and Solid-State Letters, Jg. 8, 2006, Nr. 8, A423

Christensen, J.: *Modeling Diffusion-Induced Stress in Li-Ion Cells with Porous Electrodes.* In: Journal of The Electrochemical Society, Jg. 157, 2010, Nr. 3, A366

Christensen, J.; Newman, J.: *Stress generation and fracture in lithium insertion materials.* In: Journal of Solid State Electrochemistry, Jg. 10, 2006, Nr. 5, S. 293–319

Christophersen, J. P.; Shaw, S. R.: *Using radial basis functions to approximate battery differential capacity and differential voltage.* In: Journal of Power Sources, Jg. 195, 2010, Nr. 4, S. 1225–1234

Clauss, C. R. A.; Schweigart, H. E. L. G.: *The Reduction of Manganese Dioxide in Leclanché-Type Dry Cells as Displayed by Derivative Discharge Functions.* In: Journal of The Electrochemical Society, Jg. 123, 1976, Nr. 7, S. 951–959

Costard, J.: *Einfluss von Mikrostruktur und Materialparametern auf die Leistungsfähigkeit poröser Elektroden für Lithium-Ionen Batterien.* Band 33 Aufl. Karlsruhe: KIT Scientific Publishing, 2018

Cox, D. R.: *Design of Experiments: The Control of Error*. In: Journal of the Royal Statistical Society. Series A (General), Jg. 124, 1961, Nr. 1, S. 44

Daubinger, P.; Ebert, F.; Hartmann, S.; Giffin, G. A.: *Impact of electrochemical and mechanical interactions on lithium-ion battery performance investigated by operando dilatometry*. In: Journal of Power Sources, Jg. 488, 2021, S. 229457

Deich, T.; Storch, M.; Steiner, K.; Bund, A.: *Effects of module stiffness and initial compression on lithium-ion cell aging*. In: Journal of Power Sources, Jg. 506, 2021, S. 230163

Deutsche IPCC-Koordinierungsstelle: *Sechster IPCC-Sachstandsbericht (AR6). Beitrag von Arbeitsgruppe I: Naturwissenschaftliche Grundlagen*. Wien, 09.08.2021

Dollé, M.; Grugeon, S.; Beaudoin, B.; Dupont, L.; Tarascon, J.-M.: *In situ TEM study of the interface carbon/electrolyte*. In: Journal of Power Sources, Jg. 97-98, 2001, S. 104–106

Dubarry, M.; Svoboda, V.; Hwu, R.; Yann Liaw, B.: *Incremental Capacity Analysis and Close-to-Equilibrium OCV Measurements to Quantify Capacity Fade in Commercial Rechargeable Lithium Batteries*. In: Electrochemical and Solid-State Letters, Jg. 9, 2006, Nr. 10, A454

Duffner, F.; Mauler, L.; Wentker, M.; Leker, J.; Winter, M.: *Large-scale automotive battery cell manufacturing: Analyzing strategic and operational effects on manufacturing costs*. In: International Journal of Production Economics, Jg. 232, 2021, S. 107982

Ecker, M.; Gerschler, J. B.; Vogel, J.; Käbitz, S.; Hust, F.; Dechent, P.; Sauer, D. U.: *Development of a lifetime prediction model for lithium-ion batteries based on extended accelerated aging test data*. In: Journal of Power Sources, Jg. 215, 2012, S. 248–257

Eisend, M.; Kuß, A.: *Grundlagen empirischer Forschung*. Wiesbaden: Springer Fachmedien Wiesbaden, 2017

Ender, M.: *Mikrostrukturelle Charakterisierung, Modellentwicklung und Simulation poröser Elektroden für Lithiumionenzellen*. In: 1868-1603, 2014

Europäische Kommission: *European Alternative Fuels Observatory*. https://www.eafo.eu/vehicles-and-fleet/m1

Europäische Kommission: *Der europäische Grüne Deal. Mitteilung der Komission an das Europäische Parlament, den Europäischen Rat, den Rat, den Europäischen Wirtschafts- und Sozialausschuss und den Ausschuss der Regionen*. Brüssel, 11.12.2019

Europäische Kommission: *Strategie für nachhaltige und intelligente Mobilität: Den Verkehr in Europa auf Zukunftskurs bringen*. Brüssel: Europäische Kommission, 2020

Europäische Union: *Reduktion von CO2-Emissionen: EU-Klimaziele und Maßnahmen*. https://www.europarl.europa.eu/news/de/headlines/society/20180305STO99003/reduktion-von-co2-emissionen-eu-klimaziele-und-massnahmen. Abruf 09.08.2021

Europäische Union: *Die Antworten der EU auf den Klimawandel. Das EU-Parlament engagiert sich für den Klimaschutz. An welchen Lösungen arbeitet die EU? Wie lauten ihre Prioritäten? Mehr dazu in unserem Themendossier*. https://www.europarl.europa.eu/news/de/headlines/society/20180703STO07129/die-antworten-der-eu-auf-den-klimawandel. Abruf 09.08.2021

Europäische Union: *CO2-Emissionen von Autos: Zahlen und Fakten (Infografik). Wie viel CO2 emittieren Autos? Sind Elektroautos wirklich die sauberere Alternative? Mehr dazu in unserer Infografik.* Abruf 09.08.2021

Europäische Union: *Klima- und energiepolitischer Rahmen bis 2030. Der Rahmen für die Klima- und Energiepolitik bis 2030 umfasst EU-weite Zielvorgaben und politische Ziele für den Zeitraum 2021 bis 2030.* https://ec.europa.eu/clima/policies/strategies/2030_de. Abruf 09.08.2021

Eweka, E.; Owen, J. R.; Ritchie, A.: *Electrolytes and additives for high efficiency lithium cycling.* In: Journal of Power Sources, Jg. 65, 1997, Nr. 1-2, S. 247–251

Fleischmann, J.; Herring, D.; Heuss, R.; Liebach, F.; Linder, M.: *Unlocking the growth opportunity in battery manufacturing equipment. Surging demand for battery cells gives rise to an opportunity for European machinery and equipment manufacturers to supply emerging gigafactories.*(Advanced Electronics Practice), 2022

Fong, R.; von Sacken, U.; Dahn, J. R.: *Studies of Lithium Intercalation into Carbons Using Nonaqueous Electrochemical Cells.* In: Journal of The Electrochemical Society, Jg. 137, 1990, Nr. 7, S. 2009–2013

Franklin, R. E.: *Crystallite growth in graphitizing and non-graphitizing carbons.* In: Proceedings of the Royal Society of London. Series A. Mathematical and Physical Sciences, Jg. 209, 1951, Nr. 1097, S. 196–218

Fu, R.; Xiao, M.; Choe, S. Y.: *Modeling, validation and analysis of mechanical stress generation and dimension changes of a pouch type high power Li-ion battery.* In: Journal of Power Sources, Jg. 224, 2013, S. 211–224

Fuchs, G.; Willenberg, L.; Ringbeck, F.; Sauer, D. U.: *Post-Mortem Analysis of Inhomogeneous Induced Pressure on Commercial Lithium-Ion Pouch Cells and Their Effects.* In: Sustainability, Jg. 11, 2019, Nr. 23, S. 6738

Geiger, W.; Kotte, W.: *Handbuch Qualität. Grundlagen und Elemente des Qualitätsmanagements: Systeme — Perspektiven*(Springer eBook Collection Computer Science & Engineering). 5., vollständig überarbeitete und erweiterte Auflage Aufl. Wiesbaden: Vieweg, 2008

Genieser, R.; Ferrari, S.; Loveridge, M.; Beattie, S. D.; Beanland, R.; Amari, H.; West, G.; Bhagat, R.: *Lithium ion batteries (NMC/graphite) cycling at 80 °C: Different electrolytes and related degradation mechanism.* In: Journal of Power Sources, Jg. 373, 2018, S. 172–183

Genieser, R.; Loveridge, M.; Bhagat, R.: *Practical high temperature (80 °C) storage study of industrially manufactured Li-ion batteries with varying electrolytes.* In: Journal of Power Sources, Jg. 386, 2018, S. 85–95

German, F.: *Untersuchungen zur SEI-Bildung und Optimierung der Formation an Lithium-Ionen Voll- und Halbzellen.* Karlsruhe: Fakultät für Maschinenbau des Karlsruher Institut für Technologie (KIT), Dissertation, 2015

German, F.; Hintennach, A.; Lacroix, A.; Thiemig, D.; Oswald, S.; Scheiba, F.; Hoffmann, M. J.; Ehrenberg, H.: *Influence of temperature and upper cut-off voltage on the formation of lithium-ion cells.* In: Journal of Power Sources, Jg. 264, 2014, S. 100–107

Goers, D.; Spahr, M. E.; Leone, A.; Märkle, W.; Novák, P.: *The influence of the local current density on the electrochemical exfoliation of graphite in lithium-ion battery negative electrodes*. In: Electrochimica Acta, Jg. 56, 2011, Nr. 11, S. 3799–3808

Goodenough, J. B.; Kim, Y.: *Challenges for Rechargeable Li Batteries*. In: Chemistry of Materials, Jg. 22, 2010, Nr. 3, S. 587–603

Hahn, M.; Buqa, H.; Ruch, P. W.; Goers, D.; Spahr, M. E.; Ufheil, J.; Novák, P.; Kötz, R.: *A Dilatometric Study of Lithium Intercalation into Powder-Type Graphite Electrodes*. In: Electrochemical and Solid-State Letters, Jg. 11, 2008, Nr. 9, A151

Hamidah, N. L.; Wang, F. M.; Nugroho, G.: *The understanding of solid electrolyte interface (SEI) formation and mechanism as the effect of flouro-o-phenylenedimaleimaide (F-MI) additive on lithium-ion battery*. In: Surface and Interface Analysis, Jg. 51, 2019, Nr. 3, S. 345–352

Hatzikraniotis, E.; Mitsas, C. L.; Siapkas, D. I.: *Differential Capacity Analysis, a Tool to Examine the Performance of Graphites for Li-Ion Cells*: Materials for Lithium-Ion Batteries. Dordrecht: Springer Netherlands, 2000, S. 529–534

He, Y.-B.; Tang, Z.-Y.; Song, Q.-S.; Xie, H.; Liu, Y.-G; Xu, Q.: *Effects of Temperature on the Formation of Graphite/LiCoO2 Batteries*. In: Journal of The Electrochemical Society, Jg. 155, 2008, Nr. 7, A481

Heimes, H. H.; Bockey, G.: *Batterieprojekte in Europa (Stand: März 2022)*. https://battery-news.de/index.php/2022/03/18/batterieprojekte-in-europa-stand-maerz-2022/. Abruf 17.06.2022

Heimes, H. H.: *Methodik zur Auswahl von Fertigungsressourcen in der Batterieproduktion*. Aachen, 2014

Heimes, H. H.; Kampker, A.; Lienemann, C.; Locke, M.; Offermanns, C.; Michaelis, S.; Rahimzei, E.: *Produktionsprozess einer Lithium-Ionen-Batteriezelle*. 3. Auflage, [revidierte Ausgabe] Aufl. Aachen, Frankfurt am Main: PEM der RWTH Aachen; VDMA, Oktober 2018

Heimes, H. H.; Offermanns, C.; Mohsseni, A.; Laufen, H.; Westerhoff, U.; Hoffmann, L.; Niehoff, P.; Kurrat, M.; Winter., M; Kampker, A.: *The Effects of Mechanical and Thermal Loads during Lithium-Ion Pouch Cell Formation and Their Impacts on Process Time*. In: Energy Technology 2019, Volume 8, Issue 2

Heinle, C.: *Simulationsgestützte Entwicklung von Bauteilen aus wärmeleitenden Kunststoffen*. Erlangen: Technische Fakultät der Universität Erlangen-Nürnberg, Dissertation, 2012

Henze, V.: *Battery Pack Prices Cited Below \$100/kWh for the First Time in 2020, While Market Average Sits at \$137/kWh*. https://about.bnef.com/blog/battery-pack-prices-cited-below-100-kwh-for-the-first-time-in-2020-while-market-average-sits-at-137-kwh/

Hess, M.: *Kinetics and stage transitions of graphite for lithium-ion batteries*. Zürich: ETH Zurich Research Collection, 2013

Hirai, T.; Yoshimatsu, I.; Yamaki, J.: *Influence of Electrolyte on Lithium Cycling Efficiency with Pressurized Electrode Stack*. In: J. Electrochem. Soc., Jg. 141, 1994, Nr. 3, S. 611–614

Holland, A. A.: *The effects of compression on lithium-ion batteries*: Imperial College London, 2018

Holtstiege, F.; Wilken, A.; Winter, M.; Placke, T.: *Running out of lithium? A route to differentiate between capacity losses and active lithium losses in lithium-ion batteries*. In: Physical chemistry chemical physics PCCP, Jg. 19, 2017, Nr. 38, S. 25905–25918

Hottinger Baldwin Messtechnik GmbH 2018: *Datenblatt und Montageanleitung des C9C Kraftaufnehmers*. https://www.hbm.com/fileadmin/mediapool/hbmdoc/technical/B03867.pdf

Huang, C.; Huang, K.; Wang, H.; Liu, S.; Zeng, Y.: *The effect of solid electrolyte interface formation conditions on the aging performance of Li-ion cells*. In: Journal of Solid State Electrochemistry, Jg. 15, 2011, Nr. 9, S. 1987–1995

Huggins, R. A.: *Advanced Batteries: materials science aspects*. Boston, MA: Springer, Heidelberg, 2009

Hunter, J. C.: *Preparation of a new crystal form of manganese dioxide: łambda-MnO2*. In: Journal of Solid State Chemistry, Jg. 39, 1981, Nr. 2, S. 142–147

Huth, T.; Vietor, T.: *Systems Engineering in der Produktentwicklung: Verständnis, Theorie und Praxis aus ingenieurswissenschaftlicher Sicht*. In: Gr Interakt Org, Jg. 51, 2020, Nr. 1, S. 125–130

Inaba, M.; Tomiyasu, H.; Tasaka, A.; Jeong, S. K; Ogumi, Z.: *Atomic Force Microscopy Study on the Stability of a Surface Film Formed on a Graphite Negative Electrode at Elevated Temperatures*. In: Langmuir, Jg. 20, 2004, Nr. 4, S. 1348–1355

IPCC: *Climate Change 2021: The Physical Science Basis. Contribution of Working Group I to the Sixth Assessment Report of the Intergovernmental Panel on Climate Change*. In: Cambridge University Press, Jg. 2021

Itagaki, M.; Yotsuda, S.; Kobari, N.; Watanabe, K.; Kinoshita, S.; Ue, M.: *Electrochemical impedance of electrolyte/electrode interfaces of lithium-ion rechargeable batteries*. In: Electrochimica Acta, Jg. 51, 2006, Nr. 8-9, S. 1629–1635

Jalkanen, K.; Karppinen, J.; Skogström, L.; Laurila, T.; Nisula, M.; Vuorilehto, K.: *Cycle aging of commercial NMC/graphite pouch cells at different temperatures*. In: Applied Energy, Jg. 154, 2015, S. 160–172

Jeevarajan, J. A.; Duffield, B. E.: *Performance and Safety of Lithium-Ion Polymer Pouch Cells*. In: Journal of Space Safety Engineering, Jg. 1, 2014, Nr. 1, S. 10–16

Jung, R.; Morasch, R.; Karayaylali, P.; Phillips, K.; Maglia, F.; Stinner, C.; Shao-Horn, Y.; Gasteiger, H. A.: *Effect of Ambient Storage on the Degradation of Ni-Rich Positive Electrode Materials (NMC811) for Li-Ion Batteries*. In: Journal of The Electrochemical Society, Jg. 165, 2018, Nr. 2, A132-A141

Käbitz, S. R.: *Untersuchung der Alterung von Lithium-Ionen-Batterien mittels Elektroanalytik und elektrochemischer Impedanzspektroskopie*. Aachen: Fakultät für Elektrotechnik und Informationstechnik der RWTH Aachen, Dissertation, 2013

Kaiser, J.; Wenzel, V.; Nirschl, H.; Bitsch, B.; Willenbacher, N.; Baunach, M.; Schmitt, M.; Jaiser, S.; Scharfer, P.; Schabel, W.: *Prozess- und Produktentwicklung von Elektroden für Li-Ionen-Zellen*. In: Chemie Ingenieur Technik, Jg. 86, 2014, Nr. 5, S. 695–706

Kalyani, P.; Kalaiselvi, N.: *Various aspects of LiNiO2 chemistry: A review*. In: Science and Technology of Advanced Materials, Jg. 6, 2005, Nr. 6, S. 689–703

Kampker, A.; Heimes, H. H.: *Produktionsprozess einer Lithium-Ionen-Batteriezelle*. Aachen, 2018

Kampker, A.; Offermanns, C.; Heimes, H. H.; Bi, P.: *Metaanalyse zur Marktentwicklung elektrifizierter Fahrzeuge*. In: ATZ Automobiltech Z, Jg. 123, 2021, Nr. 7-8, S. 60–64

Karlsruher Institut für Technologie: *Kramers-Kronig Gültigkeitstest Lin-KK für Impedanzspektren*. https://www.iam.kit.edu/wet/Lin-KK.php. Abruf 28.05.2018

Kim, S.-W.; Seo, D.-H.; Ma, X.; Ceder, G.; Kang, K.: *Electrode Materials for Rechargeable Sodium-Ion Batteries: Potential Alternatives to Current Lithium-Ion Batteries*. In: Advanced Energy Materials, Jg. 2, 2012, Nr. 7, S. 710–721

Kim, T. H.; Park, J. S.; Chang, S. K.; Choi, S.; Ryu, J. H.; Song, H. K.: *The current move of lithium ion batteries towards the next phase*. In: Advanced Energy Materials, Jg. 2, 2012, Nr. 7, S. 860–872

Klein, B.: *Versuchsplanung - Design of Experiments. Einführung in die Taguchi- und Shainin-Methodik*(De Gruyter Oldenbourg Studium). 5., überarbeitete und aktualisierte Auflage Aufl. Berlin, Boston: De Gruyter Oldenbourg, 2021

Kleppmann, W.: *Ausgewählte Begriffe*. In: Kleppmann, W. (Hrsg.): Taschenbuch Versuchsplanung. München: Carl Hanser Verlag GmbH & Co. KG, 2011, S. 10–13

Klett, M.; Eriksson, R.; Groot, J.; Svens, P.; Ciosek Högström, K.; Lindström, R. W.; Berg, H.; Gustafson, T.; Lindbergh, G.; Edström, K.: *Non-uniform aging of cycled commercial LiFePO4//graphite cylindrical cells revealed by post-mortem analysis*. In: Journal of Power Sources, Jg. 257, 2014, S. 126–137

Klink, S.: *In-Depth Analysis of Irreversible Processes in Lithium Ion Batteries*. Bochum: Fakultät für Chemie und Biochemie der Ruhr-Universität Bochum, Dissertation, 2013

Knoche, T.: *Herstellung von Lithium-Ionen-Zellen: Vom Grundmaterial bis zur Rolle*. In: Zäh, M; Reinhart, G. (Hrsg.): Batterieproduktion (Reihe: Seminarberichte / Iwb, Institut für Werkzeugmaschinen und Betriebswissenschaften). München: Utz Wiss, 2012, S. 37–56

König, A.; Nicoletti, L.; Schröder, D.; Wolff, S.; Waclaw, A.; Lienkamp, M.: *An Overview of Parameter and Cost for Battery Electric Vehicles*. In: WEVJ, Jg. 12, 2021, Nr. 1, S. 21

Korthauer, R.; Leuthner, S.; Vourilehto, K.; Kampker, A.; Wurm, C.; Wöhrle, T.: *Handbuch Lithium-Ionen-Batterien*. Frankfurt, Deutschland: Springer Berlin Heidelberg, 2013

Kronthaler, M. R.; Schloegl, F.; Kurfer, J.; Wiedenmann, R.; Zaeh, M. F.; Reinhart, G.: *Laser Cutting in the Production of Lithium Ion Cells*. In: Physics Procedia, Jg. 39, 2012, S. 213–224

Kubicek, H.: *Heuristische Bezugsrahmen und heuristisch angelegte Forschungsdesign als Elemente einer Konstruktionsstrategie empirischer Forschung*(Arbeitspapier / Institut für Unternehmungsführung im Fachbereich Wirtschaftswissenschaft der Freien Universität Berlin, Nr. 16). Berlin: Inst. für Unternehmungsführung im Fachbereich Wirtschaftswiss. d. Freien Univ, 1976

Kulova, T. L.: *Effect of Temperature on Reversible and Irreversible Processes during Lithium Intercalation in Graphite*. In: Russian Journal of Electrochemistry, Jg. 40, 2004, Nr. 10, S. 1052–1059

Kumai, K.; Miyashiro, H.; Kobayashi, Y.; Takei, K.; Ishikawa, R.: *Gas generation mechanism due to electrolyte decomposition in commercial lithium-ion cell*. In: Journal of Power Sources, Jg. 81-82, 1999, S. 715–719

Kwade, A.; Schwedes, J.: *Mechanische Verfahrenstechnik*. In: Grote, K.-H; Feldhusen, J. (Hrsg.): Dubbel. Berlin, Heidelberg: Springer Berlin Heidelberg, 2011, N2-N9

Laresgoiti, I.; Käbitz, S.; Ecker, M.; Sauer, D. U.: *Modeling mechanical degradation in lithium ion batteries during cycling: Solid electrolyte interphase fracture*. In: Journal of Power Sources, Jg. 300, 2015, S. 112–122

Lee, H. H.; Wang, Y. Y.; Wan, C. C.; Yang, M. H.; Wu, H. C.; Shieh, D. T.: *A fast formation process for lithium batteries*. In: Journal of Power Sources, Jg. 134, 2004, Nr. 1, S. 118–123

Lee, S.-B.; Pyun, S.-I.: *The effect of electrolyte temperature on the passivity of solid electrolyte interphase formed on a graphite electrode*. In: Carbon, Jg. 40, 2002, Nr. 13, S. 2333–2339

Leng, Y.; Ge, S.; Marple, D.; Yang, X.-G.; Bauer, C.; Lamp, P.; Wang, C.-Y.: *Electrochemical Cycle-Life Characterization of High Energy Lithium-Ion Cells with Thick Li(Ni 0.6 Mn 0.2 Co 0.2)O 2 and Graphite Electrodes*. In: Journal of The Electrochemical Society, Jg. 164, 2017, Nr. 6, A1037-A1049

Lewerenz, M.: *Dissection and Quantitative Description of Aging of Lithium-Ion Batteries Using Non-Destructive Methods Validated by Post-Mortem-Analyses*. Band 110 Aufl. Aachen: Aachener Beiträge des ISEA, RWTH Aachen, Dissertation, 2018

Li, J.; Downie, L. E.; Ma, L.; Qiu, W.; Dahn, J. R.: *Study of the Failure Mechanisms of LiNi 0.8 Mn 0.1 Co 0.1 O 2 Cathode Material for Lithium Ion Batteries*. In: Journal of The Electrochemical Society, Jg. 162, 2015, Nr. 7, A1401-A1408

Li, W.; Song, B.; Manthiram, A.: *High-voltage positive electrode materials for lithium-ion batteries*. In: Chemical Society Reviews, Jg. 46, 2017, Nr. 10, S. 3006–3059

Lin, H.; Chua, D.; Salomon, M.; Shiao, H.-C.; Hendrickson, M.; Plichta, E.; Slane, S.: *Low-Temperature Behavior of Li-Ion Cells*. In: Electrochemical and Solid-State Letters, Jg. 4, 2001, Nr. 6, A71

Liu, X. M.; Arnold, C. B.: *Effects of Cycling Ranges on Stress and Capacity Fade in Lithium-Ion Pouch Cells*. In: Journal of The Electrochemical Society, Jg. 163, 2016, Nr. 13, A2501-A2507

Lux, S. F.; Schappacher, F.; Balducci, A.; Passerini, S.; Winter, M.: *Low Cost, Environmentally Benign Binders for Lithium-Ion Batteries*. In: Journal of The Electrochemical Society, Jg. 157, 2010, Nr. 3, A320

MacNeil, D. D.; Larcher, D.; Dahn, J. R.: *Comparison of the Reactivity of Various Carbon Electrode Materials with Electrolyte at Elevated Temperature*. In: Journal of The Electrochemical Society, Jg. 146, 1999, Nr. 10, S. 3596–3602

Madani, S.; Schaltz, E.; Knudsen Kær, S.: *Heat Loss Measurement of Lithium Titanate Oxide Batteries under Fast Charging Conditions by Employing Isothermal Calorimeter*. In: Batteries, Jg. 4, 2018, Nr. 4, S. 59

Madani, S. S.; Schaltz, E.; Kær, S. K.: *Characterization of the Compressive Load on a Lithium-Ion Battery for Electric Vehicle Application*. In: Machines, Jg. 9, 2021, Nr. 4, S. 71

Maitreya, S.; Soni, S.; Paliwal, P.: *Analysing the effect of pressure on the charge holding capacity of Lithium-Ion Batteries*. In: SSRN Journal 2021

Mao, C.; An, S. J.; Meyer, H. M.; Li, J.; Wood, M.; Ruther, R. E.; Wood, D. L.: *Balancing formation time and electrochemical performance of high energy lithium-ion batteries*. In: Journal of Power Sources, Jg. 402, 2018, S. 107–115

Mao, Z.; Farkhondeh, M.; Pritzker, M.; Fowler, M.; Chen, Z.: *Calendar Aging and Gas Generation in Commercial Graphite/NMC-LMO Lithium-Ion Pouch Cell*. In: Journal of The Electrochemical Society, Jg. 164, 2017, Nr. 14, A3469-A3483

Märkle, W.; Lu, C.-Y.; Novák, P.: *Morphology of the Solid Electrolyte Interphase on Graphite in Dependency on the Formation Current*. In: Journal of The Electrochemical Society, Jg. 158, 2011, Nr. 12, A1478

Markovsky, B.; Rodkin, A.; Cohen, Y.; Palchik, O.; Levi, E.; Aurbach, D.; Kim, H.-J.; Schmidt, M.: *The study of capacity fading processes of Li-ion batteries: major factors that play a role*. In: Journal of Power Sources, Jg. 119-121, 2003, S. 504–510

Michaelis, S.; Kampker, A.; Heimes, H. H.; Lienemann, C.; Wessel, S.; Thielmann, A.; Sauer, A.; Hettesheimer, T.: *Roadmap Batterie-Produktionsmittel 2030 - Update 2016*. Frankfurt am Main: VDMA Verlag GmbH, 2016

Michaelis, S.; Rahimzei, E.; Kampker, A.; Heimes, H. H.; Offermanns, C.; Locke, M.; Löbberding, H.; Wennemar, S.; Thielmann, A.; Hettesheimer, T.; Neef, C.; Kwade, A.; Haselrieder, W.; Blömeke, S.; Doose, S.; von Drachenfels, N.; Drees, R.; Fröhlich, A.; Gottschalk, L.; Hoffmann, L.: *Roadmap Batterie-Produktionsmittel 2030 - Update 2020*. Frankfurt am Main: VDMA Verlag GmbH, 2020

Montgomery, D. C.: *Design and analysis of experiments*. 8. ed. Aufl. Hoboken, NJ: Wiley, 2013

Müller, V.; Scurtu, R.-G.; Memm, M.; Danzer, M. A.; Wohlfahrt-Mehrens, M.: *Study of the influence of mechanical pressure on the performance and aging of Lithium-ion battery cells*. In: Journal of Power Sources, Jg. 440, 2019, S. 227148

Müller, V.; Scurtu, R.-G.; Richter, K.; Waldmann, T.; Memm, M.; Danzer, M. A.; Wohlfahrt-Mehrens, M.: *Effects of Mechanical Compression on the Aging and the Expansion Behavior of Si/C-Composite|NMC811 in Different Lithium-Ion Battery Cell Formats*. In: J. Electrochem. Soc., Jg. 166, 2019, Nr. 15, A3796-A3805

Münnix, J.: *Einfluss von Stromstärke und Zyklentiefe auf graphitische Anoden*. Aachen: Fakultät für Elektrotechnik und Informationstechnik der RWTH Aachen, Dissertation, 2017

Münster, P.; Diehl, M.; Frerichs, J. E.; Börner, M.; Hansen, M. R.; Winter, M.; Niehoff, P.: *Effect of Li plating during formation of lithium ion batteries on their cycling performance and thermal safety*. In: Journal of Power Sources, Jg. 484, 2021, S. 229306

Mussa, A. S.: *Durability Aspects of Fast Charging, Mechanical Constraint, and Inhomogeneity in Lithium-Ion Batteries*. Stockholm, 2018

Mussa, A. S.; Klett, M.; Lindbergh, G.; Lindström, R. W.: *Effects of external pressure on the performance and ageing of single-layer lithium-ion pouch cells*. In: Journal of Power Sources, Jg. 385, 2018, S. 18–26

Myung, S.-T.; Hitoshi, Y.; Sun, Y.-K.: *Electrochemical behavior and passivation of current collectors in lithium-ion batteries.* In: Journal of Materials Chemistry, Jg. 21, 2011, Nr. 27, S. 9891

Ng, K. S.; Moo, C.-S.; Chen, Y.-P.; Hsieh, Y.-C.: *Enhanced coulomb counting method for estimating state-of-charge and state-of-health of lithium-ion batteries.* In: Applied Energy, Jg. 86, 2009, Nr. 9, S. 1506–1511

Nitta, N.; Wu, F.; Lee, J. T; Yushin, G.: *Li-ion battery materials: present and future.* In: Materials Today, Jg. 18, 2015, Nr. 5, S. 252–264

Niu, S.; Heng, S.; Zhu, G.; Xu, J.; Qu, Q.; Wu, K.; Zheng, H.: *Analysis on the effect of external press force on the performance of LiNi0.8Co0.1Mn0.1O2/Graphite large pouch cells.* In: Journal of Energy Storage, Jg. 44, 2021, S. 103425

Nyquist, H.: *Regeneration Theory.* In: Bell System Technical Journal, Jg. 11, 1932, Nr. 1, S. 126–147

OECD: *Frascati Manual 2015 - Guidelines for Collecting and Reporting Data on Research and Experimental Development*(The Measurement of Scientific, Technological and Innovation Activities). Paris: OECD Publishing, 2015

Ohzuku, T.; Iwakoshi, Y.; Sawai, K.: *Formation of Lithium-Graphite Intercalation Compounds in Nonaqueous Electrolytes and Their Application as a Negative Electrode for a Lithium Ion (Shuttlecock) Cell.* In: Journal of The Electrochemical Society, Jg. 140, 1993, Nr. 9, S. 2490–2498

OriginLab Corporation: *Sigmoidaler Boltzman Fit.* https://www.originlab.com/doc/Origin-Help/Boltzmann-FitFunc. Abruf 20.06.2019

Ota, H.; Sato, T.; Suzuki, H.; Usami, T.: *TPD–GC/MS analysis of the solid electrolyte interface (SEI) on a graphite anode in the propylene carbonate/ethylene sulfite electrolyte system for lithium batteries.* In: Journal of Power Sources, Jg. 97-98, 2001, S. 107–113

Parimalam, B. S.; MacIntosh, A. D.; Kadam, R.; Lucht, B. L.: *Decomposition Reactions of Anode Solid Electrolyte Interphase (SEI) Components with LiPF 6.* In: J. Phys. Chem. C, Jg. 121, 2017, Nr. 41, S. 22733–22738

Pascal Canfin: *Europäisches Parlament ruft Klimanotstand aus*, 29.11.2019

Peabody, C.; Arnold, C. B.: *The role of mechanically induced separator creep in lithium-ion battery capacity fade.* In: Journal of Power Sources, Jg. 196, 2011, Nr. 19, S. 8147–8153

Peled, E.: *The Electrochemical Behavior of Alkali and Alkaline Earth Metals in Nonaqueous Battery Systems—The Solid Electrolyte Interphase Model.* In: Journal of The Electrochemical Society, Jg. 126, 1979, Nr. 12, S. 2047–2051

Peled, E.; Tow, D. B.; Merson, A.; Gladkich, A.; Burstein, L.; Golodnitsky, D.: *Composition, depth profiles and lateral distribution of materials in the SEI built on HOPG-TOF SIMS and XPS studies.* In: Journal of Power Sources, Jg. 97-98, 2001, S. 52–57

Pettinger, K.-H.; Kampker, A.; Hohenthanner, C.-R.; Deutskens, C.; Heimes, H. H.; vom Hemdt, A.: *Lithium-ion cell and battery production processes.* In: Korthauer, R. (Hrsg.): Lithium-Ion Batteries: Basics and Applications. Berlin, Heidelberg: Springer Berlin Heidelberg, 2018, S. 211–226

Petzl, M.; Danzer, M. A.: *Nondestructive detection, characterization, and quantification of lithium plating in commercial lithium-ion batteries*. In: Journal of Power Sources, Jg. 254, 2014, S. 80–87

Petzl, M.; Kasper, M.; Danzer, M. A.: *Lithium plating in a commercial lithium-ion battery – A low-temperature aging study*. In: Journal of Power Sources, Jg. 275, 2015, S. 799–807

Pham, H. Q.; Hwang, E.-H.; Kwon, Y.-G.; Song, S.-W.: *Understanding the interfacial phenomena of a 4.7 V and 55 °C Li-ion battery with Li-rich layered oxide cathode and graphite anode and its correlation to high-energy cycling performance*. In: Journal of Power Sources, Jg. 323, 2016, S. 220–230

Philippe, B.: *Insights in Li-ion Battery Interfaces through Photoelectron Spectroscopy Depth Profiling*. Uppsala, Sweden: Digital Comprehensive Summaries of Uppsala Dissertations from the Faculty of Science and Technology of Uppsala University, Dissertation, 2013

Qi, Y.; Harris, S. J.: *In Situ Observation of Strains during Lithiation of a Graphite Electrode*. In: Journal of The Electrochemical Society, Jg. 157, 2010, Nr. 6, A741

Rahimsei, E.; Sann, K.; Vogel, M.: *Kompendium: Li-Ionen-Batterien: Grundlagen, Bewertungskriterien, Gesetze und Normen*. 2015, https://www.dke.de/resource/blob/933404/fa7a24099c84ef613d8e7afd2c860a39/kompendium-li-ionen-batterien-data.pdf

Ravdel, B.; Abraham, K.; Gitzendanner, R.; DiCarlo, J.; Lucht, B.; Campion, C.: *Thermal stability of lithium-ion battery electrolytes*. In: Journal of Power Sources, Jg. 119-121, 2003, S. 805–810

Reinhart, G.; Zeilinger, T.; Kurfer, J.; Westermeier, M.; Thiemann, C.; Glonegger, M.; Wunderer, M.; Tammer, C.; Schweier, M.; Heinz, M.: *Research and Demonstration Center for the Production of Large-Area*. In: Schuh, G; Neugebauer, R; Uhlmann, E. (Hrsg.): Future Trends in Production Engineering: *Proceedings of the First Conference of the German Academic Society for Production Engineering (WGP), Berlin, Germany, 8th-9th June 2011*. Berlin, Heidelberg: Springer Berlin Heidelberg, 2013, S. 3–12

Richard, M. N.; Dahn, J. R.: *Accelerating Rate Calorimetry Study on the Thermal Stability of Lithium Intercalated Graphite in Electrolyte. I. Experimental*. In: J. Electrochem. Soc., Jg. 146, 1999, Nr. 6, S. 2068–2077

Ropohl, G.: *Systemtechnik - Grundlagen und Anwendung*. In: Chemie Ingenieur Technik, Jg. 47, 1975, Nr. 13, S. 582

Ropohl, G.: *Allgemeine Systemtheorie. Einführung in transdisziplinäres Denken*. Berlin: edition sigma, 2012

Roscher, M. A.; Vetter, J.; Sauer, D. U.: *Characterisation of charge and discharge behaviour of lithium ion batteries with olivine based cathode active material*. In: Journal of Power Sources, Jg. 191, 2009, Nr. 2, S. 582–590

RS Components GmbH 2018: *Datenblatt Thermosensor Typ K 847-9704*. https://docs-emea.rs-online.com/webdocs/15bb/0900766b815bb6fe.pdf

Rubino, R. S.; Gan, H.; Takeuchi, E. S.: *A Study of Capacity Fade in Cylindrical and Prismatic Lithium-Ion Batteries*. In: Journal of The Electrochemical Society, Jg. 148, 2001, Nr. 9, A1029

Safari, M.; Delacourt, C.: *Aging of a Commercial Graphite/LiFePO4 Cell*. In: Journal of The Electrochemical Society, Jg. 158, 2011, Nr. 10, A1123-A1135

Sahraei, E.; Hill, R.; Wierzbicki, T.: *Calibration and finite element simulation of pouch lithium-ion batteries for mechanical integrity*. In: Journal of Power Sources, Jg. 201, 2012, S. 307–321

Sauer, D. U. 2022: *Die Kosten für die Batterieproduktion werden wohl eher steigen als sinken*. Interview mit dem Batterie-Experten Prof. Dr. Dirk Uwe Sauer von der RWTH Aachen. Online. https://www.electrive.net/2022/03/22/die-kosten-fuer-die-batterieproduktion-werden-wohl-eher-steigen-als-sinken/. Abruf 17.06.2022

Schiefer, H.; Schiefer, F.: *Statistik für Ingenieure*. Wiesbaden: Springer Fachmedien Wiesbaden, 2018

Schiffer, H.-W.: *Treibhausgasneutralität 2045/2050: Verschärfung der nationalen und der europäischen Klimaziele*. In: Wirtschaftsdienst, Jg. 101, 2021, Nr. 8, S. 638–644

Schmalstieg, J.: *Physikalisch-elektrochemische Simulation von Lithium-Ionen-Batterien*. Band 96 Aufl. Aachen: Aachener Beiträge des ISEA, RWTH Aachen, Dissertation, 2017

Schmidt, J. P.: *Verfahren zur Charakterisierung und Modellierung von Lithium-Ionen Zellen*. Kalrsruhe: Fakultät für Elektrotechnik und Informationstechnik des Karlsruher Institut für Technologie (KIT), KIT Scientific Publishing, Dissertation, 2013

Schmuch, R.; Wagner, R.; Hörpel, G.; Placke, T.; Winter, M.: *Performance and cost of materials for lithium-based rechargeable automotive batteries*. In: Nature Energy, Jg. 3, 2018, Nr. 4, S. 267–278

Schönleber, M.; Klotz, D.; Ivers-Tiffée, E.: *A Method for Improving the Robustness of linear Kramers-Kronig Validity Tests*. In: Electrochimica Acta, Jg. 131, 2014, S. 20–27

Schormann, A.; Hennige, V.; Hörpel, G.; Hying, C.; Pilgram, P. 2005: *Stapel aus abwechselnd übereinander gestapelten und fixierten separatoren und elektroden für li-akkumulatoren*

Scrosati, B.; Garche, J.: *Lithium batteries: Status, prospects and future*. In: Journal of Power Sources, Jg. 195, 2010, Nr. 9, S. 2419–2430

Sethuraman, V. a.; Srinivasan, V.; Bower, a. F; Guduru, P. R.: *In Situ Measurements of Stress-Potential Coupling in Lithiated Silicon*. In: Journal of The Electrochemical Society, Jg. 157, 2010, Nr. 11, A1253

Sethuraman, V. A.; Hardwick, L. J.; Srinivasan, V.; Kostecki, R.: *Surface structural disordering in graphite upon lithium intercalation/deintercalation*. In: Journal of Power Sources, Jg. 195, 2010, Nr. 11, S. 3655–3660

Sharova, V.: *Enhancing the performance of lithium batteries through the development of improved electrolyte formulation, formation protocol and graphite surface modification*: Karlsruhe, 2018

Siebertz, K.; van Bebber, D.; Hochkirchen, T.: *Statistische Versuchsplanung*. Berlin, Heidelberg: Springer Berlin Heidelberg, 2017

Siegel, J. B.; Stefanopoulou, A. G.; Hagans, P.; Ding, Y.; Gorsich, D.: *Expansion of Lithium Ion Pouch Cell Batteries: Observations from Neutron Imaging*. In: Journal of The Electrochemical Society, Jg. 160, 2013, Nr. 8, A1031-A1038

Smith, A. J.; Dahn, J. R.: *Delta Differential Capacity Analysis*. In: Journal of The Electrochemical Society, Jg. 159, 2012, Nr. 3, A290-A293

Specht, E. 2008: *Vorlesung: Grundlagen der Wärme- und Stoffübertragung*. Magdeburg

Spingler, F. B.; Friedrich, S.; Kücher, S.; Schmid, S.; López-Cruz, D.; Jossen, A.: *The Effects of Non-Uniform Mechanical Compression of Lithium-Ion Cells on Local Current Densities and Lithium Plating*. In: J. Electrochem. Soc., Jg. 168, 2021, Nr. 11, S. 110515

Spotnitz, R.; Franklin, J.: *Abuse behavior of high-power, lithium-ion cells*. In: Journal of Power Sources, Jg. 113, 2003, Nr. 1, S. 81–100

Tagawa, K.; Brodd, R. J.: *Production Processes for Fabrication of Lithium-Ion Batteries*. In: Yoshio, M; Brodd, R. J; Kozawa, A. (Hrsg.): Lithium-Ion Batteries. New York, NY: Springer New York, 2009, S. 181–194

Tasaki, K.; Harris, S. J.: *Computational Study on the Solubility of Lithium Salts Formed on Lithium Ion Battery Negative Electrode in Organic Solvents*. In: J. Phys. Chem. C, Jg. 114, 2010, Nr. 17, S. 8076–8083

Theil, S.: *Elektrolytalterung in Lithium-Ionen-Batterien*. Ulm: Fakultät für Naturwisschenschaften der Universität Ulm, Dissertation, 2016

Thomas, K. E.; Newman, J.: *Thermal Modeling of Porous Insertion Electrodes*. In: Journal of The Electrochemical Society, Jg. 150, 2003, Nr. 2, A176

Thompson, A. H.: *Electrochemical Potential Spectroscopy: A New Electrochemical Measurement*. In: Journal of The Electrochemical Society, Jg. 126, 1979, Nr. 4, S. 608–616

Tübke, J.; Möller, K.-C.: *Entwicklungsperspektiven für Zellformate von Lithium-IonenBatterien in der Elektromobilität*. Pfinztal: Fraunhofer-Allianz Batterien, 2017

Ulrich, P.; Hill, W.: *Wissenschaftstheoretische Grundlagen der Betriebswirtschaftslehre*. In: Wirtschaftswissenschaftliches Studium WiSt Zeitschrift für Studium und Forschung, Jg. 5, 1976, Nr. 7, S. 304–309

Umweltbundesamt: *Treibhausgas-Emissionen in Deutschland seit 1990 nach Kategorien der UNFCCC-Berichterstattung*. https://www.umweltbundesamt.de/themen/klima-energie/treibhausgas-emissionen/emissionsquellen#energie-stationar. Abruf 09.08.2021

Valov, I. 2017: *Grundlagen elektrochemischer Prozesse auf der Nanoskala*. Aachen

VDI-Gesellschaft Verfahrenstechnik und Chemieingeneurswesen (Hrsg.): *VDI-Wärmeatlas*. 11. Auflag Aufl., Düsseldorf: Springer Berlin Heidelberg, 2013

Verein Deutscher Ingenieure: *VDI 2221 Blatt 1, Entwicklung technischer Produkte und Systeme - Modell der Produktentwicklung. = Design of technical products and systems - model of product design*(VDI-Richtlinien). Ausg. deutsch/englisch Aufl. Berlin: Beuth Verlag GmbH, November 2019

Verma, P.; Maire, P.; Novák, P.: *A review of the features and analyses of the solid electrolyte interphase in Li-ion batteries*. In: Electrochimica Acta, Jg. 55, 2010, Nr. 22, S. 6332–6341

Vetter, J.; Novák, P.; Wagner, M. R.; Veit, C.; Möller, K.-C.; Besenhard, J. O.; Winter, M.; Wohlfahrt-Mehrens, M.; Vogler, C.; Hammouche, A.: *Ageing mechanisms in lithium-ion batteries*. In: Journal of Power Sources, Jg. 147, 2005, Nr. 1-2Nr. , S. 269–281

Vetter, K. J. : *Elektrochemische Kinetik*: Springer Berlin Heidelberg, 1961

vom Hemdt, A.; Heimes, H. H.; Stommel, A. 2020: *Goods Carrier. WIPO Patent.* https://www.onscope.com/ipowner/en/ip/ptwo/EP2020064873.html

Waldmann, T.; Hogg, B.-I.; Kasper, M.; Grolleau, S.; Couceiro, C. G.; Trad, K.; Matadi, B. P.; Wohlfahrt-Mehrens, M.: *Interplay of Operational Parameters on Lithium Deposition in Lithium-Ion Cells: Systematic Measurements with Reconstructed 3-Electrode Pouch Full Cells.* In: J. Electrochem. Soc., Jg. 163, 2016, Nr. 7, A1232-A1238

Waldmann, T.; Hogg, B.-I.; Wohlfahrt-Mehrens, M.: *Li plating as unwanted side reaction in commercial Li-ion cells – A review.* In: Journal of Power Sources, Jg. 384, 2018, S. 107–124

Waldmann, T.; Wilka, M.; Kasper, M.; Fleischhammer, M.; Wohlfahrt-Mehrens, M.: *Temperature dependent ageing mechanisms in Lithium-ion batteries – A Post-Mortem study.* In: Journal of Power Sources, Jg. 262, 2014, S. 129–135

Wang, C.; Appleby, A.; Little, F. E.: *Electrochemical impedance study of initial lithium ion intercalation into graphite powders.* In: Electrochimica Acta, Jg. 46, 2001, Nr. 12, S. 1793–1813

Weber, C. J.; Geiger, S; Falusi, S.; Roth, M.: *Material review of Li ion battery separators.* In: AIP Conference Proceedings, Jg. 1597, 2014, S. 66–81

Whittingham, M. S.: *Lithium batteries and cathode materials.* In: Chemical Reviews, Jg. 104, 2004, Nr. 10, S. 4271–4301

Wieczorek, D.: *Statistische Versuchsplanung.* In: Bandow, G; Holzmüller, H. H. (Hrsg.): „Das ist gar kein Modell!". Wiesbaden: Gabler, 2009, S. 167–187

Wilkinson, D. P.; Blom, H.; Brandt, K.; Wainwright, D.: *Effects of physical constraints on Li cyclability.* In: Journal of Power Sources, Jg. 36, 1991, Nr. 4, S. 517–527

Wilkinson, D. P.; Wainwright, D.: *In-situ study of electrode stack growth in rechargeable cells at constant pressure.* In: Journal of Electroanalytical Chemistry, Jg. 355, 1993, Nr. 1-2, S. 193–203

Winter, M.: *The Solid Electrolyte Interphase – The Most Important and the Least Understood Solid Electrolyte in Rechargeable Li Batteries.* In: Zeitschrift für Physikalische Chemie, Jg. 223, 2009, Nr. 10-11, S. 1395–1406

Winter, M.; Besenhard, J. O.; Spahr, M. E.; Novák, P.: *Insertion Electrode Materials for Rechargeable Lithium Batteries.* In: Advanced Materials, Jg. 10, 1998, Nr. 10, S. 725–763

Wöhrle, T.: *Lithium-Ionen-Zelle.* In: Korthauer, R. (Hrsg.): Handbuch Lithium-Ionen-Batterien. Frankfurt, Deutschland: Springer Berlin Heidelberg, 2013, S. 107–117

Wolter, M.; Fauser, G.; Bretthauer, C.; Roscher, M. A.: *End-of-line testing and formation process in Li-ion battery assembly lines*: International Multi-Conference on Systems, Sygnals & Devices. Piscataway, NJ: IEEE 2012, S. 1–3

Wood, D. L.; Li, J.; Daniel, C.: *Prospects for reducing the processing cost of lithium ion batteries.* In: Journal of Power Sources, Jg. 275, 2015, S. 234–242

Wu, Y. P.; Jiang, C.; Wan, C.; Holze, R.: *Modified natural graphite as anode material for lithium ion batteries.* In: Journal of Power Sources, Jg. 111, 2002, Nr. 2, S. 329–334

Wurm, C.; Öttinger, O.; Wittkämper, S.; Zauter, R.; Vuorilehto, K.: *Anodenmaterialien für Lithium-Ionen-Batterien.* In: Korthauer, R. (Hrsg.): Handbuch Lithium-Ionen-Batterien. Frankfurt, Deutschland: Springer Berlin Heidelberg, 2013, S. 45–60

Xu, W.; Xiao, J.; Zhang, J.; Wang, D.; Zhang, J.-G.: *Optimization of Nonaqueous Electrolytes for Primary Lithium/Air Batteries Operated in Ambient Environment*. In: Journal of The Electrochemical Society, Jg. 156, 2009, Nr. 10, A773

Yang, C. R.; Wang, Y. Y.; Wan, C. C.: *Composition analysis of the passive film on the carbon electrode of a lithium-ion battery with an EC-based electrolyte*. In: Journal of Power Sources, Jg. 72, 1998, Nr. 1, S. 66–70

Yang, S.; Deng, C.; Zhang, Y.; He, Y.: *State of Charge Estimation for Lithium-Ion Battery with a Temperature-Compensated Model*. In: Energies, Jg. 10, 2017, Nr. 10, S. 1560

Yao, F.; Güneş, F.; Ta, H. Q.; Lee, S. M.; Chae, S. J.; Sheem, K. Y.; Cojocaru, C. S.; Xie, S. S.; Lee, Y. H.: *Diffusion mechanism of lithium ion through basal plane of layered graphene*. In: Journal of the American Chemical Society, Jg. 134, 2012, Nr. 20, S. 8646–8654

Zachau-Christiansen, B.: *Lithium insertion in different TiO2 modifications*. In: Solid State Ionics, Jg. 28-30, 1988, S. 1176–1182

Zhang, J.: *Effects of Pressure Evolution on the Decrease in the Capacity of Lithium-Ion Batteries*. In: Int. J. Electrochem. Sci. 2020, S. 8422–8436

Zhang, N.; Tang, H.: *Dissecting anode swelling in commercial lithium-ion batteries*. In: Journal of Power Sources, Jg. 218, 2012, S. 52–55

Zhang, S.; Shi, P.: *Electrochemical impedance study of lithium intercalation into MCMB electrode in a gel electrolyte*. In: Electrochimica Acta, Jg. 49, 2004, Nr. 9-10, S. 1475–1482

Zhang, S. S.: *A review on the separators of liquid electrolyte Li-ion batteries*. In: Journal of Power Sources, Jg. 164, 2007, Nr. 1, S. 351–364

Zhang, S. S.; Xu, K.; Jow, T. R.: *The low temperature performance of Li-ion batteries*. In: Journal of Power Sources, Jg. 115, 2003, Nr. 1, S. 137–140

Zhang, S. S.; Xu, K.; Jow, T. R.: *Electrochemical impedance study on the low temperature of Li-ion batteries*. In: Electrochimica Acta, Jg. 49, 2004, Nr. 7, S. 1057–1061

Zhang, X.; Devine, T. M.: *Factors That Influence Formation of AlF3 Passive Film on Aluminum in Li-Ion Battery Electrolytes with LiPF6*. In: Journal of The Electrochemical Society, Jg. 153, 2006, Nr. 9, B375

Zhang, X.; Sastry, A. M; Shyy, W.: *Intercalation-Induced Stress and Heat Generation within Single Lithium-Ion Battery Cathode Particles*. In: Journal of The Electrochemical Society, Jg. 155, 2008, Nr. 7, A542

Zhang, X.; Shyy, W.; Marie Sastry, A.: *Numerical Simulation of Intercalation-Induced Stress in Li-Ion Battery Electrode Particles*. In: Journal of The Electrochemical Society, Jg. 154, 2007, Nr. 10, A910

Zhang, Y. C.; Briat, O.; Deletage, J.-Y.; Martin, C.; Gager, G.; Vinassa, J.-M.: *Characterization of external pressure effects on lithium-ion pouch cell*: 2018 IEEE International Conference on Industrial Technology (ICIT): IEEE 2018, S. 2055–2059

Zhao, Y.; Patel, Y.; Hunt, I. A.; Kareh, K. M.; Holland, A. A.; Korte, C.; Dear, J. P.; Yue, Y.; Offer, G. J.: *Preventing lithium ion battery failure during high temperatures by externally applied compression*. In: Journal of Energy Storage, Jg. 13, 2017, S. 296–303

Zheng, H.; Tan, L.; Liu, G.; Song, X.; Battaglia, V. S.: *Calendering effects on the physical and electrochemical properties of Li[Ni1/3Mn1/3Co1/3]O2 cathode*. In: Journal of Power Sources, Jg. 208, 2012, S. 52–57

Zheng, H.; Zhang, L.; Liu, G.; Song, X.; Battaglia, V. S.: *Correlationship between electrode mechanics and long-term cycling performance for graphite anode in lithium ion cells*. In: Journal of Power Sources, Jg. 217, 2012, S. 530–537

Zheng, T.; Gozdz, A. S.; Amatucci, G. G.: *Reactivity of the Solid Electrolyte Interface on Carbon Electrodes at Elevated Temperatures*. In: J. Electrochem. Soc., Jg. 146, 1999, Nr. 11, S. 4014–4018

Zhou, L.; Xing, L.; Zheng, Y.; Lai, X.; Su, J.; Deng, C.; Sun, T.: *A study of external surface pressure effects on the properties for lithium-ion pouch cells*. In: Int J Energy Res, Jg. 44, 2020, Nr. 8, S. 6778–6791

A Anhang

Appendix

A.1 Wissenschaftliche Ansätze zur thermischen Beeinflussung

Scientific approaches to thermal influence

Nachfolgend werden die Kernaussagen eines Auszugs der analysierten Ansätze zur Untersuchung thermischer Einflüsse auf die Formierung und Reifung zusammengefasst. Das Kapitel teilt sich in mehrere strukturelle Absätze auf. Temperatureinflüsse während der Reifung werden getrennt von den Einflüssen während der Formierung beschrieben. Zusätzlich werden die Erkenntnisse negativer getrennt von denen positiver Einflüsse beschrieben. Zunächst werden **thermische Effekte während der Reifung mit negativem Einfluss** beschrieben.

ANDERSSON ET AL. beschreiben den Einfluss erhöhter Temperaturen während der Lagerung und Zyklisierung auf die SEI-Performance auf der Graphit-Anode. Nach einer dreifachen Vorzyklisierung bei Raumtemperatur wurden die Zellen für sieben Tage bei 20 °C, 40 °C und 60 °C gelagert und anschließend bei der gleichen Temperatur zyklisiert. Dabei wurde insbesondere im ersten Zyklus nach der Lagerung und bei hohen Temperaturen ein erneuter Kapazitätsverlust nachgewiesen. Dieser wird auf eine sekundäre Redox-Reaktion und Neubildung der SEI-Schicht zurückgeführt. Eine Zyklisierung bei 60 °C zeigte zudem einen kontinuierlichen Kapazitätsverlust, während die anderen Zellen eine gute langfristige Performance vorweisen konnten. Hinzu kommt ein Anstieg des Zellwiderstands bei erhöhter Temperatur, welcher durch die angenommene SEI-Neubildung mit zunehmender SEI-Dicke begründet wird.[433]

Eine quantitative Messung der Zunahme der SEI-Dicke bei erhöhter Temperatur gelang INABA ET AL. Dabei konnte eine Zunahme von 16 nm bei 30 °C auf 150 nm bei 80 °C nachgewiesen werden.[434] ZHENG veröffentlichte vergleichbare Ergebnisse und führt den Kapazitätsverlust nach der Lagerung bei erhöhten Temperaturen ebenfalls auf die Instabilität der SEI-Schicht im flüssigen Elektrolyten zurück. So zeigte sich bei der Lagerung unter 21 °C ein relativer Kapazitätsverlust von weniger als 1,50 %, wohingegen die Lagerung bei 80 °C einen relativen Kapazitätsverlust von ca. 20,00 % mit sich brachte.[435]

Sowohl die Form als auch die chemische Zusammensetzung der SEI verändert sich während der Lagerung bei erhöhter Temperatur. Ausschlaggebend sind dabei drei verschiedene Reaktionsmechanismen: SEI-Zersetzung, Redox-Reaktionen und Elektrolyt-Zersetzung. Die SEI- und Elektrolytzersetzung führt zu einer Bildung von Lithiumfluorid (LiF) bei erhöhter Temperatur, wobei der Elektrolyt $LiBF_4$ diese Bildung im Vergleich zu dem Elektrolyt $LiPF_6$ wei-

[433] Vgl. Andersson et al. (1999): *Temperature dependence of the passivation layer on graphite.*

[434] Vgl. Inaba et al. (2004): *Atomic Force Microscopy Study on the Stability of a Surface Film Formed on a Graphite Negative Electrode at Elevated Temperatures.*

[435] Vgl. Zheng et al. (1999): *Reactivity of the Solid Electrolyte Interface on Carbon Electrodes at Elevated Temperatures.*

ter verstärkt. Nach ANDERSSON und EDSTRÖM haben die Zersetzungen einen signifikanteren Einfluss als die Redox-Reaktion auf die elektrochemische Performance bzw. den Kapazitätsverlust an der Graphit-Anode.[436]

Der Einfluss verschiedener Elektrolyte auf die thermische Stabilität von Graphit-Anoden wurde bereits durch MACNEIL ET AL. gezeigt. Demnach tritt die Umwandlung metastabiler SEI-Komponenten bei $LiBF_4$ bereits bei niedrigeren Temperaturen als bei $LiPF_6$ ein. Diese Umwandlung bewirkt eine Reaktion von interkaliertem Lithium mit dem Elektrolyten, sodass es zu weiteren Kapazitätsverlusten kommt. Somit führt das Elektrolyt $LiBF_4$ zu einer niedrigeren thermischen Stabilität der Anode.[437]

BLOOM ET AL. bestätigen eine beschleunigte Alterung von Batteriezellen während der Lagerung und der Zyklisierung bei erhöhten Temperaturen. So weisen sie einen beschleunigten Energieverlust bei erhöhten Temperaturen und einen beschleunigten flächenbezogenen Impendanzanstieg nach.[438]

Einen Impendanzanstieg durch Oberflächenschichten auf beiden Elektroden identifizieren auch AURBACH ET AL. Die Zellperformance hinsichtlich der Entladekapazität von Zellen, die bei 40 °C zyklisiert wurden, nahm nach 150 Zyklen enorm ab im Vergleich zu einer Zyklisierung bei 25 °C. Den Grund sehen AURBACH ET AL. insbesondere in der Ausdehnung von Graphit unter Einflüssen der Lithium-Interkalation. So wird die Oberflächenschicht ausgedehnt und die Passivierung der Anode ist nicht weiter hermetisch. Bei der Lithium-Interkalation geht somit Lithium an der Oberflächenschicht verloren, was den Kapazitätsverlust der Zelle maßgeblich bestimmt.[439]

GERMAN ET AL. beschreiben die Exfoliation von Graphit-Anoden bei erhöhter Temperatur. Die Untersuchungen der Kathode, Anode sowie der Vollzelle zeigten, dass die Reifung der Vollzelleinsbesondere durch den Kapazitätsverlust an der Anode negativ beeinflusst wird. So wurden die Vollzelle nach einer Formierung bei Raumtemperatur bei verschiedenen Temperaturen (15 °C, 25 °C, 35 °C und 45 °C) innerhalb von 1400 Zyklen zyklisiert, wobei die relative Kapazität bei 45 °C stets am niedrigsten war und zudem am schnellsten abnahm.[440]

Den breitesten in der Literatur untersuchten Temperaturbereich von -20 °C bis 70 °C und dessen Einfluss auf die Alterungsmechanismen während der Reifung von Lithium-Ionen-Zellen liefern WALDMANN ET AL. Sowohl unterhalb als auch oberhalb von 25 °C nimmt der Reifegrad während der Zyklisierung mit 1C zu, wird jedoch von zwei unterschiedlichen Mechanismen ausgelöst. Unterhalb von 25 °C nimmt das Anodenpotenzial insbesondere bei Graphit-

---

[436] Vgl. Andersson et al. (2001): *Chemical Composition and Morphology of the Elevated Temperature SEI on Graphite.*

[437] Vgl. MacNeil et al. (1999): *Comparison of the Reactivity of Various Carbon Electrode Materials with Electrolyte at Elevated Temperature.*

[438] Vgl. Bloom et al. (2001): *An accelerated calendar and cycle life study of Li-ion cells.*

[439] Vgl. Aurbach et al. (2002): *An analysis of rechargeable lithium-ion batteries after prolonged cycling.*

[440] Vgl. German et al. (2014): *Influence of temperature and upper cut-off voltage on the formation of lithium-ion cells.*

Anoden mit sinkender Temperatur ab, sodass es in der Folge unter einem Potential von 0 V vs. Li/Li^+ zu Lithium-Plating an der Anode kommt.[441]

Oberhalb von 25 °C findet ein fast linearer Anstieg an Mangan-Anteilen an der Anode statt, welcher durch den Verlust von Aktivmaterial an der Kathode begründet wird. Zudem zeigt sich eine Korrelation zwischen der Zunahme der Anodendicke und der Zunahme des Innenwiderstandes über den gesamten Temperaturbereich, wobei erhöhte Temperaturen die Anodendicke ansteigen lassen. Zusammenfassend kommt es oberhalb von 25 °C somit zu einem Mechanismus aus Mn-Ablagerung an der Anode und einer Zunahme des SEI-Widerstands und der Anodendicke. Insgesamt zeigt sich somit sowohl bei niedrigen als auch bei hohen Temperaturen ein negativer Effekt während der Reifung bzw. Zyklisierung mit 1C auf den State of Health (SOH). Der SOH ist definiert als Entladekapazität einer gealterten Zelle im Vergleich zur Entladekapazität einer neuen Zelle.[442]

Nach ZHANG ET AL. kommt es ebenfalls zu einer Verschlechterung der Zellperformance bei niedrigen Temperaturen. Entscheidend sind dabei die schlechten kinetischen Eigenschaften, welche insbesondere durch einen hohen Ladungstransferwiderstand nachgewiesen werden konnten.[443]

JALKANEN ET AL., welche erstmals großformatige Lithium-Ionen-Zellen (220 x 215 x1 0,7 mm) untersuchten und die Anzahl der Zyklen im Vergleich zu anderer Literatur immens ausweiteten, zeigen wiederum einen negativen Einfluss erhöhter Temperaturen. Dabei konnten Zellen bei Raumtemperatur 2600-mal zyklisiert werden, bis sie einen SOH von 80,00 % erreicht hatten. Durch eine Erhöhung der Temperatur auf 45 °C während der Be- und Entladung wurde die Zykluszahl um 600 Einheiten auf 2000 reduziert. Bei einer Beladung bei 45 °C und Entladung bei 65 °C wurden lediglich ca. 800 Zyklen erreicht. Während die Kapazitätsverluste bei Raumtemperatur auf ein zunehmendes SEI-Wachstum zurückgeführt werden, wird der Kapazitätsverlust nach JALKANEN ET AL. nicht nur bei niedriger[444], sondern auch bei erhöhter Temperatur durch Lithium-Plating erklärt. So führt der mit der Zunahme des SEI-Wachstums einhergehende Anstieg des SEI-Widerstands zu einer hoch polarisierten Graphit-Anode, was das Lithium-Plating nach PETZL und DANZER[445] fördert.[446]

Durch eine länger andauernde Sonneneinstrahlung können Batterien in bestimmten Fällen sogar Temperaturen von bis zu 80 °C ausgesetzt sein[447]. So wurden kommerzielle Batteriezel-

---

441 Vgl. Lin et al. (2001): *Low-Temperature Behavior of Li-Ion Cells*; Vgl. Waldmann et al. (2014): *Temperature dependent ageing mechanisms in Lithium-ion batteries – A Post-Mortem study*, S. 134.

442 Vgl. Waldmann et al. (2014): *Temperature dependent ageing mechanisms in Lithium-ion batteries – A Post-Mortem study*.

443 Vgl. Zhang et al. (2004): *Electrochemical impedance study on the low temperature of Li-ion batteries*.

444 Vgl. Waldmann et al. (2014): *Temperature dependent ageing mechanisms in Lithium-ion batteries – A Post-Mortem study*.

445 Vgl. Petzl et al. (2014): *Nondestructive detection, characterization, and quantification of lithium plating in commercial lithium-ion batteries*.

446 Vgl. Jalkanen et al. (2015): *Cycle aging of commercial NMC/graphite pouch cells at different temperatures*.

447 Vgl. Al-Kayiem et al. (2010): *Study on the Thermal Accumulation and Distribution Inside a Parked Car Cabin*.

len basierend auf Li-(Ni1/3Mn1/3Co1/3)-O2-(NMC-111)-Kathoden bereits bei 85 °C zyklisiert.[448]

Lösliche Additive ermöglichen die Verwendung der Zellen ohne wesentliche Lösungsmittel-Oxidation oder Gasentstehung. Dennoch besteht eine kathodenbezogene Widerstandserhöhung, welche zu einem erheblichen Performanceverlust führt.[449]

Bezogen auf die **thermischen Effekte während der Reifung mit positivem Einfluss** wurde während der Lagerung bei 80 °C dagegen nur eine geringe Widerstandserhöhung festgestellt. Auch der Kapazitätsverlust ist wesentlich geringer. Demnach scheint es, als könne eine Additivzugabe eine stabilere Schicht bilden, die eine verbesserte Lagerung inklusive einer geringeren Volumenausdehnung bei 80 °C ermöglicht.[450]

PHAM ET AL. gelang es, eine stabile Zellperformance während der Zyklisierung bei 55 °C nachzuweisen. So berichten sie von Lithium-Ionen-Zellen, welche unter Zusatz gemischter Additive im Elektrolyt neben der thermischen Belastung auch einer hochenergetischen Belastung mit einer Abbruchspannung von 4,7 V ausgesetzt waren. Dabei konnte die Zellperformance gegenüber konventionellen Elektrolyten verbessert werden. Eine Mischung aus Di-(2,2,2 trifluooethyl)-carbonat (DFDEC) und Vinylencarbonat zeigt so eine Coulomb-Effizienz nach 50 Zyklen von 99,00 % gegenüber 45,00 % des herkömmlichen Elektrolyten $LiPF_6$/EC:EMC (3:7) sowie eine stets höhere Entladekapazität. Erklärt wird diese Erkenntnis durch einen niedrigeren Zellwiderstand und langsameres Widerstandswachstum, was für eine stabilere Ausbildung der Oberflächenschichten zwischen Elektrolyt und Elektroden spricht.[451]

Bezogen auf die **thermischen Effekte während der Formierung mit negativem Einfluss** konnten während der Formierung negative Auswirkungen durch erhöhte Temperaturen gezeigt werden. Nach LEE und PYUN entstehen negative Effekte bei erhöhter Temperatur während der Formierung. So weisen Zellen, welche im ersten Lade-Entladezyklus mit 40 °C temperiert wurden, einen erheblich höheren Kapazitätsverlust bei einer anschließenden Zyklisierung bei 20 °C auf. Erklärt wird der Kapazitätsverlust mit einer Interkalation der Lösungsmittelmoleküle, welche zu strukturellen Schäden der SEI führt. Entscheidend soll dabei die relative Zunahme an anorganischen Li_2CO_3 im Verhältnis zu $ROCO_2Li$ sein, welche insbesondere von einer Gasentstehung gemäß den nachfolgenden Reaktionen begleitet wird[452];[453]

---

448 Vgl. Bodenes et al. (2012): *Lithium-Ion Batteries Working at 85°C: Aging Phenomena and Electrode/Electrolyte Interfaces Studied by XPS.*

449 Vgl. Genieser et al. (2018): *Lithium ion batteries (NMC/graphite) cycling at 80 °C: Different electrolytes and related degradation mechanism.*

450 Vgl. Genieser et al. (2018): *Practical high temperature (80 °C) storage study of industrially manufactured Li-ion batteries with varying electrolytes.*

451 Vgl. Pham et al. (2016): *Understanding the interfacial phenomena of a 4.7 V and 55 °C Li-ion battery with Li-rich layered oxide cathode and graphite anode and its correlation to high-energy cycling performance.*

452 Vgl. Aurbach et al. (1999): *On the correlation between surface chemistry and performance of graphite negative electrodes for Li ion batteries*; Vgl. Yang et al. (1998): *Composition analysis of the passive film on the carbon electrode of a lithium-ion battery with an EC-based electrolyte.*

453 Vgl. Lee et al. (2002): *The effect of electrolyte temperature on the passivity of solid electrolyte interphase formed on a graphite electrode.*

Nach BLIZANAC ET AL. kann es bereits bei 55 °C zur Graphit-Exfoliation kommen. Mittels einer cyclovoltammetrischen Messung ergibt sich ein rapider Potenzialabfall an der Graphit-Anode bei ungefähr 0,9 V von 540 mAh/g auf nahezu 0 mAh/g. Normalerweise findet eine Graphit-Lithiierung bei 0,3 V vs. Li/Li^+ statt, sodass davon ausgegangen wird, dass es hier zu einer Exfoliation gekommen ist.[454]

HE ET AL. untersuchen die Auswirkung hochtemperierter Formierung auf die Zellperformance während der ersten 50 Zyklen bei 25 °C und 50 °C. Dabei zeigte die hochtemperierte Formierung bei anschließender Zyklisierung mit 25 °C keine wesentlich erhöhten Kapazitätsverluste. Während einer Zyklisierung bei 50 °C wurden die anderen Ansätze bezüglich erhöhter Kapazitätsverluste bei hochtemperierter Zyklisierung bestätigt. Allerdings führte die hochtemperierte Formierung dabei zusätzlich zu schnelleren Kapazitätsverlusten als eine Formierung bei Raumtemperatur. Dies wird damit begründet, dass Defekte der SEI, welche bei hochtemperierter Formierung entstehen, durch eine Zyklisierung bei 25 °C repariert werden können. Dahingegen scheint eine Reparatur der SEI durch eine Zyklisierung bei 50 °C ausgeschlossen.[455]

Werden die **thermischen Effekte während der Formierung mit positivem Einfluss** betrachtet wurde zunächst der niedrige Temperaturbereich und dessen Einfluss während der Formierung in der Literatur untersucht. KULOVA ET AL. berichten, dass der Kapazitätsverlust innerhalb der Formierung durch niedrige Temperaturen reduziert werden kann. Bei anschließender Zyklisierung unter Raumtemperatur wird die SEI-Schicht weiter ausgebildet, sodass es jedoch verspätet zu einem erneuten Kapazitätsverlust kommt. Schlussendlich ergibt sich, dass eine zeitliche Kombination aus niedriger Temperatur mit Raumtemperatur über eine gewisse Zeit zu einem insgesamt reduzierten Kapazitätsverlust während der Formierung führen kann.[456] Allerdings bleibt dabei sowohl die Struktur der SEI als auch eine langfristige Zyklisierung außer Betracht.

Neben den bereits erwähnten negativen Einflüssen hochtemperierter Formierung konnten HE ET AL. eine zeitlich beschleunigte Formierung aufzeigen, deren Einfluss jedoch nicht weiter thematisiert wird.[457]

HUANG ET AL. beschreiben zudem, dass erhöhte C-Raten unter dem Kompromiss eines erhöhten erstmaligen Kapazitätsverlustes sowie irreversiblen Kapazitätsverlusten während der Lagerung zu einer beschleunigten Formierung führen. Außerdem zeigen sie gegensätzlich zu den eben erwähnten Ergebnissen erstmals einen positiven Effekt auf die Zellperformance durch hochtemperierte Formierung. Demnach offenbaren Zellen, welche bei 45 °C mit 16 mA formiert wurden, sowohl vor als auch nach einer zehnwöchigen Lagerung bei 60 °C eine höhere Entladekapazität als Zellen, welche bei 25 °C mit 16 mA formiert wurden. Eine erhöhte

---

[454] Vgl. Blizanac et al. (2003): *Temperature effect on graphite KS44*.
[455] Vgl. He et al. (2008): *Effects of Temperature on the Formation of Graphite/LiCoO2 Batteries*.
[456] Vgl. Kulova (2004): *Effect of Temperature on Reversible and Irreversible Processes during Lithium Intercalation in Graphite*.
[457] Vgl. He et al. (2008): *Effects of Temperature on the Formation of Graphite/LiCoO2 Batteries*, S. 483.

C-Rate von 400 mA führt zudem zu keiner signifikant schlechteren Entladekapazität. Auch langfristig weisen die Zellen, welche bei 45 °C formiert wurden, eine bessere Kapazitätserhaltung auf. Außerdem nimmt der Flächen- und SEI-Widerstand der Zellen, welche bei 25 °C formiert wurden, durch die zehnwöchige Lagerung bei 60 °C wesentlich stärker zu, was die größere Instabilität der SEI-Schicht bei 25 °C bestätigt. Somit konnte eine verbesserte Zellperformance während der Reifung durch eine optimierte Formierungsprozedur mit erhöhter Temperatur nachgewiesen werden. Eine Ursache sehen HUANG ET AL. dabei in der Umwandlung metastabiler Komponenten in stabilere anorganische Komponenten – ausgelöst durch erhöhte Temperatur.[458]

Nach TASAKI und HARRIS sind diese anorganischen Komponenten (z. B. Li_2CO_3 und Li_2O) bei normalen Betriebstemperaturen endotherm und schwer aufzulösen[459]. Obwohl HUANG ET AL. dabei auf die Forschungsergebnisse von LEE und PYUN zurückgreifen, indem sie den höheren Anteil an Li_2CO_3 gegenüber ROCO2Li als Nachweis für den gestiegenen Anteil anorganischer Substanzen zitieren, legen sie die Entstehung von Li_2CO_3 positiv aus. Die negativ ausgelegte Gasentstehung nach LEE und PYUN wird dabei von HUANG ET AL. nicht erwähnt.

Darüber hinaus konnten BHATTACHARYA ET AL. mittels einer Rasterelektronenmikroskopie eine stabilere und gleichmäßigere SEI bei einer Formierung bei 60 °C im Gegensatz zu einer Formierung bei 25 °C feststellen. Ausschlaggebend für die gleichmäßigere SEI-Bildung ist nach BHATTACHARYA ET AL. eine höhere Diffusionsrate der Lithium-Ionen bei erhöhter Temperatur. Jedoch bleibt eine langfristige Untersuchung der Zellperformance bezüglich einer Reifung nach mehr als zehn Zyklen aus.[460] Dennoch werden die positiven Effekte einer hochtemperierten Formierung zwischen 30 °C und 60 °C in kommerziell hergestellten Li-Ionen-Zellen ausgenutzt.[461]

Neben einer kompakteren SEI-Bildung mit einem größeren Anteil an anorganischen Komponenten während einer Formierung bei 40 °C heben AN ET AL. insbesondere die dabei erzielte Beschleunigung der Prozesszeit durch hochtemperierte Formierung hervor[462]. Jedoch arbeitet jeder Batteriehersteller unabhängig an der Entwicklung optimaler Formierungsprozeduren, sodass Kenntnisse aus der Forschung und Entwicklung renommierter Zellhersteller nicht veröffentlicht werden[463].

---

[458] Vgl. Huang et al. (2011): *The effect of solid electrolyte interface formation conditions on the aging performance of Li-ion cells.*

[459] Vgl. Tasaki et al. (2010): *Computational Study on the Solubility of Lithium Salts Formed on Lithium Ion Battery Negative Electrode in Organic Solvents.*

[460] Vgl. Bhattacharya et al. (2014): *Thermal cycling induced capacity enhancement of graphite anodes in lithium-ion cells.*

[461] Vgl. Cheng et al. (2016): *A Review of Solid Electrolyte Interphases on Lithium Metal Anode*, S. 8.

[462] Vgl. An et al. (2016): *The state of understanding of the lithium-ion-battery graphite solid electrolyte interphase (SEI) and its relationship to formation cycling*, S. 67.

[463] Vgl. Sharova (2018): *Enhancing the performance of lithium batteries through the development of improved electrolyte formulation, formation protocol and graphite surface modification*, S. 87.

Nach einer Formierung bei 40 °C stellte SHAROVA interessanterweise einen reduzierten Amorphisierungsgrad der Graphit-Anode nach 104 Zyklen fest. Daraus ergibt sich die Schlussfolgerung einer stabileren SEI im Vergleich zu Formierungen bei Raumtemperatur.[464]

A.2 Wissenschaftliche Ansätze zur mechanischen Beeinflussung

Scientific approaches to mechanical influence

Eine umfassende Analyse der Literatur hat ergeben, dass sich problemrelevante Ansätze ausschließlich mit der Untersuchung mechanischer Einflüsse auf die Reifung von Lithium-Ionen-Batterien beschäftigen. Aufgrund dessen werden nachfolgend lediglich die Kernaussagen der analysierten Ansätze zur experimentellen Untersuchung mechanischer Einflüsse auf die Reifung zusammengefasst, um ein Gesamtbild der bestehenden Forschung zu erzeugen.

Mechanische Einflüsse auf Lithium-Ionen-Batteriezellen mit Lithium-Metall-Anoden wurden bereits in den 1990er-Jahren untersucht.[465] Diese Forschungen werden jedoch aufgrund einer grundsätzlich abweichenden Zellchemie zur damaligen Zeit nicht näher betrachtet. Mechanische Einflüsse auf Lithium-Ionen-Batteriezellen mit vergleichbarer Bauform und Batteriezellchemie zu der im Rahmen der vorliegenden Arbeit untersuchten Batteriezellen wurden dagegen erstmals durch RUBINO ET AL. erwähnt. Eine Untersuchung identischer Zellmaterialien in prismatischen und zylindrischen Zellen zeigt einen erhöhten Kapazitätsverlust in der prismatischen Bauform. Diese schwächere Performance der prismatischen Zelle wird auf den geringeren Zelldruck zurückgeführt, der eine stärkere Quellung des Graphits an der Anode zulässt. Zusätzlich nimmt die Porosität der beiden Elektroden einer prismatischen Zelle stärker zu, sodass die Graphit-Partikel isoliert werden. Nach RUBINO ET AL. sollten die mechanischen Einflüsse durch Druckbelastung demnach in jedem Modell zur Betrachtung des Kapazitätsverlustes berücksichtigt werden.[466]

Dagegen berichten PEABODY und ARNOLD von einem erhöhten Kapazitätsverlust bei externer Druckbelastung. Dabei kommt es zu einer Deformation des Separators mit einhergehender Zunahme des Innenwiderstands. Als Ursachen werden Porenverschluss bzw. eine Porenvolumenabnahme und eine minimierte Leitfähigkeit identifiziert. Zusätzlich vermuten PEABODY und ARNOLD, dass erhöhte Temperaturen diese mechanischen Effekte verstärken.[467]

BARAI ET AL. untersuchten erstmals die Performance von Lithium-Ionen-Pouch-Zellen unter der gleichzeitigen Betrachtung thermischer sowie mechanischer Einflüsse auf die Reifung. Während der Be- und Entladung bei einer erhöhten Temperatur von 45 °C sinkt die Zellspan-

---

[464] Vgl. Sharova (2018): *Enhancing the performance of lithium batteries through the development of improved electrolyte formulation, formation protocol and graphite surface modification*, S. 107.

[465] Vgl. Wilkinson et al. (1993): *In-situ study of electrode stack growth in rechargeable cells at constant pressure*; Vgl. Wilkinson et al. (1991): *Effects of physical constraints on Li cyclability*; Vgl. Hirai et al. (1994): *Influence of Electrolyte on Lithium Cycling Efficiency with Pressurized Electrode Stack*; Vgl. Eweka et al. (1997): *Electrolytes and additives for high efficiency lithium cycling.*

[466] Vgl. Rubino et al. (2001): *A Study of Capacity Fade in Cylindrical and Prismatic Lithium-Ion Batteries.*

[467] Vgl. Peabody et al. (2011): *The role of mechanically induced separator creep in lithium-ion battery capacity fade.*

nung mit zunehmend externer Druckbelastung. Interessanterweise wird die Zellperformance bei einer Temperatur von 25 °C und einer externen Druckbelastung von 0,2 bar gegenüber einer drucklosen Belastung verbessert. Allgemein nimmt die Kapazität nach BARAI ET AL. mit zunehmendem Druck jedoch ab, wobei eine Belastung von 0,2 bar sowohl bei 25 °C und 45 °C keinen signifikanten Effekt gegenüber druckloser Belastung zeigt. Zusammenfassend erwarten BARAI ET AL. eine verlängerte Lebensdauer bei geringer externer Druckbelastung.[468]

Nach CANARELLA und ARNOLD liegt die Ursache eines zunehmenden Kapazitätsverlustes unter externer Druckbelastung in dem Verlust von zyklisierbarem Lithium, welches sich in festen Oberflächenschichten an der Anode ablagert. Die Ursache positiver Effekte durch kleine Druckbelastungen sehen CANARELLA und ARNOLD in einer Welligkeit der Elektroden bei druckloser Belastung[469]. Eine solche Welligkeit der Elektroden, die einen Kapazitätsverlust durch einen Kontaktverlust von Elektrodenteilen mit sich bringt, kann durch eine geringe Druckbelastung umgangen werden. Zu hohe Drücke führen dagegen zu einem inhomogenen Verschluss der Poren des Separators. So entstehen Überspannungen in der Nähe der verschlossenen Poren, welche das Phänomen des Lithium-Platings beschleunigen.[470]

Erkenntnisse zu den Einflüssen von Drücken unterhalb des Umgebungsdrucks wurden im Rahmen von NASA-Projekten von JEEVARJAN und DUFFIELD erforscht. Sie kommen zu dem Ergebnis, dass dieser niedrige Druckbereich bei verschiedenen Zellen und verschiedenen Ladeprozeduren einen negativen Einfluss auf die Zellkapazität hat. Jedoch können die negativen Einflüsse durch sogenannte Klemmplatten zum Verspannen der Batteriezellen minimiert werden.[471]

Darüber hinaus wird in der Literatur der inhomogene Stapeldruck in Bezug auf eine ungleichmäßige Alterung von Batteriezellen diskutiert, was den Einfluss mechanischer Belastungen während der Reifung von Batteriezellen verdeutlicht. Nach KLETT ET AL. bildet sich durch einen höheren Druck im Zellinneren einer zylindrischen Zelle eine dickere SEI-Schicht[472], wohingegen BACH ET AL. von einer dünneren SEI-Schicht im Zellinneren berichten[473]. Bezüglich des Lithium-Platings stellen PETZL ET AL. ein kleineres Ausmaß aufgrund des hohen Drucks im Zellinneren dar[474], wohingegen BACH ET AL. ein größeres Ausmaß nachweisen[475].

---

[468] Vgl. Barai et al. (2013): *A study of the effects of external pressure on the electrical performance of a lithium-ion pouch cell.*
[469] Vgl. Zhang et al. (2012): *Dissecting anode swelling in commercial lithium-ion batteries.*
[470] Vgl. Cannarella et al. (2014): *Stress evolution and capacity fade in constrained lithium-ion pouch cells.*
[471] Vgl. Jeevarajan et al. (2014): *Performance and Safety of Lithium-Ion Polymer Pouch Cells.*
[472] Vgl. Klett et al. (2014): *Non-uniform aging of cycled commercial LiFePO4//graphite cylindrical cells revealed by post-mortem analysis.*
[473] Vgl. Bach et al. (2016): *Nonlinear aging of cylindrical lithium-ion cells linked to heterogeneous compression.*
[474] Vgl. Petzl et al. (2015): *Lithium plating in a commercial lithium-ion battery – A low-temperature aging study.*
[475] Vgl. Bach et al. (2016): *Nonlinear aging of cylindrical lithium-ion cells linked to heterogeneous compression.*

A.3 Maschinen und Anlagen

Machines and equipment

Abbildung A.1: Klimaschrank Binder KBF 240

A.4 Darstellungen der Versuchsvorrichtung

Illustrations of the experimental setup

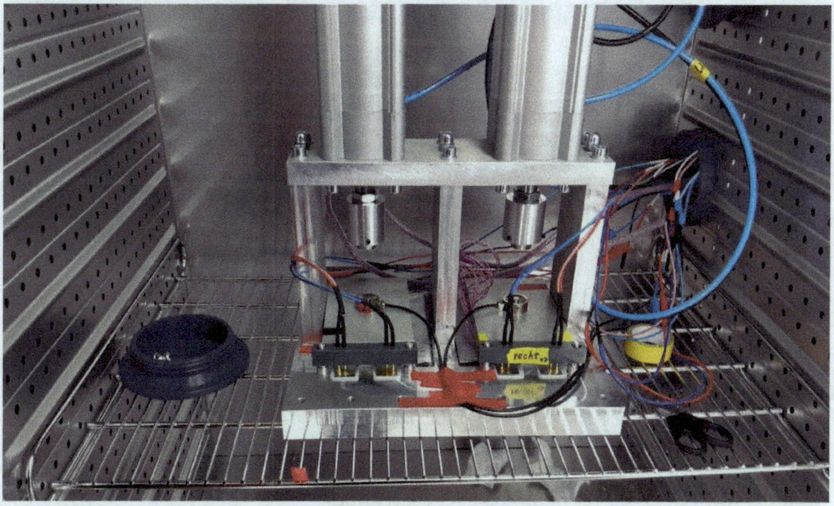

Abbildung A.2: Formierungsvorrichtung (Variante 1: adaptiver Druck)

Abbildung A.3: Formierungsvorrichtung (Variante 2: konstante Wegverspannung)

Abbildung A.4: Vorrichtung zur Zyklisierung der Batteriezellen

A.5 Residuen des linearen Kramers-Kronig-Validierungstests

Residuals of the linear Kramers-Kronig validation test

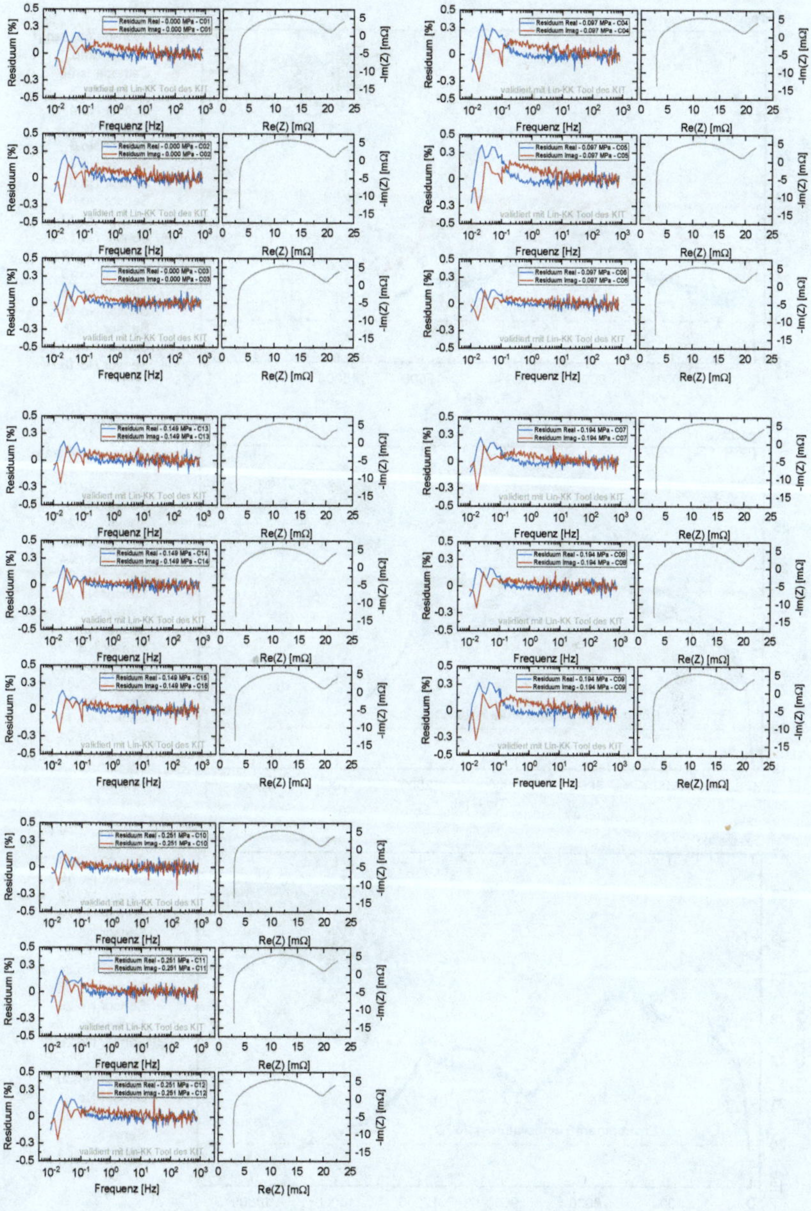

A.6 Darstellung der Zelloberflächentemperatur aus den Vorversuchen

Representation of the cell surface temperature from the preliminary experiments

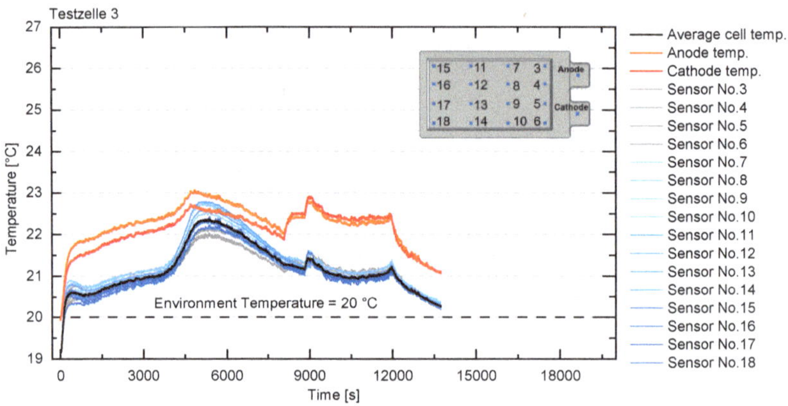

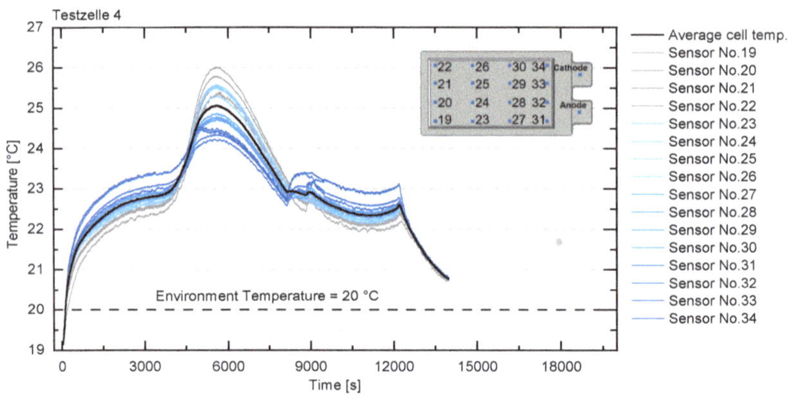

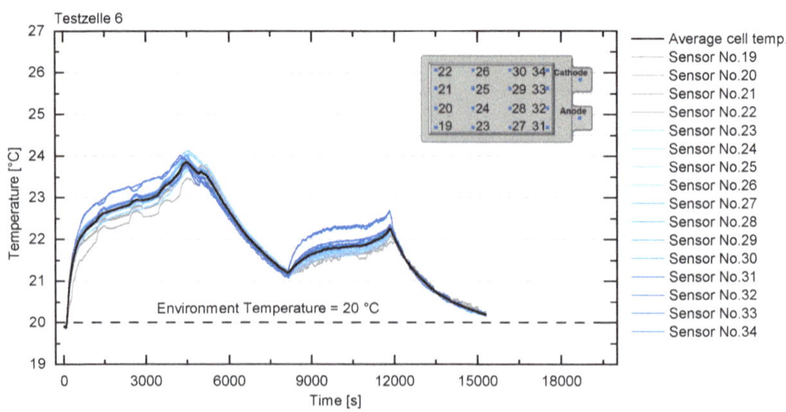

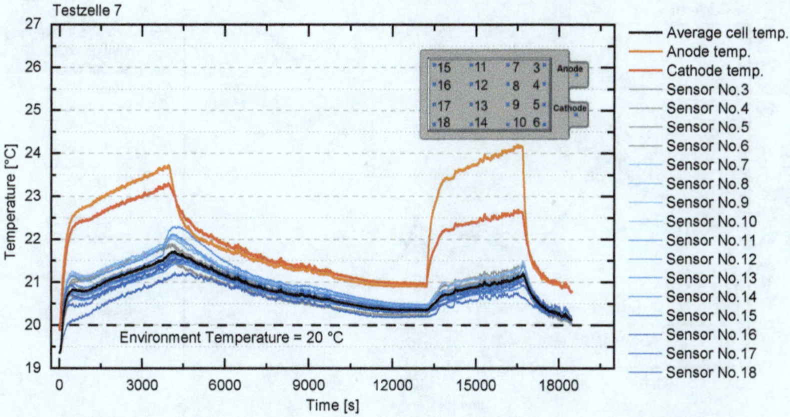
Testzelle 7
Temperature [°C]
Time [s]
Environment Temperature = 20 °C
Anode
Cathode
15 11 7 3
16 12 8 4
17 13 9 5
18 14 10 6
Average cell temp.
Anode temp.
Cathode temp.
Sensor No.3
Sensor No.4
Sensor No.5
Sensor No.6
Sensor No.7
Sensor No.8
Sensor No.9
Sensor No.10
Sensor No.11
Sensor No.12
Sensor No.13
Sensor No.14
Sensor No.15
Sensor No.16
Sensor No.17
Sensor No.18

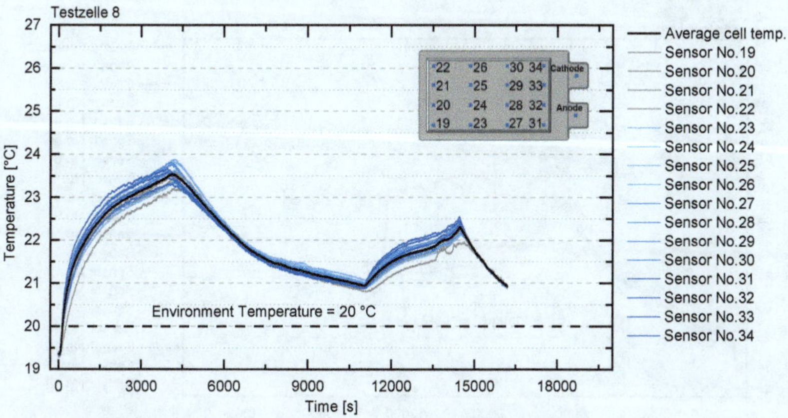
Testzelle 8
Temperature [°C]
Time [s]
Environment Temperature = 20 °C
Cathode
Anode
22 26 30 34
21 25 29 33
20 24 28 32
19 23 27 31
Average cell temp.
Sensor No.19
Sensor No.20
Sensor No.21
Sensor No.22
Sensor No.23
Sensor No.24
Sensor No.25
Sensor No.26
Sensor No.27
Sensor No.28
Sensor No.29
Sensor No.30
Sensor No.31
Sensor No.32
Sensor No.33
Sensor No.34

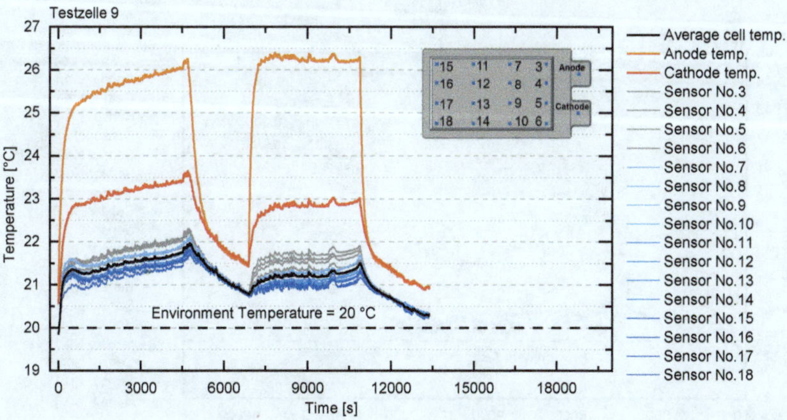
Testzelle 9
Temperature [°C]
Time [s]
Environment Temperature = 20 °C
Anode
Cathode
15 11 7 3
16 12 8 4
17 13 9 5
18 14 10 6
Average cell temp.
Anode temp.
Cathode temp.
Sensor No.3
Sensor No.4
Sensor No.5
Sensor No.6
Sensor No.7
Sensor No.8
Sensor No.9
Sensor No.10
Sensor No.11
Sensor No.12
Sensor No.13
Sensor No.14
Sensor No.15
Sensor No.16
Sensor No.17
Sensor No.18

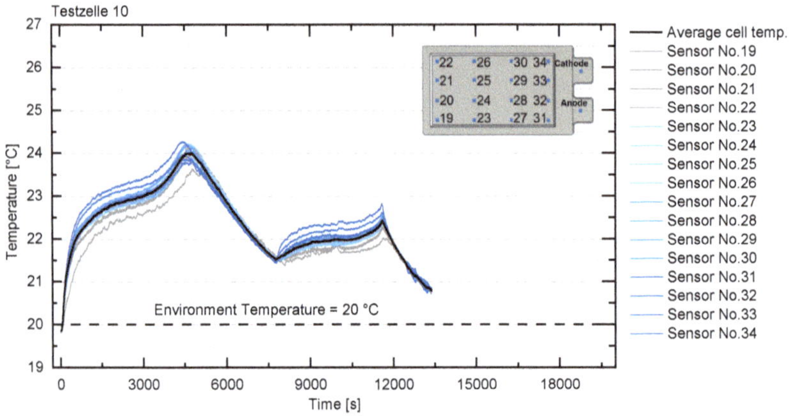
Testzelle 10
Temperature [°C]
Time [s]
Environment Temperature = 20 °C
Cathode
Anode
Average cell temp.
Sensor No.19
Sensor No.20
Sensor No.21
Sensor No.22
Sensor No.23
Sensor No.24
Sensor No.25
Sensor No.26
Sensor No.27
Sensor No.28
Sensor No.29
Sensor No.30
Sensor No.31
Sensor No.32
Sensor No.33
Sensor No.34

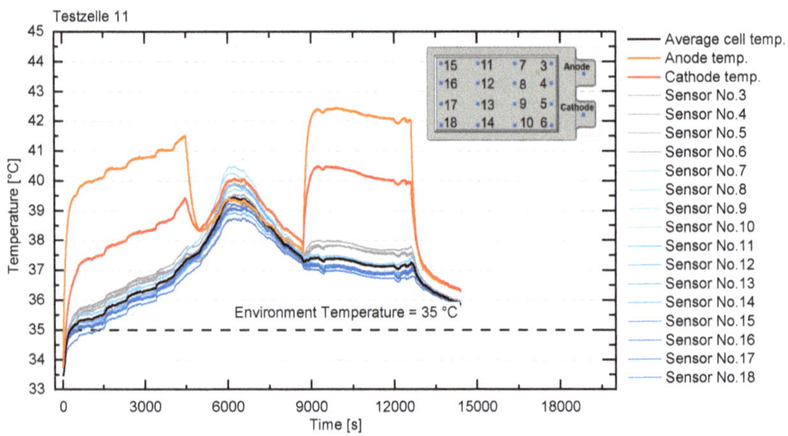
Testzelle 11
Temperature [°C]
Time [s]
Environment Temperature = 35 °C
Anode
Cathode
Average cell temp.
Anode temp.
Cathode temp.
Sensor No.3
Sensor No.4
Sensor No.5
Sensor No.6
Sensor No.7
Sensor No.8
Sensor No.9
Sensor No.10
Sensor No.11
Sensor No.12
Sensor No.13
Sensor No.14
Sensor No.15
Sensor No.16
Sensor No.17
Sensor No.18

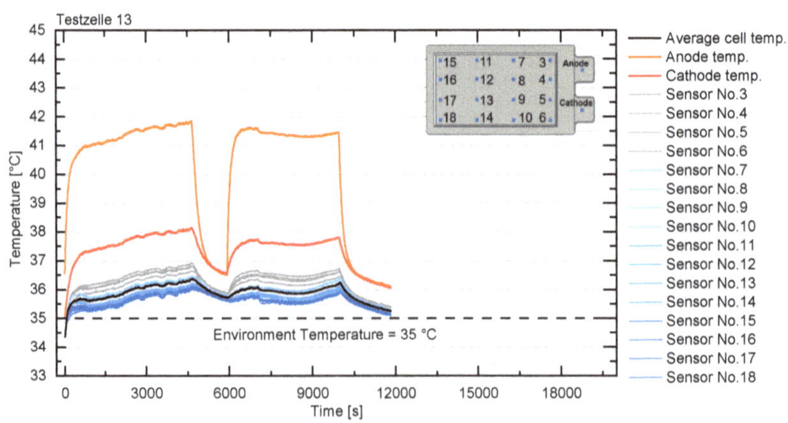
Testzelle 13
Temperature [°C]
Time [s]
Environment Temperature = 35 °C
Anode
Cathode
Average cell temp.
Anode temp.
Cathode temp.
Sensor No.3
Sensor No.4
Sensor No.5
Sensor No.6
Sensor No.7
Sensor No.8
Sensor No.9
Sensor No.10
Sensor No.11
Sensor No.12
Sensor No.13
Sensor No.14
Sensor No.15
Sensor No.16
Sensor No.17
Sensor No.18

Testzelle 14

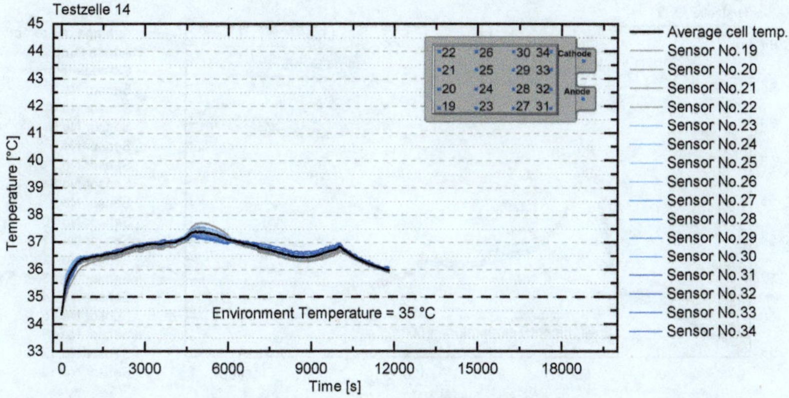

Testzelle 15

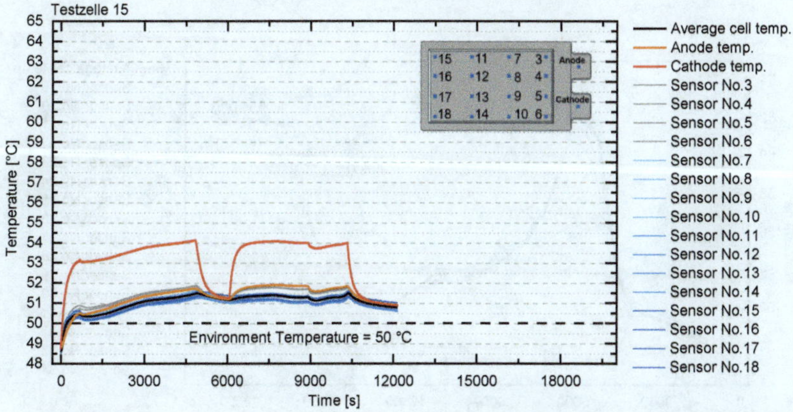

Testzelle 16

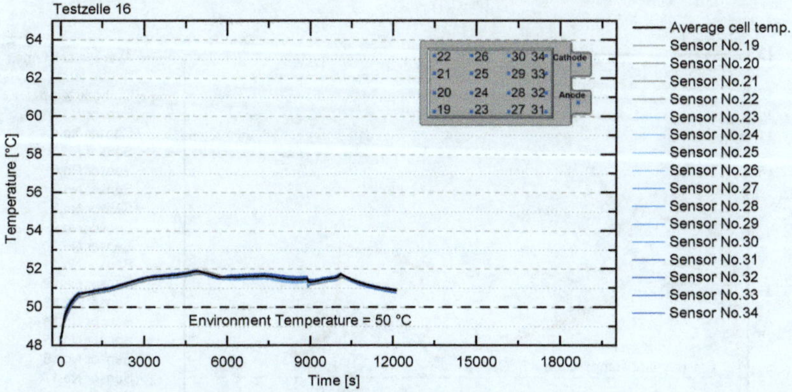

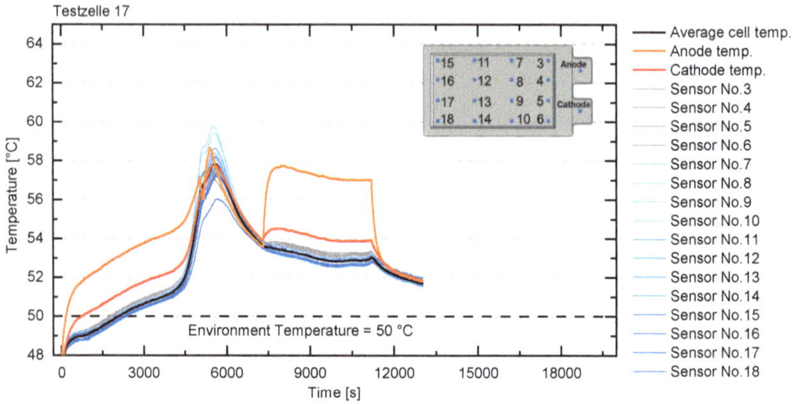
Testzelle 17
Environment Temperature = 50 °C
Temperature [°C]
Time [s]
Anode
Cathode
Average cell temp.
Anode temp.
Cathode temp.
Sensor No.3
Sensor No.4
Sensor No.5
Sensor No.6
Sensor No.7
Sensor No.8
Sensor No.9
Sensor No.10
Sensor No.11
Sensor No.12
Sensor No.13
Sensor No.14
Sensor No.15
Sensor No.16
Sensor No.17
Sensor No.18

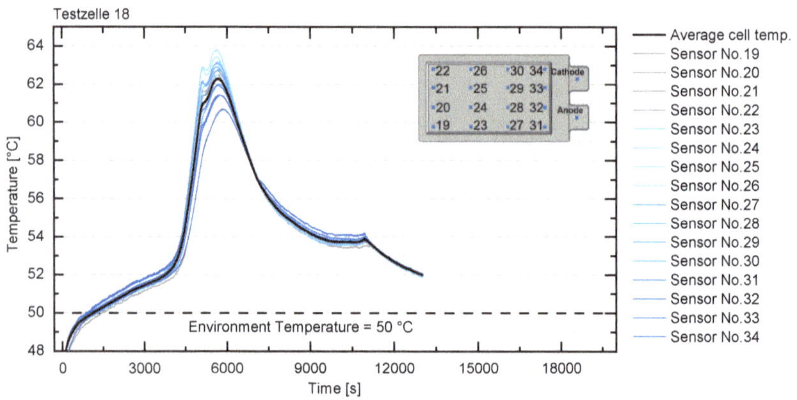
Testzelle 18
Environment Temperature = 50 °C
Temperature [°C]
Time [s]
Cathode
Anode
Average cell temp.
Sensor No.19
Sensor No.20
Sensor No.21
Sensor No.22
Sensor No.23
Sensor No.24
Sensor No.25
Sensor No.26
Sensor No.27
Sensor No.28
Sensor No.29
Sensor No.30
Sensor No.31
Sensor No.32
Sensor No.33
Sensor No.34

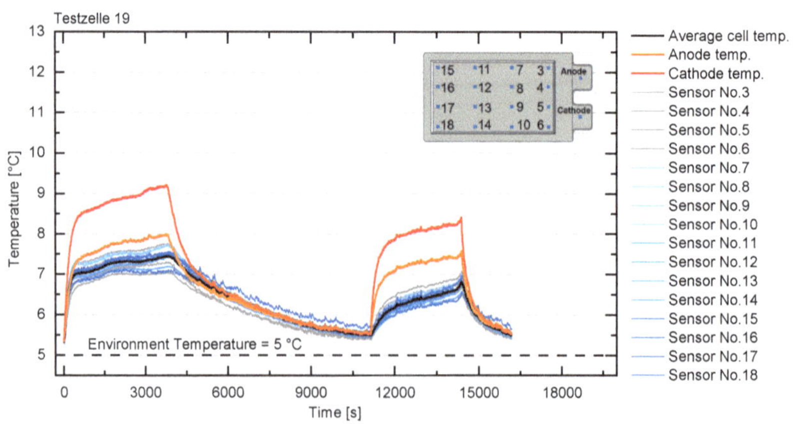
Testzelle 19
Environment Temperature = 5 °C
Temperature [°C]
Time [s]
Anode
Cathode
Average cell temp.
Anode temp.
Cathode temp.
Sensor No.3
Sensor No.4
Sensor No.5
Sensor No.6
Sensor No.7
Sensor No.8
Sensor No.9
Sensor No.10
Sensor No.11
Sensor No.12
Sensor No.13
Sensor No.14
Sensor No.15
Sensor No.16
Sensor No.17
Sensor No.18

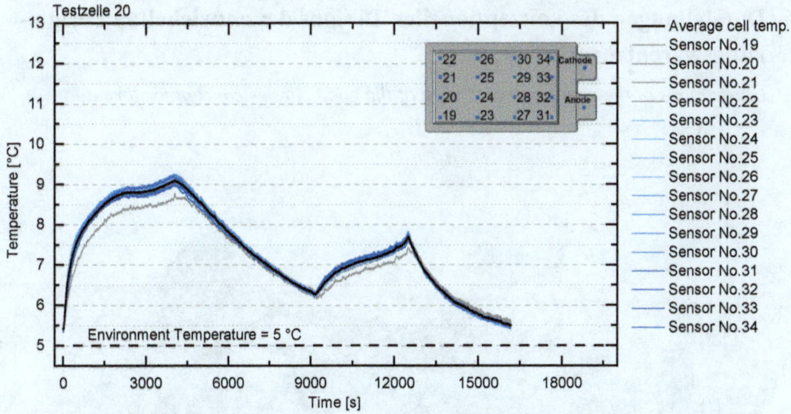
Testzelle 20
Temperature [°C]
Time [s]
Environment Temperature = 5 °C
Cathode
Anode
22 26 30 34
21 25 29 33
20 24 28 32
19 23 27 31
Average cell temp.
Sensor No.19
Sensor No.20
Sensor No.21
Sensor No.22
Sensor No.23
Sensor No.24
Sensor No.25
Sensor No.26
Sensor No.27
Sensor No.28
Sensor No.29
Sensor No.30
Sensor No.31
Sensor No.32
Sensor No.33
Sensor No.34

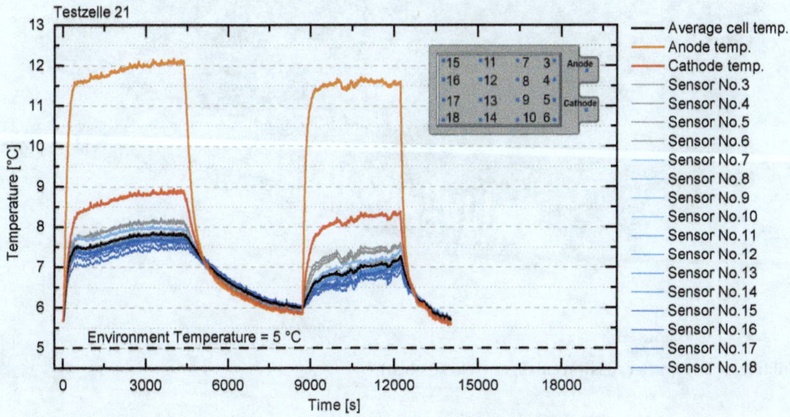
Testzelle 21
Temperature [°C]
Time [s]
Environment Temperature = 5 °C
Anode
Cathode
15 11 7 3
16 12 8 4
17 13 9 5
18 14 10 6
Average cell temp.
Anode temp.
Cathode temp.
Sensor No.3
Sensor No.4
Sensor No.5
Sensor No.6
Sensor No.7
Sensor No.8
Sensor No.9
Sensor No.10
Sensor No.11
Sensor No.12
Sensor No.13
Sensor No.14
Sensor No.15
Sensor No.16
Sensor No.17
Sensor No.18

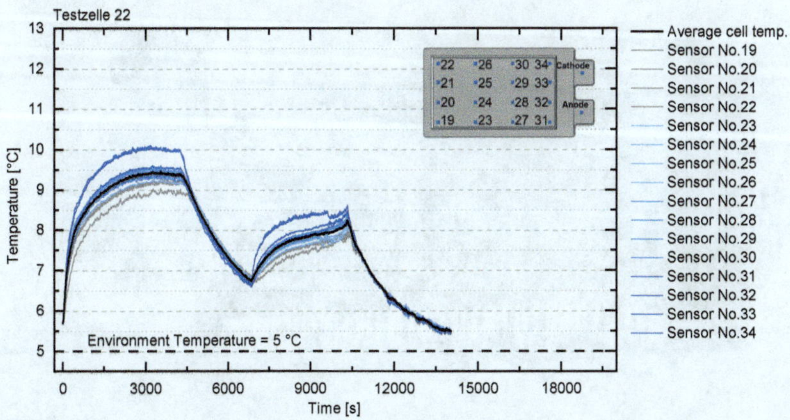
Testzelle 22
Temperature [°C]
Time [s]
Environment Temperature = 5 °C
Cathode
Anode
22 26 30 34
21 25 29 33
20 24 28 32
19 23 27 31
Average cell temp.
Sensor No.19
Sensor No.20
Sensor No.21
Sensor No.22
Sensor No.23
Sensor No.24
Sensor No.25
Sensor No.26
Sensor No.27
Sensor No.28
Sensor No.29
Sensor No.30
Sensor No.31
Sensor No.32
Sensor No.33
Sensor No.34

A.7 Darstellungen des konzeptionellen Designs des entwickelten Formierungswarenträgers

Illustrations of the conceptional design of the good carrier concept for formation

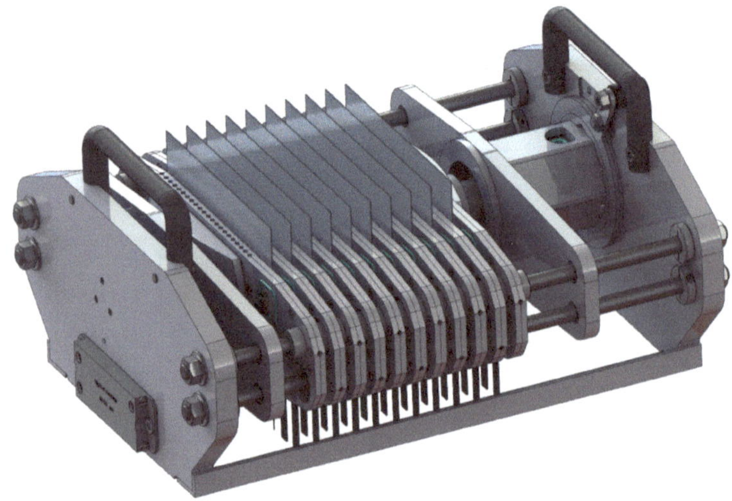

Abbildung A.5: Formierungswarenträger (schräg oben)

Abbildung A.6: Formierungswarenträger (schräg, Mitte)

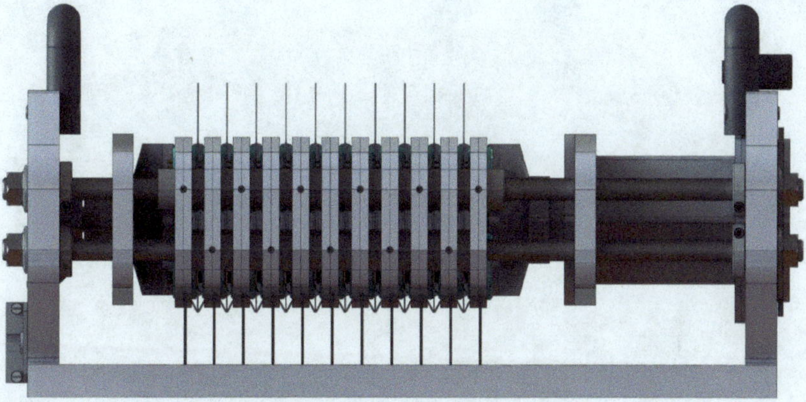

Abbildung A.7: Formierungswarenträger (vorne)

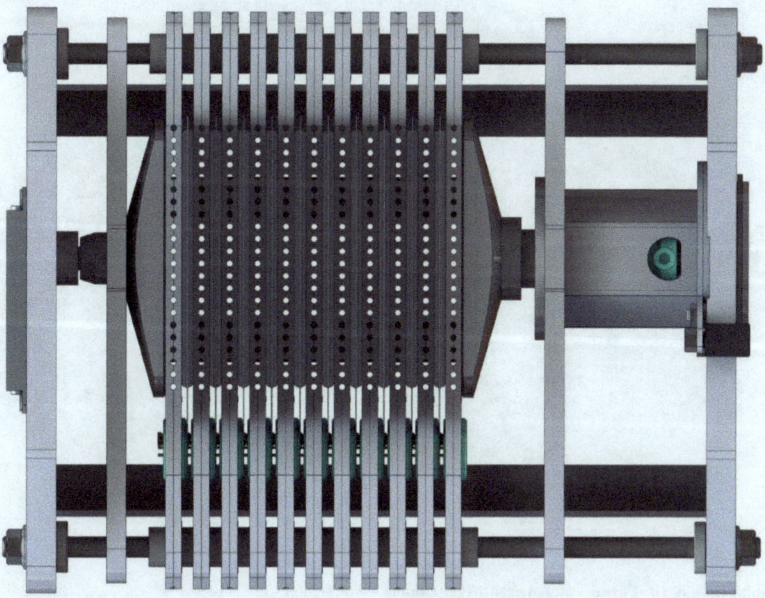

Abbildung A.8: Formierungswarenträger (oben)

Abbildung A.9: Formierungswarenträger (rechts)

Abbildung A.10: Formierungswarenträger (links)

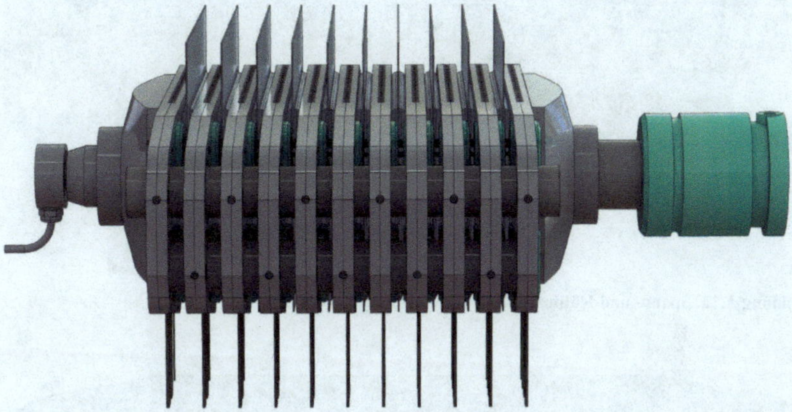

Abbildung A.11: Formierungswarenträger ohne Rahmen

Abbildung A.12: Formierungswarenträger mit Lithium-Ionen-Pouch-Zellen

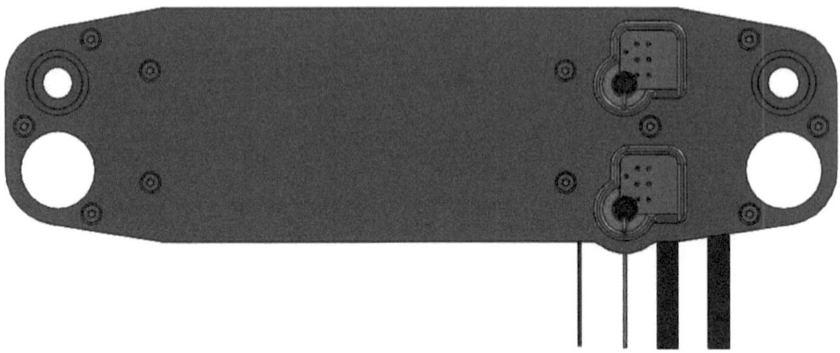

Abbildung A.13: Spann- und Kühlungsplatten des Formierungswarenträgers

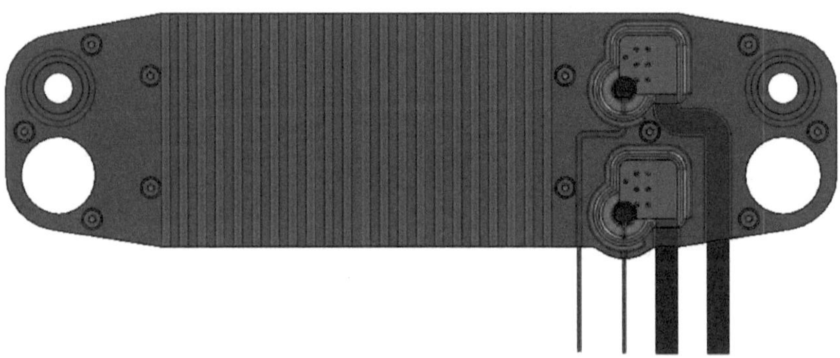

Abbildung A.14: Spann- und Kühlungsplatten des Formierungswarenträgers

Abbildung A.15: Spannplatte des Formierungswarenträgers

A.8 Bilder des umgesetzten Formierungswarenträgers

Pictures of the realized formation goods carrier

Abbildung A.16: Formierungswarenträger (real) – oben und ausgefahren

Abbildung A.17: Formierungswarenträger (real) – oben und eingefahren

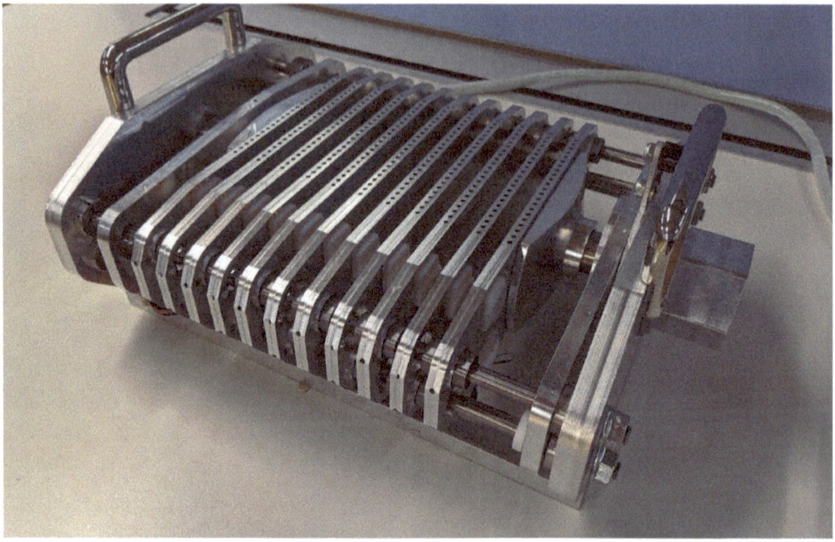

Abbildung A.18: Formierungswarenträger (real) – schräg und ausgefahren

Abbildung A.19: Formierungswarenträger (real) – Detailbilder

A.9 Bill of Material (BOM) des Warenträgerkonzeptes

Bill of Material (BOM) of the good carrier concept

N: Laufende Nummer; M: Menge; EF: Eigenfertigung; Li: Lieferant; B: Bezug

N	Benennung	M	B	Werkstoff
1	02.05.19_Zellträger_28.03.19	6	EF	AlMg4,5Mn
3	02.05.19_Zellträger_28.03.19_Gespiegelt_real	6	EF	AlMg4,5Mn
4	02.05.19_Zellträger_28.03.19_15.05.19	5	EF	AlMg4,5Mn
5	02.05.19_Zellträger_28.03.19_Gespiegelt_real_16.05.19	5	EF	AlMg4,5Mn
6	Tragblech_Druckstück_Kraftmessdose	1	EF	AlMg4,5Mn
7	Endplatte_Kraftmessdose	1	EF	AlMg4,5Mn
8	02.05.19_Druckstück_Kraftmessdose	1	EF	AlMg4,5Mn
9	02.05.19_Druckstück_Gasfeder	1	EF	AlMg4,5Mn
10	Feder_Hüllrohr	1	EF	AlMg4,5Mn
11	Tragblech_Gasfeder	1	EF	AlMg4,5Mn
12	Endplatte_Gasfeder	1	EF	AlMg4,5Mn
13	Verriegelung_Gasfeder	1	EF	AlMg4,5Mn
14	Rosenmetall_Aluminiumwinkel_ 25x15x3	2	EF	AlMg4,5Mn
15	Griffblech	1	EF	AlMg4,5Mn
16	02.05.19_Federstahlstreifen_29.03.19_final	2	EF	Federstahl
17	MISUMI_Kugelbuchse_SLMUT10	22	Li	
18	MISUMI_Gleitlager-Flansch_MPFZ10-10	8	Li	
19	MISUMI_Linearwelle_SSFUL10-357-B12-S12	4	Li	Stahl Induktions-gehärtet
20	MISUMI_Sicherungsring_Teilenummer_118020118075	1	Li	
21	MISUMI_Handgriff_UWANY120	2	Li	
22	MISUMI_Drehgriff_GRH6-16-B	1	Li	
23	MISUMI_Kugelführung_TBBT6	1	Li	
24	_BPW6mb.stp	2	Li	
25	_BPY6b.stp	2	Li	
26	MISUMI_Stellring_SSCSJ10-6	8	Li	
27	MISUMI_Quermutter_RBNT3	22	Li	
28	MISUMI_Gewindestift_Ringschneide	22	Li	
29	Thermoelement	20	Li	NiCr Ni
30	MOD-2E190012E02^KB_Zellträger1_Segment_FM01_20190430(2)	20	Li	
31	Kunststoffrahmen_neu	22	Li	PA12 ungefüllt
32	Stopfen	22	Li	PA12 ungefüllt
37	02.05.19_HBM_Kraftmessdose_C9C_G_5kN	1	Li	
38	02.05.19_HBM_Thrust_Piece_A_C9C_500N-20kN	1	Li	
39	02.05.19_Fibro_Gasdruckfeder_kurz_2487.12.01000.025.1	1	Li	
40	Füll- und Kontrollarmatur	1	Li	
41	Füllschlauch	1	Li	
42	ODU MAC Silver Line	1	Li	
43	MISUMI_Druckfeder_SWY11-20	20	Li	
44	Federstab	2	Li	Messing
45	MISUMI_Gewindestift_MSSTS4-15	2	Li	
46	MISUMI_Gewindestift_MSSTS4-6	3	Li	

In der Reihe **Ergebnisse aus der Elektromobilproduktion** zuletzt erschienen:

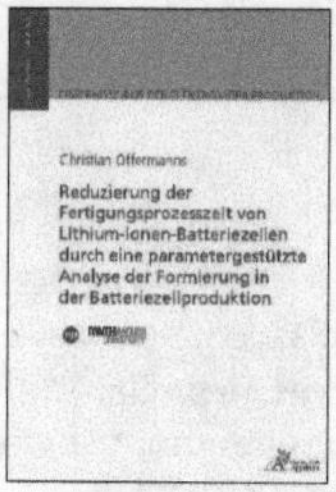

Offermanns, Christian:
Reduzierung der Fertigungsprozesszeit von Lithium-Ionen-Batteriezellen durch eine parametergestützte Analyse der Formierung in der Batteriezellproduktion
ISBN 978-3-98555-156-9
Erscheinungsdatum: 17.04.2023

Bührer, Ulrich Tobias:
Methodik zur proaktiven Integration von Data Analytics in die Serienfertigung
ISBN 978-3-98555-104-0
Erscheinungsdatum: 25.08.2022

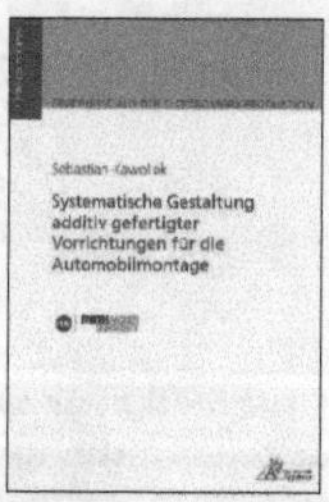

Kawollek, Sebastian:
Systematische Gestaltung additiv gefertigter Vorrichtungen für die Automobilmontage
ISBN 978-3-98555-101-9
Erscheinungsdatum: 22.08.2022

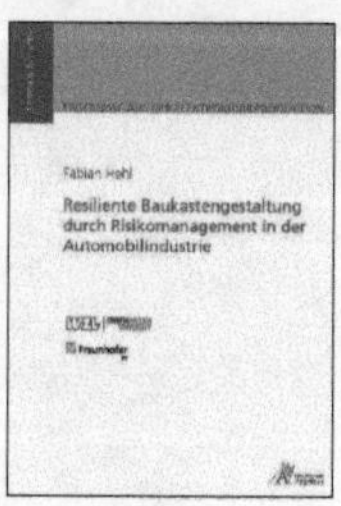

Hehl, Fabian:
Resiliente Baukastengestaltung durch Risikomanagement in der Automobilindustrie
ISBN 978-3-98555-085-2
Erscheinungsdatum: 23.06.2022

Schön, Christoph:

Gestaltung und Bewertung von skalierbaren Technologieketten für die Großserienproduktion von Brennstoffzellen

ISBN 978-3-98555-056-2
Erscheinungsdatum: 23.03.2022

Lutz, Nicolas Johannes:

Integration virtueller Methoden in das Anlaufmanagement skalierbarer Fertigungssysteme

ISBN 978-3-98555-035-7
Erscheinungsdatum: 31.01.2022

Diekmann, Tobias:

Montagegerechte Standardisierung von Bauteilschnittstellen für die variantenreiche Automobilproduktion

ISBN 978-3-98555-016-6
Erscheinungsdatum: 25.11.2021

Ayvaz, Peter:

Methode zur merkmalbasierten Gesamtkostenermittlung für polymer-additiv gefertigte Spritzgießwerkzeuge

ISBN 978-3-86359-999-7
Erscheinungsdatum: 20.09.2021

Edition Wissenschaft
Apprimus

MIX
Papier | Fördert
gute Waldnutzung
FSC® C083411

Zeitfracht Medien GmbH
Ferdinand-Jühlke-Straße 7
99095 Erfurt, Deutschland
produktsicherheit@kolibri360.de